高等教育公共基础课规划教材

计算机基础与应用

刘小园　陈火荣　主编

罗才华　徐燕飞　欧国成　曾凌峰　副主编

陈　源　彭灿明　何　健　参编

電子工業出版社

Publishing House of Electronics Industry

北京・BEIJING

内容简介

本书分为三篇，共9章，基础篇以学生自学为主，应用篇为主要内容，提高篇为选讲内容。书中每章均独立，且围绕培养学生的核心能力安排教学内容。第1章介绍计算机基础知识，核心能力为计算机软、硬件的认知和机器选购能力；第2章介绍计算机网络与Internet基本知识，核心能力为信息检索与文件传输及家用网络的配置；第3章介绍Windows 10操作系统，核心能力为操作系统的基本操作（含文件和应用程序管理）和计算机常见故障的诊断；第4章介绍文字处理软件Word 2010，核心能力为文本编辑、图文表混排技巧等；第5章介绍电子表格软件Excel 2010，核心能力为报表编排、数据处理技巧等；第6章介绍演示文稿软件PowerPoint 2010，核心能力为演示文稿的制作编辑与演示技巧；第7章介绍计算机新技术，核心能力为计算机的综合素养；第8章介绍搜索引擎的使用，核心能力为搜索引擎的使用技巧及文献检索；第9章是综合实例，旨在提高整体操作能力。本书主要针对高等职业院校计算机公共基础课程编写，力求内容精练实用，讲练合一，充分融合项目化教学方法，提高课堂教学效率，以达到事半功倍的教学效果。

图书在版编目（CIP）数据

计算机基础与应用/刘小园，陈火荣主编. —北京：电子工业出版社，2018.9
ISBN 978-7-121-34559-3

Ⅰ. ①计… Ⅱ. ①刘… ②陈… Ⅲ. ①电子计算机－高等职业教育－教材 Ⅳ. ①TP3

中国版本图书馆 CIP 数据核字（2018）第 135166 号

策划编辑：章海涛
责任编辑：章海涛　　文字编辑：刘　瑀
印　　刷：北京捷迅佳彩印刷有限公司
装　　订：北京捷迅佳彩印刷有限公司
出版发行：电子工业出版社
　　　　　北京市海淀区万寿路 173 信箱　　　邮编：100036
开　　本：787×1092　1/16　　印张：17.5　　字数：516 千字
版　　次：2018 年 9 月第 1 版
印　　次：2021 年 6 月第 6 次印刷
定　　价：45.00 元

凡所购买电子工业出版社图书有缺损问题，请向购买书店调换。若书店售缺，请与本社发行部联系，联系及邮购电话：（010）88254888，88258888。

质量投诉请发邮件至 zlts@phei.com.cn，盗版侵权举报请发邮件至 dbqq@phei.com.cn。

本书咨询联系方式：liuy01@phei.com.cn。

前　言

计算机技术是当今世界发展最快、应用最广的科学技术之一。目前，计算机技术已经深入社会的每个领域，计算机在人们的工作、学习和生活中起着越来越重要的作用。高等职业院校在培养社会需要的高素质劳动者和技能型人才时，应使学生掌握必备的计算机应用基础知识和基本技能，提高学生应用计算机解决工作与生活中实际问题的能力，为学生的终身学习奠定良好的基础。本书以高等职业院校“计算机基础”课程的教学基本要求为前提，侧重于高等职业院校的教学内容及学生实际的需求，重点培养该层次学校学生的实际应用能力。本书的每位作者都有丰富的教学经验，把对教学经验的总结融入本书的编写过程中。本书为全国高等院校计算机基础教育研究会计算机基础教育教学研究项目“基于网络学习空间的计算机基础课程混合教学模式研究”的成果之一。

经过多年的教学实践，我们越来越认识到，对这门课核心内容的教学，必须以实践为基本教学手段，以操作能力为基本教学目标，并根据学生入学前已经具备的相当的操作和应用能力的实际情况，在编写这本大学计算机基础教材时重点考虑了动手操作方面的内容。本书细致安排了许多练习和操作技能训练，以保证培养学生在应用能力方面有较高的层次；同时也兼顾了教育部等级考试的要求。

本书分为三篇，共 9 章，基础篇以学生自学为主，应用篇为主要内容，提高篇为选讲内容。书中每章均独立，且围绕培养学生的核心能力安排教学内容。第 1 章介绍计算机基础知识，核心能力为计算机软、硬件的认知和机器选购能力；第 2 章介绍计算机网络与 Internet 基本知识，核心能力为信息检索与文件传输及家用网络的配置；第 3 章介绍 Windows 10 操作系统，核心能力为操作系统的基本操作（含文件和应用程序管理）和计算机常见故障的诊断；第 4 章介绍文字处理软件 Word 2010，核心能力为文本编辑、图文表混排技巧等；第 5 章介绍电子表格软件 Excel 2010，核心能力为报表编排、数据处理技巧等；第 6 章介绍演示文稿软件 PowerPoint 2010，核心能力为演示文稿的制作编辑与演示技巧；第 7 章介绍计算机新技术，核心能力为计算机的综合素养；第 8 章介绍搜索引擎的使用，核心能力为搜索引擎的使用技巧及文献检索；第 9 章是综合实例，旨在提高整体操作能力。本书主要针对高等职业院校计算机公共基础课程编写，力求内容精练实用，讲练合一，充分融合项目化教学方法，提高课堂教学效率，以达到事半功倍的教学效果。

本书可作为高等职业院校计算机基础课程的教材或教学参考书。本书的编写分工如下：刘小园副教授编写第 4 章、第 7 章，陈火荣副教授编写第 1 章、第 5 章，罗才华编写第 2 章、第 3 章，徐燕飞编写第 6 章，欧国成编写第 8 章，第 9 章中的内容由以上相应章节的老师编写，全书由刘小园副教授统稿。陈源、彭灿明、何健也参与了本书的编写和校对工作，在此表示感谢。在本书的编写过程中，得到了电子工业出版社的大力支持，在此表示衷心感谢。由于编者水平有限，时间仓促，尽管我们尽了最大的努力，但书中仍难免有不妥和错误之处，恳请读者批评指正。

编　者

目 录

第一部分 基础篇

第二部分 应用篇

第三部分 提高篇（选讲）

第一部分

基础篇

第1章　计算机基础知识

导读

计算机无疑是人类社会20世纪最伟大的发明之一，在几十年的时间里，它一直以难以置信的速度发展着。计算机的出现彻底改变了人类社会的文化生活，并且对人类的整个历史发展都有着不可估量的影响，电子计算机的出现标志着人类文明的发展进入了一个崭新的阶段。随着计算机技术的发展，电子计算机已经成为人们进行信息处理的一种必不可少的工具。

本章主要介绍计算机的基本知识，使读者通过本章的学习，对计算机有概括性的了解，为以后的学习奠定基础。

学习目标

- 了解计算机的基础知识
- 了解计算思维
- 了解计算机病毒与防治
- 熟悉计算机的数据与编码
- 熟悉计算机系统的组成
- 掌握数制的定义和进制的转换方式

1.1　计算机概述

1.1.1　计算机的起源与发展

基础理论的研究与先进思想的出现推动了计算机的发展。1854年，英国数学家布尔（George Boole，1824—1898年）提出了符号逻辑的思想，数十年后形成了计算科学软件的理论基础。1936年，英国数学家图灵（Alan Turing，1912—1954年）提出了著名的“图灵机”模型，探讨了现代计算机的基本概念，从理论上证明了研制通用数字计算机的可行性。1945年，匈牙利出生的美籍数学家冯·诺依曼（John von Neumann，1903—1957年）提出了在数字计算机内部的存储器中存放程序的概念。这是所有现代计算机的范式，称为“冯·诺依曼结构”。按这一结构制造的计算机称为存储程序计算机，又称通用计算机。几十年过去了，虽然现在的计算机系统从性能指标、运算速度、工作方式、应用领域和价格等方面与当时的计算机有很大差别，但基本结构没有变，都属于冯·诺依曼计算机。冯·诺依曼因此被誉为“计算机之父”。

1. 冯·诺依曼结构

（1）五大功能部件

计算机由运算器、存储器、控制器、输入设备、输出设备五大部件组成。早期的冯·诺依曼体系结构以运算器为核心，输入/输出设备与存储器的数据传送要通过运算器，而现在的计算机则以存储器为中心。

（2）采用二进制

指令和数据都用二进制代码表示，以同等地位存放于存储器内，并可按地址寻访。

（3）存储程序原理

存储程序原理是将程序像数据一样存储到计算机内部存储器中的一种设计原理。程序存入存储器后，计算机便可自动地从一条指令转到执行另一条指令。

首先，把程序和数据送入内存。内存可划分为很多存储单元，每个存储单元都有地址编号，而且把内存分为若干个区域，如专门存放程序的程序区和专门存放数据的数据区。

其次，从第一条指令开始执行程序。一般情况下，指令按存放地址号，由小到大依次执行，遇到条件转移指令时改变执行的顺序。每条指令执行都要经过如下 3 个步骤。

① 取指：把指令从内存送往译码器。

② 分析：译码器将指令分解成操作码和操作数，产生相应控制信号送往各电器部件。

③ 执行：控制信号控制电器部件，完成相应的操作。

从早期的 EDSAC 到当前最先进的通用计算机，采用的都是冯・诺依曼体系结构。

2．现代计算机的基本组成

现代计算机以存储器为中心，如图 1-1 所示。

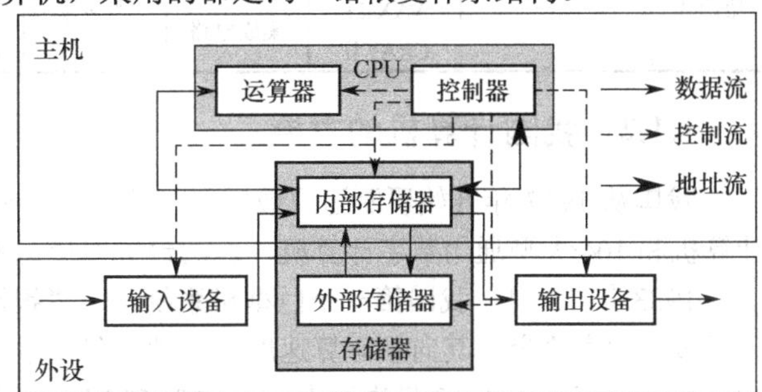

图 1-1　现代计算机的组成

图 1-1 中各部件的功能如下。

① 运算器：用来完成算术运算和逻辑运算，并将中间运算结果暂存。

② 存储器：用来存放数据和程序。

③ 控制器：用来控制、指挥程序和数据的输入、运行，以处理运算结果。

④ 输入设备：将人们熟悉的信息形式转换为机器能识别的信息形式。

⑤ 输出设备：将机器运算结果转换为人们熟悉的信息形式。

计算机的五大部件在控制器的统一指挥下，有条不紊地自动工作。由于运算器和控制器在逻辑关系和电路结构上联系紧密，尤其是在大规模集成电路出现后，这两大部件往往制作在同一芯片上，因此，通常将它们合起来，统称为中央处理器（Central Processing Unit，CPU）。存储器分为主存储器和辅助存储器，主存储器可直接与 CPU 交换信息。CPU 与内存合起来称为主机，输入设备与输出设备统称为 I/O 设备，I/O 设备和外存统称为外部设备，简称为外设。因此，可认为现代计算机由两大部分组成：主机和外设。

图 1-2　ENIAC

1946 年，宾夕法尼亚大学的工程师们开发出了世界上第一台多用途的计算机 ENIAC（Electronic Numerical Integrator And Calculator），这是一台真正现代意义上的计算机，如图 1-2 所示。ENIAC 共使用了 18000 个电子管，1500 个电子继电器，70000 个电阻器，18000 个电容器，占地面积 170 m^2，重达 30 t，耗电 140 kW，堪称“巨型机”。ENIAC 能在 1 s 内完成 5000 次加法运算，ENIAC 产生后立即用于军事计算。它虽然庞大笨重，不可与后来的计算机同日而语，但是标志着计算机的诞生。

计算机从诞生之日起，就以惊人的速度发展着，一般将电子计算机的发展分成 4 个阶段，如表 1-1 所示。

表 1-1 各发展阶段计算机的主要特点比较

代别	起止年份	代表产品	硬件			处理方式	应用领域
			逻辑单元	主存储器	其他		
第一代	1946—1957 年	ENIAC EDVAC IBM-705	电子管	磁鼓 磁芯	输入、输出主要采用穿孔卡片	机器语言 汇编语言	科学计算
第二代	1958—1964 年	IBM-7090 ATLAS	晶体管	磁芯	外存开始采用磁带、磁盘	作业连续处理，编译语言	科学计算、数据处理、事务管理
第三代	1965—1970 年	IBM-360 PDP-11 NOVA1200	集成电路	磁鼓 磁芯 半导体	外存普遍采用磁带、磁盘	多道程序实时处理	实现标准化系列，应用于各领域
第四代	1971 年至今	IBM-370 VAX-11 CRAY Ⅱ	超大规模集成电路	半导体	普遍使用各种专业外设，大容量磁盘	网络结构，实时、分时处理	广泛应用于各领域

1.1.2 我国计算机的发展

我国从 1957 年开始研制通用数字电子计算机，于 1958 年和 1959 年分别研制出 103 小型数字计算机和 104 大型通用数字计算机，这两台机器标志着我国最早的电子数字计算机的诞生。

1983 年 12 月，我国第一个巨型机系统——“银河”超高速电子计算机系统在长沙研制成功，并通过了国家鉴定，其向量运算速度为每秒 1 亿次以上。1989 年，“银河Ⅱ”10 亿次巨型机研制成功，运算速度为每秒 10 亿次以上，主频为 50 MHz，其性能令世界瞩目。

从 20 世纪 90 年代初开始，国际上采用主流的微处理器芯片研制高性能并行计算机已成为一种发展趋势。国家智能计算机研究开发中心于 1993 年成功研制了曙光Ⅰ号全对称共享存储多处理机。1995 年，国家智能计算机中心又推出了国内第一台具有大规模并行处理机结构的并行机——曙光 1000（含 36 个处理机），峰值速度达每秒 35 亿次浮点运算。

1997 年，国防科技大学成功研制了“银河 Ⅲ”百亿次巨型并行计算机系统，采用可扩展分布共享存储并行处理体系结构，由 130 多个处理节点组成，峰值速度为每秒 130 亿次浮点运算，系统综合技术达到当时的国际先进水平。

国家智能计算机中心与曙光公司于 1997 至 1999 年，先后在市场上推出具有机群结构的曙光 1000 A、曙光 2000-I、曙光 2000-Ⅱ超级服务器，峰值速度已突破每秒 1000 亿次浮点运算，机器规模已超过 160 个处理机；2000 年，推出峰值速度为每秒 3000 亿次浮点运算的曙光 3000 超级服务器；2004 年上半年，推出峰值速度为每秒 1 万亿次浮点运算的曙光 4000 超级服务器。

2009 年 6 月 15 日，国内首台百万亿次超级计算机“魔方”在上海正式启动；同年 10 月，中国第一台千万亿次超级计算机“天河一号”在湖南长沙亮相；2010 年 8 月，第三代处理器神威蓝光千万亿次超级计算机成功运行。

综观 50 多年来我国高性能通用计算机的研制历程，从 103 机到曙光机，走过了一段不平凡的历程。总体来讲，国内的代表性计算机为 103、109 乙、150、银河、曙光 1000、曙光 2000 等。

1.1.3 计算机的主要特点

① 运算速度快。计算机的运算速度是指在单位时间内执行的平均指令数。目前，计算机的运算速度已达每秒数万亿次，极大地提高了工作效率。

② 运算精度高。当前计算机字长为 32 位或 64 位，计算结果的有效数字可精确到几十位甚至上百位。

③ 存储功能强。计算机具有存储“信息”的存储装置，可以存储大量的数据，需要时又可准

确无误地取出来。计算机这种存储信息的“记忆”能力，使它成为信息处理的有力工具。

④ 具有记忆和逻辑判断能力。计算机不仅能进行计算，还可以把原始数据、中间结果、指令等信息存储起来，随时调用，并能进行逻辑判断，从而完成许多复杂问题的分析。

⑤ 具有自动运行能力。计算机能够按照存储在其中的程序自动工作，不需要用户直接干预运算、处理和控制。这是计算机与其他计算工具的本质区别。

1.1.4 计算机的应用领域

计算机的应用已经渗透到社会的各行各业，正在改变着传统的工作、学习和生活方式，推动着社会的发展。归纳起来，计算机主要应用于以下几方面。

① 科学计算。科学计算又称数值计算，通常是指完成科学研究和工程技术中提出的数学问题的计算。随着科学技术的发展，各领域中的计算模型日趋复杂，人工计算已无法解决这些复杂的计算问题，需要依靠计算机进行复杂的运算。科学计算的特点是计算工作量大、数值变化范围大。

② 数据处理。数据处理又称非数值计算，是指对大量的数据进行加工处理，如统计分析、合并、分类等。与科学计算不同，数据处理涉及的数据量大，但计算方法较简单。数据处理包括数据的采集、记载、分类、排序、存储、计算、加工、传输和统计分析等方面的工作，结果一般以表格或文件的形式存储或输出，常常泛指非科学计算方面的、以管理为主的所有应用。例如，企业管理、财务会计、统计分析、仓库管理、商品销售管理、资料管理和图书检索等。

③ 过程控制。过程控制又称实时控制，是指用计算机及时采集检测数据，按照最佳值迅速对控制对象进行自动控制或自动调节。利用计算机进行过程控制，不仅可以大大提高控制的自动化水平，而且可以提高控制的及时性和准确性，从而改善劳动条件、提高质量、节约能源、降低成本。计算机过程控制已在军事、冶金、化工、机械、航天等领域得到广泛的应用。

④ CAD/CAM。计算机辅助设计（Computer Aided Design，CAD）就是用计算机帮助设计人员进行设计，如飞机船舶设计、建筑设计、机械设计、大规模集成电路设计等。计算机辅助制造（Computer Aided Manufacturing，CAM）就是用计算机进行生产设备的管理、控制和操作的过程。

除 CAD、CAM 之外，计算机辅助系统还有计算机辅助教学（Computer Aided Instruction，CAI）、计算机辅助教育（Computer Based Education，CBE）、计算机辅助工程（Computer Aided Engineering，CAE）、计算机辅助工艺规划（Computer Aided Process Planning，CAPP）、计算机集成制造系统（Computer Integrated Manufacture System，CIMS）等。

⑤ 多媒体技术。多媒体（Multimedia）是一种以交互的方式将文本、图形、图像、音频、视频等多种媒体信息，经过计算机设备的获取、操作、编辑、存储等综合处理后，以单独或合成的形态表现出来的技术和方法。多媒体技术以计算机技术为核心，将现代声像技术和通信技术融合为一体，追求更自然、更丰富的界面，因而其应用领域十分广泛。

⑥ 网络技术。20 世纪 80 年代发展起来的因特网（Internet）正在促进全球信息产业化的发展，对全球的经济、科学、教育、政治、军事等领域起着巨大的作用，可以实现各部门、地区、国家之间的信息资源共享和交换。

⑦ 虚拟现实。虚拟现实是利用计算机生成一种模拟环境，通过多种传感设备，使用户“投入”该环境，实现用户与环境直接进行交互的目的。这种模拟环境使用计算机构成的具有表面色彩的立体图形，可以是某一特定现实世界的真实写照，也可以是构想出来的世界。

⑧ 电子商务。电子商务（E-Business）是指利用计算机和网络进行的商务活动，具体地说，是指综合利用 LAN（局域网）、Intranet（企业内部网）和 Internet 进行商品与服务交易、金融汇兑、网络广告，或提供娱乐节目等商业活动。交易的双方可以是企业与企业（B-to-B），也可以是企业与消费者（B-to-C）。

⑨ 人工智能。人工智能（Artificial Intelligence，AI）是指用计算机来模拟人类的智能。虽然计

算机的能力在许多方面（如计算速度）远远超过了人类，但是真正要达到人类的智能还非常遥远。不过，目前一些智能系统已经能够代替人类的部分脑力劳动，获得了实际的应用，尤其是在机器人、专家系统、模式识别等方面。

随着网络技术的不断发展，计算机的应用会进一步深入到社会的各行各业，通过高速信息网实现数据与信息的查询、高速通信服务（如电视会议、电子邮件）、电子教育、电子娱乐、电子购物、远程医疗、交通信息查询与管理等。计算机的应用将推动信息社会更快地发展。

1.1.5 计算机的分类

从不同的角度，计算机的分类如下。

① 按工作原理分类：计算机可分为数字计算机和模拟计算机。

② 按用途分类：计算机可分为专用计算机和通用计算机。

③ 按功能分类：计算机可分为巨型机、小巨型机、大型机、小型机、工作站和微型机。

④ 按使用方式分类：计算机可分为掌上计算机、笔记本计算机、台式计算机、网络计算机、工作站、服务器、主机等。

还有一些其他分类方法，这里不再详述。本书中所讨论的计算机都是电子数字计算机，而实际操作主要针对个人计算机系列的微型计算机。

1.1.6 计算机的发展趋势

随着新技术、新发明的不断涌现和科学技术水平的提高，计算机技术也将会继续高速发展下去。从目前计算机科学的现状和趋势看，它将向以下 4 个方向发展。

① 巨型化。为了适应尖端科学技术的需要，将会发展出一批高速度、大容量的巨型计算机。巨型机的发展集中体现了国家计算机科学的发展水平，推动了计算机系统结构、硬件和软件理论与技术、计算数学及计算机应用等方面的发展，是一个国家综合国力的反映。

② 微型化。随着信息化社会的发展，微型计算机已经成为人们生活中不可缺少的工具，所以计算机将会继续向着微型化的方向发展。从笔记本计算机到掌上计算机，再到嵌入到各种家电中的计算机控制芯片，进入人体内部甚至能嵌入到人脑中的微型计算机不久也将会成为现实。

③ 网络化。随着网络带宽的增大，计算机和计算机网络一起成为人们生活中不可或缺的部分。通过网络，用户可以下载自己喜欢的电影，控制远在万里之外的家电设备，完成各种想要做的事情。

④ 智能化。智能化计算机的研究领域包括自然语言的生成与理解、模式识别、自动定理证明、专家系统、机器人等。智能化计算机的发展，将会使计算机科学和计算机的应用达到一个崭新的水平。

实证思维、逻辑思维和计算思维是人类认识世界和改造世界的三大思维。计算机的出现为人类认识世界和改造世界提供了一种更加有效的手段，而以计算机技术和计算机科学为基础的计算思维必将深刻影响人类的思维方式。

1.2 计算思维概述

1.2.1 人类认识、改造世界的基本思维

认识世界和改造世界是人类创造历史的两种基本活动。认识世界是为了改造世界，要有效地改造世界，就必须正确地认识世界。而在认识世界和改造世界的过程中，思维和思维过程占有重要位置。

1. 思维与思维过程

思维是通过一系列比较复杂的操作来实现的。人们在头脑中，运用存储在长时间记忆中的知识经验，对外界输入的信息进行分析、综合、比较、抽象和概括的过程就是思维过程（或称为思维操

作），思维过程主要包括以下三个环节。

（1）分析与综合

分析是指在头脑中把事物的整体分解为各个部分或各种属性，事物分析往往是从分析事物的特征和属性开始的。综合是指在头脑中把事物的各个部分、各种特征、各种属性通过它们之间的联系结合起来，形成一个整体。综合是思维的重要特征，通过综合能够把握事物及其联系，抓住事物的本质。

（2）比较

比较是在头脑中把事物或现象的个别部分、个别方面或个别特征加以对比，确定它们之间的异同与关系。比较可以在同类事物和现象之间进行，也可以在类型不同但具有某种联系的事物和现象之间进行。当事物或现象之间存在着性质上的异同、数量上的多少、形式上的美丑、质量上的好坏时，常运用比较的方法来认识这些事物和现象。

比较是在分析与综合的基础上进行的。为了比较某些事物，首先要对这些事物进行分析，分解出它们的各个部分、个别属性和各个方面。其次，再把它们相应的部分、相应的属性和相应的方面联系起来加以比较（实际上就是综合），最后找出并确定事物的相同点和差异点。所以，比较离不开分析综合，分析综合又是比较的组成部分。

（3）抽象与概括

抽象是在头脑中抽取同类事物或现象的共同的、本质的属性或特征，并舍弃其个别的、非本质特征的思维过程。概括是在头脑中把抽象出来的事物或现象的共同的本质属性或特征综合起来并推广到同类事物或现象中去的思维过程。通过这种概括，可以认识同类事物的本质特征。

2．三种基本思维

实证思维、逻辑思维、计算思维是人类认识世界和改造世界的三种基本思维。

（1）实证思维

实证思维是指以观察和总结自然规律为特征，用具体的实际证据支持自己的论点。实证思维以物理学科为代表，是认识世界的基础。实证思维结论要符合三点：可以解释以往的实验现象；逻辑上自洽；能够预见新的现象。

（2）逻辑思维

逻辑思维是指人们在认识过程中借助概念、判断、推理等思维形式能动地反映客观现实的理性认识过程，又称理论思维。只有经过逻辑思维，人们才能达到对具体对象本质规律的把握，进而认识客观世界。逻辑思维以数学学科为代表，是认识的高级阶段。逻辑思维结论要符合以下原则：有作为推理基础的公理集合；有一个可靠和协调的推演系统（推演规则）；结论只能从公理集合出发，经过推演系统的合法推理达到结论。

（3）计算思维

计算思维就是运用计算机科学的基础概念，通过约简、嵌入、转化和仿真的方法，把一个看来困难的问题重新阐述成一个知道怎样解的问题。计算思维以计算机学科为代表，是改造世界的有力支撑。计算思维结论要符合以下原则：运用计算机科学的基础概念进行问题求解和系统设计；涵盖了计算机科学的一系列思维活动。

1.2.2　计算思维的形成

2006 年 3 月，美国卡耐基梅隆大学计算机系主任周以真教授在美国计算机权威杂志 *Communication of the ACM* 上发表并定义了“Computational Thinking”，即计算思维。此后，“计算思维”这一概念引起了国际计算机界、社会学界及哲学界的广泛讨论和关注，进而成为对国内外计算机界和教育界造成深远影响的一个重要概念。

计算方法及计算工具的发展和应用对于人类科技史的创新起着异常重要的作用。然而，由于没有上升到思维科学的高度，计算有一定的盲目性，缺乏系统性和指导性。直到 20 世纪 80 年代，钱学森教授在总结前人的基础之上，将思维科学列为11大科学技术门类之一，与自然科学、社会科学、数学科学、系统科学、人体科学、行为科学、军事科学、地理科学、建筑科学、文学艺术并列在一起。经过20余年的实践证明，在钱学森思维科学的倡导和影响下，各种学科思维逐步开始形成和发展，如数学思维、物理思维等。思维科学理论体系的建立和发展也为计算思维的萌芽和形成奠定了基础。计算思维在此时期开始萌芽。此后，各学科在思维科学的指导下逐渐发展起来，但直到2006年，周以真教授对计算思维进行详细分析，阐明其原理，并将其以"Computational Thinking"命名发表在ACM的期刊上，才使计算思维这一概念一举得到了各国专家学者及跨国机构的极大关注。

1.2.3 理解计算思维

计算思维代表着一种普遍认识和基本技能，涉及运用计算机科学的基础概念去求解问题、设计系统和理解人类的行为，涵盖了反映计算机科学之广泛性的一系列思维活动。计算思维将像计算机一样，渗入每个人的生活之中，诸如算法和前提条件等计算机专业名词也将成为日常词汇的一部分。所以，计算思维不仅属于计算机专业人员，更是每个人应掌握的基本技能。

计算思维具有以下四个基本特点。

1．概念化

计算机科学不是计算机编程，计算机编程仅是实现环节的一个基本组成部分。像计算机科学家那样去思维远非计算机编程，它要求能够在多个层次上抽象思维。

2．基础技能

基础技能是每个人为了在现代社会中发挥职能所必须掌握的技能。构建于计算机技术基础上的现代社会要求人们必须具备计算思维。而生搬硬套的机械技能意味着机械地重复，不能为创新性需求提供支持。

3．人的思维

计算思维是建立在计算过程的能力和限制之上的人类求解复杂问题的基本途径，但绝非试图使人类像计算机那样思考。计算方法和模型的使用使得处理那些原本无法由个人独立完成的问题求解和系统设计成为可能，人类就能解决那些计算时代之前不敢尝试的规模问题和复杂问题，就能建造那些其功能仅受制于自身想象力的系统。

4．本质是抽象和自动化

计算思维吸取了问题解决所采用的一般数学思维方法、复杂系统设计与评估的一般工程思维方法，以及复杂性、智能、心理、人类行为的理解等一般科学思维方法。与数学和物理科学相比，计算思维中的抽象显得更为丰富，也更为复杂。数学抽象的最大特点是抛开现实事物的物理、化学和生物学等特性，而仅保留其量的关系和空间的形式。而计算思维中的抽象不仅如此，计算思维中的抽象完全超越物理的时空观，并完全用符号来表示，其中，数字抽象只是一类特例。

计算机科学在本质上源自数学思维和工程思维，计算设备的空间限制（计算机的存储空间有限）和时间限制（计算机的运算速度有限）使得计算机科学家必须计算性地思考，不能只是数学性地思考。

1.2.3 计算思维与各学科的关系

不同计算平台、计算环境和计算设备使得数据的获取、处理和利用更便捷、更具时效性，特别是在大数据时代背景下，数据本身已成为一种工具，隐藏在其中的巨大信息资源不仅需要计算技术保持迅速发展，同时也让人们意识到基于多学科交叉的人才培养对技术创新体系的重要性。创造性思维培养离不开计算思维的培养。

思维的特性决定了它能给人以启迪，给人创造想象的空间。思维可使人具有联想性、具有推展性；思维既可概念化又可具象化，且具有普适性；知识和技能具有时间性的局限，而思维则可跨越时间性，随着时间的推移，知识和技能可能被遗忘，但思维可以潜移默化地融入未来的创新活动中。计算机学科中体现了很多这样的思维，这些典型的计算思维对各学科、包括非计算机专业学生的创造性思维培养是非常有用的，尤其是对其创新能力的培养是有决定作用的。例如，“0 和 1”和“程序”有助于学生形成研究和应用自动化手段求解问题的思维模式；“并行与分布计算”和“云计算”有助于学生形成现实空间与虚拟空间、并行分布虚拟解决社会自然问题的新型思维模式；“算法”和“系统”有助于学生形成化复杂为简单、层次化结构化对象化求解问题的思维模式；“数据化”和“网络化”有助于学生形成数据聚集与分析、网络化获取数据与网络化服务的新型思维模式。借鉴通用计算系统的思维，研制支持生物技术研究的计算平台，研制支持材料技术研究的计算平台等。

思维的每个环节都需要知识，基于知识可更好地理解、形成贯通，通过贯通进而理解整个思维。对于各学科知识的汲取具有的这些思维不仅仅有助于勾勒出反映计算的原理依据和方法、计算机程序的设计，更重要的是体现了基于计算技术/计算机的问题求解思路与方法。另一方面，由于计算科学相关知识的更新和膨胀速度非常快，学习知识时应注重“思维”训练，对“知识”就必须有所选择，侧重于理解计算机学科经典的、对人们现在和未来有深刻影响的思维模式。在选择和理解知识相关性，以及培养自身具备计算思维来解决问题的过程中，可以从以下角度出发去思考。

① 对于该类问题的解决，人的能力与局限性是什么？计算机的计算能力与局限性是什么？

② 问题到底有多复杂？也即，问题解决的时间复杂性、空间复杂性。

③ 问题解决的判定条件是什么？也即，如何合理设定最终结果的临界值。

④ 什么样的技术（各种建模技术）能被应用于当前问题的求解或讨论之中？与已解决的哪些问题存在相似方面？

⑤ 在可采用的计算策略中，如何判断怎样的计算策略更有利于当前问题的解决？

1.3　计算机中的数据与编码

1.3.1　数字化信息编码的概念

使用电子计算机进行信息处理，首先必须使计算机能够识别信息。信息的表示有两种形态：一是人类可识别、理解的信息形态；二是电子计算机能够识别和理解的信息形态。电子计算机只能识别机器代码，即用 0 和 1 表示的二进制数据。用计算机进行信息处理时，必须将信息进行数字化编码后，才能方便地进行存储、传送和处理等操作。

所谓编码，是采用有限的基本符号，通过某个确定的原则，对这些基本符号加以组合，用来描述大量的、复杂多变的信息。信息编码的两大要素是基本符号的种类及符号组合的规则。日常生活中常遇到类似编码的实例，如用 10 个阿拉伯数码表示数字，用 26 个英文字母表示词汇等。

冯 • 诺依曼计算机采用二进制编码形式，即用 0 和 1 两个基本符号的组合表示各种类型的信息。虽然计算机的内部采用二进制编码，但是计算机与外部的信息交流还是采用大家熟悉和习惯的形式。

1.3.2　数制

数制（Numbering System），即表示数值的方法，有非进位数制和进位数制两种。表示数值的数码与它在数中的位置无关的数制称为非进位数制，如罗马数字就是典型的非进位数制。按进位的原则进行计数的数制称为进位数制，简称“进制”。对于任何进位计数制，它有以下基本特点。

1．数制的基数确定了所采用的进位计数制

表示一个数时所用的数字符号的个数称为基数（Radix），如十进制数的基数为 10、二进制数的基数为 2。对于 N 进位数制，有 N 个数字符号。如十进制数有 10 个数字符号，分别是 0～9；二进制数有 2 个符号，分别是 0 和 1；八进制数有 8 个符号，分别是 0～7；十六进制数共有 16 个符号，分别为 0～9、A～F。

2. 逢 *N* 进 1

十进制采用逢 10 进 1，二进制采用逢 2 进 1，八进制采用逢 8 进 1，十六进制采用逢 16 进 1，如表 1-2 所示。

表 1-2 0～15 之间整数的 4 种常用进制表示

十进制数	二进制数	八进制数	十六进制数	十进制数	二进制数	八进制数	十六进制数
0	0	0	0	8	1000	10	8
1	1	1	1	9	1001	11	9
2	10	2	2	10	1010	12	A
3	11	3	3	11	1011	13	B
4	100	4	4	12	1100	14	C
5	101	5	5	13	1101	15	D
6	110	6	6	14	1110	16	E
7	111	7	7	15	1111	17	F

3. 采用位权表示法

处在不同位置上的相同数字所代表的值不同，一个数字在某个固定位置上所代表的值是确定的，这个固定的位置称为位权或权（Weight）。各种进位制中位权的值恰好是基数的整数次幂。小数点左边的第一位的位权为基数的 0 次幂，第二位的位权为基数的 1 次幂，以此类推；小数点右边第一位的位权为基数的−1 次幂，第二位位权为基数的−2 次幂，以此类推。根据这一特点，任何一种进位计数制表示的数都可以写成按位权展开的多项式之和。

位权和基数是进位计数制中的两个要素。在计算机中常用的进位计数制是二进制、八进制和十六进制。表 1-3 给出了不同进制中的数按位权展开式的例子。

表 1-3 不同进制中的数按位权展开式

进制	原始数	按位权展开	对应的十进制数
十进制	923.56	$9\times10^2+2\times10^1+3\times10^0+5\times10^{-1}+6\times10^{-2}$	923.56
二进制	1101.1	$1\times2^3+1\times2^2+0\times2^1+1\times2^0+1\times2^{-1}$	13.5
八进制	472.4	$4\times8^2+7\times8^1+2\times8^0+4\times8^{-1}$	314.5
十六进制	3B2.4	$3\times16^2+11\times16^1+2\times16^0+4\times16^{-1}$	946.25

1.3.3 不同进制之间的转换

1. *r* 进制数转换成十进制数

将 r 进制数转换为十进制数，其转换公式为

$$N=\pm\sum_{i=-m}^{n-1}K_i\times r^i$$

其中，n 表示整数部分的位数，m 表示小数部分的位数，K_i 表示数值 K 第 i 位上的数字，N 表示转换后的十进制数。

公式本身就提供了将 r 进制数转换为十进制数的方法。例如，将二进制数转换为相应的十进制数，只要将二进制数中出现 1 的位权相加即可。

$(1101)_2$ 可表示为：$(1101)_2=1\times2^3+1\times2^2+0\times2^1+1\times2^0=(13)_{10}$。

【例 1-1】 $(10011.101)_2$ 可表示为

$$(10011.101)_2=1\times2^4+0\times2^3+0\times2^2+1\times2^1+1\times2^0+1\times2^{-1}+0\times2^{-2}+1\times2^{-3}$$
$$=(19.625)_{10}$$

【例 1-2】 $(125.3)_8$ 可表示为

$$(125.3)_8 = 1\times8^2 + 2\times8^1 + 5\times8^0 + 3\times8^{-1} = (85.375)_{10}$$

【例 1-3】 $(1CF.A)_{16}$ 可表示为

$$(1CF.A)_{16} = 1\times16^2 + 12\times16^1 + 15\times16^0 + 10\times16^{-1} = (463.625)_{10}$$

2．十进制数转换成 *r* 进制数

将十进制数转换成 r 进制数时，可将此数分成整数与小数两部分分别转换，然后再拼接起来。下面分别加以介绍。

整数部分的转换：把十进制整数转换成 r 进制整数采用除 r 取余法，即将十进制整数不断除以 r 取余数，直到商为 0，将余数从右到左排列，首次取得的余数放在最右一位。

【例 1-4】 将十进制数 57 转换为二进制数。

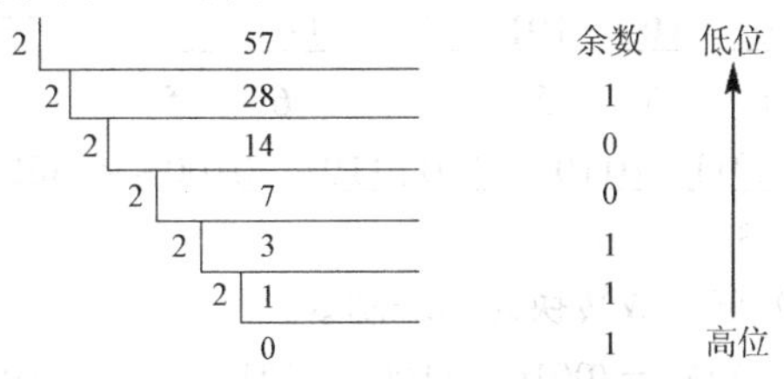

所以，$(57)_{10} = (111001)_2$。

小数部分的转换：把十进制小数转换成 r 进制小数采用乘 r 取整法，即将十进制小数不断乘以 r 取整数，直到小数部分为 0 或达到所求的精度为止（小数部分可能永不为 0）。所得的整数从小数点自左往右排列，取有效精度，首次取得的整数放在最左边。

【例 1-5】 将十进制数 0.3125 转换成二进制数。

	整数	高位
0.3125×2=0.625	0	
0.625×2=1.25	1	
0.25×2=0.5	0	
0.5×2=1.0	1	低位

所以，$(0.3125)_{10} = (0.0101)_2$。

注意：十进制小数常常不能准确地换算为等值的二进制小数（或其他进制数），有换算误差存在。

若将十进制数 57.3125 转换成二进制数，可分别进行整数部分和小数部分的转换，然后再拼在一起，结果为 $(57.3125)_{10} = (111001.0101)_2$。

3．二进制数、八进制数、十六进制数间的转换

由例 1-5 可知，十进制数转换成二进制数转换过程的书写比较长，为了转换方便，人们常把十进制数转换八进制数或十六进制数，再转换成二进制数。由于二进制数、八进制数和十六进制数之间存在特殊关系：$8^1=2^3$，$16^1=2^4$，即 1 位八进制数相当于 3 位二进制数，1 位十六进制数相当于 4 位二进制数，因此转换方法就变得比较容易，如表 1-4 所示。

表 1-4 二进制数、八进制数和十六进制数之间的关系

二进制数	八进制数	二进制数	十六进制数	二进制数	十六进制数
000	0	0000	0	1000	8
001	1	0001	1	1001	9
010	2	0010	2	1010	A
011	3	0011	3	1011	B
100	4	0100	4	1100	C

（续表）

二进制数	八进制数	二进制数	十六进制数	二进制数	十六进制数
101	5	0101	5	1101	D
110	6	0110	6	1110	E
111	7	0111	7	1111	F

根据这种对应关系，二进制数转换成八进制数时，以小数点为中心向左右两边分组，每3位为一组，两头不足3位补0即可，然后根据表1-4即可完成转换。

同样，二进制数转换成十六进制数时，只要将二进制数以4位为一组即可。

将八（十六）进制数转换为二进制数只要将1位化为3（4）位即可。

【例1-6】 将二进制数1101101110.110101转换成八进制数和十六进制数。

$$(\underline{001}\ \ \underline{101}\ \ \underline{101}\ \ \underline{110}\ .\ \underline{110}\ \ \underline{101})_2=(1556.65)_8$$
$$1\quad 5\quad 5\quad 6\ .\ 6\quad 5$$

$$(\underline{0011}\ \ \underline{0110}\ \ \underline{1110}\ .\ \underline{1101}\ \ \underline{0100})_2=(36E.D4)_{16}$$
$$3\quad 6\quad E\ .\ D\quad 4$$

【例1-7】 将八（十六）进制数转换为二进制数。

$$(2C1D.A1)_{16}=(\underline{0010}\ \ \underline{1100}\ \ \underline{0001}\ \ \underline{1101}.\ \ \underline{1010}\ \ \underline{0001})_2$$
$$2\quad C\quad 1\quad D\ .\ A\quad 1$$

$$(7123.14)_8=(\underline{111}\ \ \underline{001}\ \ \underline{010}\ \ \underline{011}\ .\ \underline{001}\ \ \underline{100})_2$$
$$7\quad 1\quad 2\quad 3.\quad 1\quad 4$$

1.3.4 数据存储单位

在计算机中，数据存储的最小单位为位（bit，b），1位为1个二进制位（又称比特）。

1位太小，无法用来表示数据的信息含义，所以又引入了“字节”（Byte，B）作为数据存储的基本单位。在计算机中规定，1字节为8个二进制位。除字节外，还有千字节（KB）、兆字节（MB）、吉字节（GB）、太字节（TB）、拍字节（PB）、爱字节（EB）等单位。它们的换算关系是：

1 KB = 1024 B = 2^{10} B

1 MB = 1024 KB = 1024×1024 B = 2^{20} B

1 GB = 1024 MB = 1024×1024 KB = 1024×1024×1024 B = 2^{30} B

1 TB = 1024 GB = 2^{40} B

在谈到计算机的存储容量或某些信息量的大小时，常常使用上述的数据存储单位，如目前个人计算机的内存容量一般达到4 GB，硬盘容量一般在500 GB以上。

1.3.5 英文字符编码

计算机除进行数值计算外，大多还是进行各种数据的处理。其中字符处理占有相当大的比重。由于计算机是以二进制数的形式存储和处理的，因此字符也必须按特定的规则进行二进制编码才能进入计算机。字符编码的方法很简单：首先，确定需要编码的字符总数，然后，将每个字符按照顺序确定顺序编号，编号值的大小无意义，仅作为识别与使用这些字符的依据。字符形式的多少涉及编码的位数。这如同必须有一个学号来唯一地表示某个学生，学校的招生规模决定了学号的位数一样。对西文与中文字符，由于形式不同，使用不同的编码。

在计算机中，最常用的英文字符编码为ASCII（American Standard Code for Information Interchange，美国信息交换标准码），如表1-5所示，它原为美国的国家标准，1976年确定为国际标准。

表 1-5 7 位 ASCII 代码表

$d_3d_2d_1d_0$	$d_6d_5d_4$							
	000	001	010	011	100	101	110	111
0000	NUL	DLE	SP	0	@	P	`	p
0001	SOH	DC1	!	1	A	Q	a	q
0010	STX	DC2	"	2	B	R	b	r
0011	ETX	DC3	#	3	C	S	c	s
0100	EOT	DC4	$	4	D	T	d	t
0101	ENQ	NAK	%	5	E	U	e	u
0110	ACK	SYN	&	6	F	V	f	v
0111	BEL	ETB	‘	7	G	W	g	w
1000	BS	CAN	(	8	H	X	h	x
1001	HT	EM	)	9	I	Y	i	y
1010	LF	SUB	*	:	J	Z	j	z
1011	VT	ESC	+	;	K	[	k	{
1100	FF	PS	,	>	L	\	l	|
1101	CR	GS	-	=	M	]	m	}
1110	SO	RS	.	<	N	^	n	～
1111	SI	US	/	?	O	_	o	DEL

在 ASCII 码中，用 7 个二进制位表示 1 个字符，排列次序为 $d_6d_5d_4d_3d_2d_1d_0$，d_6 为高位，d_0 为低位。而一个字符在计算机内实际用 8 位表示。在正常情况下，最高位 d_7 为“0”，在需要奇偶校验时，这一位可用于存储奇偶校验的值，此时称这一位为校验位。

ASCII 码是 128 个字符组成的字符集，其中 94 个为可打印或可显示的字符，其他为不可打印或不可显示的字符。在 ASCII 码的应用中，也经常用十进制数或十六进制数表示。在这些字符中，0～9、A～Z、a～z 都是顺序排列的，且小写比大写字母码值大 32，即位值 d_5 为 0 或 1，这有利于大、小写字母之间的编码转换。

有些特殊的字符编码需要记住，例如：

① a 字母字符的编码为 1100001，对应的十进制数为 97，十六进制数为 61H；

② A 字母字符的编码为 1000001，对应的十进制数为 65，十六进制数为 41H；

③ 0 数字字符的编码为 0110000，对应的十进制数为 48，十六进制数为 30H；

④ 空格字符的编码为 0100000，对应的十进制数为 32，十六进制数为 20H；

⑤ LF（换行）控制符的编码为 0001010，对应的十进制数为 10，十六进制数为 0AH；

⑥ CR（回车）控制符的编码为 0001101，对应的十进制数为 13，十六进制数为 0DH。

1.3.6 汉字编码

用计算机处理汉字时必须先将汉字代码化，即对汉字进行编码。汉字是象形文字，种类繁多，编码比较困难，而且在一个汉字处理系统中，输入、内部存储和处理、输出等部分对汉字代码的要求不尽相同，使用的代码也不尽相同。因此，在处理汉字时，需要进行一系列的汉字代码转换。

计算机对汉字的输入、保存和输出过程如下：在输入汉字时，操作者在键盘上输入输入码，通过输入码找到汉字的国际区位码，再计算出汉字的机内码后保存内码。而当显示或打印汉字时，则首先从指定地址取出汉字的内码，根据内码从字模库中取出汉字的字形码，再通过一定的软件转换，将字形输出到屏幕或打印机上，如图 1-3 所示。

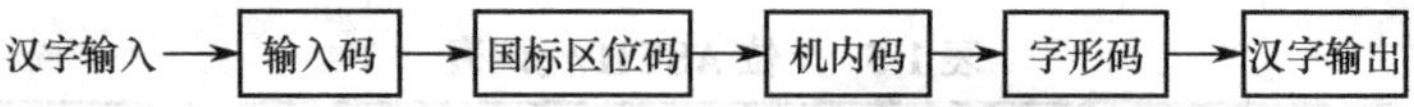

汉字输入 → 输入码 → 国标区位码 → 机内码 → 字形码 → 汉字输出

图 1-3　汉字信息处理系统模型

1．输入码

为了能直接使用英文键盘进行汉字输入，必须为汉字设计相应的编码。汉字编码主要分为三类：数字编码、拼音编码和字形编码。

① 数字编码：用一串数字表示一个汉字，如区位码。区位码将国家标准局公布的 6763 个两级汉字分成 94 个区，每个区分 94 位，实际上是把汉字表示成二维数组，区码和位码各为两位十进制数字。因此，输入一个汉字需要按键 4 次。数字码缺乏规律，难于记忆，通常很少用。

② 拼音编码：以汉语拼音为基础的输入方法，如全拼、搜狗输入法等。拼音法的优点是，学习速度快，学过拼音就可以掌握，但重码率高，打字速度慢。

③ 字形编码：按汉字的形状进行编码，如五笔、郑码等。字形编码的优点是，平均触键次数少，重码率低，缺点是需要背字根，不易掌握。

2．国际区位码

为了解决汉字的编码问题，1980 年，我国公布了 GB 2312—1980 国家标准。在此标准中，含有 6763 个简化汉字，其中一级汉字 3755 个，属于常用字，按汉语拼音顺序排列；二级汉字 3008 个，属非常用字，按部首排列。在该标准的汉字编码表中，汉字和符号按区位排列，共分成 94 个区，每个区有 94 位。一个汉字的编码由它所在的区号和位号组成，称为区位码。

3．机内码

机内码是字符在设备或信息处理内部最基本的表达形式，是在设备和信息处理系统内部存储、处理、传输字符用的代码。在西文计算机中，没有交换码和机内码之分。目前，世界各大计算机公司一般均以 ASCII 码为机内码来设计计算机系统。由于汉字数量多，用 1 个字节无法区分，一般用 2 个字节来存放汉字的内码。2 个字节共 16 位，可以表示 2^{16}（65536）个可区别的码；如果 2 个字节各用 7 位，则可表示 2^{14}（16384）个可区别的码。一般来说，这已经够用了。现在我国的汉字信息系统一般采用这种与 ASCII 码相容的 8 位编码方案，用两个 8 位码字符构成一个汉字内部码。另外，汉字字符必须与英文字符区别开，以免造成混淆。英文字符的机内码是 7 位 ASCII 码，最高位为“0”，汉字机内码中 2 个字节的最高位均为“1”。

为了统一地表示世界各国的文字，1993 年，国际标准化组织公布了“通用多八位编码字符集”的国际标准 ISO/IEC 10646，简称 UCS（Universal Code Set）。UCS 包含了中、日、韩等国的文字，这一标准为包括汉字在内的各种正在使用的文字规定了统一的编码方案。我国相应的国家标准为《GB 13000.1—1993 信息技术 通用多八位编码字符集（UCS）第 1 部分：体系结构与基本多文种平面》。

4．字形码

汉字字形码又称汉字字模，用于在显示屏或打印机输出汉字。汉字字形码通常有两种表示方式：点阵和矢量。

用点阵表示字形时，汉字字形码指的就是这个汉字字形点阵的代码。根据输出汉字的要求不同，点阵的多少也不同。简易型汉字为 16×16 点阵，提高型汉字为 24×24 点阵、32×32 点阵、48×48 点阵等。点阵规模越大，字形越清晰美观，所占存储空间也越大。

矢量表示方式存储的是描述汉字字形的轮廓特征，当要输出汉字时，通过计算机的计算，由汉字字形描述生成所需大小和形状的汉字点阵。矢量化字形描述与最终文字显示的大小、分辨率无关，因此可产生高质量的汉字输出。

点阵方式的编码、存储方式简单，无须转换直接输出，但字形放大后产生的效果差，而且同一种字体不同的点阵需要不同的字库。矢量方式正好与前者相反。

1.4　计算机系统的组成

计算机系统由硬件（Hardware）系统和软件（Software）系统两部分组成，如图 1-4 所示。硬件系统是组成计算机系统的各种物理设备的总称，是计算机系统的物质基础。按照冯・诺依曼体系结构，计算机硬件包括输入设备、运算器、控制器、存储器、输出设备五部分。只有硬件系统的计算机称为裸机，裸机只能识别由 0、1 组成的机器代码，对于一般用户来说几乎是没有用的。软件系统是为运行、管理和维护计算机而编制的各种程序、数据和文档的总称。实际上，用户所面对的是经过若干层软件"包装"的计算机。计算机的功能不仅仅取决于硬件系统，在更大程度上是由所安装的软件系统决定的。

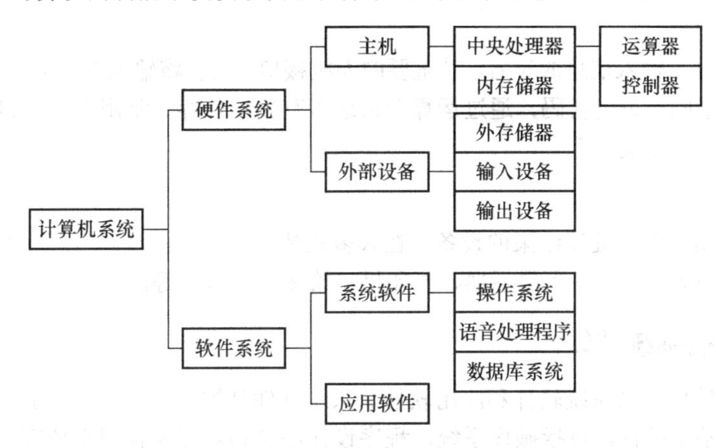

图 1-4　计算机系统的组成

1.4.1　计算机系统的基本硬件

计算机系统的软件包括系统软件和应用软件。总的来说，计算机硬件包括运算器、控制器、存储器、输入设备和输出设备五大功能部件，计算机五大功能部件组成及工作原理如图 1-5 所示。

1．运算器

运算器又称算术逻辑单元（Arithmetic Logic Unit，ALU），是计算机对数据进行加工处理的部件，包括算术运算（加、减、乘、除等）部件和逻辑运算（与、或、非、异或、比较等）部件。

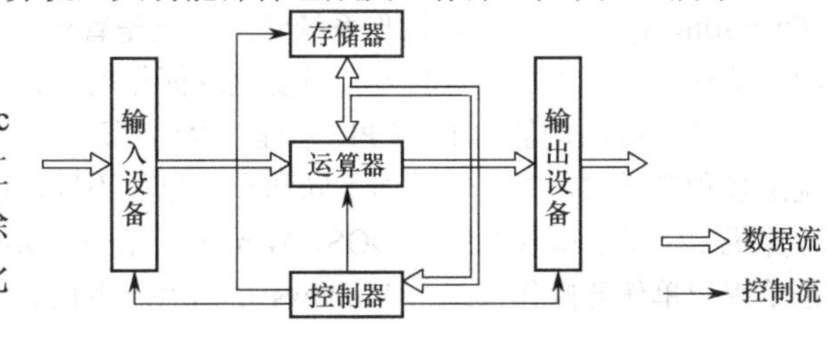

图 1-5　计算机基本硬件组成及工作原理

2．控制器

控制器负责从存储器中取出指令，并对指令进行译码；根据指令的要求，按时间的先后顺序，负责向其他各部件发出控制信号，保证各部件协调一致地工作，一步一步地完成各种操作。控制器主要由指令寄存器、译码器、程序计数器、操作控制器等组成。

运算器和控制器组成硬件系统的核心部件——中央处理器，CPU 采用大规模集成电路工艺制成，又称微处理器。

3．存储器

存储器是用来存放程序和数据的部件，分为内存储器、外存储器、高速缓冲存储器。

内存储器简称内存，也称主存储器，分为只读存储器（Read Only Memory，ROM）和随机存储器（Random Access Memory，RAM）。内存空间的大小（一般指 RAM 部分）也称内存的容量，对计算机的性能影响很大。内存容量越大，能保存的数据就越多，从而减少了与外存储器交换数据的频度，因此效率也越高。目前个人计算机内存一般达到 4 GB，甚至更多。

外存储器简称外存，也称辅存，主要用来长期存放程序和数据。通常，外存不与计算机的其他部件直接交换数据，只与内存交换数据，而且不是按单个数据进行存取，而是成批地进行数据交换。常用的外存有磁盘、磁带、光盘、移动硬盘等。目前硬盘的存储容量一般在 500 GB 以上。

高速缓冲存储器（Cache）也称高速缓存，是 CPU 与内存之间设立的一种高速缓冲器。由于与高速运行的 CPU 数据处理速度相比，内存的数据存取速度太慢，为此在内存和 CPU 之间设置了高速缓存，其中可以保存下一步将要处理的指令和数据，以及在 CPU 运行的过程中重复访问的数据和指令，从而减少了 CPU 直接到速度较慢的内存中访问的次数。

4．输入设备

输入设备是计算机输入信息的设备，是重要的人机接口，负责将输入的信息（包括数据和指令）转换成计算机能识别的二进制代码，通过运算器再送入存储器保存。常用的输入设备包括键盘、鼠标、扫描仪、麦克风、触摸屏等。

5．输出设备

输出设备是输出计算机处理结果的设备。在大多数情况下，输出设备将这些结果转换成便于人们识别的形式。常用的输出设备有显示器、打印机、绘图仪、音响等。

1.4.2 计算机系统的软件

计算机系统的软件包括系统软件和应用软件。系统软件是维持计算机系统的正常运行，支持用户应用软件运行的基础软件，包括操作系统、程序设计语言和数据库管理系统等。应用软件是利用计算机的软件、硬件资源为某一专门的应用目的而开发的软件。

1．操作系统

为了使计算机系统的所有资源（包括中央处理器、存储器、各种外部设备及各种软件）协调一致，有条不紊地工作，就必须有一个软件来进行统一管理和统一调度，这个软件称为操作系统（Operating System，OS）。操作系统的功能就是管理计算机系统的全部硬件资源、软件资源及数据资源，使计算机系统所有资源最大限度地发挥作用，为用户提供方便、有效、友善的服务界面。

操作系统的功能如下：CPU 管理、存储管理、设备管理、文件管理和进程管理。实际的操作系统是多种多样的，根据侧重面不同和设计思想不同，操作系统的结构和内容存在很大差别。目前在计算机上常见的操作系统有 DOS、Windows 系列、OS/2、UNIX、XENIX、Linux、NetWare 等。DOS 是单用户单任务操作系统，Windows 是单用户多任务操作系统。

2．程序设计语言

计算机语言是程序设计的最重要工具，是指计算机能够接受和处理的、具有一定格式的语言。从计算机诞生至今，计算机语言发展经历了三代。

① 机器语言：由 0、1 代码组成，能被机器直接理解、执行的指令集合。该语言编程质量高，所占空间小，执行速度快，是机器唯一能够执行的语言，但机器语言不易学习和修改，且不同类型机器的机器语言不同，只适合专业人员使用。

② 汇编语言：用助记符来代替机器语言中的指令和数据。汇编语言在一定程度上克服了机器语言难读难改的缺点，同时保持了其编程质量高、占用存储空间小、执行速度快的优点。不同计算机一般有不同的汇编语言。汇编语言程序必须翻译成机器语言的目标程序后再执行。

③ 高级语言：一种完全符号化的语言，采用自然语言（英语）中的词汇和语法习惯，容易被人们理解和掌握；完全独立于具体的计算机，具有很强的可移植性。用高级语言编写的程序称为源

程序，源程序不能在计算机直接执行，必须将它翻译或解释成目标程序后，才能为计算机所理解和执行。高级语言的种类繁多，如面向过程的 FORTRAN、Pascal、C、BASIC 等，面向对象的 C++、Java、Visual BASIC、Visual C++、Delphi 等。

3．数据库管理系统

数据库管理系统主要面向解决数据处理的非数值计算问题，用于档案管理、财务管理、图书资料管理及仓库管理等的数据处理。这类数据的特点是数据量比较大，数据处理的主要内容为数据的存储、查询、修改、排序、分类等。目前，常用的数据库管理系统有 Access、FoxPro、SQL Server、Oracle、Sybase、DB2 等。

4．应用软件

应用软件可分为三大类：通用应用软件、专用应用软件及定制应用软件。一些常见的应用软件有：办公软件（如 Microsoft Office）、信息管理软件（如财务管理系统、仓库管理系统、人事档案管理系统）、浏览器（如 Microsoft Internet Explorer）、图形图像处理软件（如 CorelDraw、Photoshop）、工程设计软件（如 AutoCAD、MATLAB）等。

1.5　多媒体技术简介

多媒体技术是当今计算机软件发展的一个热点。多媒体技术使得计算机可以同时交互地接收、处理并输出文本（Text）、图形（Graphics）、图像（Image）、声音（Sound）、动画（Animation）、视频（Video）等信息。

1.5.1　多媒体的基本概念

① 媒体。媒体在计算机领域中主要有两种含义：一是指用以存储信息的实体，如磁带、磁盘、光盘、半导体存储器等；二是指用以承载信息的载体，如数字、文字、声音、图形、图像、动画等。在计算机领域，媒体一般分为感觉媒体、表示媒体、表现媒体、存储媒体和传输媒体五类。

② 多媒体。多媒体，简单地说，是一种以交互方式将文本、图形、图像、声音、动画、视频等多种媒体信息，经过计算机设备的获取、操作、编辑和存储等综合处理后，以单独或合成的形态表现出来的技术和方法。

③ 多媒体技术。多媒体技术涉及许多学科，如图像处理技术、声音处理技术、视频处理技术及三维动画技术等，它是一门跨学科的综合性技术。多媒体技术用计算机把各种不同的电子媒体集成并控制起来，这些媒体包括计算机屏幕显示、CD-ROM、语言和声音的合成及计算机动画等，且使整个系统具有交互性，因此多媒体技术又可被看成一种界面技术，使得人机界面更为形象、生动、友好。

1.5.2　多媒体技术

多媒体技术主要包括数据压缩与解压缩、媒体同步、多媒体网络、超媒体等。其中以视频和音频数据的压缩与解压缩技术最为重要。

视频和音频信号的数据量大，同时要求传输速度高，目前的计算机还不能完全满足要求。因此，需要对多媒体数据进行压缩与解压缩。

数据压缩技术又称数据编码技术，目前多媒体信息的数据编码技术主要如下。

① JPEG（Joint Photographic Experts Group）标准。JPEG 是 1986 年制定的主要针对静止图像的第一个图像压缩国际标准。该标准制定了有损和无损两种压缩编码方案，JPEG 对单色和彩色图像的压缩比通常分别为 10∶1 和 15∶1，常用于 CD-ROM、彩色图像传真和图文管理。许多 Web 浏览器都将 JPEG 图像作为一种标准文件格式，以供欣赏。

② MPEG（Moving Picture Experts Group）标准。MPEG 标准实际上是数字电视标准，包括 3 部分：MPEG-Video、MPEG-Audio 及 MPEG-System。MPEG 是针对 CD-ROM 式有线电视（Cable-TV）传播的全动态影像，严格规定了分辨率、数据传输速率和格式，MPEG 平均压缩比为 50∶1。

③ H.261 标准。这是国际电报电话咨询委员会（CCITT）为可视电话和电视会议制定的标准，是关于视像和声音双向传输的标准。

近 50 年来，已经产生了各种不同用途的压缩算法、压缩手段和实现这些算法的大规模集成电路和计算机软件，人们还在不断地研究更为有效的算法。

1.5.3 多媒体计算机系统组成

多媒体计算机具有能捕获、存储、处理和展示文字、图形、声音、动画及活动影像等多种类型信息的能力。完整的多媒体计算机系统由多媒体硬件系统和多媒体软件系统组成。

1．多媒体计算机硬件系统

多媒体计算机硬件系统主要包括以下几部分。

① 多媒体主机，支持多媒体指令的 CPU。

② 多媒体输入设备，如录像机、摄像机、CD-ROM、话筒等。

③ 多媒体输出设备，如音箱、耳机、录像带等。

④ 多媒体接口卡，如音频卡、视频卡、图形压缩卡、网络通信卡等。

⑤ 多媒体操纵控制设备，如触摸式显示屏、鼠标、操纵杆、键盘等。

2．多媒体计算机软件系统

多媒体计算机软件系统主要包括以下几部分。

① 支持多媒体的操作系统。

② 多媒体数据库管理系统。

③ 多媒体压缩与解压缩软件。

④ 多媒体通信软件。

3．多媒体个人计算机

能够处理多媒体信息的个人计算机称为多媒体个人计算机，简称 MPC（Multimedia Personal Computer）。目前，市场上的主流个人计算机都是 MPC，配置已经远远超过了国际 MPC 标准。

MPC 中，声卡、CD-ROM 驱动器是必须配置的，其他装置可根据需要选配。下面介绍 MPC 涉及的主要硬件技术。

① 声卡的配置。声卡又称音频卡，是 MPC 必选配件，是计算机进行声音处理的适配器。其作用是从话筒中捕获声音，经过模数转换器，对声音模拟信号以固定的时间进行采样，使其变成数字化信息，经转换后的数字信息便可存储到计算机中。在重放时，再把这些数字信息输入到声卡数模转换器中，以同样的采样频率还原为模拟信号，经放大后作为音频输出。有了声卡，计算机便具有了听、说、唱的功能。

② 视频卡的配置。图像处理已经成为多媒体计算机的热门技术。图像的获取一般可通过两种方法：一是利用专门的图形图像处理软件创作所需要的图形；二是利用扫描仪或数字照相机把照片、艺术作品或实景输入计算机。然而，上述方法只能采集静止画面，要想捕获动态画面，就要借助于电视设备。视频卡的作用就是为多媒体个人计算机和电视机、录像机或摄像机提供一个接口，用来捕获动态图像，进行实时压缩生成数字视频信号。

1.5.4 音频信息

1. 音频的数字化

在多媒体系统中，声音是指人耳能识别的音频信息。计算机内采用二进制数表示各种信息，所以计算机内的音频信号必须是数字形式的，必须把模拟音频信号转换成有限个数字表示的离散序列，即实现音频数字化。这一处理技术涉及音频的采样、量化和编码。

2. 数字音频的技术指标

数字音频的技术指标有采样频率、量化位数和声道数。采样频率是指 1 秒内采样的次数。

量化位数是对模拟信号的幅度轴进行数字化，决定了模拟信号数字化以后的动态范围。按字节运算，一般的量化位数为 8 位和 16 位。量化位数越高，信号的动态范围越大，数字化后的音频信号就越可能接近原始信号，但所需要的存储空间也越大。

声道数包含单声道和双声道，双声道又称立体声，在硬件中要占两条线路，音质、音色好，但立体声数字化后所占空间比单声道多一倍。

3. 数字音频的文件格式

音频文件通常分为两类：声音文件和 MIDI（Musical Instrument Digital Interface，乐器数字接口）文件。声音文件是指通过声音录入设备录制的原始声音，直接记录了真实声音的二进制采样数据，通常文件较大；MIDI 文件则是一种音乐演奏指令序列，相当于乐谱，可以利用声音输出设备或与计算机相连的电子乐器进行演奏，由于不包含声音数据，其文件尺寸较小。

数字音频是将真实的数字信号保存起来，播放时通过声卡将信号恢复成悦耳的声音。声音文件采用了不同的音频压缩算法，在保持声音质量基本不变的情况下尽可能获得更小的文件。

① Wave 文件（.wav）：Microsoft 公司开发的一种声音文件格式，符合 RIFF（Resource Interchange File Format）文件规范，用于保存 Windows 平台的音频信息资源，被 Windows 平台及其应用程序广泛支持。

② Audio 文件（.au）：Sun Microsystems 公司推出的一种经过压缩的数字声音格式，是 Internet 中常用的声音文件格式。

③ MPEG 音频文件（.mp1/.mp2/.mp3）：MPEG 标准中的音频部分，即 MPEG 音频层（MPEG Audio Layer）。MPEG 音频文件的压缩是一种有损压缩，根据压缩质量和编码复杂程度的不同可分为三层（MPEG Audio Layer 1/2/3），分别对应 MP1、MP2、MP3 三种声音文件。MPEG 音频编码具有很高的压缩率，MP1 和 MP2 的压缩率分别为 4∶1 和 6∶1～8∶1，MP3 的压缩率则高达 10∶1～12∶1，目前使用最多的是 MP3 文件格式。

④ MIDI 文件（.mid/.rmi）：数字音乐的标准，几乎所有的多媒体计算机都遵循这个标准。它规定了不同厂家的电子乐器与计算机连接的方案及设备间数据传输的协议。

1.5.5 图形与图像

图像所表现的内容是自然界的真实景物，而图形实际上是对图像的抽象，组成图形的画面元素主要是点、线、面或简单立体图形等，与自然界景物的真实感相差很大。

1. 图形与图像的基本属性

① 分辨率：分辨率是一个统称，分为显示分辨率、图像分辨率等。显示分辨率是指在某种显示方式下，显示屏上能够显示出的像素数目，以水平和垂直的像素数表示。图像分辨率是指组成数字图形与图像的像素数目，以水平和垂直的像素数表示。

② 颜色深度：图像中每个像素的颜色（或亮度）信息所占的二进制数位数，记为位/像素（bits

per pixel，b/p）。常见颜色深度种类如下。

- 4 位：VGA 标准支持的颜色深度，共 16 种颜色。
- 8 位：数字媒体应用中的最低颜色深度，共 256 种颜色。
- 16 位：其中的 15 位表示 R、G、B（红、绿、蓝）三种颜色，每种颜色 5 位，余下的 1 位表示图像的其他属性。
- 24 位：用 3 个 8 位分别表示 R、G、B，称为 3 个颜色通道，可生成的颜色数为 16 777 216 种。
- 32 位：同 24 位颜色深度一样，也是用 3 个 8 位通道分别表示 R、G、B 三种颜色，剩余 8 位用来表示图像的其他属性。

③ 文件的大小：图形与图像文件的大小（又称数据量）是指在磁盘上存储整幅图像所有点的字节数，反映了图像所需数据存储空间的大小。

2．图形与图像的数字化

计算机存储和处理的图形与图像信息都是数字化的，因此，无论以什么方式获取图形与图像信息，最终都要转换为一系列二进制数表示的离散数据的集合。这个集合即数字图像信息，即图形与图像的获取过程就是图形与图像的数字化过程。

数字化图像可分为位图和矢量图两种基本类型。位图（Bit-mapped Graphics）是由许多的像素组合而成的平面点阵图。其中，每个像素的颜色、亮度和属性是用一组二进制像素值来表示的。矢量图（Vector Graphics）是用一系列计算机指令集合的形式来描述或处理一幅图，描述的对象包括一幅图中所包含的各图元的位置、颜色、大小、形状、轮廓和其他一些特性，也可以用更复杂的形式表示图像中的曲面、光照、阴影、材质等效果。

3．图形与图像文件的格式

① BMP（Bitmap）格式。BMP 是 Windows 操作系统中的标准图像文件格式。这种格式的特点是包含的图像信息较丰富，几乎不进行压缩，占用磁盘空间大。最典型的应用程序就是 Windows 的画图程序。

② GIF（Graphics Interchange Format，图形交换格式）格式。GIF 是用来交换图片的，是一种经过压缩的 8 位图像的格式，文件存储量很小，所以在网络上得到广泛应用，传输速度比其他格式的图像文件快得多。但是 GIF 格式不能存储超过 256 种颜色的图形。

③ JPEG 格式。JPEG 是由联合照片专家组开发的，其文件扩展名为 .jpg 或 .jpeg，在获取到极高的压缩率的同时，能得到较好的图像质量。JPEG 文件的应用非常广泛，特别是在网络和光盘读物上。目前，大多数 Web 页面都可以看到这种格式的文件，其原因就是 JPEG 格式的文件尺寸较小，下载速度快，有可能以较短的下载时间提供大量美观的图像。

④ JPEG 2000 格式。JPEG 2000 同样是由 JPEG 组织负责制定的。与 JPEG 相比，其压缩率提高约 30%。JPEG 2000 同时支持有损压缩和无损压缩，因此适合保存重要图片。JPEG 2000 还能提供渐进传输，即先传输图像的轮廓，然后逐步传输数据，不断提高图像质量。

⑤ TIFF（Tag Image File Format）格式。TIFF 是由 Aldus 为 Macintosh 机开发的一种图形文件格式，最早流行于 Macintosh，现在 Windows 上主流的图像应用程序都支持该格式。目前，它是 Macintosh 和 PC 上使用最广泛的位图格式，在这两种硬件平台上移植 TIFF 图形图像十分便捷，大多数扫描仪也都可以输出 TIFF 格式的图像文件，支持的色彩数最高可达1600万种。其特点如下：存储的图像质量高，占用的存储空间也非常大，大小是相应 GIF 图像的 3 倍，JPEG 图像的 10 倍。

⑥ PSD 格式。PSD 是著名的 Adobe 公司的图像处理软件 Photoshop 的自建标准文件格式。PSD 其实是 Photoshop 进行平面设计的一张“草稿图”，里面包含各种图层、通道等多种设计的样稿，以便于下次打开文件时可以修改上一次的设计。由于 Photoshop 应用越来越广泛，这种格式也逐步流行起来。

⑦ PNG（Portable Network Graphics）格式。PNG 是一种新兴的网络图像格式，汲取了 GIF 和 JPEG 两者的优点，存储形式丰富，能把图像文件压缩到极限以利于网络传输，但又能保留所有与图像品质有关的信息。目前，越来越多的软件开始支持这一格式，在不久的将来，它可能会在整个 Web 上广泛流行。

⑧ DXF（Autodesk Drawing Exchange Format）格式。DXF 是 AutoCAD 中的矢量文件格式，以 ASCII 码方式存储文件，在表现图形的大小方面十分精确。

⑨ WMF（Windows Metafile Format）格式。WMF 是 Windows 中常见的一种图元文件格式，属于矢量文件格式。它具有文件短小、图案造型化的特点，整个图形由各个独立的组成部分拼接而成，其图形往往较粗糙。

还有其他图形图像文件格式，这里不再赘述。

1.5.6 视频信息

视频一词译自英文单词 Video。我们看到的电影、电视、DVD、VCD 等都属于视频的范畴。视频是活动的图像，是由一系列图像组成的，在电视中每幅图像称为一帧（Frame），在电影中每幅图像称为一格。

与静止图像不同，视频是活动的图像。当以一定的速率将一幅画面投射到屏幕上时，由于人眼的视觉暂留效应，人的视觉就会产生动态画面的感觉，这就是电影和电视的原理。对于人眼来说，若每秒播放 24 格（电影的播放速率）、25 帧（PAL 制电视的播放速率）或 30 帧（NTSC 制电视的播放速率），就会产生平滑和连续的画面效果。

目前有多种视频压缩编码方法，下面简单介绍一些流行的视频格式。

① AVI（Audio Video Interleaved，音频视频交错）格式。AVI（.avi）是 Microsoft 公司开发的一种符合 RIFF 文件规范的数字音频与视频文件格式，最初用于 Microsoft Video for Windows（VFW）环境，现在已被 Windows 系列、OS/2 等多数操作系统直接支持。AVI 文件目前主要应用在多媒体光盘上，用来保存电影、电视等影像信息，有时也出现在 Internet 上，供用户下载、欣赏新影片的精彩片段。

② MPEG 格式（.mpeg/ .mpg/ .dat）。MPEG 文件格式是运动图像压缩算法的国际标准，采用有损压缩方法，减少了运动图像中的冗余信息，同时保证每秒 30 帧的图像动态刷新率，已被几乎所有的计算机平台共同支持。MPEG 标准包括 MPEG 视频、MPEG 音频和 MPEG 系统（视频、音频同步）三部分，前文介绍的 MP3 音频文件就是 MPEG 音频的一个典型应用，Video CD（VCD）、Supper VCD（SVCD）、DVD（Digital Versatile Disk）则是全面采用 MPEG 技术所产生出来的新型消费类电子产品。

③ QuickTime 格式（.mov/ .qt）。QuickTime 是 Apple 计算机公司开发的一种音频、视频文件格式，用于保存音频和视频信息，具有先进的视频和音频功能（包括 Apple Mac OS、Microsoft Windows 系统在内的所有主流计算机平台支持）。QuickTime 文件格式支持 25 位颜色，支持 RLE、JPEG 等领先的集成压缩技术，提供 150 多种视频效果，并提供 200 多种 MIDI 兼容音响和设备的声音装置。

④ ASF（Advanced Streaming Format）格式。ASF 是 Microsoft 开发的一种可以直接在网上观看视频节目的文件压缩格式。由于它使用了 MPEG-4 的压缩算法，所以压缩率和图像的质量都很不错。

⑤ nAVI 格式。nAVI 是 newAVI 的缩写，是一个名为 Shadow Realm 的组织发展起来的一种新视频格式（与上面所说的 AVI 格式没有太大联系）。它是由 Microsoft ASF 压缩算法修改而来的，以牺牲原有 ASF 视频文件视频“流”特性为代价，而通过增加帧率来大幅提高 ASF 视频文件的清晰度。

⑥ RM 格式。Real Networks 公司所制定的音频视频压缩规范称为 Real Media，用户可以使用

RealPlayer 或 RealOne Player 播放器，对符合 RealMedia 技术规范的网络音频/视频资源进行实况转播，并且可以根据不同的网络传输速率制定出不同的压缩比率，从而实现在低速率的网络上进行影像数据实时传送和播放。这种格式的另一个特点是，用户使用 RealPlayer 或 RealOne Player 播放器可以在不全部下载音频/视频内容的条件下实现在线播放。另外，RM 作为目前主流网络视频格式，还可以通过其 Real Server 服务器将其他格式的视频转换成 RM 视频，并由 Real Server 服务器负责对外发布和播放。RM 和 ASF 格式可以说各有千秋，通常 RM 视频更柔和一些，ASF 视频则相对清晰一些。

⑦ RMVB 格式。RMVB 是一种多媒体视频文件格式。RMVB 中的 VB 指 Variable Bit Rate（可改变比特率），较上一代 RM 格式画面要清晰很多，原因是降低了静态画面下的比特率，可以用 RealOne Player 多媒体播放器来播放。

⑧ WMV 格式。一种独立于编码方式的在 Internet 上实时传播多媒体的技术标准。Microsoft 公司希望用其取代 QuickTime 之类的技术标准及 WAV、AVI 之类的文件扩展名。WMV 的主要优点在于：可扩充的媒体类型、本地或网络回放、可伸缩的媒体类型、流的优先级化、多语言支持、扩展性等。

⑨ MP4（MPEG-4 Part 14）格式。MP4 是一种使用 MPEG-4 标准的多媒体计算机档案格式，后缀名 .mp4，以存储数码音频及视频为主。另外，MP4 又可理解为 MP4 播放器，它是一种集音频、视频、图片浏览、电子书、收音机等于一体的多功能播放器。MP4 播放器都将以便携、播放视频为准则，它们可以通过 USB 或 IEEE 1394 端口传输文件，很方便地将视频文件下载到设备中进行播放，而且应当自带 LCD 屏幕，以满足随时播放视频的需要。

1.5.7 计算机动画

计算机动画（Computer Animation）是利用计算机二维和三维图形处理技术，并借助动画编程软件直接生成，或对一系列人工图形进行一种动态处理后，生成的一系列可供实时演播的连续画面。

动画文件的格式如下。

① GIF（Graphics Interchange Format，图形交换格式）格式（.gif）。GIF 是在 20 世纪 80 年代由美国一家著名的在线信息服务机构 CompuServe 开发而成。GIF 格式的特点是压缩比高，得以在网络上大行其道。目前，Internet 上大量采用的彩色动画文件多为这种格式的文件，又称 GIF89a 格式文件。很多图像浏览器如 ACDSee 等都可以直接观看该类动画文件。

② Flic 格式（.fli/ .flc）。Flic 格式由 Autodesk 公司研制而成，在 Autodesk 公司出品的 Autodesk Animator、Animator Pro 和 3D Studio 等动画制作软件中均采用了这种彩色动画文件格式。Flic 是 FLC 和 FLI 的统称：FLI 是最初的基于 320×200 分辨率的动画文件格式，而 FLC 进一步扩展，它采用了更高效的数据压缩技术，所以具有比 FLI 更高的压缩比，其分辨率也有了不少提高。

③ SWF 格式（.swf）。Flash 是 Macromedia 公司的产品，严格地说，Flash 是一种动画（电影）编辑软件，可以制作出一种后缀名为 .swf 的动画，这种格式的动画能用比较小的体积来表现丰富的多媒体形式，并且可以与 HTML 文件达到一种“水乳交融”的境界。Flash 动画其实是一种“准”流（Stream）形式的文件，也就是说，我们在观看的时候，可以不必等到动画文件全部下载到本地，而是随时可以观看，哪怕后面的内容还没有完全下载到硬盘中，也可以开始欣赏动画。而且，Flash 动画是利用矢量技术制作的，不管将画面放大多少倍，画面仍然清晰流畅。

1.6 计算机病毒与防治

随着计算机技术的发展和广泛应用，计算机病毒如同瘟疫一样侵害计算机系统。计算机病毒会导致存储介质上的数据被感染、丢失和破坏，甚至整个计算机系统完全崩溃，近来更有损坏硬件的病毒出现。计算机病毒严重威胁着计算机信息系统的安全，有效预防和控制计算机病毒的产生、蔓延，清除入侵到计算机系统内的计算机病毒，是用户必须关心的问题。

1994 年 2 月 18 日，我国正式颁布实施了《中华人民共和国计算机信息系统安全保护条例》，在第二十八条定义："计算机病毒，是指编制或者在计算机程序中插入的破坏计算机功能或者毁坏数据，影响计算机使用，并能自我复制的一组计算机指令或者程序代码。"此定义具有法律性和权威性。

1.6.1　病毒的产生

病毒是如何产生的呢？其过程可分为：程序设计、传播、潜伏、触发、运行、实行攻击等。究其产生的原因，有以下几种。

① 恶作剧。某些爱好计算机并精通计算机技术的人士为了炫耀自己的高超技术和智慧，凭借对软件、硬件的深入了解，编制一些特殊程序。这些程序通过载体传播出去后，在一定条件下被触发，如显示动画、播放音乐等，这种程序流传出去就演变成了计算机病毒，此类病毒破坏性一般不大。

② 个别人的报复心理。对社会不满而心怀不轨的编程高手，可能编制一些危险性的程序，如 CIH 病毒。

③ 版权保护。计算机发展初期，由于在法律上对于软件版权保护还没有像今天如此完善，很多商业软件被非法复制。有些开发商为了保护自己的利益制作出一些特殊程序，附在产品中。目前，这种病毒已不多见。

④ 特殊目的。某些组织或个人为了达到某种特殊目的，对政府机构和单位的特殊系统进行破坏。

⑤ 产生于游戏。编程人员在无聊时互相编制一些程序输入计算机，让程序去销毁对方的程序，如最早的"磁芯大战"，这样新的病毒又产生了。

1.6.2　病毒的特征

计算机病毒一般具有以下特征。

① 隐蔽性。计算机病毒为了不让用户发现，用尽一切手段将自己隐藏起来，一些广为流传的计算机病毒都隐藏在合法文件中。一些病毒以合法文件的身份出现，如电子邮件病毒，当用户接收邮件时，同时收下病毒文件，一旦打开文件或满足发作的条件，将对系统造成影响。当计算机加电启动时，病毒程序从磁盘上被读入内存常驻，使计算机染上病毒并具有传播的条件。

② 传染性。计算机病毒能够主动将自身的复制品或变种传染到系统其他程序上。当用户对磁盘进行操作时，病毒程序通过自我复制很快传播到其他正在执行的程序中，被感染的文件又成了新的传染源，在与其他计算机进行数据交换或是通过网络接触时，计算机病毒会继续进行传染，从而产生连锁反应，造成病毒的扩散。

③ 潜伏性。计算机病毒侵入系统后，一般不会马上发作，它可长期隐藏在系统中，不会干扰计算机的正常工作，只有在满足特定条件时才执行破坏操作。

④ 破坏性。计算机病毒只要入侵系统，都会对计算机系统及应用程序产生不同程度的影响。轻则降低计算机工作效率、占用系统资源；重则破坏数据、删除文件或加密磁盘、格式化磁盘、造成系统崩溃，甚至造成硬件的损坏。病毒程序的破坏性会造成严重的危害，因此，不少国家包括我国都把制造和有意扩散计算机病毒视为一种刑事犯罪行为。

⑤ 触发性。计算机病毒一般都有一个或者几个触发条件。满足其触发条件或者激活病毒的传染机制，都会使病毒进行传染，或者激活病毒的表现部分或破坏部分。触发的实质是一种条件的控

制，病毒程序可以依据设计者的要求，在一定条件下实施攻击。这个条件可以是输入特定字符、使用特定文件、某个特定日期或特定时刻，或者病毒内置的计数器达到一定次数等。

1.6.3 病毒的分类

从第一个病毒问世以来，病毒的种类多得已经难以准确统计。时至今日，病毒的数量仍在不断增加。据国外统计，计算机病毒数量正以 10 种/周的速度递增，另据我国公安部统计，国内的计算机病毒数量正以 4～6 种/月的速度在递增。

计算机病毒的分类方法有很多种。因此，同一种病毒可能有多种不同的分法。

1．按照计算机病毒攻击的系统分类

计算机病毒分为攻击 DOS 系统的病毒、攻击 Windows 系统的病毒、攻击 UNIX 系统的病毒、攻击 OS/2 系统的病毒。

2．按照病毒攻击的机型分类

计算机病毒分为攻击微型计算机的病毒、攻击小型机的计算机病毒、攻击工作站的计算机病毒。

3．按照计算机病毒的链接方式分类

① 源码型病毒：攻击高级语言编写的程序，该病毒在高级语言所编写的程序编译前插入到源程序中，经编译成为合法程序的一部分。

② 嵌入型病毒：将自身嵌入到现有程序中，把计算机病毒的主体程序与其攻击的对象以插入的方式链接。这种计算机病毒是难以编写的，一旦侵入程序体后也较难消除。

③ 外壳型病毒：将自身包围在主程序的四周，对原来的程序不做修改。这种病毒最为常见，易于编写，也易于发现，一般通过测试文件的大小可知。

④ 操作系统型病毒：用它自己的程序意图加入或取代部分操作系统代码进行工作，具有很强的破坏力，可以导致整个系统的瘫痪。圆点病毒和大麻病毒就是典型的操作系统型病毒。

4．按照计算机病毒的破坏情况分类

① 良性计算机病毒：指不包含对计算机系统产生直接破坏作用的代码。这类病毒为了表现其存在，只是不停地进行扩散，从一台计算机传染到另一台，并不破坏计算机内的数据。有些只是表现为恶作剧。这类病毒取得系统控制权后，会导致整个系统的运行效率降低，系统可用内存总数减少，使某些应用程序暂时无法执行。

② 恶性计算机病毒：指在其代码中包含损伤和破坏计算机系统的操作，在其传染或发作时会对系统产生直接的破坏作用。这类病毒有很多，如米开朗琪罗病毒。当米开朗琪罗病毒发作时，硬盘的前 17 个扇区将被彻底破坏，使整个硬盘上的数据无法恢复，造成的损失是无法挽回的。有的病毒甚至还会对硬盘做格式化等破坏操作。

5．按照计算机病毒的寄生部位或传染对象分类

① 磁盘引导区传染的计算机病毒：磁盘引导区传染的病毒主要是用病毒的全部或部分逻辑取代正常的引导记录，而将正常的引导记录隐藏在磁盘的其他地方。由于引导区是磁盘能正常使用的先决条件，因此，这种病毒在运行的一开始（如系统启动时）就能获得控制权，其传染性较大。由于在磁盘的引导区内存储着需要使用的重要信息，因此，如果对磁盘上被移走的正常引导记录不进行保护，在运行过程中就会导致引导记录的破坏。引导区传染的计算机病毒较多，如“大麻”和“小球”病毒就是这类病毒。

② 操作系统传染的计算机病毒：操作系统是计算机应用程序得以运行的支持环境，由 SYS、EXE 和 DLL 等许多可执行的程序及程序模块构成。操作系统型病毒就是利用操作系统中的一些程

序及程序模块寄生并传染的病毒。通常，这类病毒成为操作系统的一部分，只要计算机开始工作，病毒就处在随时被触发的状态。而操作系统的开放性和不完善性给这类病毒出现的可能性与传染性提供了方便。“黑色星期五”就是这类病毒。

③ 可执行程序传染的计算机病毒：通过可执行程序传染的病毒通常寄生在可执行程序中，一旦程序被执行，病毒就会被激活，病毒程序首先被执行，并将自身驻留内存，然后设置触发条件进行传染。

6. 按照计算机病毒激活的时间分类

病毒可分为：定时病毒，仅在某一特定时间才发作；随机病毒，一般不是由时钟来激活的。

7. 按照传播媒介分类

① 单机病毒：单机病毒的载体是磁盘，在一般情况下，病毒从 U 盘、移动硬盘传入硬盘，感染系统，再传染其他 U 盘和移动硬盘，接着传染其他系统，如 CIH 病毒。

② 网络病毒：网络病毒的传播介质不再是移动式存储载体，而是网络通道，这种病毒的传染能力更强，破坏力更大，如“尼姆达”病毒。

1.6.4　病毒发作症状

当计算机感染病毒后，主要表现在以下几方面。

① 系统无法启动，启动时间延长，重复启动或突然重启。

② 出现蓝屏，无故死机或系统内存被耗尽。

③ 屏幕上出现一些乱码。

④ 出现陌生的文件，陌生的进程。

⑤ 文件时间被修改，文件大小变化。

⑥ 磁盘文件被删除，磁盘被格式化等。

⑦ 无法正常上网或上网速度很慢。

⑧ 某些应用软件无法使用或出现奇怪的提示。

⑨ 磁盘可利用的空间突然减少。

1.6.5　病毒的预防、检测和清除

1. 计算机病毒的预防

病毒在计算机之间传播的途径主要有两种：一种是通过存储媒体载入计算机，如硬盘、软盘、盗版光盘、网络等；另一种是在网络通信过程中，通过不同计算机之间的信息交换，造成病毒传播。随着 Internet 的快速发展，Internet 已经成了计算机病毒传播的主要渠道。

对计算机用户而言，预防病毒较好方法是借助主流的防病毒卡或软件。国内外不少公司和组织研制出了许多防病毒卡和防病毒软件，对抑制计算机病毒的蔓延起到很大的作用。在对计算机病毒的防治、检测和清除三个步骤中，预防是重点，检测是预防的重要补充，而清除是亡羊补牢。

2. 计算机病毒的检测

阻塞计算机病毒的传播比较困难，我们应经常检查病毒，及早发现，及早根治。要想正确消除计算机病毒，必须对计算机病毒进行检测。一般说来，计算机病毒的发现和检测是一个比较复杂的过程，许多计算机病毒隐藏得很巧妙。不过，病毒侵入计算机系统后，系统常常会有前面介绍的发作症状，可以作为判断的依据。

3. 计算机病毒的清除

清除计算机病毒一般有两种方法：人工清除和软件清除。

① 人工清除法：一般只有专业人员才能进行，是指利用实用工具软件对系统进行检测，清除计算机病毒。

② 软件清除法：利用专门的防治病毒软件，对计算机病毒进行检测和清除。常见的计算机病毒清除软件有：金山毒霸、瑞星杀毒软件、卡巴斯基杀毒软件、Norton Antivirus、360 安全卫士等。

1.7 程序与指令

1. 程序

计算机的产生为人们解决复杂问题提供了可能，但从本质上讲，不管计算机功能多强大，构成多复杂，它也是一台机器而已。它的整个执行过程必须被严格和精确地控制，完成该功能的便是程序。

简单来说，程序就是完成特定功能的指令序列。当希望计算机解决某个问题时，人们必须将问题的详细求解步骤以计算机可识别的方式组织起来，这就是程序。而计算机可识别的最小求解步骤就是指令。

2. 指令

一条指令就是程序设计的最小语言单位。一条计算机指令用一串二进制代码表示，由操作码和操作数两个字段组成。操作码用来表征该指令的操作特性和功能，即指出进行什么操作；操作数部分经常以地址码的形式出现，指出参与操作的数据在存储器中的地址。一般情况下，参与操作的源数据或操作后的结果数据都在存储器中，通过地址可访问其内容，即得到操作数。

一台计算机能执行的全部指令的集合，称为这台计算机的指令系统。指令系统根据计算机使用要求设计，准确地定义了计算机对数据进行处理的能力。不同种类的计算机，其指令系统的指令数目与格式也不同。指令系统越丰富、完备，编制程序就越方便灵活。

1.8 微型计算机的性能指标

微型计算机的性能指标是指能在一定程度上衡量机器优劣的技术指标，微型计算机的优劣是由多项技术指标综合确定的。但对于大多数普通用户来说，可以从以下几个方面来大体评价计算机。

1. 字长

字长是指 CPU 能够直接处理的二进制数的位数。它标志着计算机处理数据的精度，字长越长，精度越高。同时，字长与指令长度也有对应关系，因而指令系统功能的强弱程度与字长有关。目前，一般的大型主机字长在 128～256 位之间，小型机字长在 64～128 位之间，微型机字长在 32～64 位之间。随着计算机技术的发展，各种类型计算机的字长有加长的趋势。

2. 运算速度

运算速度是衡量计算机性能的一项重要指标。通常所说的计算机运算速度（平均运算速度）是指每秒所能执行的指令条数，一般用 MIPS（每秒百万条指令）来描述。微型计算机也可采用主频来描述运算速度，主频就是 CPU 的时钟频率。一般来说，主频越高，单位时间里完成的指令数也越多，CPU 的速度也就越快。不过，由于各种各样的 CPU 的内部结构不尽相同，所以并非所有时钟频率相同的 CPU 的性能都一样。主频的单位是 GHz，如酷睿 i7 的主频为 3.5GHz，AMD FX-8150 的主频为 3.6GHz。

3. 存储容量

存储容量一般包括内存容量和外存容量。随着操作系统的升级、应用软件的不断丰富及其功能的不断扩展，人们对计算机内存容量的需求也不断提高。任何程序和数据的读/写都要通过内存，内存容量的大小反映了存储程序和数据的能力，从而反映了信息处理能力的强弱。内存容量越大，系统功能就越强大，能处理的数据量就越庞大。外存容量通常是指硬盘容量（包括内置硬盘和移动硬盘）。外存储器容量越大，可存储的信息就越多，可安装的应用软件就越丰富。

4．外设扩展能力

外设扩展能力主要指计算机系统配接各种外部设备的可能性、灵活性和适应性。一台计算机允许配接多少外部设备，对系统接口和软件研制都有重大影响。

5．软件配置

软件配置是否齐全，直接关系到计算机性能的好坏和效率的高低。例如，是否有功能很强、能满足应用要求的操作系统和高级语言、汇编语言，是否有丰富的、可供选用的应用软件等，都是在购置计算机系统时需要考虑的。

6．其他指标

除以上的各项指标外，评价计算机时还要考虑机器的兼容性（兼容性强有利于计算机的推广）、系统的可靠性（指平均无故障工作时间）、系统的可维护性（指故障的平均排除时间）及机器允许配置的外部设备的最大数目等。

本章小结

本章对计算机基础知识进行了总体介绍，为读者学习和了解后面章节打下基础。本章需要重点掌握的内容包括以下几点：计算机的发展、特点及分类；计算机中的数据及编码；计算机系统的组成；多媒体的基本概念，音频、图形与图像、视频、动画的基本概念；计算机病毒与防治。

习 题

1．选择题

（1）人们习惯将计算机的发展划分为四代，划分的主要依据是____。

A．计算机的应用领域　　B．计算机的运行速度
C．计算机的配置　　D．计算机主机所使用的元器件

（2）计算机辅助设计又称____。

A．CAI　　B．CAM　　C．CAD　　D．CAT

（3）个人计算机属于____。

A．小型计算机　　B．巨型计算机　　C．微型计算机　　D．中型计算机

（4）早期的计算机主要应用于____。

A．科学计算　　B．信息处理　　C．实时控制　　D．辅助设计

（5）以下不属于计算思维范畴的思维方法是____。

A．科学思维方法　　B．工程思维方法　　C．物理思维方法　　D．数学思维方法

（6）以下属于电子计算机的是____。

A．加分机　　B．差分机分　　C．图灵机　　D．乘法机

（7）“利用计算机模拟人类的感知、思维、推理等智能行为，使机器具有类似于人的行为”指的是____。

A．机器学习　　B．人工智能　　C．程序自动控制　　D．机器仿生

（8）多媒体化是指以____为核心的图像、声音与计算机、通信等融为一体的信息环境，使人们可利用计算机以更接近自然的方式交换信息。

A．数字技术　　B．数学技术　　C．通信技术　　D．云计算技术

（9）电子计算机经历了电子管计算机、____计算机、中小规模集成电路和大规模、超大规模集成电路。

A．纳米　　B．继电器　　C．晶体管　　D．阴极管

（10）“人工智能之父”指的是____。

A．冯·诺依曼　　B．巴贝奇　　C．艾肯　　D．图灵

2．填空题

（1）目前所使用的计算机都是基于一个美国科学家提出的原理进行工作的，这位科学家是________。

（2）世界上公认的第一台电子计算机于 1946 年在宾夕法尼亚大学诞生，它叫________。

（3）将二进制数 1111111 转换成八进制数是________，转换成十六进制数是________，将 A8H 转换成十进制数是________。

（4）将十进制数 0.625 转换成二进制数是________，转换成八进制数是________，转换成十六进制数是________。

（5）如果计算机的字长是 8 位，那么 68 的补码是________，−68 的补码是________。

（6）带符号数有原码、反码和补码等表示形式，其中用________表示时，+0 和-0 的表示形式是一样的。

（7）存储 1024 个 32×32 点阵的汉字字形信息需要的字节数是________。

（8）在中文 Windows 环境下，设有一串汉字的内码是 B5C8BCB3BFBDCAD6H，则这串文字中包含________个汉字。

3．思考题

（1）计算机的发展经历了哪几代？电子计算机发展又有几个阶段？划分依据是什么？

（2）电子计算机的主要特点有哪些？

（3）举例说明生活中应用到计算思维的例子。

（4）如何看待计算思维中的“可计算性”？可否举例说明？

（5）计算机的发展经历了哪几代？每代计算机采用的主要元器件是什么？

（6）列出表示计算机存储容量的 B、KB、MB、GB 与 TB 之间的关系。

4．计算题

1．将十进制数 12369 转换成二进制数、八进制数和十六进制数。

2．将十六进制数 F56C 转换成二进制数、八进制数和十进制数。

3．计算二进制数运算 1011011×1011 的结果。

4．计算下列二进制数逻辑运算的结果：

（1）101101100 AND 111110111

（2）101101100 OR 111110111

（3）¬101101100

（4）101101100 XOR 111110111

5．用规格化的浮点格式表示十进制数 322.8125。

6．设浮点数形式为阶符、阶码、尾符、尾数，其中阶码（包括 1 位符号位）取 8 位补码，尾数（包括 1 位符号位）取 24 位原码，基数为 2。请写出二进制数−110.0101 的浮点数形式。

7．分别用原码、补码、反码表示有符号十进制数+96 和−96。

8．已知 X 的补码为 11000110，求其真值。

9．用补码运算计算出 32−89 的结果。

10．将二进制数+11011001 转换成十进制数，并用 8421BCD 码表示。

第 2 章　计算机网络与 Internet

导读

计算机网络自 20 世纪 60 年代末诞生以来，即以异常迅猛的速度发展起来，越来越广泛地应用于政治、经济、军事、生产及科学技术等多个领域。现在，计算机网络已经形成了一个覆盖全球的巨大网络，它把世界变小，使人们交流更加方便快捷，具有划时代意义的网络时代已经到来。本章介绍计算机网络的形成与发展、组成与功能、计算机网络协议、常用局域网的组网技术、常用的局域网标准和协议、与 Internet 相关的基本概念和 Internet 常用服务的使用。

学习目标

- 了解计算机网络的概念及组成
- 熟悉计算机网络的功能与分类
- 了解和掌握局域网的基本概念及应用
- 掌握 Internet 接入方式、IP 地址和域名系统等概念
- 了解和掌握 Internet 的基本应用
- 了解计算机网络安全概念和相关防范措施
- 了解常见网络故障的诊断

2.1　计算机网络概述

随着人类社会的不断进步、经济的快速发展和计算机的广泛应用，特别是家用计算机的日益普及，人们对信息的需求也越来越强烈，而孤立的、单个的计算机功能有限，越来越不适应社会发展的需要，因此，要求大型计算机的硬件和软件资源及它们所管理的信息资源能够被众多的微型计算机共享，以便充分利用这些资源。正是这些原因促使计算机向网络化发展，将分散的计算机连接成网，组成计算机网络。

从 20 世纪 90 年代开始，随着 Internet 的兴起和快速发展，计算机网络已经成为人们生活中不可缺少的一部分。

2.1.1　计算机网络的概念

现在，计算机网络的精确定义并未统一。可以将网络简单地定义为：以交换共享信息为目的的多台自治计算机的互连集合。自治计算机是指网络中计算机之间不存在主从关系，各自是一个独立的工作系统；互连是指两台计算机通过通信介质连接在一起，互相交换信息。也可以将计算机网络的组成和功能定义得具体一些，即计算机网络是指将地理位置不同的多台自治计算机系统及其外部设备，通过通信介质互连，在网络操作系统、网络管理软件及网络通信协议的管理和协调下，实现资源共享和信息传递的系统。最简单的计算机网络就是只有两台计算机和连接它们的一条通信线路，即两个节点和一条链路。

在理解计算机网络定义的时候，要注意以下 3 点。

① 自治：计算机之间没有主从关系，所有计算机都是平等、独立的。

② 互连：计算机之间由通信信道相连，并且相互之间能够交换信息。

③ 集合：网络是计算机的群体。

2.1.2 计算机网络的组成

计算机网络主要由物理硬件和功能软件两部分构成。

计算机网络的物理硬件，主要包括物理节点和通信链路。物理节点分为主机和中间设备两类。网络主机从服务功能上又可分为客户端和服务器。客户端是指使用网络服务的计算机；服务器是指提供某种网络服务的计算机。中间设备包括集线器、中继器、网桥、交换机、路由器、网关等。通信链路包括网卡和传输介质。网卡即网络适配器，是计算机与传输介质连接的接口设备。物理传输介质是计算机网络最基本的组成部分，任何信息的传输都离不开它。传输介质有有线介质和无线介质两种。有线介质包括双绞线、同轴电缆、光纤；无线传输介质包括微波和卫星。

计算机网络的功能软件主要由网络传输协议、网络操作系统、网络管理软件和网络应用软件等构成。其中，网络传输协议就是连入网络的计算机必须共同遵守的一组规则和约定，以保证数据传送与资源共享能顺利完成。网络操作系统是控制、管理、协调网络上的计算机，使之能方便有效地共享网络的硬件、软件资源，为网络用户提供所需的各种服务的软件和有关规程的集合。一般而言，网络操作系统除具有一般操作系统的功能外，还具有网络通信能力和多种网络服务功能。网络管理软件的功能是对网络中大多数参数进行测量与控制，以保证用户安全、可靠、正常地得到网络服务，使网络性能得到优化。网络应用软件就是能够使用户在网络中完成和使用相关网络服务的工具软件的集合。例如，能够实现网上漫游的IE或Google Chrome 浏览器，能够收发电子邮件的Outlook Express等。随着网络应用的普及，将会有越来越多的网络应用软件，为用户带来很大的方便。

计算机网络是计算机技术和通信技术紧密结合的产物，它涉及通信与计算机两个领域。它的诞生使计算机体系结构发生了巨大变化，在当今社会经济中起着非常重要的作用，它为人类社会的进步做出了巨大贡献。从某种意义上讲，计算机网络的发展水平不仅反映了一个国家的计算机科学和通信技术水平，而且成为衡量其国力及现代化程度的重要标志之一。

2.1.3 计算机网络的发展

计算机网络出现的历史不长，但发展速度很快。在40多年的时间里，它经历了从简单到复杂、从单机到多机、从地区到全球的发展过程。发展过程大致可概括为4个阶段：具有通信功能的单机系统阶段；具有通信功能的多机系统阶段；以共享资源为主的计算机网络阶段；以局域网及其互连为主要支撑环境的分布式计算阶段。

1．具有通信功能的单机系统

该系统又称“终端-计算机”网络，是早期计算机网络的主要形式。它是由一台中央主计算机和连接在大量的地理位置上分散的终端组成。20世纪60年代中期，典型的单机系统应用是由一台计算机和全美范围内2000多个终端组成的飞机订票系统，通过通信线路汇集到一台中心计算机进行集中处理，从而首次实现了计算机技术与通信技术的结合。

2．具有通信功能的多机系统

在单机通信系统中，中央计算机负担较重，既要进行数据处理，又要承担通信控制，实际工作效率下降；而且主机与每台远程终端都用一条专用通信线路连接，线路的利用率较低。由此出现了数据处理和数据通信的分工，即在主机前增设一个前端处理机负责通信工作，并在终端比较集中的地区设置集中器。集中器通常由微型机或小型机实现，它首先通过低速通信线路将附近各远程终端连接起来，然后通过高速通信线路与主机的前端处理机相连。这种具有通信功能的多机系统，构成了计算机网络的雏形。20 世纪 60～70 年代，此网络在军事、银行、铁路、民航、教育等部门都有应用。

3．计算机网络

20 世纪 70 年代末至 90 年代，出现了由若干个计算机互连的系统，开创了“计算机-计算机”通信的时代，并呈现出多处理中心的特点，即利用通信线路将多台计算机连接起来，实现了计算机之间的通信。

4．局域网的兴起和分布式计算的发展

自 20 世纪 90 年代末至今，随着大规模集成电路技术和计算机技术的飞速发展，局域网技术得到迅速发展。早期的计算机网络是以主计算机为中心的，计算机网络控制和管理功能都是集中式的，但随着个人计算机（PC）功能的增强，PC 方式呈现出的计算能力已逐步发展成为独立的平台，这就导致了一种新的计算结构——分布式计算模式的诞生。

目前，计算机网络的发展正处于第 4 阶段。这一阶段计算机网络发展的特点是：综合、高效、智能与更为广泛的应用。

2.1.4　计算机网络的分类

计算机网络的种类繁多，性能各不相同，根据不同的分类原则，可以得到各种不同类型的计算机网络。

1．按照网络的分布范围分类

计算机网络按照其覆盖的地理范围进行分类，可分为局域网、广域网和城域网 3 种。

（1）局域网（Local Area Network，LAN）

局域网是人们最常见、应用最广的一种网络。所谓局域网，是在一个局部的地理范围内（如一个学校、工厂和机关内），一般是方圆几千米以内，将各种计算机、外部设备和数据库等互相连接起来组成的计算机通信网，用于连接个人计算机、工作站和各类外围设备以实现资源共享和信息交换。它的特点是分布距离近、传输速度高、连接费用低、数据传输可靠、误码率低等。为了区别于其他网络，局域网具有以下特点。

① 地理分布范围较小，一般为几百米至几千米。可覆盖一幢大楼、一所校园或一个企业。

② 数据传输速率较高，一般为 10～1000Mbps，可交换各类数字和非数字（如语音、图像、视频等）信息。

③ 误码率低，一般为 11～104。这是因为局域网通常采用短距离基带传输，可以使用高质量的传输媒体，从而提高了数据传输质量。

④ 以计算机为主体，包括终端及各种外设，一般不包含大型网络设备。

⑤ 结构灵活、建网成本低、周期短、便于管理和扩充。

（2）广域网（Wide Area Network，WAN）

广域网又称远程网，它的联网设备分布范围广，一般从数千米到数千千米。广域网通过一组复杂的分组交换设备和通信线路将各主机与通信子网连接起来，因此网络所涉及的范围可以是市、地区、省、国家乃至世界范围。由于它的这一特点使单独建造一个广域网是极其昂贵和不现实的，因此，常常借用传统的公共传输（电报、电话）网来实现。此外，由于其传输距离远，又依靠传统的公共传输网，因此错误率较高。

（3）城域网（Metropolitan Area Network，MAN）

城域网的分布范围介于局域网和广域网之间，这种网络的连接距离为 10～100km。MAN 与 LAN 相比，扩展的距离更长，连接的计算机数量更多，在地理范围上可以说是 LAN 的延伸。在一个大型城市或都市地区，一个 MAN 通常连接着多个 LAN。

2．按网络的拓扑结构分类

抛开网络中的具体设备，把网络中的计算机等设备抽象为点，把网络中的通信媒体抽象为线，这样从拓扑学的观点去看计算机网络，就形成了由点和线组成的几何图形，从而抽象出网络系统的具体结构。这种采用拓扑学方法描述各个节点之间的连接方式称为网络的拓扑结构。计算机网络常采用的基本拓扑结构有总线结构、环形结构、星形结构等。

2.1.5 计算机网络体系结构

计算机网络体系结构是从网络系统设计师与分析师眼中所看到的计算机网络。计算机网络体系结构是使用系统的概念、方法和理论对计算机网络要素及它们之间的联系进行的设计和分析。1974 年，IBM 公司首先公布了世界上第一个计算机网络体系结构（System Network Architecture，SNA），凡是遵循 SNA 的网络设备都可以很方便地进行互连。目前最主要的网络体系结构大多是层次网络体系结构，它指的是网络分层及其相关协议的总和，包括两种网络边界，即操作系统边界和协议边界。最著名的层次网络体系结构有两种：ISO OSI/RM 模型和 TCP/IP 模型。

1．ISO OSI/RM 模型

1977 年 3 月，国际标准化组织（ISO)的技术委员会 TC97 成立了一个新的技术分委会 SC16 专门研究“开放系统互连”，并于 1983 年提出了“开放系统互连”参考模型，即著名的 ISO 7498 国际标准（我国相应的国家标准是 GB 9387），记为 OSI/RM。在 OSI 中采用了三级抽象：参考模型（即体系结构）、服务定义和协议规范（即协议规格说明），自上而下，逐步求精。OSI/RM 并不是一般的工业标准，而是一个为制定标准而使用的概念性框架。

经过各国专家的反复研究，在 OSI/RM 中，采用了如表 2-1 所示的 7 个层次的体系结构。

表 2-1　OSI/RM 的 7 层协议模型

层　号	名　称	主要功能简介
7	应用层	作为与用户应用进程的接口，负责用户信息的语义表示，并在两个通信者之间进行语义匹配，它不仅要提供应用进程所需要的信息交换和远程操作，而且还要作为互相作用的应用进程的用户代理来完成一些信息交换所必需的功能
6	表示层	对源站点内部的数据结构进行编码，形成适合于传输的比特流，到了目的站再进行解码，转换成用户所要求的格式并进行解码，而且还要保持数据的意义不变。主要用于数据格式转换
5	会话层	提供一个面向用户的连接服务，它为合作的会话用户之间的对话和活动提供组织和同步所必需的手段，以便对数据的传送提供控制和管理。主要用于会话的管理和数据传输的同步
4	传输层	从端到端经过网络透明地传送报文，完成端到端通信链路的建立、维护和管理
3	网络层	分组传送、路由选择和流量控制，主要用于实现端到端通信系统中中间节点的路由选择
2	数据链路层	通过一些数据链路层协议和链路控制规程，在不太可靠的物理链路上实现可靠的数据传输
1	物理层	实行相邻计算机节点之间比特数据流的透明传送，尽可能屏蔽具体传输介质和物理设备的差异

它们由低到高分别是物理层、数据链路层、网络层、传输层、会话层、表示层、应用层。每层完成一定的功能，每层都直接为其上层提供服务，并且所有层次都互相支持。第 4 层到第 7 层主要负责互操作性，而第 1 层到第 3 层则用于创造两个网络设备间的物理连接。

OSI/RM 参考模型对各个层次的划分应遵循以下几个原则。

① 网中各节点都有相同的层次，相同的层次具有同样的功能。

② 同一节点内相邻层之间通过接口通信。

③ 每层使用下层提供的服务，并向其上层提供服务。

④ 不同节点的同等层按照协议实现对等层之间的通信。

2．TCP/IP 参考模型

TCP/IP 是目前异种网络通信使用的唯一协议体系，使用范围极广，既可用于局域网，又可用于广域网，许多厂商的计算机操作系统和网络操作系统产品都采用或含有 TCP/IP。TCP/IP 已成为目前事实上的国际标准和工业标准。

TCP/IP 也是一个分层的网络协议，不过它与 OSI 模型所分的层次有所不同。TCP/IP 从底至顶分为网络接口层、互联网层、传输层、应用层，共 4 个层次，各层功能如下。

（1）网络接口层

这是 TCP/IP 模型的最底层，负责接收从互联网层交来的 IP 数据报并将 IP 数据报通过底层物理网络发送出去，或者从底层物理网络上接收物理帧，抽出 IP 数据报，交给互联网层。网络接口有两种类型：第一种是设备驱动程序，如局域网的网络接口；第二种是含自身数据链路协议的复杂子系统，如 X.25 中的网络接口。

事实上，在 TCP/IP 模型描述中，互联网层的下面什么都没有，TCP/IP 参考模型没有真正描述这一部分，只是指出主机必须使用某种协议与网络连接，以便能在其上传递 IP 分组。这个协议未被定义，并且随主机和网络的不同而不同。

（2）互联网层

互联网层的主要功能是负责相邻节点之间的数据传送，主要包括三方面。第一，处理来自传输层的分组发送请求。将分组装入 IP 数据报，填充报头，选择去往目的节点的路径，然后将数据报发往适当的网络接口。第二，处理输入的数据报。首先检查数据报的合法性，然后进行路由选择，假如该数据报已到达目的节点（本机），则去掉报头，将 IP 报文的数据部分交给相应的传输层协议；假如该数据报尚未到达目的节点，则转发该数据报。第三，处理 ICMP 报文。即处理网络的路由选择、流量控制和拥塞控制等问题。TCP/IP 网络模型的互联网层在功能上类似于 OSI 参考模型中的网络层。

（3）传输层

TCP/IP 参考模型中传输层的作用与 OSI 参考模型中传输层的作用是一样的，即在源节点和目的节点的两个进程实体之间提供可靠的端到端的数据传输。为保证数据传输的可靠性，传输层协议规定接收端必须发回确认，并且假定分组丢失，必须重新发送。

传输层还要解决不同应用程序的标识问题，因为在一般的通用计算机中，常常是多个应用程序同时访问互联网。为区别各个应用程序，传输层在每个分组中增加了识别信源和信宿应用程序的标记。另外，传输层的每个分组均附带校验和，以便检查接收到的分组的正确性。

TCP/IP 模型提供了两个传输层协议：传输控制协议 TCP 和用户数据报协议 UDP。TCP 协议是一个可靠的、面向连接的传输层协议，它将某节点的数据以字节流形式无差错地投递到互联网中的任何一台计算机上。发送方的 TCP 将用户交来的字节流划分成独立的报文并交给互联网层进行发送，而接收方的 TCP 将接收的报文重新装配，交给接收用户。TCP 同时处理有关流量控制的问题，以防止快速的发送方覆盖慢速的接收方。用户数据报协议 UDP 是一个不可靠的、无连接的传输层协议，UDP 协议将可靠性问题交给应用程序解决。UDP 协议主要面向请求/应答式的交易型应用，一次交易往往只有一来一回两次报文交换，假如为此而建立连接和撤销连接，开销是相当大的。这种情况下使用 UDP 就非常有效。另外，UDP 协议也应用于那些对可靠性要求不高，但要求网络的延迟较小的场合，如语音和视频数据的传送。

（4）应用层

TCP/IP 模型没有会话层和表示层。由于不需要，因此把它们排除在外。来自 OSI 模型的经验已经证明，它们对大多数应用程序都没有用处。传输层的上面是应用层（Application layer）。它包含所有的高层协议。最早引入的是虚拟终端协议（TELNET）、文件传输协议（FTP）和电子邮件协议（SMTP），如图 2-1 所示。

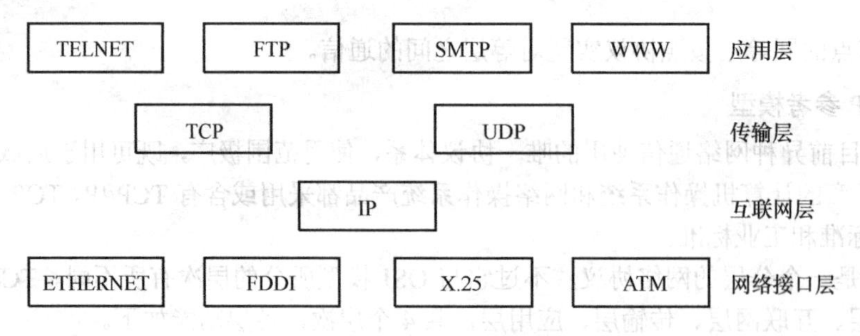

图 2-1　TCP/IP 模型各层使用的协议

虚拟终端协议允许一台计算机上的用户登录到远程计算机上并且进行工作。文件传输协议提供了有效地把数据从一台计算机移动到另一台计算机的方法。电子邮件协议最初仅是一种文件传输协议，但是后来为它提出了专门的协议。这些年又增加了不少的协议，如域名系统服务 DNS（Domain Name Service），用于把主机名映射到网络地址；NNTP 协议，用于传递新闻文章；HTTP 协议，用于在万维网（WWW）上获取主页等。

OSI 参考模型与 TCP/IP 都采用了分层结构，都是基于独立的协议栈的概念。OSI 参考模型有 7 层，而 TCP/IP 只有 4 层，即 TCP/IP 没有表示层和会话层，并且把数据链路层和物理层合并为网络接口层。

2.1.6　网络服务应用模式

按照通信过程中，双方的地位是否相等，可以把网络应用模式分为 C/S（Client/Server）模式和 P2P（Peer-to-Peer）模式。

1．C/S 模式

C/S 模式是传统的网络应用模式，目前互联网主要应用模式是 C/S，此模式要求在互联网上设置拥有强大处理能力和大带宽的高性能计算机，配合高档的服务器软件，再将大量的数据集中存放在上面，并且要安装多样化的服务软件，在集中处理数据的同时可以对互联网上其他 PC 进行服务，提供或接收数据、提供处理能力及其他应用。对于一台与服务器联机并接受服务的 PC 而言，这台 PC 就是客户端，其性能可以相对弱小。C/S 模式结构如图 2-2 所示。

2．P2P 模式

P2P 是 Peer-to-Peer 的缩写，称为对等网，强调系统中节点之间的对等关系，节点之间的关系如图 2-3 所示。IBM 公司对 P2P 的定义为：P2P 系统由若干互连协作的计算机构成，且至少具有以下特征之一：系统依存于边缘化（非中央式服务器）设备的主动协作，每个成员直接从其他成员而不是从服务器的参与中受益；系统中的成员同时扮演着服务器与客户端的角色；系统应用的用户能够意识到彼此的存在，构成一个虚拟或实际的群体。P2P 并不是新思想，它是互联网整体架构的基础，互联网中最基本的 TCP/IP 协议并没有客户端和服务器的概念，在通信过程中，所有的设备都是平等的，只是构建在互联网之上的应用导致了服务器、客户端的出现。

P2P 的原意是一种通信模式，在这种通信模式中，每个部分都具有相同的能力，任意部分之间都能开始一次通信。P2P 技术与计算机技术联系起来可理解为计算机以对等关系接入网络，进行数据交换，类似 Windows 中的网络邻居。Windows 中的 NetBEUI 协议就是一种支持对等网的网络协议，通过网络邻居使用该协议可以在局域网上共享伙伴的计算机中的文件内容，甚至硬件设施。实质上，可以认为目前所关注的 P2P 技术是 Windows 中的网络邻居从局域网到 Internet 概念上的一种延伸，即可以利用 P2P 客户端软件在 Internet 上实现文件甚至硬件设施的共享。

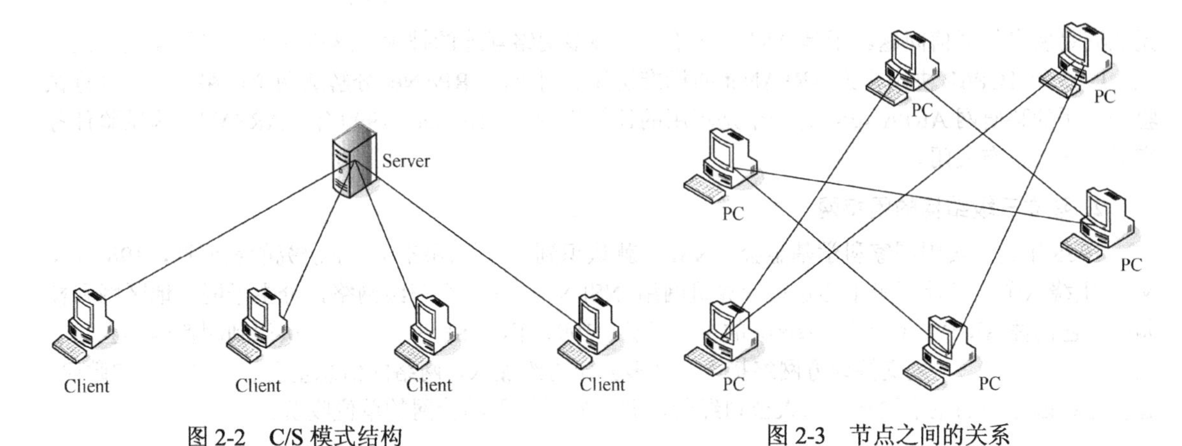

图 2-2　C/S 模式结构　　　　图 2-3　节点之间的关系

P2P 网络强调节点地位的对等性。构建于互联网之上的 P2P 网络，它的节点具有双重身份：首先是物理网络中的节点，同时，它还是 P2P 网络中的节点。处于同一 P2P 网络中的节点在逻辑上构成新的拓扑关系，这种关系和物理拓扑关系并没有必然的联系，可以视为物理网络的一种覆盖。P2P 中对等节点之间的位置关系是逻辑意义上的。

P2P 技术改变了“内容”所在的位置，使其从“中心”走向“边缘”，即内容不再存在主要的服务器上，而是存在所有用户的 PC 上。P2P 使 PC 重新焕发活力，不再是被动的客户端，而成为具有服务器和客户端双重特征的设备。

依据对等点之间逻辑关系的组织方式不同。通常可分为 3 类：集中式 P2P，如 Napster；分布式 P2P，如 Gnutella；混合式 P2P，如 BitTorrent、JXTA。或者分为非结构化 P2P 和结构化 P2P。非结构化网络，如 Gnutella；结构化网络，如 Chord、CAN、PAST、Tapestry。

2.2　Internet 基础知识

Internet 是当今世界上最大的计算机网络，由多个不同的网络通过标准协议和网络互连设备连接而成的、遍及世界各地的、特定的一个大网络。Internet 具有资源共享的特性，使人们跨越时间和空间的限制，快速地获取各种信息。随着电子商业软件和工具软件的不断成熟，Internet 将成为世界贸易的公用平台。Internet 的发展对社会、经济、科技和文化带来巨大的推动和冲击，如产业结构的重组，社会组织模式的变革，生产、工作及生活方式的改变，不同文化的碰撞等，其影响的广度和深度是空前的。

2.2.1　Internet 概述

Internet 是全球信息高速公路主干网，是当今世界上最大的信息网，我国一般翻译为因特网或国际互联网。Internet 是一个使用路由器将分布在世界各地数以千计的规模不一的计算机网络通过 TCP/IP 协议互连起来，实现资源共享、提供各种应用服务的开放的全球性的计算机网络。Internet 屏蔽了物理网络连接的细节，使用户感觉使用的是一个单一网络，可以没有区别地访问 Internet 上任何主机。所有采用 TCP/IP 协议的计算机都可以加入 Internet 实现信息共享和互相通信。

Internet 的基础结构大体经历了 3 个阶段的发展，这 3 个阶段在时间上有部分重叠。

1. 从单个网络 ARPANet 向互联网发展

1969 年，美国国防部高级研究计划署（Advanced Research Projects Agency，ARPA）创建了第一个分组交换网 ARPANet，它只是一个单个的分组交换网，所有想连接在它上的主机都直接与就近的节点交换机相连，它规模增长很快，到 20 世纪 70 年代中期，人们认识到仅使用一个单独的网络无法满足所有的通信问题。于是 ARPA 开始研究很多网络互连的技术，这就导致后来的互联网的出现。1983 年 TCP/IP 协议称为 ARPANet 的标准协议。同年，ARPANet 分解成两个网络，一个进行试验研究用的科研网 ARPANet，另一个是军用的计算机网络 MILNet。1990 年，ARPANet 因试验任务完成，正式宣布关闭。

2. 建立三级结构的因特网

1985 年起，美国国家科学基金会（NSF）就认识到计算机网络对科学研究的重要性，1986 年，NSF 围绕六个大型计算机中心建设计算机网络 NSFNet，它是个三级网络，分主干网、地区网和校园网。它代替 ARPANet 成为 Internet 的主要部分。1991 年，NSF 和美国政府认识到因特网不会限于大学和研究机构，于是支持地方网络接入。许多公司纷纷加入，网络的信息量急剧增加，美国政府）遂决定将因特网的主干网转交私人公司经营，并开始对接入因特网的单位收费。

3. 多级结构因特网的形成

1993 年开始，美国政府资助的 NSFnet 就逐渐被若干个商用的因特网主干网替代，这种主干网也称互联网服务提供商（ISP），考虑到因特网商用化后可能出现很多的 ISP，为了使不同 ISP 经营的网络能够互通，在 1994 创建了 4 个网络接入点 NAP，分别由 4 个电信公司经营。NAP 是最高级的接入点，它主要是向不同的 ISP 提供交换设备，使它们相互通信。现在的因特网已经很难对其网络结构给出很精细的描述，但大致可分为 5 个接入级：网络接入点 NAP、多个公司经营的国家主干网、地区 ISP、本地 ISP 及校园网、企业或家庭 PC 上网用户。

2.2.2 Internet 中的地址和域名

1. IP 地址

Internet 采用一种全局通用的地址格式，为每个网络和每台主机分配一个 IP 地址，以此屏蔽物理网络地址的差异。通过 IP 协议，把主机原来的物理地址隐藏起来，在网络层中使用统一的 IP 地址。

IP 地址由 32 位二进制数组成，包括 3 个部分：地址类别、网络号和主机号，如图 2-4 所示。IP 地址以 32 位二进制数字形式表示，不适合阅读和记忆。为了便于用户阅读和理解 IP 地址，Internet 管理委员会采用了一种“点分十进制”的方法表示 IP 地址。即将 IP 地址分为 4 个字节（每个字节 8 个比特），且每个字节用十进制数表示，并用点号“.”隔开，如图 2-5 所示。

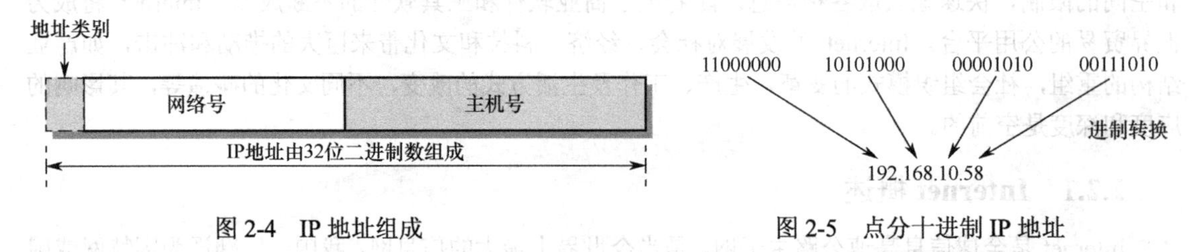

图 2-4 IP 地址组成　　　　图 2-5 点分十进制 IP 地址

一个 IP 地址由一个网络号和一个主机号组成，但在每个 IP 地址中它们的格式是不同的。用来标识网络和主机的地址位数将根据地址的“类型”而变，A 类、B 类和 C 类是三个主要的地址类型。通过检查一个地址的前几位，IP 软件很快就可以确定地址的类别及其结构。IP 软件遵循以下规则确定地址的类别。

（1）A 类网络地址

IP 地址方案的设计者指定了在一个 A 类网络地址中，其第一字节的第一位必须一直是 0。要得到 A 类地址的范围可以这样：其他 7 位分别全部为 0，然后再全部为 1，这就可以得到 A 类网络地址第一个字节的取值范围：0～127。A 类地址只有第一个字节表示网络号，可以看到，A 类地址理论上可以容纳 $2^{24}-2$ 个主机（因为主机号全部为 0 的地址表示网络号，全部为 1 的地址是广播地址，都不能分配给主机）。

（2）B 类网络地址

在 B 类地址中，其第一个字节的第 1、2 位必须为 01。同样，其他 6 位分别全部为 0，然后再全部为 1，这就可以得到 B 类网络地址第一个字节的取值范围：128～191。B 类地址前 2 个字节表示网络号，所以，可以用剩下 2 个字节表示主机，即可以容纳 $2^{16}-2$ 个主机。

（3）C 类网络地址

对于 C 类网络，其第一个字节的前 3 位必须为 110，进行同前面两类地址一样的处理，即可得出 C 类网络地址第一个字节的取值范围：192～223。C 类地址用三个字节表示网络号，那么，只能用一个字节表示主机号，即一个 C 类地址可以容纳 2^8-2 个，也就是 254 个主机。

（4）D 类和 E 类网络地址

介于 224 和 255 之间的地址是被保留作为 D 类和 E 类网络的。D 类地址是用于组播的地址（224～239），而 E 类（240～255）地址是用于科学实验的，这里不讨论这两种类型的地址。

（5）特殊 IP 地址

特殊的 IP 地址主要包括以下几类。

① 网络地址：子网中第一个地址就是网络地址，指整个网络或者网络中的所有主机。例如，B 类网络 IP 中主机地址为 0 的地址 192.168.0.0，就是网络地址。

② 广播地址：指同时向网上所有的主机发送报文，是子网中最后一个地址，例如，192.168.255.255 就是 B 类地址中的一个广播地址，如果将信息送到此地址，就是将信息发送到网络号为 192.168 的所有主机。

③ 回送地址：特指 127.0.0.1，用于测试网卡驱动程序、TCP/IP 协议是否正确安装及网卡是否工作正常。

④ 私有地址：私有地址是专门为组织、单位机构内部使用的一种不需要注册的地址，如表 2-2 所示。

表 2-2　被保留的私有地址

类	IP 地址范围	网络号	网络数
A	10.0.0.0～10.255.255.255	10	1
B	172.16.0.0～172.31.255.255	172.16～172.61	16
C	192.168.0.0～192.168.255.255	192.168.0～192.168.255	255

在计算网络中的主机数量时，应当比 2^x（x 指用于标识主机的位数）少 2。主机号全为 0 和全 1（指二进制）的 IP 地址，用于代表网络地址和广播地址，因此，它们是不能分配给某个特定的主机使用的，所以，每个网络中所容纳的主机数是 2^x-2。

2．子网

（1）子网划分基础

IP 地址的 32 个二进制位所表示的网络数是有限的，因为对每个网络均需要唯一的网络标识。在制订编码方案时，会遇到网络数不够的问题。解决的办法是采用子网寻址技术，将主机标识部分划出一定的位数作为本网的各个子网，剩余的主机标识作为相应子网的主机标识部分。划分多少位给子网，主要视实际需要多少个子网而定。这样，IP 地址就划分为如图 2-6 所示的“网络号-子网号-主机号”3 部分。

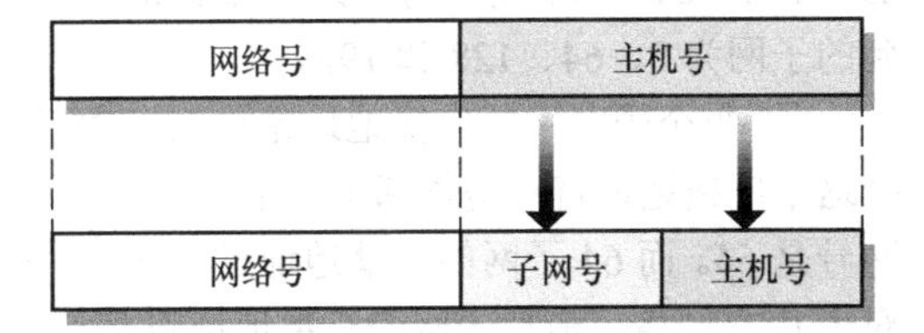

图 2-6　子网划分

在计算机网络规划中，通过子网技术可将单个大网划分为多个子网，并由路由器等网络互连设备连接。它的优点很多，概括起来有以下几点。

① 缩减网络流量：任何方式的流量缩减都是好的。一个网络中若没有路由器，数据包流量会在整个网络中“备受磨难”，并且还可能会导致网络的停顿。而使用路由器，大多数的流量将会被限制在本地网络中，只有那些被标明发送到其他网络的数据包，才会通过路由器。路由器创建了广播域。其创建的广播域越多，其广播域的规模就越小，并且在每个网络段上流量也就会越低。

② 优化网络性能：网络流量缩减了，冲突少了，性能自然好了。

③ 简化管理：同一个大的网络相比，在较小的互连网络中，判断并孤立网络所出现的故障，要容易得多。

④ 可以更为灵活地形成大覆盖范围的网络：一个覆盖面很大的单一网络，经常会出现各种意想不到的问题。而要完成对多个相对小的网络的互连，则会使系统更为有效。

（2）子网掩码

为了进行子网划分，需要引入子网掩码的概念。通过子网掩码来讲述本网是如何进行子网划分的，例如，可使用子网掩码将一个 C 类网络划分为 8 个子网。子网掩码是一个 32 位的二进制地址，其表示方式为：

① 凡是 IP 地址的网络和子网标识部分，用二进制数 1 表示；

② 凡是 IP 地址的主机标识部分，用二进制数 0 表示；

③ 用点分十进制书写。

子网掩码拓宽了 IP 地址的网络标识部分的表示范围，主要用于：

① 屏蔽 IP 地址的一部分，以区分网络标识和主机标识；

② 说明 IP 地址是在本地局域网上，还是在远程网上。

不是所有的网络都需要子网掩码，有些主机使用默认的子网掩码。这与一个网络不需要子网地址是相同的。各类编址的默认子网掩码如下：

① A 类：255.0.0.0；

② B 类：255.255.0.0；

③ C 类：255.255.255.0。

（3）子网划分

当要为网络选择一个可用的子网掩码，并需要推断由这个掩码所决定的子网数量、合法主机号及广播地址时，所需要做的就是，解决下面的这 5 个简单的问题。

① 这个被选用的子网掩码，会产生多少个子网？子网数目为 2^x，x 是掩码的位数，或是掩码中 1 的个数。例如，一个 C 类地址的子网掩码最后一个字节为 11100000，得到的是 $2^3=8$ 个子网。如果是 B 类地址，则需取后 2 个字节，A 类地址则取后 3 个字节。

② 每个子网中又会有多少个合法的主机号可用？每个子网中主机的数目 $=2^y-2$。y 是非掩码位的位数，即子网掩码中 0 的个数。在 11100000 中，0 的个数决定了可以有 $2^5-2=30$ 台主机。这里减 2 是因为子网地址和广播地址都不是有效的主机地址。

③ 这些合法的子网号是什么？哪些是合法的子网？256−子网掩码=块大小，即增量值。例如，256−192 = 64。192 掩码的块大小总是 64。即从 0 开始以 64 为分块计数子网掩码数值，这样可以得到的子网为 0、64、128 和 192。

④ 每个子网中的广播地址是什么？由于在前面已经计算出子网应该是 0、64、128 和 192，那么这个广播地址将总是紧邻下一个子网的地址。例如，0 子网的广播地址是 63，是因为它的下个子网号是 64。而 64 子网的广播地址是 127，是因为它的下个子网号是 128，以此类推。同时还要记住，对于 C 类网络，最后子网的广播地址将总是 255。

⑤ 在每个子网中，哪些是合法的主机号？哪些是合法的主机？合法主机是那些介于各个子网

之间的取值，并要减去全 0 和全 1 的主机号。例如，64 是子网地址而 127 是广播地址，那么 65～126 就是有效的主机范围，即它总是那些介于子网地址和广播地址之间的地址。

3．域名系统

在网络上，真实的地址都是 IP，但是 IP 只是一串数字，不容易记忆，而且由于各种原因，在某些时候可能需要更换服务器或者更换 IP，那么原来的各种信息都会失效，造成损失。而且，在一个 IP 上也就是一个服务器上，可能要部署多个站，那么如果只是使用 IP，根本没办法分辨，所以，为了便于记忆，人们发明了域名这个概念。

DNS 是一种分层命名系统，名字由若干标号组成，标号之间用圆点分隔。从右到左，每段从大到小表示一个域，最左边的是主机。例如，www.gdut.edu.cn 是一个域名，其中，www 是主机名，表示学校的主页所在的主机；gdut 是子域名，表示广东工业大学；edu 是第二级主域名，表示教育系统；cn 是第一级主域名，表示中国。

域名可分为不同级别，包括顶级域名、二级域名等。

顶级域名又分为两类：一是国家和地区顶级域名，目前 200 多个国家和地区都按照 ISO 3166 国家和地区代码分配了顶级域名，例如，中国是 cn，美国是 us，日本是 jp 等，如表 2-3 所示；二是国际顶级域名，如表示商业的.com，表示网络提供商的.net 及表示非营利组织的.org 等。

表 2-3　常见国家和地区域名表

域　名	国家和地区	域　名	国家和地区	域　名	国家和地区
au	澳大利亚	fl	芬兰	nl	荷兰
be	比利时	fr	法国	no	挪威
ca	加拿大	hk	中国香港	nz	新西兰
ch	瑞士	ie	爱尔兰	ru	俄罗斯
cn	中国	in	印度	se	瑞典
de	德国	it	意大利	tw	中国台湾
dk	丹麦	jp	日本	uk	英国
es	西班牙	kp	韩国	us	美国

二级域名是指顶级域名之下的域名，在国际顶级域名下，它是指域名注册人的网上名称，如 cn.ibm.com 和 cn.yahoo.com 等；在国家顶级域名下，它是表示注册企业类别的符号，如 com.cn、edu.cn、gov.cn 和 net.cn 等。

4．域名服务器

域名服务用于保存域名信息，一部分域名信息组成一个区，域名服务器负责存储和管理一个或若干个区。为了提高系统的可靠性，每个区的域名至少由两台域名服务器来保存。

域名服务器分为主要域名服务器、辅助域名服务器和缓存域名服务器。

① 主要域名服务器：主要保存所有新的域名，并且可以修改、添加与删除。

② 辅助域名服务器：主要用于保存主要域名服务器的副本，而且辅助域名服务器是不允许用户修改的，但是可以为用户提供查询业务。

③ 缓存域名服务器：此服务器不保存任何区域文件，只是作为缓存使用，当有客户向此服务器发起域名请求时，此服务器就会将请求发送给其他域名服务器。

5．域名解析

域名解析分为正向解析和反向解析。

① 正向解析是将主机名解析成 IP 地址，例如，将 www.haue.edu.cn 解析成 218.28.36.151。

② 反向解析是将 IP 地址解析成主机名，例如，将 192.168.1.1 解析成 www.huali.com。

6. DNS 查询

DNS 查询是一个递归的过程。如果 DNS 服务器不能解析某个 DNS 查询，则它会向上级 DNS 服务器进行查询。

例如，当一个客户端去访问 www.intel.com 这个 Web 服务器时，必须将其域名解析为 IP 地址才可以顺利访问到想到达的站点网页。所以客户端必须知道 www.intel.com 域名对应的 IP 地址。

客户端会向本地 DNS 服务器查询 www.intel.com，具体步骤如下。

① 首先，由 DNS 客户端向本地 DNS 服务器请求域名 www.intel.com 的解析，如果 DNS 服务器可以解析则返回一个可以解析的信息（www.intel.com 域名对应的 IP 地址），并把域名解析成 IP 地址一同交给客户端。

② 如果本地 DNS 服务器不能解析客户端发来的请求，则本地 DNS 服务器会向根服务器查询，根服务器会告诉本地 DNS 服务器 COM 区域的 IP 地址。

③ 然后本地 DNS 服务器找到“COM”域服务器，本地 DNS 服务器会向“COM”域服务器查询 intel 的区域服务器在哪，如果“COM”域服务器知道 intel 区域服务器的地址，则会告诉本地 DNS 服务器 intel 区域服务器的 IP 地址。

④ 本地 DNS 服务器会向 intel 域的 DNS 服务器发起 www 主机名的查询工作，如果有，则 intel 区域服务器会给本地 DNS 服务器返回一个 www 主机名的 IP 地址。

⑤ 本地 DNS 服务器得到完整的域名 www.intel.com 的 IP 地址，最后由本地 DNS 服务器将这个完整的域名所对应的 IP 地址返回 DNS 客户端。

⑥ 这个客户端就可以顺利访问网上的 Web 服务器了。

2.3 Internet 接入方式

2.3.1 有线接入

1. 电话拨号接入

电话拨号接入是个人用户接入 Internet 最早使用的方式之一，它将用户计算机通过电话网接入 Internet。

电话拨号接入非常简单，只需一个调制解调器（MODEM）、一根电话线即可，但速度很慢，理论上只能提供 36.6Kbps 的上行速率和 56Kbps 的下行速率，主要用于个人用户，有以下两种接入方式。

（1）拨号仿真终端方式

这种方式适用于单机用户。用户使用调制解调器，通过电话交换网连接 Internet 服务提供商（ISP）的主机，成为该主机的一个远程终端，其功能与 ISP 主机连接的那些真正终端完全一样。这种方式简单、实用、费用较低。缺点是用户机没有 IP 地址，使用前必须在 ISP 主机上建立一个账号，用户收到的 E-mail 和 FTP 获取的文件均存于 ISP 主机中，必须联机阅读。

（2）拨号 IP 方式

所谓拨号 IP 方式是采用“串行连接网间协议”（SLIP）或“点到点协议”（PPP），使用调制解调器，通过电话网与 ISP 主机连接，再通过 ISP 的路由器接入 Internet。常说的拨号上网就是此种方式，并多用 PPP 协议。这种方式的优点是用户上网时拥有独立的 IP 地址，与 Internet 上其他主机的地位是平等的，并且可使用 Internet Explorer 等高级图形界面浏览器。另外，由于动态分配 IP 地址，可充分利用有限的 IP 地址资源，并且降低了每个用户的入网费用。

ADSL是在无中继的用户环路上，使用由负载电话线提供高速数字接入的传输技术，是非对称DSL技术的一种，可在现有电话线上传输数据，误码率低。ADSL技术为家庭和小型业务提供了宽带、高速接入Internet的方式。

在普通电话双绞线上，ADSL典型的上行速率为512Kbps～1Mbps，下行速率为1.544～8.192Mbps，传输距离为3～5km，有关ADSL的标准，现在比较成熟的有G.DMT和G.Lite。一个基本的ADSL系统由局端收发机和用户端收发机两部分组成，收发机实际上是一种高速调制解调器（ADSL MODEM），由其产生上下行的不同速率。

ADSL的接入模型主要由中央交换局端模块和远端用户模块组成，如图2-7所示。

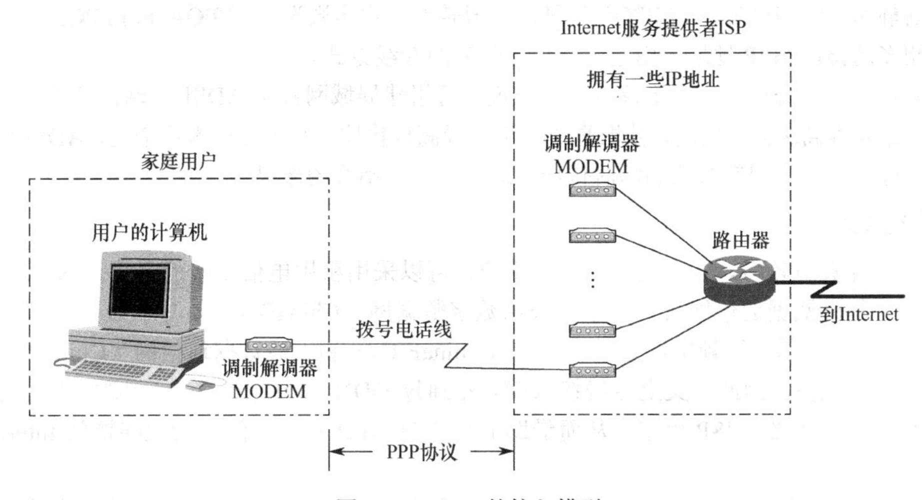

图2-7　ADSL的接入模型

中央交换局端模块包括在中心位置的ADSL MODEM、局端滤波器和接入多路复用系统，其中处于中心位置的ADSL MODEM称为ADSL中心传送单元（ATU-C），而接入多路复用系统中心的MODEM通常组合成一个接入节点，也称为ADSL接入复用器（DSLAM），它为接入用户提供网络接入接口，用于把用户端ADSL传来的数据进行集中、分解，并提供网络服务供应商访问的接口，以实现与Internet或其他网络服务的连接。

远端用户模块由用户ADSL MODEM和滤波器组成，其中用户端ADSL MODEM通常称为ADSL远端传送单元（ATU-R），用户计算机、电话等通过它们连入公用交换电话网PSTN。两个模块中的滤波器用于分离承载音频信号的4kHz以下低频带和调制用的高频带。这样ADSL可以同时提供电话和高速数据业务，两者互不干涉。

从客户端设备和用户数量来看，可分为以下4种接入情况。

（1）单用户ADSL MODEM直接连接

此方式多为家庭用户使用，连接时用电话线将滤波器一端接于电话机上，一端接于ADSL MODEM，再用交叉网线将ADSL MODEM和计算机网卡连接即可（如果使用USB接口的ADSL MODEM则不必用网线）。

（2）多用户ADSL MODEM连接

若有多台计算机，则先用集线器组成局域网，设其中一台为服务器，并配以两块网卡，一块接ADSL MODEM，另一块接集线器的uplink口（用直通网线）或1口（用交叉网线），滤波器的连接与（1）中相同。其他计算机即可通过此服务器接入Internet。

（3）小型网络用户 ADSL 路由器直接连接计算机

客户端除使用 ADSL MODEM 外还可使用 ADSL 路由器，它兼具路由功能和 MODEM 功能，可与计算机直接相连，不过由于它提供的以太端口数量有限，因此只适合于用户数量不多的小型网络。

（4）大量用户 ADSL 路由器连接集线器

当网络用户数量较大时，可以先将所有计算机组成局域网，再将 ADSL 路由器与集线器或交换机相连，其中接集线器 uplink 口用直通网线，接集线器 1 口或交换机用交叉网线。

在用户端除安装好硬件外，用户还需为 ADSL MODEM 或 ADSL 路由器选择一种通信连接方式。目前主要有静态 IP、PPPOA 和 PPPOE 三种。一般普通用户多数选择 PPPOA 和 PPPOE 方式，对于企业用户更多选择静态 IP 地址（由电信部门分配）的专线方式。

ADSL 的用途十分广泛，对于商业用户来说，可组建局域网共享 ADSL 上网，还可以实现远程办公、家庭办公等高速数据应用，获取高速低价的极高性价比。对于公益事业来说，ADSL可以实现高速远程医疗、教学、视频会议的即时传送，达到以前所不及的效果。

2. 专线接入

对于上网计算机较多、业务量大的企业用户，可以采用租用电信专线的方式接入 Internet。我国现有的几大基础数据通信网络——中国公用数字数据网（ChinaDDN）、中国公用分组交换数据网（ChinaPAC）、中国公用帧中继宽带业务网（ChinaFRN）和无线数据通信网（ChinaWDN），均可提供线路租用业务。因此广义上专线接入就是指通过 DDN、帧中继、X.25、数字专用线路和卫星专线等数据通信线路与 ISP 相连，从而借助 ISP 与 Internet 骨干网的连接通路访问 Internet 的接入方式。

其中，DDN 专线接入最为常见，应用较广。它利用光纤、数字微波、卫星等数字信道和数字交叉复用节点，传输数据信号，可实现 2Mbps 以内的全透明数字传输以及高达 155Mbps 速率的语音、视频等多种业务。DDN 专线接入时，对于单用户通过市话模拟专线接入的，可采用调制解调器、数据终端单元设备和用户集中设备就近连接到电信部门提供的数字交叉连接复用设备处；对于用户网络接入就采用路由器、交换机等。DDN 专线接入特别适用于金融、证券、保险业、外资及合资企业、交通运输行业和政府机关等。

3. 电力线接入

电力线通信是接入网的一种替代方案，因为电话线、有线电视网相对于电力线，其线路覆盖范围要小得多。在室内组网方面，计算机、打印机、电话和各种智能控制设备都可通过普通电源插座，由电力线连接起来组成局域网。现有的各种网络应用，如语音、电视、多媒体业务和远程教育等，都可通过电力线向用户提供，以实现接入和室内组网的多网合一。

电力线接入是把户外通信设备插入到变压器用户侧的输出电力线上，该通信设备可以通过光纤与主干网相连，向用户提供数据、语音和多媒体等业务。户外设备与各用户端设备之间的所有连接都可看成是具有不同特性和通信质量的信道，如果通信系统支持室内组网，则室内任两个电源插座间的连接都是一个通信信道。

2.3.2 无线接入

无线接入技术是指从业务节点到用户终端之间的全部或部分传输设施采用无线手段，向用户提供固定和移动接入服务的技术。采用无线通信技术将各用户终端接入到核心网的系统，或者是在市话务局或远端交换模块以下的用户网络部分采用无线通信技术的系统都统称为无线接入系统。由无线接入系统所构成的用户接入网称为无线接入网。

1．无线接入的分类

无线接入按接入方式和终端特征通常分为固定无线接入和移动无线接入两大类。

（1）固定无线接入

固定无线接入指从业务节点到固定用户终端采用无线技术的接入方式，用户终端不含或仅含有限的移动性。此方式是用户上网浏览及传输大量数据时的必然选择，主要包括卫星、微波、扩频微波、无线光传输和特高频。

（2）移动无线接入

移动无线接入指用户终端移动时的接入，包括移动蜂窝通信网（GSM、CDMA、TDMA、CDPD）、无线寻呼网、无绳电话网、集群电话网、卫星全球移动通信网以及个人通信网等，是当前接入研究和应用中很活跃的一个领域。

无线接入是本地有线接入的延伸、补充或临时应急方式。此部分仅重点介绍固定无线接入中的卫星通信接入和 LMDS 接入，以及移动无线接入中的 WAP 技术和移动蜂窝接入。

2．卫星通信接入

利用卫星的宽带 IP 多媒体广播可解决 Internet 带宽的瓶颈问题，由于卫星广播具有覆盖面大，传输距离远，不受地理条件限制等优点，在我国复杂的地理条件下，利用卫星通信作为宽带接入网是一种有效方案并且有很好的发展前景。目前，应用卫星通信接入Internet主要有两种方案，全球宽带卫星通信系统和数字直播卫星接入。

（1）全球宽带卫星通信系统

全球宽带卫星通信系统将静止轨道卫星系统的多点广播功能和低轨道卫星系统的灵活性和实时性结合起来，可为固定用户提供Internet 高速接入、会议电视、可视电话和远程应用等多种高速的交互式业务。也就是说，利用全球宽带卫星系统可建设宽带的“空中 Internet”。

（2）数字直播卫星接入

利用位于地球同步轨道的通信卫星可将高速广播数据送到用户的接收天线，所以一般又称高轨卫星通信。DBS 主要是广播系统，Internet 信息提供商将网上的信息与非网上的信息按照特定组织结构进行分类，根据统计的结果将共享性高的信息送至广播信道，由用户在用户端以订阅的方式接收，以充分满足用户的共享需求。用户通过卫星天线和卫星接收 MODEM 接收数据，回传数据则要通过电话 MODEM 送到主站的服务器。DBS 广播速率最高可达 12Mbps，通常下行速率为 400Kbps，上行速率为 36.6Kbps，比传统 MODEM 高出 8 倍，为用户节省 60%以上的上网时间，用户还可以享受视频、音频多点传送和点播服务。

3．LMDS 接入技术

本地多点分配业务（LMDS）的传输容量可与光纤比拟，同时又兼有无线通信经济和易于实施等优点。作为一种新兴的宽带无线接入技术，LMDS 为交互式多媒体应用以及大量电信服务提供经济和简便的解决方案，并且可以提供高速 Internet 接入、远程教育、远程计算、远程医疗，并用于局域网互连等。

LMDS 工作于毫米波段，以高频（20～43GHz）微波为传输介质，以点对多点的固定无线通信方式，提供宽带双向语音、数据及视讯等多媒体传输，其可用频带至少为 1GHz，上行速率为 1.544～2Mbps，下行速率可达 51.84～155.52Mbps。LMDS 实现了无线“光纤”到楼，是最后一公里光纤的灵活替代技术。

LMDS 的缺点是信号易受干扰，覆盖范围有限，并且受气候影响大，抗雨衰性能差。

4. WAP技术

无线应用协议（WAP）是由WAP论坛制定的一套全球化无线应用协议标准。它基于已有的Internet标准，如IP、HTTP和URL等，并针对无线网络的特点进行了优化，使得互联网的内容和各种增值服务适用于手机用户和各种无线设备用户。WAP独立于底层的承载网络，可以运行于多种不同的无线网络之上，如移动通信网（移动蜂窝通信网）、无绳电话网、寻呼网、集群网和移动数据网等。WAP标准和终端设备也相对独立，适用于各种型号的手机、寻呼机和个人数字助手等。

WAP网络架构由三部分组成，即WAP网关、WAP手机和WAP内容服务器。移动终端向WAP内容服务器发出URL地址请求，用户信号经过无线网络，通过WAP协议到达WAP网关，经过网关“翻译”，再以HTTP协议方式与WAP内容服务器交互，最后WAP网关将返回的Internet的丰富信息内容压缩、处理成二进制码流返回到用户尺寸有限的WAP手机屏幕上。

5. 移动蜂窝接入

移动蜂窝Internet接入主要包括基于第一代模拟蜂窝系统的CDPD技术，基于第二代数字蜂窝系统的GSM和GPRS，以及在此基础上的改进数据率GSM服务（EDGE）技术，第三代移动通信技术（3G），能够同时传送声音及数据信息，速率一般在几百KB/s以上。它是一种能将无线通信与国际互联网等多媒体通信结合的新一代移动通信系统，3G存在3种标准：CDMA2000、WCDMA、TD-SCDMA。它的下行速率峰值理论可达3.6MB/s。上行速率峰值也可达384KB/s。第四代数字蜂窝系统（4G）包括TD-LTE和FDD-LTE两种制式，它集3G与WLAN于一体，并能够快速传输数据、高质量、音频、视频和图像等。它能够以100Mbps以上的速度下载，能够满足几乎所有用户对无线服务的要求。

2.4 浏览器的使用

当计算机接入Internet之后，就可以进入Internet世界。若要浏览网页，则需要使用浏览网页的工具——浏览器。浏览器是一种用于搜索、查找、查看和管理网络上的信息的带图形交互界面的应用软件。Windows系统中自带了Internet Explorer（IE）浏览器。用户在上网的时候可以通过更改IE的设置来满足自己的需要，更方便、更安全地使用Internet Explorer。

网页是存放在Web服务器上供大家浏览的页面。网页上是一些连续的数据片段，包含普通文字、图形、图像、声音、动画等多媒体信息，还包含指向其他网页的链接。主页是指WWW服务器上的第一个页面，引导用户访问本地或其他Web服务器上的页面。

除Windows 10自带的Edge浏览器以外，还有很多浏览器，如360浏览器、Google浏览器等，这些浏览器需要另外下载安装。本章主要介绍微软最新开发的Edge浏览器。

1. 设置浏览器主页

浏览器主页是指每次启动浏览器时默认访问的页面，如果希望在每次启动浏览器时都进入“搜狐”的页面，可以把该页面设为主页。

① 单击浏览器左上角的“…”按钮，在弹出的下拉菜单中选择“设置”选项。

② 在“设置”窗格中单击“查看高级设置”按钮。

③ 在打开的“高级设置”窗格中启用“显示主页按钮”选项，然后在下方文本框中输入http://www.sohu.com，如图2-8所示，单击“更改”按钮。

2. 收藏网页

用户在上网过程中经常会遇到自己十分喜欢的网站，为了方便以后能访问这个网站，通常采取记下该网站网址的方法，为此浏览器为用户提供了一个保存网址的工具——收藏夹。

① 打开一个需要保存的网页。

② 单击地址栏后面的“添加到收藏夹或阅读列表”按钮☆，在弹出的下拉列表中单击“收藏夹”选项卡，如图 2-9 所示。

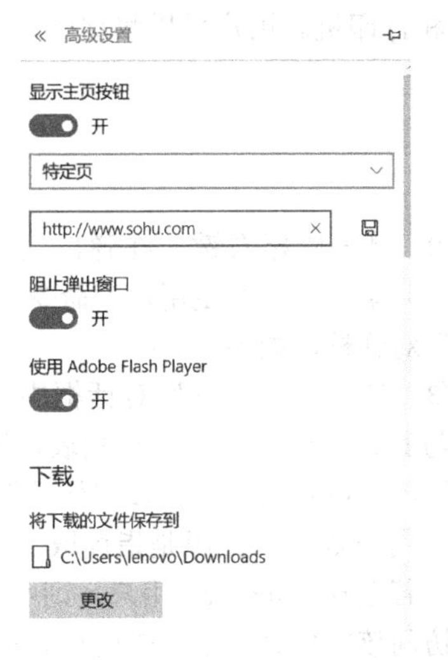

图 2-8　设置主页

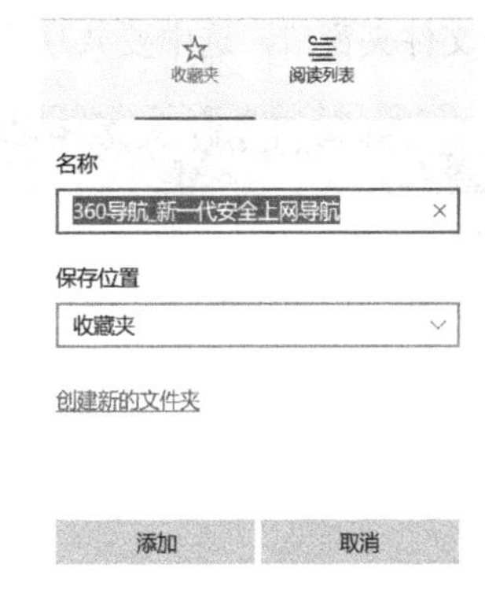

图 2-9 “添加到收藏夹”窗口

③ 在“名称”文本框中修改网站的名称。浏览器默认把当前网页的标题作为收藏夹名称，单击“添加”按钮即可。

3．Web 笔记

Edge 浏览器具有“Web 笔记”的功能，意思是在浏览网页时，如果想保存当前网页的信息，可以通过“Web 笔记”功能实现，具体步骤如下。

① 打开 Edge 浏览器，单击浏览器页面的“Web 笔记”按钮；进入浏览器的 Web 笔记环境，如图 2-10 所示。

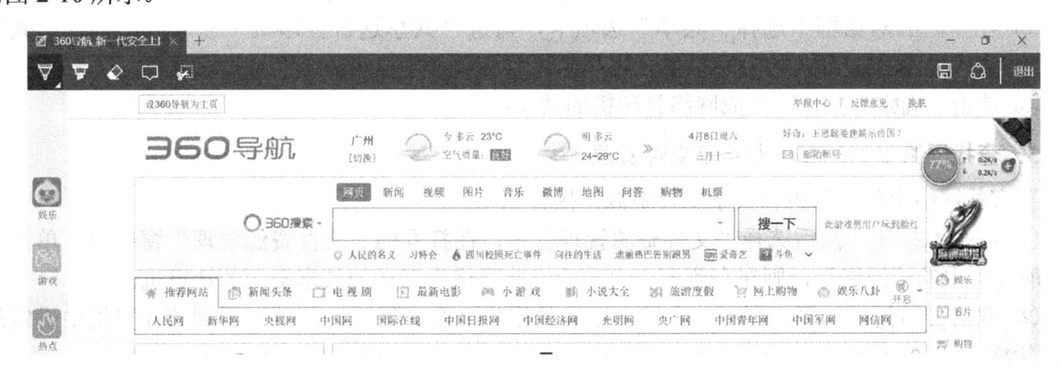

图 2-10　Web 笔记环境

② 使用页面左上角的“笔”按钮，可以对页面做标记；使用页面左上角的“添加笔记”按钮，可以做笔记。

③ 笔记做完之后，可单击“剪辑”按钮，进入剪辑状态。

④ 按住鼠标左键，拖动鼠标可以复制想要复制的区域。

⑤ 单击页面右上角的“保存”按钮，将做好的笔记保存起来。

2.5 局域网应用

在局域网设置好以后，就可以访问网络中的共享资源了，或者将用户的资源共享给网络的其他用户使用。网络中资源的共享包括文件/文件夹、磁盘和打印机。用户可以将这些资源设置成共享资源，方便其他用户使用。

1．设置共享文件夹的方法

① 打开文件夹窗口，选中要共享的文件夹。

② 单击鼠标右键，在弹出的快捷菜单中选择“共享”→“特定用户”命令，弹出“文件共享”对话框，如图2-11所示。

③ 在“文件共享”对话框中，单击“选择要与其共享的用户”下拉列表，可对用户进行选择，也可对用户的权限进行操作(用户指本机上的用户账户，权限是指读取、写入、删除操作，若选择Everyone用户，则网络上其他计算机访问该文件夹时不需要用户名和密码)。

④ 设置完后，单击“共享”按钮，将弹出“共享项目”对话框，稍等片刻后，共享设置成功，单击“完成”按钮，即可将其设置为共享文件夹。

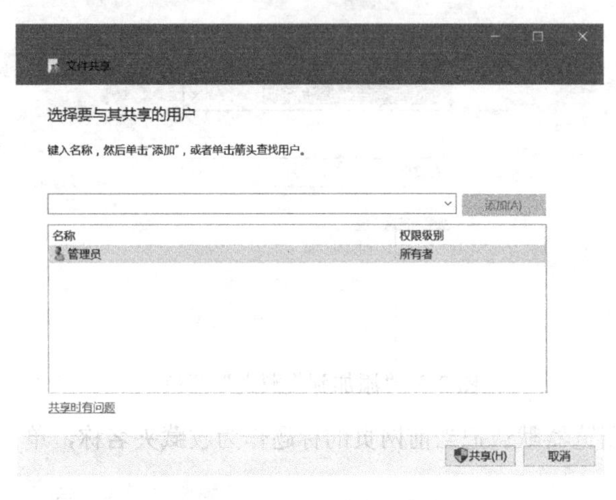

图2-11　共享文件夹的属性设置

2．网络打印机的安装和设置

用户如果要使用网络上的共享打印机，就必须先在计算机上安装该打印机的驱动程序。

① 在“控制面板”中选择“设备和打印机”，打开“设备和打印机”窗口；右击目标打印机，在弹出的快捷菜单中选择“打印机属性”选项，则弹出“目标打印机属性”对话框。

② 在弹出的对话框中选择“共享”选项卡，勾选“共享这台打印机”复选框，则在“共享名”后会出现默认的打印机名称。当然，用户也可以修改打印机名称。

③ 单击“确定”按钮，完成网络打印机的共享操作。

3．查找网络上的计算机和共享文件资源

要查找网络上的计算机和共享文件资源，操作如下。

① 右击⊞按钮，然后选择“文件资源管理器”，在打开的“文件资源管理”窗口中，单击左侧导航窗格中的“网络”，则在右侧窗口中显示当前网络中存在的共享资源的计算机。

② 双击要访问的计算机图标，在输入正确的用户名和密码后，就可以看到该计算机中设定的共享资源。

2.6 文件传输操作

关于下载文件的方法，依据所使用的工具可分为两大类：使用浏览器下载文件和使用专门工具下载文件。

1．使用浏览器传输文件

① 打开要下载的网页（前提是能正常浏览网页），单击要下载的文件，在下载地址列表中单击所选择的下载地址，将出现“新建下载任务”对话框，如图 2-12 所示。

图 2-12　“新建下载任务”对话框

② 单击“浏览”按钮，将弹出“浏览计算机”对话框，如图 2-13 所示。

③ 选择要保存下载文件的目录，输入要保存的文件名，并选择文件类型，单击“确定”按钮，回到之前的“新建下载任务”对话框，单击“下载”按钮，弹出“下载”窗口，如图 2-14 所示，其中将显示下载剩余时间和传输速度等信息。

图 2-13　“浏览计算机”对话框

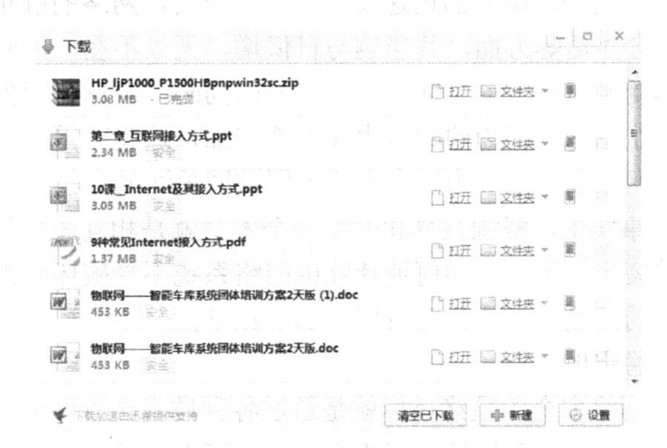

图 2-14　“下载”窗口

2．文件传输协议 FTP

FTP 服务解决了远程传输文件的问题，Internet 上的两台计算机在地理位置上无论相距多远，只要都加入互联网并且都支持 FTP，它们之间就可以进行文件传送。网络上的用户既可以把服务器上的文件传输到自己的计算机上（即下载），也可以把自己计算机上的信息发送到远程服务器上（即上传）。

FTP 实质上是一种实时的联机服务。与远程登录不同的是，用户只能进行与文件搜索和文件传输等有关的操作。用户登录到目的服务器上就可以在服务器目录中寻找所需文件，FTP 几乎可以传输任何类型的文件，如文本文件、二进制文件、图像文件、声音文件等。匿名 FTP 是最重要的 Internet 服务之一。匿名登录不需要输入用户名和密码，许多匿名 FTP 服务器上都有免费的软件、电子杂志、技术文档及科学数据等供人们使用。

要采用 FTP 进行文件传输，首先必须安装 FTP 客户端软件，CuteFTP 就是 Windows 下非常流行的客户端软件。在安装好 FTP 客户端软件后，就可以进行文件传输了。

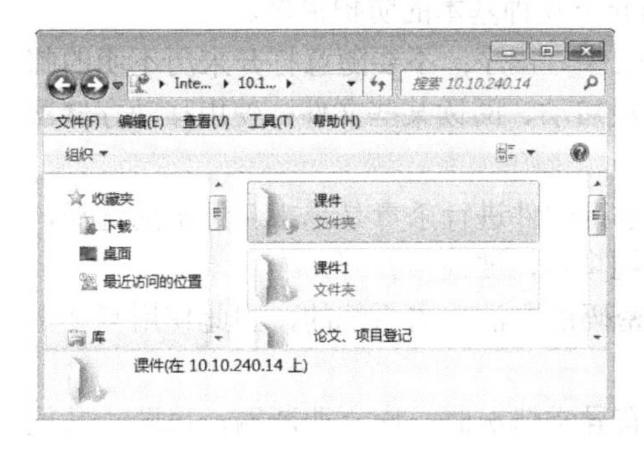

图 2-15　FTP 服务器

① 双击“此电脑”图标，在地址栏中输入“ftp://默认域名”（注意不是“http://”），按 Enter 键，将登录到相应的 FTP 服务器，如图 2-15 所示。

② 如果该服务器不支持匿名登录，将要求输入用户名和密码。用户名和密码由服务器管理员提供。如果在匿名登录后要以其他用户身份登录，则执行“文

件”→“登录”命令，将出现“登录”对话框，然后重新登录即可。

③ 在图 2-15 所示的窗口中，用户可以将本地计算机中的文件和目录复制到 FTP 服务器的目录中，实现文件的上传；也可以将 FTP 服务器中的文件和目录复制到本地计算机中，实现文件的下载。

2.7 网络安全

2.7.1 网络安全概述

所谓“安全”，字典中的定义是为防范间谍活动或蓄意破坏、犯罪、攻击而采取的措施。将安全的一般含义限定在计算机网络范畴，则网络安全就是为防范计算机网络硬件、软件、数据被偶然或蓄意破坏、窜改、窃听、假冒、泄露和非法访问并保护网络系统持续有效工作的措施总和。

随着 Internet 的迅速发展和广泛应用，网络的触角深入到政治、经济、文化、军事、意识形态和社会生活等方面，其影响与日俱增、无处不在，由此也宣告了网络社会化时代的到来。在我们尽情享受网络带来的快捷、便利服务的同时，全球范围内针对重要信息资源和网络基础设施的入侵行为和企图入侵行为的数量也在不断增加，这就对国家安全、经济和社会生活造成了极大的威胁。因此，网络安全已成为当今世界各国共同关注的焦点。

事实上，资源共享和网络安全本身就是相互矛盾的，随着资源共享的加强，网络安全问题必然日益突出。因此，如何使计算机网络系统不受破坏，提高系统的安全性已成为人们关注且必须认真对待的问题。每位计算机用户都应该掌握一定的计算机网络安全技术，以使自己的信息系统能够安全、稳定地运行。

网络安全的最终目标就是通过各种技术与管理手段实现网络信息系统的可靠性、保密性、完整性、有效性、可控性和拒绝否认性。可靠性是所有信息系统正常运行的基本前提，通常指信息系统能够在规定的条件与时间内完成规定功能的特性。可控性是指信息系统对信息内容和传输具有控制能力的特性。拒绝否认性又称不可抵赖性或不可否认性，是指通信双方不能抵赖或否认已完成的操作和承诺（如利用数字签名防止通信双方否认曾经发送和接收信息的事实）。

1．网络安全的基础知识

病毒是一些程序，是一些人利用计算机软硬件方面的漏洞编写出来破坏计算机的、具有特殊功能的程序。计算机一旦中毒，轻则系统响应速度变慢，重则系统崩溃，更严重的会使硬件遭到破坏。常见的计算机病毒的分类、病毒的传播途径、计算机感染病毒的表现详见本书 1.6 节。

目前，市面上的病毒防治软件很多，国内比较有名的杀毒软件有瑞星杀毒软件、金山毒霸等，国外比较出名的则有 Norton 杀毒软件、Kaspersky 杀毒软件等。

2．如何提高网络的安全性

要提高网络的安全性，主要是要做好防护工作，下面介绍几种基本的防护措施。

① 建立良好的安全习惯。不要轻易下载小网站上的软件与程序；不要随意打开来历不明的邮件以及附件；安装正版的杀毒软件，安装防火墙；不要在线启动、阅读某些文件；使用移动存储器之前先杀毒。

② 安装专业的杀毒软件。在病毒肆意的今天，安装杀毒软件进行杀毒是越来越经济的选择，在安装了杀毒软件之后，要注意经常升级，对一些主要监控项目，要经常打开。

③ 使用复杂的密码。有些网络病毒是通过猜测简单密码的方法攻击系统的，因此使用复杂密码可以大大提高计算机的安全系数。

④ 迅速隔离受感染的计算机。当发现计算机中毒或有异常情况时，应立即断网，以防止其他计算机中毒。

⑤ 关闭或删除系统中不需要的服务。在默认情况下，操作系统会安装一些辅助服务，如 FTP 客户端、Telnet 和 Web 服务器。这些服务对用户没有太大用处，但是可以为攻击者提供方便，删除这些服务就可以减少被攻击的可能性。

⑥ 经常升级补丁。根据数据显示，有 80%的网络病毒是通过系统的安全漏洞进行传播的，如红色代码病毒。因此，应该定期下载最新的安全补丁，防患于未然。

2.7.2　网络安全措施

实现网络安全，不但要靠法律的约束、安全的管理和教育，更重要的是要依靠先进网络技术的支持。先进的网络安全技术是网络安全的根本保证。通常采用以下几类安全措施来保证计算机网络的安全。

1．安全立法

计算机犯罪是一种高技术犯罪活动，也是未来社会的主要犯罪形式之一，面对其日益严重的威胁，必须建立、健全相关的法律、法规进行约束，即通过建立、健全国际、国内和地方计算机信息安全法来减少计算机犯罪案件（如盗窃网络设施、非法入侵网络来破坏和盗窃信息资源、故意制造病毒破坏网络系统等）的发生。由于法律具有强制性、规范性、公正性、威慑性和权威性，因此它在很多方面具有不可替代的作用。制定并实施计算机信息安全法律，加强对计算机网络安全的宏观控制，对危害计算机网络安全的行为进行制裁，为网络信息系统提供一个良好的社会环境是十分必要的。

2．安全管理

各计算机网络使用机构、企业或单位，应建立相应的网络安全管理制度，加强内部管理，建立合适的网络安全管理系统，建立安全审计和跟踪机制，来提高整体网络的安全性。

网络安全管理措施包括建立、健全安全管理机构、行政人事管理和系统安全管理制度等。

3．实体安全技术

网络实体安全（物理安全）保护就是指采取一定措施对网络的硬件系统、数据和软件系统等实体进行保护和对自然与人为灾害进行防御。

对网络硬件的安全保护包括对网络机房和环境的安全保护、网络设备设施（如通信电缆等）的安全保护、信息存储介质的安全保护和电磁辐射的安全保护等。

对网络数据和软件的安全保护包括对网络操作系统、网络应用软件和网络数据库数据的安全保护。

对自然与人为灾害的防御包括对网络系统环境采取防火、防水、防雷电、防电磁干扰、防振动及防风暴、防地震等措施。

4．访问控制

访问控制是网络安全防范和保护的主要策略，其主要任务是保证网络资源不被非法使用和非常规访问。它也是维护网络系统安全、保护网络资源的重要手段，可以说是保证网络安全最重要的核心策略之一，访问控制技术主要包括 7 种：

① 入网访问控制；

② 网络的权限控制；

③ 目录级安全控制；

④ 属性安全控制；

⑤ 网络服务器安全控制；

⑥ 网络监测和锁定控制；

⑦ 网络端口和节点的安全控制。

根据网络安全的等级，网络空间的环境不同，可灵活地设置访问控制的种类和数量。

5. 信息加密技术

尽管安全立法对保护网络系统安全有不可替代的重要作用，但任何法律也阻止不了攻击者对网络数据的各种威胁。加强行政、人事管理，采取物理保护措施都是保护系统不可缺少的有效措施，但是这些措施也会受到各种环境、费用、技术及系统工作人员素质等条件的限制。采用访问控制、系统软硬保护等方法保护网络系统资源，简单易行，但也存在像系统内部某些职员可以轻松越过这些障碍而进行计算机犯罪等不易解决的问题。采用密码技术和数据加密技术保护网络中存储和传输的数据，是一种十分实用、经济、有效的方法。对数据信息进行加密保护可以防止攻击者窃取网络机密信息，可以使系统信息不被非法者识别，也可以检测出非法用户对数据的插入、删除和修改及滥用有效数据等行为。

计算机密码学是研究利用现代技术手段对计算机系统中的数据进行加密、解密和变换的学科，是数学和计算机学交叉的学科。随着计算机网络和现代通信技术的发展，计算机密码学得到了前所未有的发展和应用。在国外，计算机密码学已成为计算机系统安全的主要研究方向，也是计算机安全课程教学中的主要内容。

密码学包括密码编码学和密码分析学。密码编码学是研究密码变化的规律并用之于编制密码以保护秘密信息的科学，即研究如何通过编码技术来改变被保护信息的形式，使得编码后的信息除指定接收者之外的其他人都不能理解；密码分析学是研究密码变化的规律并用之于分析（解释）密码以获取信息情报的科学，即研究如何攻破一个密码系统，恢复被隐藏起来的信息的本来面目。密码编码学是实现对信息加密的，密码分析学是实现对信息解密的，这两部分相辅相成、互相促进，也是矛盾的两个方面。

在 20 世纪 70 年代，密码学的研究出现了两大成果，一个是 1977 年美国国家标准局（NBS）颁布的联邦数据加密标准（DES）；另一个是 1976 年由 Diffie 和 Hellman 提出的公钥密码体制的新概念。DES 将传统的密码学发展到了一个新的高度，而公钥密码体制的提出被公认是现代密码学的基石。这两大成果已成为近代密码学发展史上的两个重要里程碑。

随着计算机网络不断渗透到国民经济各个领域，密码学的应用也随之扩大。数字签名、身份鉴别等都是由密码学派生出来的新技术和新应用。

在计算机网络系统中，采用密码技术将信息隐蔽起来，再将隐蔽后的信息进行存储和传输。这样，即使信息在存储或传输过程中被窃取或截获，那些非法获得信息者因不了解这些信息的隐蔽规律，也就无法识别信息的内容，从而保证了计算机网络系统中信息的安全。

2.8 常见网络故障的诊断

如今网络故障很普遍，故障种类也十分繁杂，把常见故障进行归类，无疑能够加快查找故障根源，解决网络故障。

1. 常见网络故障分类

根据网络故障的性质，网络故障可分为物理故障和逻辑故障。

（1）物理故障

物理故障一般是指网络线路或网络设备损坏、插头松动、线路受到严重电磁干扰等情况。

① 线路故障：通常包括线路损坏或线路受到严重电磁干扰。在日常网络维护工作中，网络线路出现故障的概率非常高。

② 端口故障：通常包括插头松动和端口本身的物理故障。这是最常见的硬件故障。

③ 交换机或路由器故障：指设备遭到物理损坏，无法工作，导致网络不通。

④ 主机物理故障：又可归为网卡故障，因为网卡多装在主机内，靠主机完成配置和通信，即可以看成网络终端。此类故障通常包括网卡松动、网卡物理故障、主机的网卡插槽故障和主机本身故障，导致网络不通。

（2）逻辑故障

逻辑故障中的最常见情况是配置错误，即由于网络设备的配置错误而导致的网络异常或故障。

① 主机逻辑故障。主机逻辑故障所造成网络故障率较高，通常包括网卡的驱动程序安装不当、网卡设备有冲突、主机的网络地址参数设置不当、主机网络协议或服务安装不当和主机安全性故障等。

- 网卡的驱动程序安装不当：包括网卡驱动未安装或安装了错误的驱动，出现不兼容，从而导致网卡无法正常工作。
- 网卡设备有冲突：指网卡设备与主机其他设备有冲突，从而导致网卡无法工作。
- 主机的网络地址参数设置不当：这是常见的主机逻辑故障。例如，主机配置的 IP 地址与其他主机冲突，或 IP 地址根本就不在子网范围内，从而导致该主机不能连通。
- 主机网络协议或服务安装不当：主机安装的协议必须与网络上的其他主机相一致，否则会出现协议不匹配、无法正常通信的情况；还有一些服务如“文件和打印机共享服务”，不安装会使自身无法共享资源给其他用户，“网络客户端服务”不安装，会使自身无法访问网络其他用户提供的共享资源。
- 主机安全性故障：通常包括主机资源被盗、主机被黑客控制、主机系统不稳定等。

② 路由器逻辑故障。路由器逻辑故障包括路由器端口参数设定有误、路由器路由配置错误、路由器 CPU 利用率过高和路由器内存余量太小等。

③ 一些重要进程或端口关闭。一些有关网络连接数据参数的重要进程或端口受系统或病毒影响导致意外关闭。例如，路由器的 SNMP 进程意外关闭，这时网络管理系统不能从路由器中采集到任何数据，因此网络管理系统失去了对该路由器的控制，或者线路中断，没有流量。

2．网络故障的处理

当网络故障发生以后，对于普通用户来讲，通常按照以下步骤进行处理。

① 首先检查网络故障是不是由以下原因引起。

- 网卡灯有没有正常闪烁，如果没有，可能是网卡驱动程序没有装好或网卡已经损坏，也可能是网线插头松动或双绞线误接及损坏。
- 错误地设置 IP 导致与其他用户冲突而被网络中心封闭了端口。
- 更换了端口，且没有到网络中心注册。
- 重装了操作系统，且没有配置网络，包括 IP、网关、DNS 等。

以上情况只需重新设置或更换相应网络设备，即可正常上网。

② 如果网络故障的原因并不是上述故障基本情况时，可先 ping 本机的 IP 地址。具体操作为：选择→Windows 系统→命令提示符，弹出如图 2-16 所示的窗口，输入“ipconfig”命令，弹出如图 2-17 所示的窗口。

ipconfig 命令可用于显示当前的 TCP/IP 配置的设置值，这些信息一般用来检验人工配置的 TCP/IP 是否正确，如计算机当前的 IP 地址、子网掩码和默认网关等。

通过执行 ipconfig 命令可以知道所使用计算机当前的 IP 地址，以及子网掩码和网关的设置是否有误。如果正确，则在图 2-17 窗口中输入“ping[自己的 IP 地址]”命令，若弹出如图 2-18 所示的信息，则表明 ping 通，本地机器支持上网的 TCP/IP 协议运行正常。如果出现如图 2-19 所示的信息，则需要确认是否存在前面网络故障基本情况中描述的问题。

图 2-16 “命令提示符”窗口

图 2-17 执行 ipconfig 命令的结果

```
D:\Documents and Settings\guozh>ping 192.168.1.100

Pinging 192.168.1.100 with 32 bytes of data:

Reply from 192.168.1.100: bytes=32 time=-1ms TTL=128
Reply from 192.168.1.100: bytes=32 time=-1ms TTL=128
Reply from 192.168.1.100: bytes=32 time=1ms TTL=128
Reply from 192.168.1.100: bytes=32 time=1ms TTL=128
```

图 2-18 ping 通结果

```
Request timed out.
Request timed out.
Request timed out.
Request timed out.
```

图 2-19 没有 ping 通的结果

确认网卡没有问题，网络配置无误后，网卡指示灯仍然不亮，可能是因为网线与交换机之间的连接存在问题，这时可以检查一下网线。如果还有问题，则需联络网络管理员。

③ ping 网络邻居的 IP 地址。在 ping 通本机的基础上，可以 ping 一下网络邻居上的 IP，看能否找到本网段的其他机器，如果不能 ping 通邻居或找不到其他机器，说明本地机器上还是存在前面基本情况中描述的问题。

当网上邻居的机器装有防火墙时，会出现 ping 不通的现象，邻居关闭防火墙后，再运行 ping 命令。如果可以 ping 通自己，也可以 ping 通邻居或能看到其他机器，表明本地设置是正确的，此时再去测试与网关的连通。

④ 测试与网关的连通。网关（Gateway）是将两个使用不同协议的网络段连接在一起的设备，其作用就是对两个网络段中的使用不同传输协议的数据进行互相翻译转换。

首先 ping 本机的网关，如“ping 192.168.1.1 -t”，如果网关 ping 不通，说明本地机器与网关的连接有问题，这时需要找网络管理员来解决。如果网关可以 ping 通，则可试一试 ping 所用内部服务器。

⑤ 测试与所用内部服务器的连通。例如，所用内部服务器的 IP 为 10.1.1.1 的机器为 DNS（域名服务器）和 Mail 服务器，则输入“ping 10.1.1.1”命令，若能 ping 通，也能正常收发邮件，但用 IE 不能正常访问外部网页，则检查以下情况：是否已经取消 IE 浏览器的代理服务设置；本机网络设置中 DNS 的设置是否正确。

⑥ 测试与局域网外的连通。如果不能正常访问外网，这就是局域网外的故障了。通常的做法就是致电网络中心，请求排除故障。

实战练习

实验一 网络应用基础

（1）了解网络环境的配置

① 打开“控制面板”的“网络和共享中心”中的本地连接，观察网卡类型和使用的服务与协议。

② 打开 Internet 协议（TCP/IP）属性，观察本机 IP 地址设置，思考其含义。

③ 用 ipconfig 命令，查看网卡物理地址、主机 IP 地址、子网掩码、默认网关等，查看主机信息，包括：主机名、DNS 服务器、节点类型等。

（2）设置共享文件夹和打印机

① 在D盘新建文件夹“共享”，在“共享”中新建文件abc.txt。

② 共享文件夹“共享”权限为允许所有人访问、修改和删除文件。

③ 打开网络，在“计算机”区域中，打开本计算机，查看共享文件夹“共享”的内容。

④ 通过局域网中的其他计算机，打开本计算机的共享文件夹“共享”，进行文件复制和移动操作。

实验二 常见网络应用

（1）Edge浏览器的使用

① 整理Edge浏览器的收藏夹，创建新文件夹，命名为“学习”。将太平洋计算机网主页（www.pconline. com.cn）添加到收藏夹下的“学习”文件夹中，命名为“计算机”。

② 将Edge浏览器的主页设置为http://www.hao123.com。

③ 设置Edge浏览器，使得浏览Internet网页时不播放声音、动画。

④ 设置Edge浏览器，使得浏览Internet网页时禁止脚本调试。

⑤ 设置Edge浏览器，使得链接加下画线的方式为“悬停”。

⑥ 设置Edge浏览器，禁止保存访问过的网站历史记录。

（2）搜索引擎的使用

① 下载关于2018计算机一级考试的相关内容，在Edge浏览器的地址栏中输入百度搜索引擎网站的域名www.baidu.com，在百度站点的文本框中输入关键词“2018计算机一级考试大纲”，单击“百度一下”按钮，在搜索结果中单击第一个链接，将该网页保存到“task\winks\Temp”文件夹中，文件名为search.mht。

② 软件下载，通过百度搜索引擎网站搜索下载Ghost版本的Windows 7 ISO文件。

（3）网上购物

在浏览器地址栏中输入 http://www.taobao.com，进入淘宝网，先免费注册（已有账户可直接登录），然后选择一件喜欢的商品，加入购物车中。

（4）申请邮箱，收发邮件

在Edge浏览器地址栏中输入http://www.126.com，申请一个新的126邮箱地址。登录此邮箱，并给自己发一封主题为“这是一封测试邮件”的信件，将上面（2）①中下载的网页作为随信附件发送。

本章小结

本章主要介绍了计算机网络的基础知识，包括网络的定义、分类等基础知识，以及局域网的定义、网络的接入方式，还介绍了Internet的基础知识和应用、Edge浏览器的使用、网页收藏、Web笔记和文件的上传和下载，以及网络安全、网络故障的诊断与排除等内容。

习 题

1．选择题

（1）计算机网络实现的资源共享包括：____、软件共享和硬件共享。

A．设备共享　　B．程序共享　　C．数据共享　　D．文件共享

（2）计算机网络中，____负担数据传输和通信处理工作。

A．计算机　　B．通信子网　　C．资源子网　　D．网卡

（3）计算机网络协议是保证准确通信而制定的一组____。

A．用户操作规范　　B．硬件电气规范
C．通信规则或约定　　D．程序设计语法

（4）OSI 模型将计算机网络体系结构的通信协议规定为____。

A．3 个层次　　B．5 个层次　　C．6 个层次　　D．7 个层次

（5）下列属于计算机局域网的是____。

A．校园网　　B．国家网　　C．城市网　　D．因特网

（6）下列____是计算机网络的传输介质。

A．网卡　　B．服务器　　C．集线器　　D．激光信道

（7）大多数用户利用公用电话网驳接 Internet 的常用接入设备是____。

A．卫星 MODEM　　B．微波 MODEM　　C．光纤 MODEM　　D．音频 MODEM

（8）下列____不是网络操作系统。

A．Windows NT Server　　B．UNIX
C．DOS　　D．NetWare

（9）同时具有星形拓扑和总线形拓扑某些特点的网络拓扑结构是____。

A．环形拓扑　　B．树形拓扑　　C．网状拓扑　　D．其他拓扑结构

（10）远程终端访问需使用的协议是____。

A．Telnet　　B．FTP　　C．SMTP　　D．E-mail

（11）IP 的中文含义是____。

A．信息协议　　B．内部协议　　C．传输控制协议　　D．网络互连协议

（12）IP 地址可以用____位二进制数来表示。

A．8　　B．16　　C．32　　D．64

（13）____分配给规模特别大的网络使用。

A．A 类地址　　B．B 类地址　　C．C 类地址　　D．D 类地址

（14）C 类地址的 32 位地址域中前____个 8 位为网络标识。

A．1　　B．2　　C．3　　D．4

（15）在各种数字用户环路技术 DSL 中，ADSL 指的是____。

A．高速数字用户环路　　B．非对称数字用户环路
C．速率自适应非对称数字用户环路　　D．甚高速数字用户环路

（16）计算机病毒是一种____。

A．微生物感染　　B．化学感染　　C．程序　　D．幻觉

（17）计算机病毒不具有____。

A．可触发性和传染性　　B．潜伏性和隐蔽性
C．传染性和破坏性　　D．自行消失性和易防范性

（18）计算机每次启动时被运行的计算机病毒称为____病毒。

A．恶性　　B．良性　　C．引导型　　D．定时发作型

（19）通常所说的“宏病毒”，主要是一种感染____类型文件的病毒。

A．COM　　B．DOS　　C．EXE　　D．TXT

（20）影响计算机安全的最大因素是____。

A．人为的恶意攻击　　B．人为的失误
C．网络软件的漏洞和后门　　D．天灾人祸

2．简答题

（1）什么是计算机网络？其主要功能有哪些？

（2）什么是 IP 地址，IP 地址与域名有何关系？

（3）TCP/IP 协议有几层，每层具有什么功能？

（4）设某单位要建立一个与因特网相连的网络，该单位包括 4 个部门，分别位于 4 栋不同的大楼，每个部门有大约 60 台计算机，各部门的计算机组成一个相对独立的子网。假设分配给该单位的 IP 地址为一个 C 类地址，网络地址为 202.120.56.0，请给出一个将该 C 类网络划分成 4 个子网的方案，即确定子网掩码和分配给每个部门的 IP 地址范围。

（5）简述计算机病毒的工作过程。

（6）什么是防火墙？它有哪些基本功能？

（7）搜索黑客的概念，并总结出黑客的常用攻击手段。

（8）通过网络检索，试描述 QQ 软件的全国拓扑结构及服务过程。

第二部分

应用篇

第3章　Windows 10 操作系统

导读

操作系统是安装到计算机中的第一个系统软件，学习和掌握操作系统的基本操作，可以帮助用户更好地管理计算机中的各种软件、硬件资源，使计算机能更好地为用户提供服务。

学习目标

- 了解操作系统的基础知识和功能
- 熟悉 Windows 10 控制面板
- 熟悉 Windows 10 系统维护和备份
- 掌握 Windows 10 的基本操作
- 掌握 Windows 10 的文件管理
- 掌握 Windows 10 对应用程序的管理

3.1　Windows 10 基础知识

操作系统是计算机软件系统的重要组成部分，是软件的核心。一方面，它是计算机硬件功能面向用户的首次扩充，它把硬件资源的潜在功能用一系列命令的形式公布于众，从而使用户可通过操作系统提供的命令直接使用计算机，成为用户与计算机硬件的接口。另一方面，它又是其他软件的开发基础，即其他系统软件和用户软件都必须通过操作系统才能合理组织计算机的工作流程，调用计算机系统资源为用户服务。

从 1985 年微软公司开始推广 Windows 操作系统至今，现已经历了 Windows 3.1、Windows 95、Windows NT 4.0、Windows 98、Windows 98 SE、Windows ME、Windows 2000、Windows XP、Windows Server 2003、Windows Vista、Windows Server 2008、Windows 7、Windows 8，到现在的 Windows 10。

Windows 10 是美国微软公司研发的新一代跨平台及设备应用的操作系统，正式版已于 2015 年 7 月 29 日发布。微软将 Windows 10 作为统一品牌，覆盖所有品类和尺寸大小的 Windows 设备，包括台式机、笔记本电脑、平板电脑和手机等，实现 One Windows。

3.1.1　Windows 10 简介

本书将介绍 Windows 10 操作系统。目前，Windows 10 共包含 7 个发行版本，面向不同用户和设备，分别是家庭版、专业版、企业版、教育版、移动版、企业移动版、物联网核心版。本书介绍的是 Windows 10 家庭版。相比之前的操作系统，Windows 10 有如下特点。

① 弱化“开始”屏幕，回归传统桌面。Windows 10 系统开机后默认进入传统桌面，而不是开机屏幕，这样用户不需要再单击 Windows 8 系统的 Metro 界面的“桌面”磁贴进入传统桌面。

② 恢复“开始”菜单（如图 3-1 所示）。Windows 8 中取消了经典的“开始”菜单，以致引起了一些用户的不满。熟悉的桌面“开始”菜单在 Windows 10 中正式回归，不过它的旁边新增了一个 Modern 风格的区域，改进的传统风格与新的现代风格有机地结合在一起。

③ 虚拟桌面。Multiple Desktops 功能让用户在同一个操作系统下使用多个桌面环境，即根据自

己的需要在不同桌面环境之间进行切换。Task view 模式增加了应用排列建议选择，即不同窗口会以某种推荐的排版显示在桌面环境中，单击右侧的加号可添加一个新的虚拟桌面，如图 3-2 所示。

图 3-1　恢复的“开始”菜单

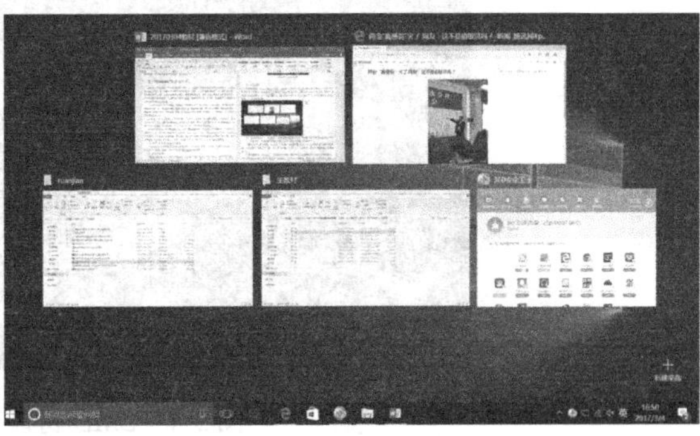

图 3-2　虚拟桌面

④ 窗口化程序。来自 Windows 应用商店中的应用可以与桌面程序一样以窗口化方式运行，可以随意拖动位置与拉伸大小，也可以通过工具栏的按钮实现最小化/最大化和关闭应用的操作（如图 3-3 所示），当然也可以像 Windows 8 那样全屏运行。

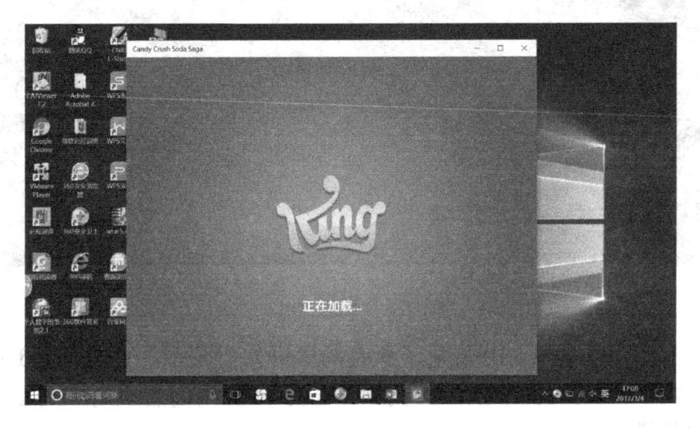

图 3-3　窗口化程序

⑤ 分屏多窗口功能增强。用户可以在屏幕中同时摆放 4 个窗口，还会在单独窗口内显示正在运行的其他应用程序。同时，Windows 10 会智能地给出分屏建议。Windows 10 侧边新增了 Snap Assist 按钮，可以将多个不同桌面的应用展示在此，并与其他应用自由组合成多任务模式。

⑥ 多任务管理界面。Windows 10 任务栏出现了一个全新的“查看任务”按钮。在桌面模式下可以运行多个应用和对话框，并且可以在不同桌面间自由切换。用户能将所有已开启的窗口缩放并排列，以便迅速找到目标任务。

⑦ CMD 窗口中支持快捷复制。相比过去将所有用户都视为初级用户的做法，Windows 10 中特别照顾到高级用户的使用习惯，如在命令提示符（Command Prompt）中增加了对粘贴键（Ctrl+V）的支持，用户终于可以直接在指令输入窗口下快速粘贴文件夹路径，如图 3-4 所示。在 CMD 窗口中还可自行进行选择。另外，Windows 10 的命令提示符还增添了大量新选项和热键，使用户能够更方便地执行命令和启动软件。

⑧ 操作中心。新的操作中心将所有软件和系统的通知集中在一起，方便用户查看和管理，如图 3-5 所示。底部也添加了一些常用开关按钮，如平板模式开关、OneNote 按钮、定位和所有设置等，既方便又快捷，而且符合时下智能手机的操作习惯。

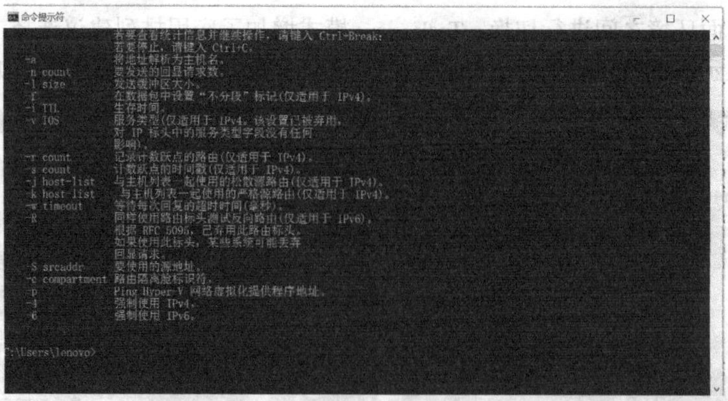

图 3-4　CMD 窗口中支持快捷复制

图 3-5　操作中心

⑨ 设备与平台统一。Windows 10 恢复了原有的“开始”菜单，并将 Windows 8 中的“开始屏幕”集成至“开始”菜单中。Modern 应用（又称 Windows 应用商店应用/ Windows Store 应用）则允许在桌面上以窗口化模式运行。

Windows 10 为所有硬件提供了一个统一的平台，支持广泛的设备类型，包括互联网设备到全球企业数据中心服务器，覆盖所有尺寸和品类的 Windows 设备，所有设备共享一个应用商店。因为启用了 Windows RunTime，所以用户可以在 Windows 设备（手机/平板电脑/个人计算机及 XBox）上跨平台运行同一个应用。

图 3-6　语音助手 Cortana

⑩ 语音助手 Cortana。语音助手 Cortana 位于底部任务栏“开始”按钮右侧，支持使用语音唤醒。Cortana 是用户的私人助手，不只是简单的语音交流，还可以帮助用户在计算机上查找资料、管理日历、跟踪程序包、查找文件、跟用户聊天，还可以讲笑话。

Cortana 的中文名字叫“小娜”，用户可以跟她聊天，如图 3-6 所示。用户可以召唤小娜的妹妹“小冰”，只需在搜索框中输入“召唤小冰”，即可和“小冰”聊天。

⑪ Microsoft Edge 浏览器。Windows 10 用全新的 Microsoft Edge 浏览器替代已经服役了 20 年之久的 Internet Explorer（IE）。拥有全新内核的 Microsoft Edge 浏览器对 HTML5 等新兴标准和多媒体支持更好，新增涂鸦书写、书签导入、密码管理、与 Cortana 集成、阅读模式等功能，还

将兼容 Chrome、Firefox 等第三方扩展插件。Internet Explorer 将与 Edge 浏览器共存，前者使用传统排版引擎，以提供旧版兼容支持；后者采用全新排版引擎，带来不一样的浏览体验。

⑫ 查找文件更快。文件资源管理器默认打开的是“快速访问”窗口，其中会显示桌面、下载、图片等用户文件夹，以及用户最近访问过的文件。如果用户觉得这项功能会泄露自己的隐私，可以将其关闭。

⑬ 智能家庭控制。Windows 10 整合了名为 AllJoyn 的新技术，这种新技术是一种开源框架，鼓励 Windows 设备增强协作性。不管用户购买的是何种智能家庭产品，不管它是由哪家厂商生产的或用何种方式与网络连接，一旦它们被接入网络，就能被网络识别出来，并且与网络上的其他 AllJoyn 设备连网，从而实现智能家庭控制。

3.1.2　Windows 10 桌面布局

与 Windows 7 相似，Windows 10 的桌面包括桌面图标，桌面背景/任务栏等，如图 3-7 所示。

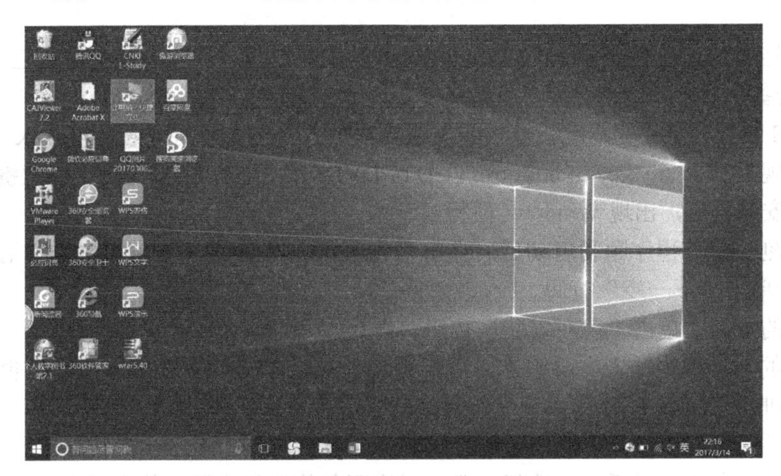

图 3-7　桌面布局

1．桌面图标

图标是系统资源的符号表示，包含了对象的相关信息，由图标和文字说明构成。图标下面的文字说明是图标打开后的窗口标题，图标可以表示应用程序、数据文件、文件夹、驱动器、打印机等对象。双击桌面图标，可以方便、快捷地打开窗口或启动相应的应用程序，提高工作效率。

2．任务栏

桌面底部横置的长条是“任务栏”，它是桌面上最重要的对象，包括任务按钮区、通知区域和显示桌面按钮等，如图 3-8 所示。

图 3-8　任务栏的组成

【案例 1　Windows 10 的安装】

在安装 Windows 10 前，必须保证所使用的计算机配置已经达到了 Windows 10 的基本要求，如表 3-1 所示。

表 3-1 Windows 10 硬件配置要求

设备名称	基本要求
CPU	1 GHz 或更快处理器（支持 PAE、NX 和 SSE2）或 SoC
内存	1 GB RAM（32 位）或 2 GB RAM（64 位）
硬盘	16 GB（32 位）或 20 GB（64 位）
显卡	DirectX9 图形设备或更高版本（包含 WDDM 1.0 驱动程序）
分辨率	若要访问 Windows 应用商店并下载和运行程序，需要有效的 Internet 连接及至少 1024×768 的屏幕分辨率；若要拖到程序，需要至少 1366×768 的屏幕分辨率
其他	若要使用触控，需要支持多点触控的平板电脑或显示器

Windows 10 可通过光盘安装，这是传统的安装方法，但对于无光驱的上网本来说无法实现，因此 Windows 10 提供了从虚拟光驱安装、从硬盘安装和从 U 盘安装等多种安装方式，以满足不同用户的需求。

下面以光盘安装的方式为例，介绍 Windows 10 的安装过程。若安装硬盘中已包含资料和数据，则将需要的数据备份后，才能进行以下安装操作。

① 将 BIOS 设置为从光驱启动，然后将安装光盘放入光驱，等待安装环境载入内存。

② 屏幕出现“Press any key to boot from CD or DVD…”字样，则按键盘上任意键继续，此时启动 Windows 10 安装程序，出现 Windows 徽标。

③ 等待片刻，安装程序顺利启动后，弹出“Windows 安装程序”窗口，选择语言、国家和键盘输入法，然后单击“下一步”按钮。

④ 在弹出的窗口中单击“现在安装”按钮。

⑤ 在弹出的对话框中输入产品密匙以激活系统，然后单击“下一步”按钮，也可以单击“跳过”超链接，暂时不激活系统，待系统安装完成后再进行激活操作。

⑥ 在弹出的对话框中选择你想安装的系统版本，然后单击“下一步”按钮。

⑦ 出现“许可条款”对话框，选择“我接受许可条款”复选框，单击“下一步”按钮。

⑧ 弹出安装类型对话框，从中选择“自定义：仅安装 Windows（高级）”选项。

⑨ 选择要将系统安装到硬盘的分区。若硬盘还没有进行分区，可在此对硬盘进行分区操作。选择硬盘，然后单击“新建”超链接。

⑩ 在弹出的对话框中输入硬盘分区大小，然后单击“应用”按钮。

⑪ 弹出提示信息框，提示系统会创建额外的分区，单击“确定”按钮，在系统中会创建 500 MB 大小的系统保留分区，主要用于系统启动及系统恢复，该分区在系统中为隐藏状态。

⑫ 利用同样的方法创建其他分区。

⑬ 切换至“正在安装 Windows”界面，此时 Windows 开始安装，这需要一段时间。

⑭ 系统安装文件复制完成。用户需要重启 Windows 才能完成安装，单击“立即重启”按钮，即可重启 Windows。

【案例 2 Windows 10 的启动和退出】

启动操作系统实际上就是启动计算机，是把操作系统的核心程序从启动盘（通常为硬盘）中调入内存并执行的过程。这是用户在使用计算机时不可缺少的首要操作步骤。虽然启动操作系统的内部处理过程非常复杂，但这一切都是自动执行，不需用户操心。对于 Windows 操作系统，一般的启动方法有以下 3 种。

① 冷启动，又称加电启动，用户只需打开计算机电源开关即可。这是计算机处于未通电状态下的启动方式。

② 重新启动。通过“关闭计算机”对话框中的“重新启动”命令来实现。

③ 复位启动。用户只需长按主机箱面板上的 Reset（复位）按钮即可实现。这是在系统完全崩溃、无论按什么键（包括按 Ctrl+ Alt + Del 组合键）计算机都没有反应的情况下，对计算机强行复位的方式。

（1）Windows 10 的启动

当 Windows 10 安装完毕后，系统会自动重新启动计算机。以后需要启动 Windows 10 时，只要打开计算机即可。启动 Windows 10 后，屏幕上出现一个登录对话框，提示用户输入在 Windows 10 中注册的用户名和口令。

注意：打开计算机的操作步骤是先按下显示器电源开关，再打开主机电源。

（2）Windows 10 的退出

当用户要结束对计算机的操作时，一定要先退出 Windows 10 系统，再关闭显示器，否则会丢失文件或破坏程序。如果用户在没有退出 Windows 系统的情况下就关机，系统将认为是非法关机，下次开机时会自动执行自检程序。退出 Windows10 的正确操作如下。

① 单击⊞按钮。

② 弹出“开始”菜单，单击电源⏻按钮，在弹出的菜单中单击“关机”按钮。

③ 退出 Windows 10 后，主机电源将自动关闭，然后关闭显示器电源按钮。

3.2 Windows 10 基本操作

3.2.1 鼠标、键盘的操作方法

鼠标是用来控制屏幕中光标移动的一种设备，计算机的大部分操作都可以用鼠标来完成。鼠标的操作比较简单，主要使用以下基本操作来实现不同的功能，如表 3-2 所示。

表 3-2　鼠标的操作方法

动　作	操作方法
单击	快速在一个对象上单击鼠标，选中一个对象。单击又分为单击左键和单击右键，单击左键主要用于选定图标或打开菜单等，单击右键主要用于打开当前的快捷菜单
双击	快速连续地在一个对象上单击两次鼠标左键，主要用于启动程序或是打开一个窗口
拖放	鼠标指向一个对象，按住左键并拖至目标位置，然后释放鼠标
指向	将光标指向对象，停留一段时间，即为指向或称为持续操作，主要用来显示指向对象的提示信息
滚轮	按住滚轮，然后前后滚动即可，主要用于屏幕窗口中内容的上下移动

Windows 10 中常见的几种光标形状及其含义如表 3-3 所示。

表 3-3　不同光标的含义

指针形状	表示状态	具体作用
↖	正常选择	表示准备接受用户指令
○	忙	正处于忙碌状态，此时不能执行其他操作
I	文本选择	出现在可输入文本位置，表示此处可输入文本内容
✥	移动	该光标在移动窗口或对象时出现，使用它可以移动整个窗口或对象
👆	链接选择	表示该指针所在位置是一个超链接
⊘	不可用	鼠标所在的按钮或某些功能不能使用

键盘是用户和计算机交流信息的主要输入设备之一。Windows 10 操作系统中使用一些特殊的组合按键，可以加快操作的速度，这些键的组合被称为快捷键。表 3-4 列出了 Windows 10 中常用的快捷键。

表 3-4 Windows 10 中常用的快捷键

快捷键	功 能	快捷键	功 能
Ctrl + Esc	打开“开始”菜单	Del/Delete	删除选中对象
F10（或 Alt）	激活当前程序中的菜单栏	Shift + Delete	永久删除
Alt + enter	显示所选对象的属性	Esc	取消所选项目
Alt + Tab	在当前打开的各窗口间进行切换	Ctrl + shift	在不同输入法之间切换
Print Screen	复制当前屏幕图像到剪贴板	Shift + 空格键	全角/半角切换
Alt + Print Screen	复制当前窗口或其他对象到剪贴板	Ctrl + 空格键	输入法/非输入法切换
Alt + F4	关闭当前窗口或退出程序	F1	显示被选中对象的帮助信息
Ctrl + A	选中全部内容	Ctrl + X	剪切
Ctrl + C	复制	Ctrl + V	粘贴
Ctrl + Z	撤销	Ctrl + S	保存

3.2.2 设置桌面图标

图标是文件、程序或快捷方式的图形化表示，在桌面、任务栏、“开始”菜单及整个系统中有各种图标。添加到桌面上的大多数图标是快捷方式，下面将介绍如何在桌面上添加图标，更改图标样式，以及如何对桌面图标进行操作。

1．添加常用系统桌面图标

初始情况下，桌面只有一个“回收站”图标，为了提高操作效率，可在桌面添加桌面图标。具体操作如下。

① 在桌面空白区域单击鼠标右键，在弹出的快捷菜单中选择“个性化”命令。

② 弹出“设置”窗口，在左侧选择“主题”选项。在右侧单击“桌面图标设置”超链接。

③ 弹出“桌面图标设置”对话框；选中要添加图标前的复选框，然后单击“确定”按钮。

④ 返回桌面，即可看到添加的系统图标。

注意：直接将“开始”菜单中的选项拖至桌面，也可为应用程序或文件创建桌面图标；对文件创建桌面快捷方式图标，直接右击要添加快捷方式的文件，在弹出的快捷菜单中指向“发送到”命令，单击“桌面快捷方式”命令即可。

2．桌面图标的排列

随着操作系统使用时间的增加，桌面上会有越来越多的快捷方式图标，需要对桌面图标加以整理，变得整洁美观。具体操作如下：在桌面空白区域单击鼠标右键，在弹出的快捷菜单中选中“排列方式”命令，其下有“名称”“大小”“项目类型”“修改日期”4 个选项，可根据自己的需要选择选项。选中后，桌面图标将按照所选要求进行排列。

3．桌面图标的删除

桌面上存在的大量图标，不仅影响系统的运行速度，也会降低用户的工作效率，因此，用户可以将不必要的图标删除。具体操作如下：右击桌面上要删除的快捷方式图标，在弹出的快捷菜单中选择“删除”命令，弹出“删除快捷方式”对话框，单击“是”按钮。

注意：桌面图标删除的仅仅是程序或文件的快捷方式，其程序或文件本身并没有被删除。

3.2.3 窗口的操作

窗口是 Windows 的重要组成部分，限定了每个应用程序在屏幕上的工作范围，当窗口被关闭时，应用程序同时被关闭。每个窗口负责显示和处理某一类信息。用户可随意在任意一个窗口上工作，并可以在各窗口间交换信息。下面介绍对窗口的一些基本操作。

1．打开窗口

打开窗口是窗口操作的第一步，只有将窗口打开，才能在窗口工作区中进行编辑或其他操作。

一般情况下，可采用双击对象图标（如桌面图标）的方式来打开窗口，还可以在单击对象图标后按 Enter 键，或用鼠标右击对象图标，在弹出的快捷菜单中选择“打开”命令。

打开窗口后，就可看到相应的窗口界面。窗口不同，其中包含的内容和操作对象也不相同；即使打开相同的窗口，不同的计算机其内容也可能不相同，但它们的基本结构都是类似的。

2．最大化和最小化窗口

用户可以根据自己的需要使窗口最大化或最小化。

最大化操作：单击“最大化”按钮，可将窗口最大化并铺满整个桌面。

最小化操作：单击“最小化”按钮，可将暂时不需要的窗口最小化以节省桌面空间，窗口将以按钮的形式缩小到任务栏上。

单击“窗口还原”按钮，可以将窗口恢复到原来打开时的初始状态。当窗口最大化或以“50%”比例显示时，将光标移动到窗口的标题栏，按住鼠标左键不放往屏幕中间位置拖动窗口，即可还原窗口大小。

3．窗口的缩放

用户可以根据自己的需要对窗口的大小进行调整，以取得对窗口中信息浏览的最佳效果。

① 当用户只需要改变窗口的宽度时，可把光标放在窗口的垂直边框上，当光标变成双向的箭头时，可以任意拖动。如果只需改变窗口的高度，可以把光标放在水平边框上，当指针变成双向箭头时进行拖动。如果需要对窗口进行等比缩放，可以把光标放在边框的任意角上进行拖动。

② 用鼠标和键盘的配合来完成。在标题栏上单击鼠标右键，在出现的快捷菜单中选择“大小”命令（窗口最大化时该命令失效），当屏幕上出现✥标志时，通过键盘的方向键来调整窗口的高度和宽度，调整至合适位置时，用鼠标单击或者按 Enter 键结束。

4．窗口的移动

窗口被打开后，将会遮盖住屏幕上的其他内容，为了方便操作，有时需要移动窗口的位置。

① 将光标移动至窗口标题栏处，按住鼠标左键不放，将窗口向任意方向拖动。

② 当窗口移动到需要的位置时，松开鼠标左键即可。

5．窗口的排列

Windows 中窗口排列的方式主要有 3 种：“层叠窗口”“堆叠显示窗口”和“并排显示窗口”，操作方法类似。具体操作如下：在任务栏空白区域单击鼠标右键，在弹出的快捷菜单中选择所需的排列窗口方式，则窗口会以所选方式排列。

6．窗口的切换

尽管 Windows 10 是一个支持多窗口的操作系统，但当前操作窗口只有一个。打开多个窗口时，要从当前的窗口切换到其他窗口的方法有以下 3 种。

① 当需要切换的窗口缩小在任务栏上成为窗口按钮时，单击该窗口按钮，即可将窗口还原至原始大小，并成为当前窗口。

② 当需要切换的窗口显示在屏幕上又有部分可见时，单击该窗口的可见部分即可将该窗口切换为当前窗口。

③ 按 A1t+Tab 键，屏幕上将出现任务切换栏，所有已经打开的窗口将以窗口缩略图图标形式排列出来，按住 Alt 键同时按 Tab 键，就可以依次在不同窗口图标间进行切换，切换到需要打开的窗口图标后，释放所有按键，就可以将该窗口切换为当前窗口。

7. 关闭窗口

当对某个窗口操作完毕，就可以关闭该窗口。其关闭窗口的方法有以下 6 种。

① 单击窗口标题栏右侧的☒按钮。

② 按 Alt+F4 组合键。

③ 在窗口中执行“文件”→“关闭”命令。

④ 右击标题栏，在弹出的快捷菜单中选择“关闭”命令。

⑤ 当需要关闭的窗口缩小在任务栏上成为窗口按钮时，右击该窗口按钮，然后在弹出的快捷菜单中选择“关闭”命令。

⑥ 按 A1t+Ctrl+Delete 组合键，打开“任务管理器”对话框，在“应用程序”选项卡的“任务”栏中选择需关闭的窗口名称，然后单击“结束任务”按钮。

8. 分屏功能

使用 Windows 10 的分屏功能可以将多个不同的应用窗口展示在一个屏幕中。

具体操作如下：按住鼠标左键，将桌面上的应用程序窗口向左（或向右）拖动，直至屏幕出现分屏提示框（灰色透明蒙版）松开鼠标，即可实现分屏显示窗口，如图 3-9 所示。

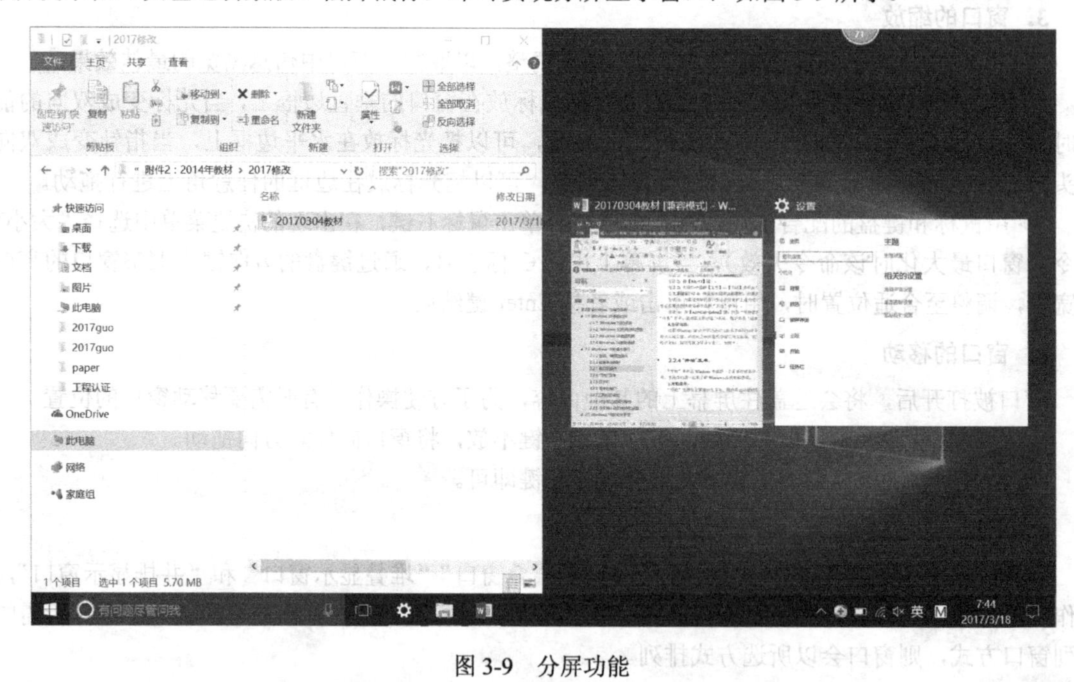

图 3-9 分屏功能

3.2.4 “开始”菜单的使用

Windows 10 操作系统恢复了“开始”菜单，并且在“开始”菜单右侧增加了 Modern 风格的区域。下面一起来了解 Windows 10 的“开始”菜单。

“开始”按钮位于屏幕的左下角。单击该按钮后，弹出“开始”菜单，主要由“开始”菜单和“图片磁贴”组成，如图 3-10 所示。

图 3-10 分屏功能

3.2.5 任务栏的设置

任务栏是 Windows 操作系统使用最多的桌面元素，它位于窗口底部，由“开始”按钮、搜索框、语言栏、通知区域等组成。中间空白的区域用于显示正在运行的应用程序和打开的窗口。下面介绍任务栏的常用操作。

1．设置任务栏属性

在任务栏的空白处单击鼠标右键，在弹出的快捷菜单中选择“设置”命令，弹出“任务栏”窗格，如图 3-11 所示，从中可对任务栏进行锁定、隐藏等设置。

2．移动任务栏位置

在任务栏上按住鼠标左键并向上拖动，即可将任务栏移至桌面顶部，若向左拖动，可移至桌面左侧，如图 3-12 所示。

图 3-11 “任务栏设置”窗格

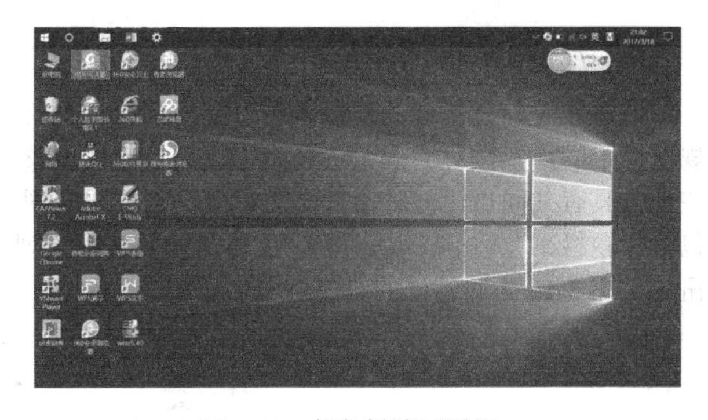

图 3-12 任务栏移至顶部

3．添加快速启动栏项目

若要在任务栏添加一个快速启动按钮，操作如下：单击“开始”菜单，右击相应程序，在弹出的快捷菜单中选择“更多”→“固定到任务栏”命令。

4．通知区域的设置

右击“任务栏”空白处，在弹出的快捷菜单中选择“设置”选项，会打开“任务栏”窗格，单击通知区域的“选择哪些图标显示在任务栏”命令，弹出如图 3-13 所示的窗口。

3.2.6 多任务操作

多任务操作可帮助用户更快地完成工作，如计算机上运行大量的程序，屏幕越来越拥挤时，可以创建虚拟桌面来获得更多的空间，并将需要的工作项添加进来。当需要一次性打开多个程序时，可以将这些程序分别安排在屏幕的不同位置。

1. 创建多个桌面

如果用户经常需要开启大量的程序窗口进行排列，而又没有多显示器配置，Windows 10 的虚拟桌面可以使杂乱无章的桌面变得整洁。用户可以添加桌面环境，将程序窗口移至新的桌面，具体操作如下：在任务栏搜索框右侧单击“任务视图”按钮，则进入任务视图界面，其中显示了当前所打开的程序缩略图，单击右下方的“新建桌面”按钮，此时可创建一个新的空白“桌面 2”，如图 3-14 所示。

图 3-13 “选择哪些图标显示在任务栏上”窗口　　图 3-14 新建桌面

在任务视图界面中，将光标置于“桌面 1”上，将要移至“桌面 2”的程序选中，拖动程序图标到下方的“桌面 2”窗口即可。

2. 删除虚拟桌面

若要删除创建的虚拟桌面，可单击“任务视图”按钮，然后单击“桌面 2”右上方的“关闭”按钮，此时“桌面 2”中的程序图标将全部回到系统桌面。

3.2.7 对话框的组成和操作

对话框是特殊类型的窗口，可以提出问题，允许用户选择选项来执行任务，或提供信息。与常规窗口不同，多数对话框无法最大化、最小化或调整大小，但它们可以被移动。对话框与窗口在一些地方具有共同点，但对话框比窗口更简洁、更直观、更侧重于与用户的交流。一般的对话框主要包括标题栏、选项卡（或标签）、文本框、复选框、列表框、下拉列表、微调框、单选按钮、命令按钮等，图 3-15 为对话框的典型例子。

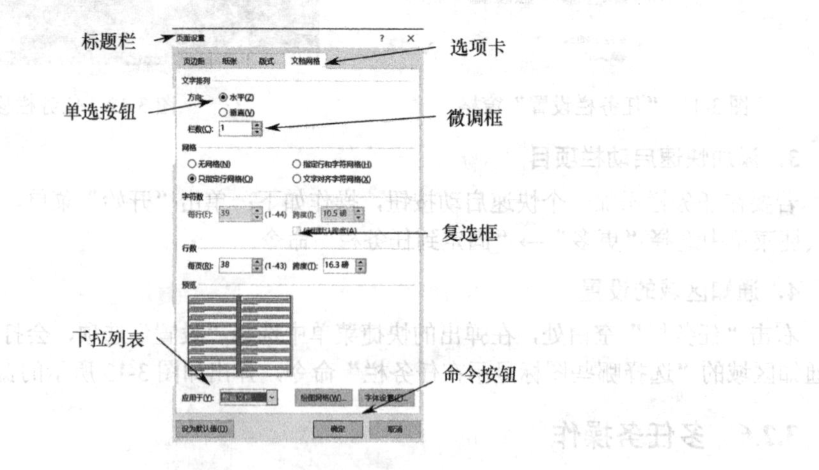

图 3-15 对话框的组成元素

表 3-5 是对话框中的主要组成元素的介绍。

表 3-5 对话框组成元素功能介绍

名 称	功 能
标题栏	标题栏位于对话框的最上方，左侧标明该对话框的名称，右侧为“关闭”按钮，有些对话框包含“帮助”按钮
选项卡	Windows 将所有相关功能的对话框合在一起形成一个多功能对话框，选项卡是每项功能在对话框中叠放的页。单击对话框顶端的标签，可以打开相应的选项卡
文本框	文本框是需要用户输入信息的方框。在文本框中输入信息前，先将光标移到该文本框中，这时鼠标光标变为垂直的插入光标，即可输入信息
复选框	用户可以选择任意多个选项。复选框中的每个选项的左边都有一个小方框，称为选择框。当选择框中显示“√”时，表示该项被选中
列表框	列表框用来将系统所提供的所有选项列在一个选项框中，用户可以通过滚动条来选择需要的选项，而且通常列表框是单选的，当用户选择某项后，其余选项被取消
下拉列表框	下拉列表框是一个单行列表框，右侧有一个向下的箭头按钮，单击该按钮时，将弹出一个下拉列表，可以从中选择相应的选项
单选按钮	用户只能在多项中选择一项。单选按钮中的每个选项的左边都有一个圆圈，称为选项按钮，选中的选项按钮有一个小黑点
命令按钮	单击对话框中的命令按钮将执行一个命令，如单击“取消”按钮可放弃所设定的选项并关闭对话框。如果某个命令按钮是灰色的，则表示该按钮当前不能使用

3.2.8 中文输入法的使用和设置

1. 输入法的切换

在 Windows 10 操作系统中自带了两款中文输入法：微软拼音和微软五笔，用户可以在不同输入法间进行切换。具体方法有以下 3 种。

① 单击任务栏通知区域中的输入法图标，在弹出的输入法列表中选择所需输入法。

② 按 Windows+空格组合键依次切换输入法，或按 Ctrl+空格键进行中/英文输入法的切换。

③ 按 Ctrl+ Shift 组合键依次切换输入法，或按 Ctrl+空格键进行中/英文输入法的切换。

2. 输入法工具栏介绍

当选择某一种输入法后，将出现输入法状态工具条。这里以“搜狗拼音输入法”为例，如图 3-16 所示。

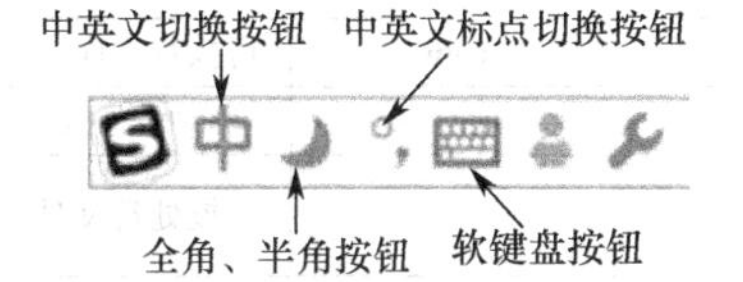

图 3-16 中文输入法工具栏

① 中英文切换。单击此按钮，可以在输入中文和输入英文之间进行切换。当按钮上显示的图标是中时，表示中文输入状态；当按钮上显示的图标是英时，表示英文输入状态。

② 全角、半角切换。当图标为◗时，表示现在是半角方式，输入的英文和数字等都只有汉字的一半宽，在内存中是作为西文符号来存放的。当图标为●时，表示现在是全角方式，输入的英文和数字等都和汉字一样宽，在内存中是作为汉字来存放的。

③ 中英文标点切换。当图标为°,时，表示现在是中文标点方式，输入的标点符号为中文形式的。当图标为 ·, 时，表示为英文标点方式，输入的标点符号为英文形式的。

④ 软键盘的用法。右击“软键盘”按钮，在弹出菜单中选择其中一项。再次单击“软键盘”按钮，即可关闭软键盘。表 3-6 为中文标点符号与相关键盘的对应关系。

表 3-6 中文标点符号与对应的键盘

标点名称	中文标点	按 键	标点名称	中文标点	按 键
顿 号	、	\	单 引 号	‘’	‘’
双 引 号	“”	“”	破 折 号	——	——

（续表）

标点名称	中文标点	按　键	标点名称	中文标点	按　键
省 略 号	……	^	句　　号	。	.
左书名号	《	<	连 接 号	—	&
右书名号	》	>	货币符号	￥	$

3.3 Windows 10 文件管理

文件和文件夹是计算机中比较重要的概念之一。在 Windows 10 中，几乎所有的任务都要涉及文件和文件夹的操作，通过文件和文件夹对信息进行组织和管理。

3.3.1 文件和文件夹的概念

1．文件

文件是有名称的一组相关信息的集合。计算机中所有的程序和数据都是以文件形式存放在存储器上的，可以是用户创建的文档，也可以是可执行的应用程序或一张图片、一段声音等。为了区分这些各不相同的文件，每个文件都要有一个名字，称为文件名。文件全名一般由文件名和扩展名组成，中间以“.”作为间隔，即“文件名.扩展名”。文件名是文件的名字，文件的扩展名用于说明文件的类型。

文件名的命名规则是：文件名长度不能超过 256 个字符，可以包含英文字母、汉字、数字和一些特殊符号，但是文件名不能含有以下 9 个字符：？、\、*、|、"、<、>、:、/。例如，“My first file.DOC”“我的文档 1.txt”是合法的，“D*T.DOC”“A/B.TXT”是非法的。

建议文件名应符合见名知义，以便于记忆。

文件名一般由用户定义，而扩展名由创建文件的应用程序自动创建。扩展名由 0～4 个有效字符组成，不区分大小写。常见文件扩展名如表 3-7 所示。

表 3-7　常见文件扩展名及其含义

扩展名	文件类型	说　明
exe、com	可执行程序文件	可执行程序文件
sys	驱动程序文件	系统的驱动程序文件
bat	批处理文件	将一批系统命令或可执行程序名存储在文件中，执行该文件名字，即可连续执行这些操作
hlp	帮助文件	提供系统或应用程序的使用说明
doc	Word 文档文件	Office Word 文字处理软件所创建的文档
txt	纯文本文件	Windows 记事本创建的文件
c、cpp、bas	源程序文件	C、C++、Basic 程序设计语言产生的源程序文件
dat	数据文件	数据文件
obj	目标文件	源程序经编译产生的目标文件
dbf	数据库文件	数据库系统建立的数据文件
zip、rar	压缩文件	经 WinZip、WinRAR 压缩软件压缩后的文件
htm	网页文件	在网络上浏览的超文本标记文件
bmp、jpg、gif	图像文件	位图，利用 JPEG 方式压缩的图像、压缩比高，不能存储超过 256 色图像的 GIF 图像文件
wav、mp3、mid	音频文件	Microsoft 公司的声音文件格式，采用 MPEG 音频压缩标准进行压缩的格式和乐器数字接口格式
wmv、rm、qt	流媒体文件	Microsoft 公司推出的 WMV 视频格式、RealNetworks 公司的 RM 格式和 Apple 公司的 QT 格式

2．通配符

在 Windows 10 文件名中，可以使用通配符“?”和“*”表示具有某些共性的文件。“?”代表任意位置的任意一个字符，“*”代表任意位置的任意多个字符。

例如，*.*表示所有文件，*.exe 代表扩展名为 exe 的所有文件，AB?.txt 代表以 AB 开头的文件名为 3 个字符的所有扩展名为 txt 的文本文件。

3．文件夹和文件的位置

（1）文件夹

磁盘是存储文件的设备，通常存放了大量文件。为了便于管理，引入了文件夹的概念。文件夹是一种层次化的逻辑结构，用来实现对文件的组织和管理。文件夹中不仅可以包含文件和文件夹，也可以包含打印机、计算机等。某个磁盘的根文件夹又叫根目录。双击“此电脑”，再双击某个磁盘的图标，可以看到该盘的根目录，根目录用“\”表示。

（2）文件的位置（路径）

目录（文件夹）是一个层次式的树型结构，目录可以包含子目录，最高层的目录通常称为根目录。路径的一般表达方式是：

- 驱动器号:\子目录 1\子目录 2\....\子目录 *n*
- 驱动器号:\子文件夹 1\子文件夹 2\...\子文件夹 *n*

文件在磁盘上的位置（路径）包含了要找到指定文件所顺序经过的全部文件夹。

例如，图 3-17 所示目录中文件 Notepad.exe 的路径为 C:\Windows\System32\Notepad.exe。

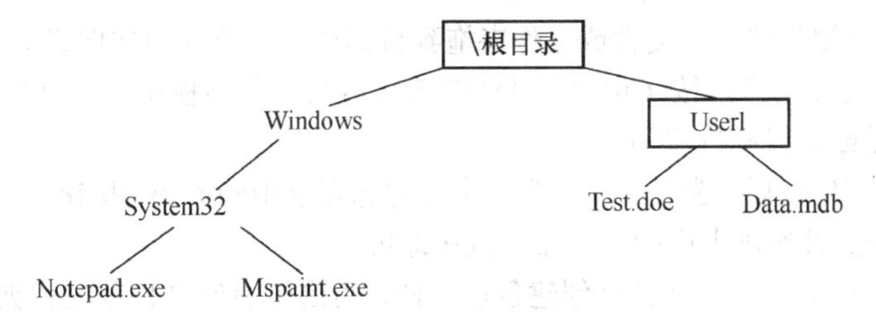

图 3-17 目录结构

3.3.2 选定文件和文件夹

在 Windows 中对文件或文件夹进行操作时应遵循“先选定后操作”的规则。选定操作可分为以下 4 种情况。

① 单个对象的选择：找到要选择的对象后，用鼠标单击该文件或文件夹。

② 多个连续对象的选择：先选中第一个文件或文件夹，然后按住 Shift 键，单击要选中的最后一个文件，最后释放 Shift 键。

③ 多个不连续对象的选择：选定多个不连续的文件或文件夹，按住 Ctrl 键，逐个单击要选定的每个文件和文件夹，最后释放 Ctrl 键。

④ 全部对象的选择：按住鼠标左键，在窗口文件区域中画矩形来选中“文件夹内容”窗口中的所有文件，或按 Ctrl+A 组合键。

3.3.3 创建和重命名文件夹

Windows 提供了多种新建文件和文件夹的方法，对于新建文件，最常使用的方法是使用程序来新建文件。而对于新建文件夹和重命名文件夹的方法，具体操作步骤如下。

① 在 Windows 桌面或文件夹窗口中的空白区域单击鼠标右键，从弹出的快捷菜单中选择“新建”→“文件夹”命令，即可新建一个文件夹，且该文件夹的名称处于可编辑状态。

② 按Backspace键将系统默认的文件名称删除，输入新的文件夹名称，按Enter键即可建立一个新的文件夹。

③ 选择要重命名的文件或文件夹，单击鼠标右键，在弹出的快捷菜单中选择“重命名”命令。

④ 此时文件夹的名称处于编辑状态，用户可以直接输入新的文件名称，然后按Enter键或单击文件夹以外的其他位置即可。

3.3.4 删除和恢复文件和文件夹

当某个文件不再需要时，用户可以将其删除，以释放磁盘空间来存放其他文件。

① 右击选定要删除的文件，可选择一个或多个文件。

② 从功能区中选择“删除”命令（此种状况在所选定文件处于文件夹窗口下），或者单击鼠标右键，在弹出的快捷菜单中选择“删除”命令，则删除所选择的文件。

要恢复刚刚删除的文件，则需进入“回收站”，右击已删除的文件，然后选择“还原”命令。

注意：选择要删除的文件后，按Delete键也可进行删除操作，按Shift+Delete组合键将永久删除该文件或文件夹，此时在“回收站”找不到被删除的文件。

3.3.5 移动和复制文件和文件夹

在使用Windows 10的过程中，有时需要将某个文件复制或移动到其他地方。这两个操作都是在选定了文件或文件夹之后的操作。

对于文件或文件夹的移动有如下3种方法。

① 直接用鼠标左键将选中的文件或文件夹拖到目标位置即可移动文件或文件夹。

② 选中文件或文件夹后，按Ctrl+X组合键将其剪切至剪贴板中，打开目标文件夹窗口，按Ctrl+V组合键将其粘贴到目标位置即可。

③ 选中文件或文件夹后，选择文件夹窗口中文件选项卡中的 剪切 按钮，将窗口切换到文件要移动到的位置，单击文件选项卡中的“粘贴”按钮即可。

有时候需要为重要的文件或文件夹创建备份文件，可通过复制文件或文件夹来实现。下面介绍4种复制文件或文件夹的方法。

① 选中文件或文件夹后，按Ctrl+C组合键，然后打开目标文件夹窗口，按Ctrl+V组合键，即可粘贴复制的文件或文件夹。

② 按住Ctrl键的同时拖动选中的文件或文件夹至目标位置，即可完成文件或文件夹的复制。

③ 右击文件或文件夹，在弹出的快捷菜单中选择“复制”命令，切换到目标窗口，在窗口的空白处单击鼠标右键，在弹出的快捷菜单中选择“粘贴”命令。

④ 选中文件或文件夹后，选择文件夹窗口中“文件”选项卡中的“复制”按钮。

3.3.6 查找文件和文件夹

使用文件资源管理器对当前目录中的文件进行搜索，如当前进入的是E盘，则只在E盘进行搜索。如果要在整个计算机中搜索文件，需要转到“此电脑”目录。在“文件资源管理器”窗口中快速搜索文件的具体操作方法如下。

① 打开要搜索文件所在的目录，若不知道具体位置，可以从导航窗格中打开“此电脑”窗口，在窗口右上方可以看到搜索框，在地址栏旁边下会看到一个搜索框 搜索"2017修改" 。

② 单击该搜索框，在搜索框中输入要查找的文件名，系统将自动开始进行搜索。

③ 搜索完成后，系统会将搜索到的项目显示在文件窗格中，并在搜索文件窗格上提示用户搜索已经完成。

若想进行更全面的搜索，可以通过“搜索工具选项卡”来进行，可以对文件的位置范围、修改日期、大小等进行搜索。具体操作如下：同上操作，在搜索框所在窗口的“搜索工具”选项卡内显示的筛选条件中选择要添加的搜索条件，如“修改日期”等，则系统会自动根据筛选条件同步显示筛选结果。

3.3.7 查看文件和文件夹的属性

文件和文件夹的属性包括文件的名称、大小、创建时间、显示的图标、共享设置以及文件加密等。用户可以根据需要设置文件和文件夹的属性，或者进行安全性设置，以确保自己的文件不被他人随意查看或修改。

通过查看文件夹属性可以了解其中包含的文件个数，下面介绍查看文件夹属性的方法。

① 选中文件夹并右击，在弹出的快捷菜单中选择“属性”命令，则弹出该选择文件夹的属性对话框。

② 选中文件夹，在“主页”选项卡的“打开”组中单击“属性”按钮。

③ 选中文件夹，在窗口左上方的快速访问工具栏中单击“属性”按钮。

④ 选中文件夹，按 Alt+Enter 组合键。

3.3.8 设置文件和文件夹的快捷方式

为了快速启动常用的文件、文件夹或驱动器，用户可以为其创建快捷方式，具体操作步骤如下。右击需要创建快捷方式的文件，在弹出的快捷菜单中选择“创建快捷方式”，可在当前文件夹中生成该文件的快捷方式。

3.4 Windows 10 应用程序管理

应用程序就是指在操作系统下运行的、辅助用户利用计算机完成日常工作的各种各样的可执行程序。Windows 10 操作系统本身附带大量的实用程序，如“计算器”程序（calc.exe）、“画图”程序（mspaint.exe）等。用户还可以根据自己的需要使用其他的应用程序，如 Office 各组件程序等。程序以文件的形式存放，其扩展名为 .exe。通常称程序文件为可执行文件。

3.4.1 程序的启动和退出

1. 启动程序

使用一个程序，先要启动它。在 Windows 10 操作系统下，常用的启动应用程序的方法有如下 4 种。

① 单击“开始”按钮，然后选择要使用的应用程序。

② 双击桌面或文件夹中程序对应的快捷方式。

③ 执行“开始”→“Windows 系统”→“运行”命令，在“运行”对话框中输入应用程序的可执行文件名。常用应用程序可执行文件名如表 3-8 所示。

④ 进入应用程序所在的目录，双击该应用程序的可执行文件的图标。

表 3-8 应用程序对应的文件名

应用程序	文件名	应用程序	文件名
资源管理器	explorer.exe	文字处理软件 Word	word.exe
记事本	notepad.exe	电子表格处理软件 Excel	excel.exe
写字板	wordpad.exe	命令提示符	cmd.exe
画图	mspaint.exe	IE 浏览器	iexplorer.exe

2. 退出应用程序

启动的程序都有一个独立的程序窗口，关闭程序窗口就可以关闭程序（又称退出程序）。关闭程序的方法很多，常用的退出应用程序的方法有以下 2 种。

① 单击应用程序的“退出”命令。

② 单击窗口右上方的“关闭”按钮。

注意：有些应用程序在退出之前会打开一个对话框，向用户询问是否保存修改了的内容，在这里选择保存；若系统处于半死机状态，则只能采用结束任务的方法来强制终止应用程序。

3.4.2 应用程序间的切换

Windows 允许同时运行多个程序。任何时候只有一个程序在前台运行，这个程序称为当前程序。在几个打开的程序之间进行切换当前程序，实际上是在各程序窗口之间进行切换。应用程序的切换有以下 3 种方法。

① 在任务栏上单击某一应用程序的按钮时，将切换至所选的应用程序窗口。按 Alt + Tab 组合键时，可在打开的各程序、窗口间进行循环切换。

② 按住 Alt 功能键，然后每按一次 Tab 功能键，蓝色方框将在应用程序图标上循环移动，当方框包围希望切换的程序图标时，释放 Alt 键，即选中该应用程序。

③ 右击任务栏空白处，在弹出的菜单中选择“启动任务管理器”命令，打开“Windows 任务管理器”窗口，在“进程”选项卡下，当前正在运行的应用程序名称将出现在“应用”栏中，选择一种应用程序之后，单击“切换至”按钮，便可完成应用程序的切换。

3.4.3 安装或卸载应用程序

在 Windows 10 系统中，用户可以通过多种方法将应用软件安装到计算机中，如从应用商店安装应用、从网站下载并安装应用等。

1. 安装应用程序

对于 Windows 用户来讲，除掌握 Windows 操作系统的基本操作以外，要做更多的事情，就需要学会安装应用程序，这样才能利用计算机做更多的事情。下面介绍安装程序的方法。

（1）通过“应用商店”磁贴。① 单击⊞按钮，打开“开始”菜单，在磁贴区单击“应用商店”磁贴；② 在打开的“应用商店”窗口，通过搜索可以查找指定的应用，如在应用商店右上方的搜索框中输入“微博”，并按 Enter 键确定；③ 单击“免费下载“按钮，则开始下载，下载完成后，会显示应用已安装。

（2）若应用程序是从网上下载到硬盘的，这时需要通过资源管理器进入保存安装程序文件夹。双击应用程序的安装文件，一般名称为“setup.exe”或“install.exe”，然后在打开的安装向导中根据提示进行操作。

2. 卸载程序

如果不再使用某个程序或者希望释放硬盘上的空间，可以从计算机上卸载该程序。对于使用应用商店安装的通用应用，微软提供了快速卸载应用的方法，具体操作如下：单击⊞，找到要卸载的程序，在弹出的快捷菜单中选择“卸载“命令，即可卸载该应用，如图 3-18 所示。

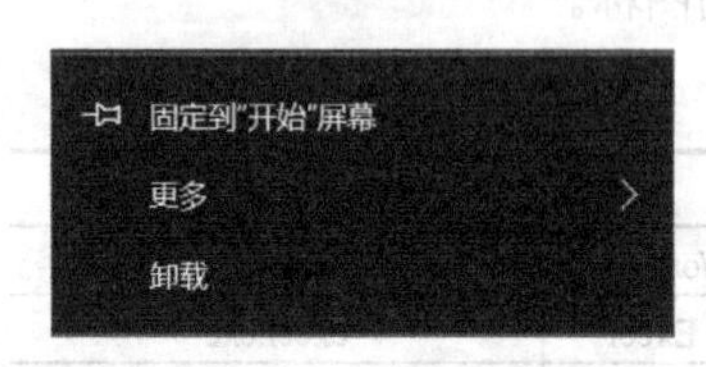

图 3-18 卸载应用商店安装的程序

通过控制面板的“程序和功能”卸载应用程序是比较传统的方式，同样适用于 Windows 10 操作系统，操作方法如下。

① 在“开始”菜单的所有应用列表中找到要卸载的应用并

单击鼠标右键。

② 在弹出的快捷菜单中选择“卸载”命令。

③ 弹出“程序和功能”窗口，在程序列表中选择要卸载的程序，单击“卸载/更改”按钮，然后根据提示进行卸载即可。

直接单击应用程序图标进行“删除”操作，则该应用程序并没有被删除掉，只是删除了该应用程序的快捷方式而已。

3.4.4　任务管理器的使用

任务管理器提供了有关计算机性能的信息，并显示了计算机上所运行的程序和进程的详细信息，是管理当前活动的应用程序和进程的工具。

1. 关闭程序

使用任务管理器可关闭停止响应的应用程序。具体操作如下。

右击任务栏空白处，在弹出的菜单中选择“任务管理器”，则弹出“任务管理器”窗口，在“进程”选项卡中按“应用”和“后台进程”对进程进行分类，如图 3-19 所示。选择已停止响应的任务，单击“结束任务”即可。

2. 查看和关闭进程

进程就是一个正在执行的程序。一个程序被加载到内存，系统就创建了一个进程，程序执行结束后，该进程也就消亡了。在“进程”选项卡中，可以查看到当前正在执行的进程，如图 3-19 所示。使用任务管理器还可以终止进程的运行，一般只用来终止病毒进程。

3. 查看系统性能

切换到“性能”选项卡，可以看到当前 CPU 和内存使用情况、网络使用情况等。

4. 查看已登录用户

单击“用户”选项卡，可以查看已经登录本机的用户。

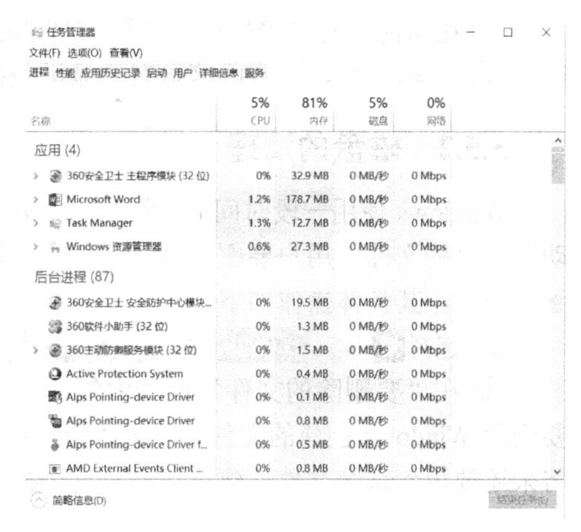

图 3-19　正在运行的应用程序和进程

3.5　Windows 10 系统维护和备份

系统的日常维护主要指对计算机磁盘的维护。磁盘维护一般包括扫描磁盘、整理磁盘碎片、清理磁盘垃圾以及磁盘格式化。磁盘是计算机系统中用于存储数据的重要设备，操作系统和应用程序的运行都必须依赖磁盘的支持。因此，对磁盘的维护是计算机中一项相当重要的任务。

3.5.1　磁盘碎片的整理

在使用电脑的过程中，用户经常需要备份文件、安装或卸载程序，这样会在系统中残留大量碎片文件，时间一长，磁盘上就会形成很多分散的磁盘碎片，这些会占据磁盘的空间。影响磁盘的读写速度。Windows 10 提供了磁盘的碎片整理功能，可以重新安排文件在磁盘中的存储位置。将文件的存储位置整理到一起，同时合并可用的空间，提高运行的效率。其具体操作如下。

① 选择 → Windows 管理工具 → 碎片整理和优化驱动器，打开磁盘碎片整理程序窗口，如图 3-20 所示。

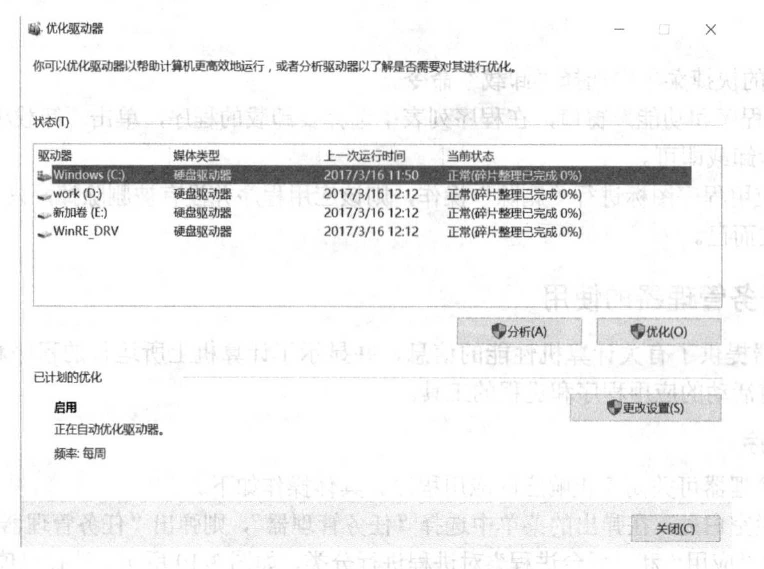

图 3-20　“优化驱动器”窗口

② 在当前状态列表框中选中要整理的磁盘，单击“分析”按钮，系统开始对所选择的磁盘进行分析。分析完毕，在磁盘信息右侧显示磁盘碎片整理完成情况。

3.5.2　磁盘的清理

Windows 使用一段时间后，将产生临时文件，它们会占用一部分硬盘空间。Windows 10 不会自动删除这些文件，用户要删除这些文件，可以使用磁盘清理程序找到这些文件，将其删除，以释放磁盘空间。其具体操作如下。

① 选择→Windows 管理工具→磁盘清理命令，弹出“磁盘清理”对话框。

② 在“要删除的文件”列表中勾选要删除的文件，就能看到可以回收磁盘空间的总数。如果要删除 Windows 创建的文件，单击“清理系统文件”按钮，就可以腾出更多空间。不过，为了避免将来还要用到系统文件，建议在执行这个操作前考虑清楚。

3.5.3　系统的备份和修复

在使用计算机的过程中，经常会遇到磁盘故障、计算机病毒等破坏磁盘数据的情况，给用户造成难以挽回的损失。为减少类似情况给用户造成损失，使用 Windows 10 提供的文件备份与还原功能，可以将电脑中的个人文件与设置进行备份，并允许用户自行选择备份内容。当这些数据遭到破坏而不能使用时，可以使用其备份数据来将其恢复和还原。具体操作如下。

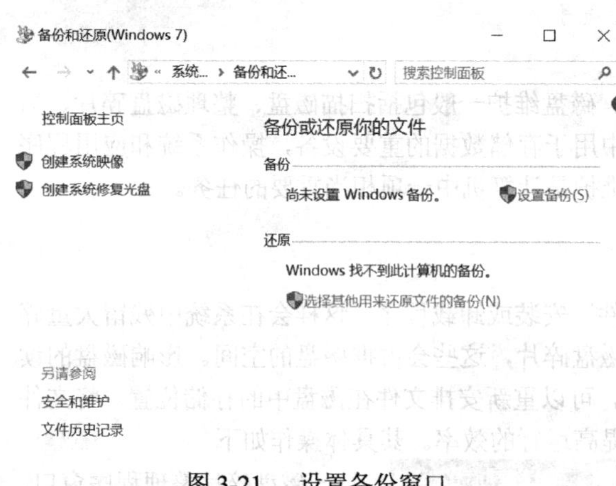

图 3-21　设置备份窗口

① 右击，在弹出的下拉菜单中选择“控制面板”命令，弹出“控制面板”窗口，选择“备份和还原 Windows 7”选项。

② 弹出“备份和还原（Windows 7）”窗口，如图 3-21 所示，主要用于系统备份和还原，左侧窗口文字链接包括两项功能：创建系统映像和创建系统修复光盘。

1．创建系统映像文件

当用户的硬盘或计算机停止正常运行时，可以使用系统映像文件来还原计算机中的所有内容，具体操作如下。

① 在设备备份窗口单击“创建系统映像”命令，弹出“创建系统映像”窗口。

② 在该窗口下，按照向导程序的指示，就可以为现有的系统创建系统映像。将来计算机无法正常运行时，可以利用系统映像来还原计算机。

2．创建系统修复光盘

也可以使用 Windows 安装光盘或系统修复光盘来还原计算机，具体操作如下。

① 在设备备份窗口单击“创建系统修复光盘”命令，弹出“创建系统修复光盘”窗口。

② 在该窗口下，按照向导程序的指示，可以为现有的系统创建系统修复光盘。将来计算机无法正常运行时，即可以利用系统映像来还原计算机。

3.6　Windows 10 控制面板

Windows 10 的控制面板可以对计算机的外观、打印机和其他硬件、网络和 Internet 连接、用户账户、添加/删除程序、日期、时间、语言和区域、声音和音频设备、辅导功能选项、性能和维护、安全中心等进行设置。

3.6.1　控制面板的启动和退出

在 Windows 10 中，控制面板的打开方法如下：右击⊞，然后选择“控制面板”命令，弹出“控制面板”窗口。

3.6.2　显示属性的设置

Windows 10 为用户提供了桌面设置、屏幕保护、设置屏幕的显示颜色等功能。具体操作如下。

① 右击⊞，然后选择“控制面板”命令，弹出“控制面板”窗口。

② 选择 显示 图标（该图标出现在“大图标”查看方式下），在弹出的“显示”窗口中选择所要进行设置的选项。

3.6.3　对日期、时间的设置

如果用户要更改系统的时间和日期，可在控制面板中进行如下操作。

① 在控制面板中，双击 日期和时间 图标，弹出如图 3-22 所示的对话框。

② 在“时间和日期”选项卡中单击“更改日期和时间”按钮，弹出“日期和时间设置”对话框，在日期列表框内设置年、月、日，在“时间”数值框中直接输入时间。

③ 单击“确定”按钮即可。

图 3-22　“日期和时间”对话框

3.6.4　添加新账户及对账户进行管理

Windows 10 支持多用户使用，不同用户拥有各自的文件夹、桌面设置和用户访问权限。

添加新账户的方法如下。

① 打开“控制面板”窗口（方法同上），单击“用户账户”，打开“用户账户”窗口。

② 单击“在电脑设置中更改我的账户信息”命令，在弹出的窗口中单击“家庭和其他人员”，弹出如图 3-23 所示的窗口。

③ 单击“将其他人添加到这台电脑”前的“+”，在弹出的对话框中单击“我没有这个人的登录信息”，则弹出“让我们来创建你的账户”对话框，如图 3-24 所示。

④ 单击“添加一个没有 Microsoft 账户的用户”，弹出“为这台电脑创建一个账户”对话框，按照提示输入账户信息，单击“下一步”按钮，则创建了一个账户。

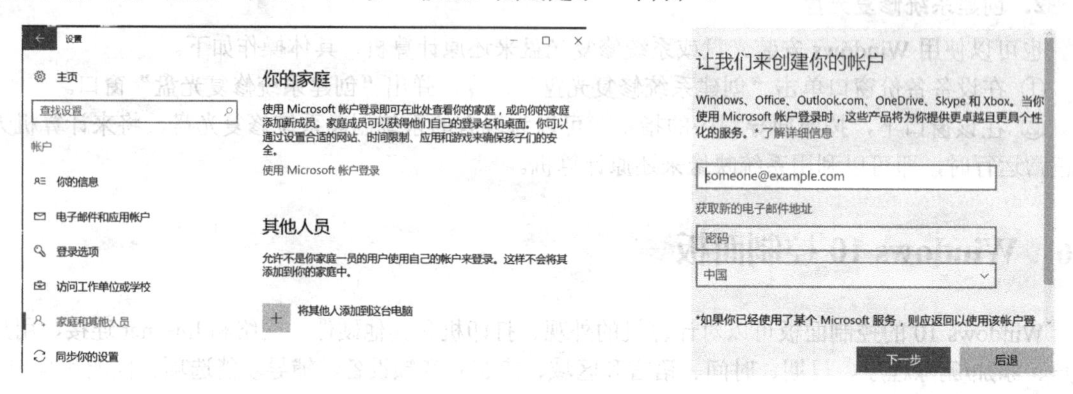

图 3-23 创建账户（一） 图 3-24 创建账户（二）

编者注：在 Windows 系统中采用“帐户”的写法，实际上应为“账户”，本书统一使用“账户”。

若要删除创建的账户，操作如下。

① 打开“控制面板”窗口（方法同上），单击“用户账户”，打开“用户账户”窗口。

② 单击“在电脑设置中更改我的账户信息”命令，在弹出的窗口中单击“家庭和其他人员”，则该窗口右侧显示其他人员信息。

③ 单击要删除的账户图标，则会在该账户图标下显示“删除”按钮，单击“删除”按钮，则弹出“要删除账户和数据”对话框，单击“删除账户和数据”按钮即可。

3.7 Windows 10 内置应用

Windows 10 默认预装了很多内置应用，有些比较实用，占用的资源也不多，但如果觉得不好看，是可以将其卸载的。

3.7.1 记事本

记事本是一个编辑纯文本文件的应用程序。文本文件只包含基本的可显示字符，不包含任何动画、图形等其他格式的信息。文本文件的扩展名为 .txt。

记事本的打开有以下 2 种方法。

① 选择 → Windows 附件 → 记事本。

② 双击后缀名为 txt 的文件，也可以打开记事本。

用记事本可进行文本编辑的一些简单操作：光标定位、文字的输入、文字的删除、文本内容的移动、复制和查找等。

3.7.2 画图

画图程序是一个简单的画图工具，可以绘制黑白或彩色的图形，并可将这些图形存为位图文件

(.bmp)，可以打印，也可以将它作为桌面背景，或者粘贴到另一个文档中，还可以查看和编辑扫描的相片等。通过选择⊞→Windows 附件→画图可以打开画图工具。

3.7.3　计算器

Windows 根据计算的复杂程度，将计算器分为标准型计算器和科学型计算器，它们的使用方法与生活中普通计算器的使用方法一样，只是计算机中的计算器是用鼠标单击按钮或在键盘上按相应的键来输入数字或符号。打开计算器的具体操作如下：选择⊞→计算器，即可打开计算器。

单击计算器窗口上的相应按钮或从键盘上输入数值，按 Enter 键，即可计算出结果；若要进行比较复杂的计算，单击☰→科学，窗口则变成科学型计算器窗口，则可进行相应的计算。

3.7.4　便利贴

便利贴程序是 Windows 10 系统自带的一款软件，它在桌面运行，用于记录代办事项或重要信息。打开便利贴的具体操作如下：选择⊞→Sticky Notes，即可打开便利贴。

在打开的便利贴中输入要提醒或待办事项，若要增加新的便利贴，单击便利贴上的＋，则新建了一个便利贴；若不需要某个便利贴，则单击便利贴上的🗑，删除该便利贴。

3.7.5　截图工具

选择⊞→Windows 附件→截图工具，可打开截图工具，如图 3-25 所示。截图工具提供了 4 种截图方式："任意格式截图""矩形截图""窗口截图"和"全屏幕截图"。单击截图工具窗口中"新建"按钮旁的下三角按钮，则弹出下拉菜单，选择想用的截图方式即可。

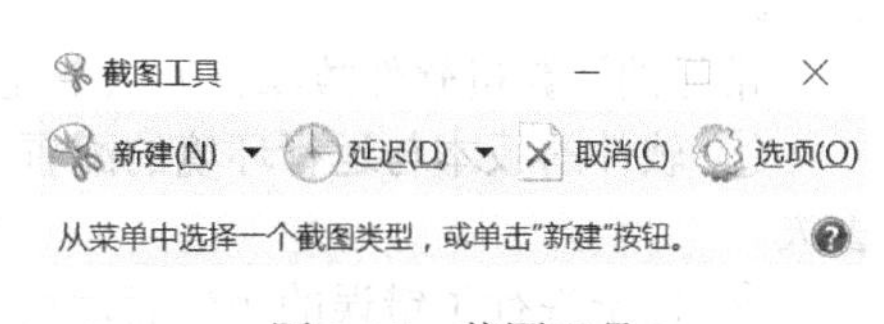

图 3-25　截图工具

3.7.6　Windows 10 内置应用卸载

① 在"开始"菜单上找到这些内置应用的动态磁铁，然后单击鼠标右键，在弹出的快捷菜单中单击"卸载"即可，如图 3-26 所示。当然，有些应用是系统强制安装而无法删除的，所以可能看不到卸载选项。

② 在"开始"菜单中单击"设置"→"系统"，在左侧选择"应用和功能"，再在右侧找到需要卸载的应用后单击"卸载"即可，如图 3-27 所示。

图 3-26　手动卸载内置应用（一）

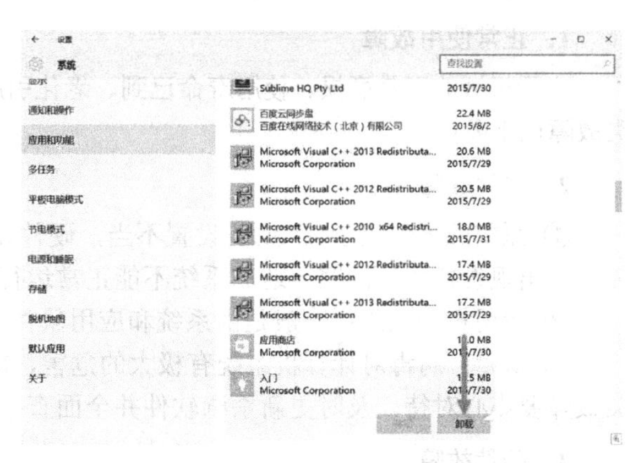

图 3-27　手动卸载内置应用（二）

3.8 计算机故障维护

在使用计算机的过程中难免会出现这样那样的故障，对于用户来讲，计算机是一台精密的仪器，能够掌握一些常规的故障排除方法，才能够更好地使用计算机。

3.8.1 计算机故障分类

引起计算机故障的因素有很多，从整体上划分，可分为硬件故障和软件故障两大类。硬件故障是指由计算机硬件引起的故障，主机中的各种板卡、存储器、显示器、电源等无法正常工作；软件故障一般是由用户的操作不当、使用各种计算机软件及系统或参数的设置不当而引起的。

常见的计算机硬件故障分为以下几种。

① 电源故障，导致整个系统或部件没有供电或只有部分供电。

② 硬件工作故障，指像显示器、键盘、磁盘驱动器、鼠标等硬件产生的故障，造成系统不能正常工作。

③ 板卡上的跳线连接脱落、连接错误或开关设置错误，构成非正常的系统配置，导致系统不能正常工作。

④ 元器件与芯片松动、接触不良、脱落或者因为温度过高而引起系统不能正常运行。

⑤ 计算机内部和外部的各器件间的连接电缆或接线插头松动或连接错误而造成系统不能正常工作。

常见的计算机软件故障分为以下几种。

① 软件的版本与运行环境的配置不兼容，造成软件不能正常运行、经常死机，文件被改动或丢失。

② 由于进行了错误的操作而运行了具有破坏性的程序、不正确或不兼容的程序、磁盘操作程序、性能测试程序等造成的文件丢失和磁盘格式化等。

③ BIOS 设置、系统引导过程配置和系统命令配置参数不正确或没有配置，计算机也会产生故障。

④ 两种以上软件程序的运行环境、存取区域或工作地址等发生冲突，造成系统工作混乱。

⑤ 计算机病毒引起的故障。

3.8.2 计算机故障产生的原因

计算机故障产生的原因有很多，主要有以下几种。

1．正常使用故障

由于机械的正常磨损、使用寿命已到、老化引起的。如今计算机产品更新速度非常快，所以此类故障已不多见。

2．软件故障

① 系统故障：由于 CMOS 设置不当，硬件设备安装设置不当，硬件设备不为系统所识别和使用，出现设备资源冲突，造成系统不能正常运行甚至死机。

② 应用程序故障：一般是由系统和应用软件本身的缺陷造成的。

③ 病毒：病毒对计算机系统有极大的危害，常造成数据丢失，系统不能启动或正常运行。此类故障要小心对待，及时更新杀毒软件并全面查杀病毒就显得格外重要。

3．硬件故障

出现硬件故障的主要原因有：制造工艺或材料质量问题；板卡、插件间的接触不良；板卡焊点虚焊、脱焊、连接导线断线等。这些情况在计算机最初使用时也许是正常的，但随着外界环境影响，如受潮、灰尘、发霉、振动等，就会引发故障。

4. 人为引起的故障

使用者不遵守操作规程，如硬件系统的带电插拔、拆卸板卡时使用暴力等，造成元器件损坏。

5. 使用环境的影响

① 电源：过高过低或忽高忽低的交流电压，都会对计算机系统造成很大危害。因此使用质量好的计算机电源和一个稳定的 UPS 是计算机稳定运行的保护神。

② 温度：计算机的工作环境温度过高，对电路中的元器件影响最大，会加速其老化损坏，而且过热会使芯片插脚焊点脱焊。

③ 灰尘：灰尘是计算机的隐形杀手，堆积的灰尘妨碍了散热，从而导致元器件散热不良，易于损坏，当遇到潮湿天气还会造成电路短路现象。灰尘对计算机的机械部分也有极大影响，造成运转不良，从而不能正常工作。

④ 电磁辐射：电磁辐射也会造成计算机系统的故障，所以计算机应该远离冰箱、空调等电气设备，不要与这些设备共用一个插座。

3.8.3 故障诊断与排除的方法

当计算机出现故障后，用户可以采用以下方法进行检测和排除。

1. 直接观察法

直接观察是指查看计算机是否有烧焦、变形、脱落等现象，有没有短路、接触不良等现象，元器件是否有生锈和损坏的明显痕迹，各种电风扇运转是否正常等，电源线是否插上，声音是否有异常，可以根据开机的出错报警声音来缩小分析故障的范围。

2. 拔插法

检查电源线、各板卡间是否有松动或接触不良的现象，把怀疑的板卡拆下，将金手指擦干净再重新插好，注意要保证接触良好。对可能产生故障的部件可以利用手指轻轻敲击，如硬盘的磁头有时无法归位，用手指轻轻敲击硬盘可把硬盘从“沉睡”中唤醒过来。

3. 比较法

比较法是指可以使用相同功能的板卡替换有故障的部件。例如，声卡不发声，可找一块能正常使用的声卡来判断是主板的扩展槽问题还是声卡的问题。

4. 升温降温法

升温降温法是指人为改变计算机运行的环境温度，来检测温度对计算机各部件造成的影响，从而发现故障隐患。例如，利用手指触摸发热部件，感觉是否有过热现象，利用电吹风对可能出现故障的部件进行升温试验，促使故障提前出现，从而找出故障的原因，或利用酒精对可疑部件进行人为降温试验。如果故障消失，证明此部件热稳定性差，应予以更换。此方法适用于计算机运行时而正常、时而不正常的故障的检修。

5. 最小系统法

对于一台能够显示但无法开机的计算机，我们可以采取最小系统法进行诊断，是指只安装 CPU、显卡、主板后，运行计算机，如果没有问题，再把硬盘接上去重新开机。如果这时计算机能正常开机，可以确定问题不在主板、显卡或是硬盘。然后把余下的板卡逐一装上去，当计算机又无法开机时，就可知道导致计算机不能正常工作的是哪个部件。

【案例 1　典型故障一：开机无显示】

排除故障方案：计算机开机无显示，首先检查 BIOS。主板的 BIOS 中储存着重要的硬件数据，也是主板中比较脆弱的部分，极易受到破坏，一旦受损就会导致系统无法运行，出现此类故障一般是因为主板 BIOS 被 CIH 病毒破坏造成，当然也不排除主板本身故障导致系统无法运行。一般 BIOS 被病毒破坏后硬盘里的数据将全部丢失，可以通过检测硬盘数据是否完好来判断 BIOS 是否被破坏，如果硬盘数据完好无损，还有 3 种原因会造成开机无显示的现象。

① 主板扩展槽或扩展卡有问题，导致插上诸如声卡等扩展卡后主板没有响应而无显示。

② 免跳线主板在 CMOS 里设置的 CPU 频率不对，有可能会引发不显示故障，只要清除 CMOS 即可予以解决。清除 CMOS 的跳线一般在主板的锂电池附近，其默认位置一般为 1、2 短路，只要将其改跳为 2、3，短路几秒钟即可解决问题。对于陈旧主板，若用户找不到该跳线，只要将电池取下，待开机显示进入 CMOS 设置后再关机，再安装电池，即达到 CMOS 放电之目的。

③ 主板无法识别内存、内存损坏或者内存不匹配也会导致开机无显示的故障。某些陈旧主板比较挑剔内存，一旦插上主板无法识别的内存，主板就无法启动，甚至某些主板不给你任何故障提示，如鸣叫。

主板 BIOS 被破坏，插上 ISA 显卡看有无显示，若有提示，按提示步骤操作即可。若没有开机画面，自己做一张自动更新 BIOS 的软盘，重新刷新 BIOS。若软驱不工作，尝试用热插拔法加以解决。

【案例 2　典型故障二：死机故障】

问题分析：死机故障是计算机故障中最常见的一种，但是引起死机的原因多种多样，因此要先分析原因，再根据情况对症下药。

（1）开机时死机

开机时死机是指在打开计算机的电源到从硬盘读取引导程序的这段时间里出现的死机故障。下面介绍不同症状的处理方法。

① 开机时死机，有报警声。开机时死机，如果发出“嘀……嘀嘀……”一长两短的报警声，说明显卡没插好或显卡有问题。可将计算机的电源关闭，重新插好显卡。如果故障还不能排除，则有可能是显卡有问题，可将此显卡拿到其他计算机上进行测试，再判断是否需要更换显卡。如果开机时的声音是“嘀……嘀……”，间隔时间较长且重复，则可能是内存条出现问题，可将内存条拔出后插在不同的内存插槽上进行测试。

② 开机时死机，无报警声。如果计算机没有任何反应，并且计算机之间的连线无误，在正常通电后，则需要逐一判断计算机的每个部件，查找死机的原因。

- 电压过低。如果计算机工作环境的电压过低，可能导致计算机不能正常启动。
- 复位按钮没有复位。如果复位按钮积尘较多，或其他原因导致复位按钮被卡住不能正常弹起，这样复位按钮处在短路状态，也是导致计算机死机的原因。
- 硬盘和光驱的数据线插反。硬盘数据线的一侧有红色的实线或虚线，插线时应把有红线的一侧接硬盘电源线。
- CPU 没有插好。用户将 CPU 从主板上拆下来，查看其插脚有没有断针、扭曲等，若完好，再重新查到 CPU 插座上，再检查故障是否消除。

（2）启动系统时死机

启动系统时死机是指屏幕显示计算机已经通过自检，但在装入操作系统时，计算机出现死机的状况。这时候出现死机的原因可能有以下几种：CD-ROM 挂接不正常，硬盘的引导系统丢失，系统中的执行文件或驱动程序被意外损坏或误删除，硬盘的分区损坏。

（3）运行系统时死机

运行时死机是指在使用计算机的过程中出现的死机情况。导致死机的原因很多，大致可分为以下 3 种。

① 硬件方面。如果计算机的配置过低，刚好满足安装操作系统的基本条件，将影响其他应用软件的使用，也容易造成死机。

② 内存引起的原因。内存的速度不匹配造成死机，现象是鼠标可以移动，但单击时没有反应，或者鼠标移动不了，键盘也出现死锁等。

③ 显卡的驱动程序有问题或显卡不匹配。系统启动后，可以用键盘操作，但只要使用鼠标操作就会出现死机，此时需要更换新的显卡驱动程序或显卡才能排除故障。

（4）退出系统时死机

退出系统时死机是指在退出 Windows 系统时出现死机现象。造成死机的原因可能与 Windows 的操作设置和某些驱动程序的设置不当有关，用户可重新设置系统的参数来排除故障。

实战练习

任务一

【操作要求】

试用 Windows 的“记事本”创建文件：flowers，存放到 win\ocean 文件夹中，文件类型为 TXT，文件内容为：我是第一次使用 WINDOWS 的。

任务二

【操作要求】

在 win 文件夹中查找文件“mybook1.txt”，并将该文件的属性修改为“只读”。

任务三

【操作要求】

将文件夹 win\hot\pig1 中的文件“apri1.txt”复制到 win\hot\pig2 文件夹中。

任务四

【操作要求】

将文件夹 win\tig 下的文件夹 classmate 用压缩软件压缩为“liu.rar”，并将其保存到文件夹 win\tig\terry 中。

任务五

【操作要求】

将文件夹 win\Temp\June 中的文件“Append.exe”移动到文件夹 win\Temp\Adctep 中。

任务六

【操作要求】

在 win 文件夹中查找文件夹“sight”，并将该文件夹改名为“liu2”。

本章小结

本章介绍了 Windows 10 安装方法以及安装的硬件配置条件；Windows 10 的启动与退出，Windows 10 桌面、窗口、开始菜单，任务栏，对话框的基本操作；文件和文件夹的复制、移动、删除、查找等操作；资源管理器的使用；应用程序的管理，磁盘格式化、磁盘清理、磁盘碎片整理等磁盘管理操作；Windows 10 控制面板等内容。

本章重点是 Windows 10 的基本操作，文件和文件夹的复制、移动、删除、查找操作，应用程序的管理以及控制面板的使用等。

习　题

1．选择题

（1）在 Windows 10 桌面的任务栏中，显示的是____。

A．当前窗口的图标　　B．所有被最小化的窗口的图标

C．所有已打开的窗口的图标　　D．除当前窗口以外的所有已打开的窗口的图标

（2）在 Windows 10 中，使用“记事本”来保存文件时，系统默认的文件扩展名是____。

A．.txt　　B．.doc　　C．.wri　　D．.bmp

（3）在 Windows 10 中，“剪贴板”是____。

A．硬盘上的一块区域　　B．软盘上的一块区域

C．内存中的一块区域　　D．高速缓存中的一块区域

（4）当一个应用程序窗口被最小化后，该应用程序将____。

A．被终止执行　　B．继续在前台执行

C．被暂停执行　　D．被转入后台执行

（5）直接删除硬盘上的文件，使其不进入回收站的正确操作是____。

A．选择“编辑”→“剪切”命令　　B．选择“文件”→“删除”命令

C．按 Delete 键　　D．按 Shift+Delete 组合键

2．填空题

（1）一个文件的扩展名通常表示________。

（2）快捷方式和文件本身的关系是________。

（3）在查找文件或文件夹时，若用户输入*.*，则表示查找________。

（4）屏幕保护程序的作用是________。

3．问答题

（1）如果系统已知类型文件的扩展名被隐藏，如何将其显示出来？

（2）如何将 D:\phj.bmp 图形文件设置为桌面背景？

（3）如何查找硬盘上所有扩展名为.png 的文件？

第4章　文字处理软件 Word 2010

导读

文字处理是最基础的日常工作之一，文字处理软件是计算机上最常见的办公软件，用于文字的格式化和排版，文字处理软件的发展和电子化是信息社会发展的标志之一。中文文字处理软件主要有微软公司的 Word、金山公司的 WPS 文字，以及以开源为准则的 Open Office 和永中 Office 等。Microsoft Office Word 2010 是 Office 2010 中的重要一员，也是最常用的文字处理软件之一，它融入了文档视图、编辑、排版、打印等多种功能。

学习目标

- 了解 Word 2010
- 熟练掌握 Word 2010 的基本操作
- 熟练掌握 Word 2010 的字体、段落、文档格式设置
- 熟练掌握 Word 2010 的表格制作与设计
- 熟练掌握 Word 2010 的图文混排
- 掌握 Word 2010 邮件合并、修订、目录等功能

4.1　Word 2010 概述

现在人们常用的 Word 版本有 2003、2007、2010 和 2013，最新版本为 Microsoft Word 2016。Word 2010 作为 Office 2010 中的文字处理软件，它在文字和图表处理方面具有非常强大的功能，除可以进行常用文档的录入、编辑、排版、打印之外，还能对表格、图形、Web 页等进行处理，并支持 Internet 技术。为了满足中文文档的特殊要求，它还提供了文字的竖排、中文版式及英汉/汉英字典等很强大的中文处理功能。本章叙述中所提到的 Word，若无特别说明，均指 Word 2010 中文版。

4.1.1　启动 Word 2010

Word 是 Microsoft Office 2010 软件包中的软件之一，可以在安装 Office 2010 时与其他办公自动化软件（如 Excel 2010 和 PowerPoint 2010）同时安装。

Word 的启动方法如下。

① 常规启动：执行“开始”→“所有程序”→Microsoft office→Microsoft Word 2010 命令启动 Word 2010。

② 快捷方式启动：双击桌面上的 Word 2010 快捷方式图标，启动 Word 2010。

③ 通过已有的 Word 文档进入。双击带有图标（扩展名为.docx 或.doc）的文件名启动 Word 2010。

④ 通过双击安装在 C:\Program Files\Microsoft Office\Office14（安装时的默认路径）下的文件启动 Word 2010。

4.1.2　退出 Word 2010

当完成 Word 文档的编辑后，需要关闭或退出 Word。

退出 Word 的方法如下。

① 通过单击标题栏上的“关闭”按钮退出 Word 2010。

② 通过双击标题栏上左上角的控制菜单图标退出 Word 2010。

③ 通过执行“文件”→“退出”命令退出 Word 2010。

④ 直接使用 Alt+F4 组合键退出 Word 2010。

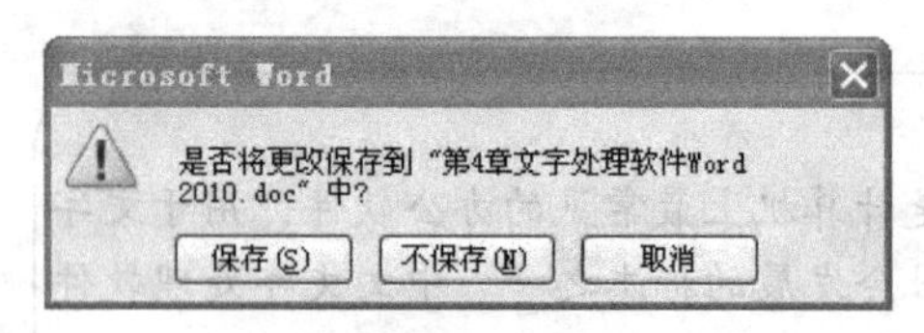

图 4-1　对话框

用以上方法关闭 Word 时，如果之前对文档中的内容进行了修改，那么 Word 将弹出一个对话框，询问是否要对当前文档的更改进行保存，如图 4-1 所示。单击“保存”按钮，则保存修改后的文档，并退出 Word；单击“不保存”按钮，则不保存所做的修改，并退出 Word；单击“取消”按钮，则不退出 Word，继续留在当前编辑状态。

4.1.3　Word 2010 的窗口

Word 2010 的工作界面如图 4-2 所示。

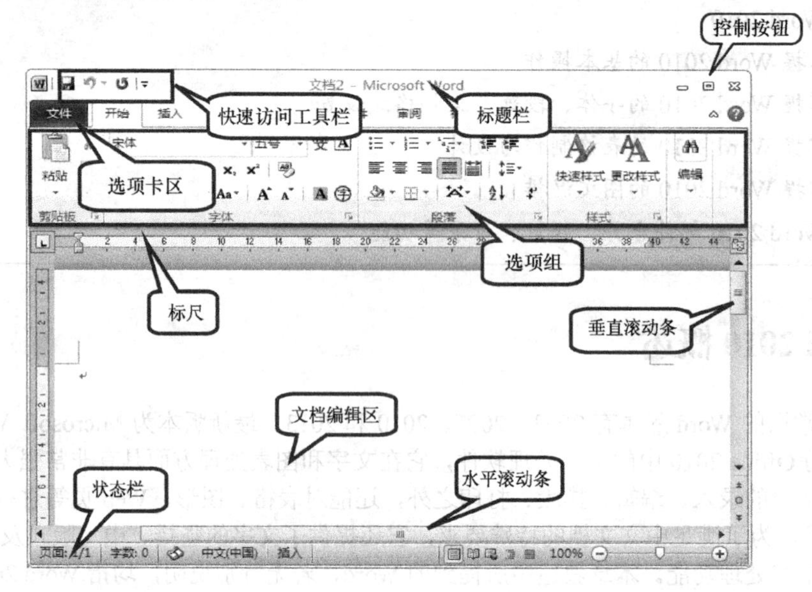

图 4-2　Word 2010 的工作界面

1．控制按钮

提供还原（最大化）、最小化和关闭等操作。

2．快速访问工具栏

快速访问工具栏是一个可自定义的工具栏，包含一组独立于当前显示的选项组上选项卡的命令，单击命令按钮可以快速访问工具栏中添加的命令。快速访问工具栏默认在选项组上方显示，可以单击快速访问工具栏右侧的下三角按钮 ▾，选择“在功能区下方显示”，也可以通过该按钮添加、删除或改变显示顺序。

3．标题栏

标题栏用于显示当前文档的名称及 Word 应用程序名称，如“计算机基础-Microsoft Word”。标题栏右侧有 3 个按钮 ▭ ▣ ✕，依次为“最小化”按钮、“还原（最大化）”按钮和“关闭”按钮。

4．选项卡区

选项卡区包含“文件”选项卡、“开始”选项卡、“插入”选项卡等 9 个选项卡，提供 Word 所有的操作命令。单击选项卡可以显示该选项卡下所有的命令。

5. 选项组

单击选项卡之后会展示其包含的相关功能即选项组，便于用户操作。单击选项卡区右侧的折叠按钮，可以隐藏选项组，再次单击则展开显示。

6. 水平/垂直标尺

水平标尺位于编辑区的上侧，垂直标尺位于编辑区的左侧，标尺主要用于调整文档，可调整的内容有：页面上、下、左、右边距，段落左右缩进距离，段落首行缩进或悬挂缩进等。如果没有显示标尺，则可以单击“视图”选项卡，选中“标尺”复选框显示。

7. 水平/垂直滚动条

滚动条分水平和垂直两种，右侧的称为垂直滚动条，底部的称为水平滚动条。拖动滚动条或者单击垂直滚动条上下的三角按钮和水平滚动条左右的三角按钮就可以查看整个文档的内容。

此外，可以单击“选择浏览对象”按钮来选择浏览对象，如“按页浏览”“按节浏览”和“按表格浏览”等，如图 4-3 所示，再单击“上一页”按钮、“下一页”按钮来浏览具体内容，如图 4-4 所示。

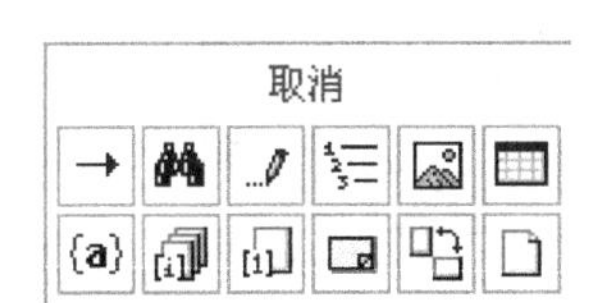

图 4-3 “选择浏览对象”按钮功能

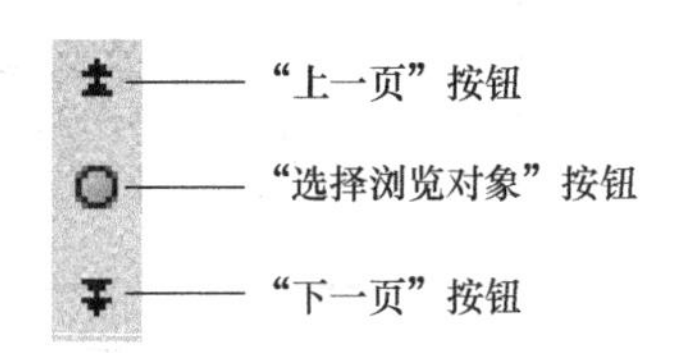

图 4-4 浏览按钮

8. 文档编辑区

文档编辑区是用户创建、编辑文档的区域，包括输入文档内容、格式化文本、处理表格和插入修改图形等。

9. 状态栏

状态栏位于 Word 窗口的底部，左侧功能依次为页面：页数/总页数、字数、校对和插入/改写状态；右侧功能依次为页面视图、阅读版式视图、Web 版式视图、大纲视图、草稿和显示比例，如图 4-5 所示。

图 4-5 状态栏

10. 插入点

文档中闪烁的“|”称为插入点，用于标识当前编辑的具体位置。

11. 选定区

正文左边界到页面左边界之间的区域称为选定区，利用选定区可以方便地对文档进行较大范围的选定。在选定区，单击鼠标左键，则选中对应行；双击则选中对应段落；连续三击则选中全文，相当于按 Ctrl+A 组合键。

除以上 11 点外还有其他任务窗格，可以提供有关其他任务的内容信息。

4.1.4 主选项卡的显示与隐藏

在 Word 中，主选项卡包括“文件”“开始”“插入”和“页面布局”等。默认情况下，仅显示 8 个选项卡，如果用户需要的选项卡没有显示在主选项卡中，则可以通过以下方法显示。

执行“文件”→“选项”命令，打开“Word 选项”对话框，在左侧列表中选择“自定义功能区”，在右侧显示的“自定义功能区”下拉列表中选择“主选项卡”，在显示框中选择需要显示或隐藏的选项卡（在复选框中勾选表示显示该选项卡，不勾选表示隐藏该选项卡）即可。

例如，需要显示“插入”选项卡，则在“插入”前面的复选框中打对钩，表示将其显示在窗口中，如图 4-6 所示。

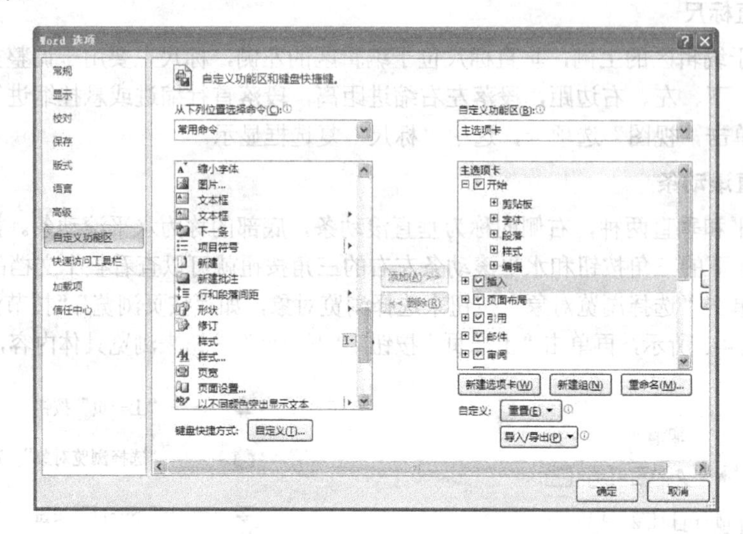

图 4-6 “Word 选项”对话框

4.1.5 Word 2010 设置

在使用 Word 之前可以对 Word 的工具栏、显示方式和功能等进行设置。

执行“文件”→“选项”命令，打开“Word 选项”对话框。

左侧包含了 Word 选项可以设置的 11 项内容：常规、显示、校对、保存、版式、语言、高级、自定义功能区、快速访问工具栏、加载项和信任中心，下面主要介绍其中几项。

1. 常规

在常规选项里可以设置用户界面选项、用户信息等。

2. 显示

显示选项可以更改文档内容在屏幕上的显示方式和在打印时的显示方式，主要可以设置 3 项内容。

① 页面显示选项，如是否显示页间空白。

② 在屏幕上是否显示格式标记，如段落标记、制表符等。

③ 打印选项，如是否打印背景色和图像。

3. 校对

校对选项可以更改 Word 更正文字和设置其格式的方式，主要有 3 项设置。

① 自动更正选项，用来更改输入时 Word 更正文字和设置其格式的方式。

② 可以设置在 Microsoft Office 程序中更正拼写时的校对，如是否忽略全部大写单词。

③ 可以设置在 Word 中更正拼写和语法时的校对，如是否在输入时检查拼写。

4. 保存

保存选项可以自定义文档的保存方式，如图 4-7 所示。

图 4-7　Word 保存选项

通过设置可以选择自动保存并设置自动保存的频率，即每隔多久自动保存一次。还可以设置自动恢复文件的位置，以及默认文件的位置。

5．高级

高级选项主要是设置编辑的相关内容，如是否在插入“自选图形”时自动创建绘图画布；是否启用“即点即输”及是否允许拖放式文字编辑等。

6．自定义功能区

自定义功能区主要用来自定义功能区和键盘快捷键，主要设置包括：

① 设置选项卡的显示或隐藏，如隐藏插入选项卡；

② 新建选项卡，根据用户的需要将常用的工具放在一起形成个性的选项卡。

7．快速访问工具栏

快速访问工具栏选项可以自定义快速访问工具栏，操作方法为：

① 在“从下列位置选择命令”下拉列表框中选择常用命令，在下面的列表框中选择“打开”命令，单击右侧的“添加”按钮，即可将“打开”命令添加到快速访问工具栏中；

② 在“自定义快速访问工具栏”下面的列表中显示的命令就是出现在快速访问工具栏中的命令，单击右侧的上、下三角按钮可以调整命令的顺序。

4.1.6　Word 2010 视图

在 Word 中，可以按不同的方式浏览文档，浏览文档的方式称为“视图”。Word 提供了页面视图、阅读版式视图、Web 版式视图、大纲视图和草稿 5 种视图方式。

用户可以根据需要切换视图方式，通常的切换方法有：

① 通过“视图”选项卡的文档视图区；

② 单击状态栏右侧的视图按钮。

不同需求可以选用不同的视图方式，各种视图的特点如下。

1．页面视图

一般用户编辑文档都是在页面视图下完成的，在页面视图中可以显示编辑后的实际图文效果，实现了“所见即所得”，文档中的所有元素都显示在实际的位置上。

2．阅读版式视图

阅读版式视图是进行了优化的视图，以便于在计算机屏幕上阅读文档。在阅读版式视图中，用户还可以选择以文档在打印页上的显示效果进行查看。

打开阅读版式视图的方法有：

① 在“视图”选项卡上的“文档视图”组中，单击“阅读版式视图”按钮；

② 在状态栏右侧单击“阅读版式视图”按钮。

在浏览过程中，可以用多种方式进行页面切换：

① 单击页面顶部中间的左三角按钮（上一屏）或者右三角按钮（下一屏）；

② 单击页面底部左侧箭头（前翻一页）或者底部右侧箭头（后翻一页）；

③ 按键盘上的“Page Down”键或“Page Up”键；

④ 按键盘上的空格键（Space）和退格键（Backspace）。

单击页面右上角的“关闭”按钮即可退出阅读版式视图。

3．Web 版式视图

Web 版式视图将文档显示为优化了的 Web 页面，使文档的布局和格式设置与其在 Web 或 Internet 浏览器中看到的保持一致，另外还可以看到背景、自选图形和其他在 Web 文档及屏幕上查看文档时常用的效果。

4．大纲视图

大纲视图通过缩进文本反映文档中不同的标题级别，但需要对文档的章、节进行大纲级别设置。

5．草稿

选择草稿视图后，图片被隐藏，只留下文本供检查，在“视图”选项卡中的“文档视图”组中，单击“页面视图”按钮就可以恢复到正常编辑状态。

4.2 Word 2010 基本操作

Word 是文字处理软件，主要功能是创建文档和编辑美化文档。Word 文档的基本操作有创建、保存、打开、编辑和查找替换等。

4.2.1 创建新文档

在启动 Word 的同时，系统会自动创建一个空白的新文档，并将新创建的文档自动命名为“文档 1”。此外，还可以用其他方法来创建新的 Word 文档。

在 Word 2010 功能区中执行“文件”→“新建”命令，在打开的“可用模板”设置区域中双击“空白文档”选项，即可创建空白文档，如图 4-8 所示。

除此之外，Word 2010 还预置了许多文档模板，利用这些模板不仅可以快速新建具有特定内容的文档，而且新建的文档看上去更加专业，适合初学者使用。使用模板创建文档的操作步骤如下。

① 在 Word 2010 功能区中执行“文件”→“新建”命令，如图 4-8 所示。

② 在打开的“可用模板”设置区域中根据需要选择相应的模板类型，然后单击“创建”按钮。

图 4-8　新建空白文档

4.2.2　打开文档

已存在的文档可以通过以下 3 种方式打开。

1．直接打开

找到文档所在位置，双击打开即可。

2．在 Word 应用程序中打开已存在的 Word 文档

启动 Word 应用程序，执行“文件”→“打开”命令，弹出“打开”对话框，如图 4-9 所示。

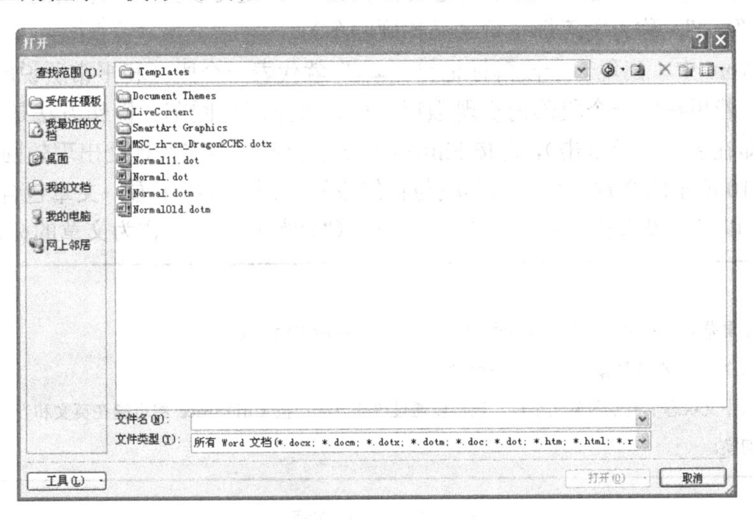

图 4-9　“打开”对话框

在“查找范围”列表中选择文档所在的文件夹。找到文件后双击文件或者单击“打开”按钮，即可打开文档。

如果存放位置正确但是需要打开的文件没找到，可能是文件类型选择不正确。当前显示的文件由文件类型所决定。若要打开其他类型的文件，则应在“文件类型”下拉列表框中选择相应的类型，才能找到需要打开的文件。Word 能够识别很多应用程序的文件格式，并且在打开文件时能自动识别并转换为 Word 文档。

例如，启动 Word 2010 后，要打开一个 Word 2003 的文档，操作方法是：执行“文件”→“打开”命令，弹出“打开”对话框，选择文件的存放位置，在对话框的“文件类型”下拉列表中选择

“Word 97-2003 文档(*.doc)”，找到文件，单击“打开”按钮。

3．打开最近使用过的文档

Word 在“文件”选项卡中列出了最近编辑过的文档和文件名，直接单击所需文件，就可打开该文档，操作方法是：执行“文件”→“最近所用文件”命令，在“最近使用的文档”列表中单击需要打开的文档即可。

4.2.3 文档的输入

创建新文档或打开已有文档后，单击编辑区，即可从插入点开始输入。

1．“插入”与“改写”

插入：输入的内容作为新增加部分出现在工作区中。

改写：输入的内容会替换掉原有的内容，被替换文字的长度由输入文字的长度决定。

切换“插入”与“改写”状态的方法为：

① 按键盘上的 Insert 键，如果输入法不支持，则换一种输入法即可；

② 单击状态栏上的“插入”按钮，可以改变当前字符输入状态，状态栏显示“插入”即为新增内容；显示“改写”则输入时替换内容。

2．段落

① 自动换行：在录入过程中，输入完一行文字时，不需要按 Enter 键仍可以继续输入文本，因为 Word 会自动换行。

② 段落标记符：当一个完整段落输入完成后，按 Enter 键可以另起一个新的段落，这时在段尾会显示标记符号“↵”，称为段落标记符（又称硬回车）。

③ 段：在 Word 中，出现一个段落标记符“↵”就代表一个段（和平常所说的自然段不同）。

④ 软回车：若想在同一个段落内实现强行换行，可采用软回车。操作方法是将插入点插入到要强行换行处（即在要换行处单击），再按 Shift+Enter 组合键就会在换行处出现软回车标记符“↓”。

通过如图 4-10 所示的文章，可以理解段与自然段的区别。以段来看，文章包含 4 个段落（有 4 个段落标记符）；以自然段来看，则包含 3 个自然段（“选择输入法”作为文章的标题）。

选择输入法

用鼠标单击屏幕最下方的任务栏右侧的输入法指示器，选择所需输入法。

按 Ctrl+Shift 组合键在各种输入法之间进行切换。

如果在输入中文状态下要录入英文字母，还可以通过快捷方法：按 Ctrl+Space 组合键在英文和当前的中文输入法之间进行快速切换。

图 4-10 示例文章

如果打开文档后没有看到段落标记符，可以通过以下方法设置。

执行“文件”→“选项”命令，在弹出的“Word 选项”对话框中，单击“显示”选项，在“始终在屏幕上显示这些格式标记”区中，在段落标记前面打对钩，单击“确定”按钮。

另外，使用一些组合键可提高输入速度，如表 4-1 所示。

3．插入符号和特殊字符

在编辑过程中，有些特殊的符号/字符无法通过键盘或者输入法输入，Word 提供了插入特殊符号和字符的功能。

插入符号和特殊字符的方法如下。

单击“插入”选项卡，在“符号”选项组中单击“符号”按钮，在弹出的下拉列表中单击底部的“其他符号”按钮，弹出“符号”对话框，在“符号”选项卡或“特殊字符”选项卡中单击要插入的符号或字符，如图 4-11 所示，单击“插入”按钮，即可将该符号或字符插入到文档中。

表 4-1　常用组合键

组合键	作　用
Ctrl+Space	切换中/英文输入法
Shift+Space	中文输入状态下切换全角/半角输入状态
Ctrl+Shift	切换已安装的中文输入法
Ctrl+.	中文输入状态下切换中/英文标点符号

图 4-11　“符号”对话框

例如，在文档中插入一个注册字符®。操作方法为：选择“插入”选项卡，在“符号”选项组中单击“符号”按钮，在弹出的下拉列表中单击底部的“其他符号”按钮，弹出“符号”对话框，再在“特殊字符”选项卡的字符列表中选择“商标”，单击“插入”按钮，即可将该字符插入到文档中。

4.2.4　文档的保存

编辑好的文档一定要进行保存，不然断电之后就会丢失。在 Word 中，文档的保存分两种情况：一种是新建文档的保存，另一种是已有文档修改后的保存。

1．新建文档的保存

新创建的文档编辑完以后，执行“文件”→“保存”命令，弹出“另存为”对话框，如图 4-12 所示，在“保存位置”下拉列表中选择存放位置（如“我的文档”），在“文件名”下拉列表中输入文件名（如“aa”），在“保存类型”下拉列表中选择“Word 文档（*.docx）”，单击“保存”按钮。

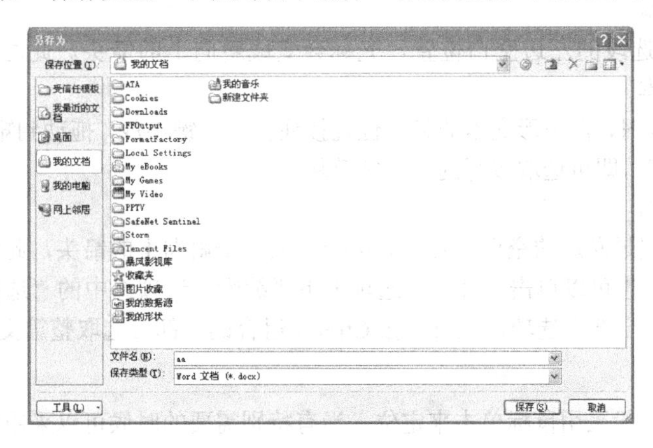

图 4-12　“另存为”对话框

单击“快速访问工具栏”中的“保存”按钮，也会弹出“另存为”对话框，后面的操作步骤同上。

2．已有文件修改后的保存

已有文件修改后的保存分两种情况。

① 对原文档进行修改后，不再需要原文档仅保留最新的文档。这种情况直接单击“文件”，选择“保存”命令，或者在“快速访问工具栏”上单击“保存”按钮。

② 对原文档进行修改后，需要保留原文档并且同时保留最新修改的文档。这种情况要执行“文件”→“另存为”命令，弹出“另存为”对话框，其他步骤同①。

3．自动保存文档

在编辑文档时，可能会遇到一些异常情况，如停电、死机等，造成文件内容丢失。Word 提供的“自动保存”功能是为了避免由于误操作或各种计算机故障造成的未保存信息丢失。自动保存可以每隔一段时间自动保存一次文档。

可以通过执行“文件”→“选项”命令，在弹出的“Word 选项”对话框中单击“保存”选项，来设置自动保存的间隔时间。根据编辑的速度可自由设置，一般建议设置为 5 分钟左右。

4.2.5 文档的编辑

在 Word 中编辑文档时，首先要选定操作对象，然后才能进行更具体的编辑。编辑范围包括内容的选取、定位、复制、移动、粘贴、删除、查找与替换等。

1．内容的选取

在 Word 中对文档进行修改和编辑时要遵守“先选择后操作”的原则。选取文本的操作方式根据对象的不同而不同。

（1）选取连续文本

将光标移动到需要选取的文本的起始位置，按住鼠标左键拖动至文本的结束位置，即完成选取操作。或者单击连续文本的起始位置，然后在按住 Shift 键的同时，单击连续文本的结束位置。

（2）选取不连续文本

首先使用鼠标拖动的方法选中不连续文本中的一部分文本，然后在按住 Ctrl 键的同时，选择文档中不连续的其他文本。

（3）选取一行或多行文本

将光标移动到所选行的左边空白位置，光标会变成斜向上的箭头。此时单击，将选定该行。如果要选定多行，按住鼠标左键拖动即可。

（4）选取一段文本

将光标移动到所选段的左边空白位置，光标会变成斜向上的箭头。此时双击，将选定该段。

（5）选取矩形文本

在按住 Alt 键的同时，在矩形文本的起始位置按住鼠标左键不放，拖动到矩形文本的结束位置，松开鼠标左键和 Alt 键，即可选取多行的矩形字符块。

（6）选取整篇文档

将光标移动到文档最左边的空白位置，光标会变成一个斜向上的箭头，此时连续单击 3 次，将选取整篇文档。另外，也可以单击“开始”选项卡下“编辑”选项组中的“选择”下拉按钮，在弹出的下拉列表中选择“全选”选项，或直接按 Ctrl+A 组合键，都可选取整篇文档。

2．定位

在编辑过程中，一般采用鼠标单击来定位，当有特别需要的时候可以采用以下方法。

（1）即点即输

Word 为用户提供了一种称为即点即输的功能，即用鼠标在文档编辑区的任意空白处双击时，就可以将插入点定位到鼠标双击的位置。如果不能实现该功能，可以通过设置开启该功能。

启用/关闭“即点即输”的方法为：执行“文件”→“选项”命令，弹出“Word 选项”对话框，单击“高级”选项，在“启用‘即点即输’”复选框里打对钩，单击“确定”按钮，即可实现即点即输的效果。

（2）Ctrl 键+上/下/左/右方向键

Ctrl+Home：定位到文档开始位置。

Ctrl+End：定位到文档结束位置。

Ctrl+左/右方向键：插入点向左/向右移动一个词的距离。

Ctrl+上方向键：插入点跳到本段落的开始位置，继续按住 Ctrl 键，再按一下上方向键，插入点跳到上一个段落的开始位置。

Ctrl+下方向键：插入点跳到下一个段落的首行首字前面，继续按住 Ctrl 键，再按一下下方向键，插入点跳到下一个段落的开始位置。

（3）“开始”选项卡

单击“开始”选项卡，在“编辑”选项组中单击“替换”按钮，弹出“查找和替换”对话框，单击“定位”选项卡，如图 4-13 所示，在“定位目标”列表框中选择定位目标，例如，选择“页”，再在右侧“输入页号”文本框中输入要定位的页码（如输入“5”），单击“定位”按钮，插入点会跳转到第 5 页的开始位置。

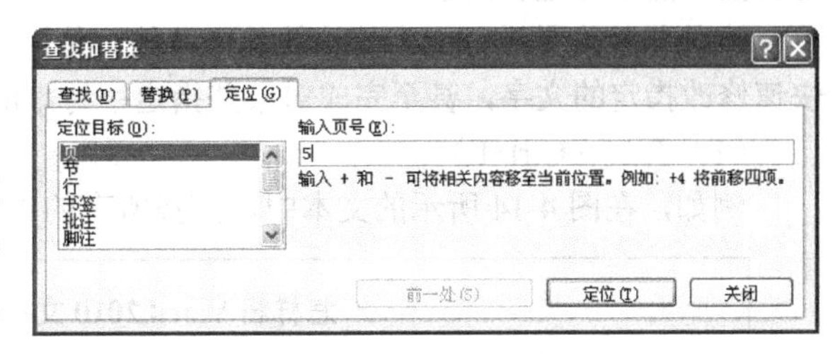

图 4-13 “定位”选项卡

注意：如果在“定位目标”中选择“节”，则右侧显示“输入节号”文本框，即右侧显示的内容会随着“定位目标”的不同而发生变化。

3．复制、剪切和粘贴

在编辑过程中可能会重复使用一些内容，为了减少录入的工作量，Word 提供了复制、移动和粘贴功能。合理利用这些功能可以提高录入效率。

复制：先选定要重复输入的文字，单击“开始”选项卡，在“剪贴板”选项组中单击“复制”按钮，将插入点定位到要重复使用选定文字的位置，单击“剪贴板”选项组中的“粘贴”按钮，即可将选定文字复制过来。

剪切：先选定要移动的文字，选择“开始”选项卡，在“剪贴板”选项组中单击“剪切”按钮，将插入点定位到接收选定文字的位置，单击“剪贴板”选项组中的“粘贴”按钮，即可将选定文字移动过来。

以上是复制、剪切的传统方法，操作起来不够快捷，利用右键快捷菜单或者组合键可以提高效率。

右击快捷菜单：选中要复制/剪切的文字，在选定的文字上面右击，在弹出的快捷菜单中，单击“复制/剪切”按钮，将插入点定位到复制/剪切的目标位置，再次右击，在快捷菜单中选择“粘贴”命令，即可完成操作。

组合键：Ctrl+C 完成复制，Ctrl+X 完成剪切，Ctrl+V 完成粘贴。

鼠标拖动：先选中要移动的文字，然后在选中的文字上按住鼠标左键拖动鼠标，一直拖动到要插入的地方再松开，选中的文字就移动到目标位置；或者先选中要移动的文字，再按住 Ctrl 键，同时按住鼠标左键拖动至目标位置，即实现复制操作。

其他方法：先选定要移动的文字，按 F2 键，将鼠标在文档中单击，插入点变成虚短线，此时用键盘/鼠标把插入点定位到要插入文字的位置，按下 Enter 键，文字就会移动过来。

复制与剪切的功能相近，不同的是：复制操作只将选定的部分复制到剪贴板中，被复制的内容依然不变；而剪切操作在将文本复制到剪贴板的同时将原来的选中部分从原位置删除。

4．文字的删除

编辑文档出现错误需删除时，最常用的是 Delete 键和退格（Backspace）键。两个键都可以删除文字，只是删除的方向不同。退格键删除插入点左侧的字符，Delete 键删除插入点右侧的字符。

按一次 Delete 键/退格（Backspace）键删除一个字符，连续按多次可删除多个字符，如果一直按住不放，可以连续删除文字直到停止按键。

要删除的文字很多时，先选定要删除的文字，再按 Delete 键或者退格（Backspace）键就可以将所选文字全部删除。

5. 查找与替换

在编辑完文档后，可能会发现一些编辑上的错误，如用语不够标准、单词拼写错误或专有名词错误等，这些错误的改动往往都是大面积的，如果一个一个地修改，效率很低。Word 中提供的查找与替换功能很好地解决了这个问题。

查找与替换是进行文字处理的基本技能。使用查找可以快速定位到指定字符处，使用替换可以快速修改指定的文字，甚至完成对某些指定字符串的删除。

（1）查找（Ctrl+F）

例如，在图 4-14 所示的文本中，查找所有的“Word 2010”，操作步骤如下。

> **怎样将 Word 2010 文档保存为 Word 2003 文档**
>
> 如果希望能够在 Word 2010 窗口中编辑 Word 2003 文档，则可以将 Word 2010 文档保存为 Word 2003 文档，操作步骤如下。
>
> 打开 Word 2010 文档窗口，单击“文件”选项卡，单击“另存为”命令，弹出“另存为”对话框，在“保存类型”下拉列表中，选择“Word 97-2003 文档(*.Doc)”。然后选择保存位置并输入文件名，单击“保存”按钮即可。

图 4-14　示例文本

① 单击“开始”选项卡，在“编辑”选项组中单击“查找”按钮，在编辑区左侧出现一个“导航”窗格，在文本框中输入：Word 2010，如图 4-15 所示。

② 单击文本框右侧的下三角按钮，在弹出的快捷菜单中单击“高级查找”命令，弹出“查找和替换”对话框，如图 4-16、图 4-17 所示。

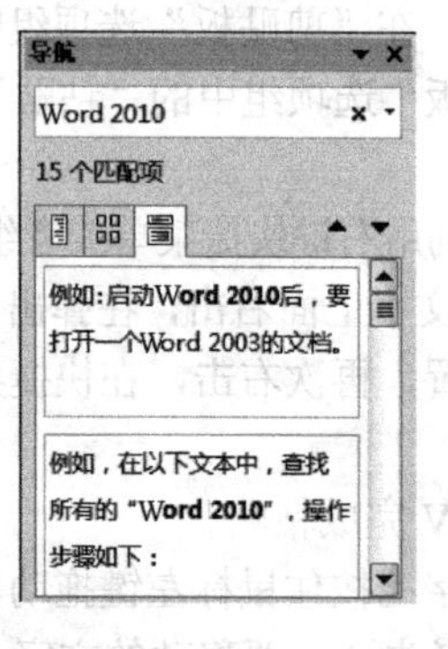

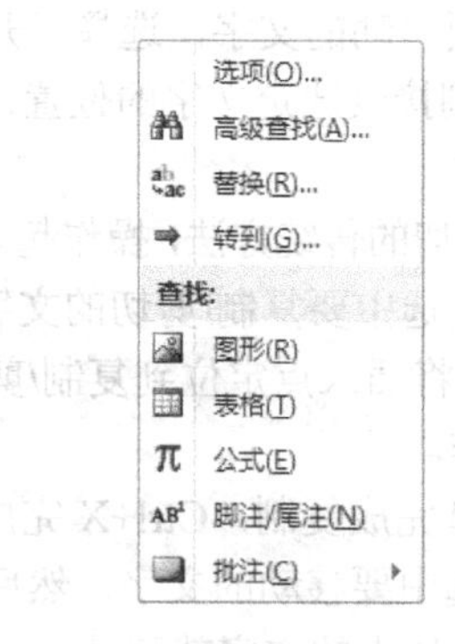

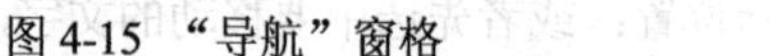

图 4-15　“导航”窗格　　　　图 4-16　弹出的菜单

③ 单击“查找下一处”按钮，文档中第一处“Word 2010”被查找到并处于选定状态。

④ 再次单击“查找下一处”按钮，依次查找文档中其他处的“Word 2010”。

（2）替换（Ctrl+H）

在上个示例文本中，将查找到的所有“Word 2010”替换为“Microsoft Word 2010”，操作步骤如下。

① 单击“开始”选项卡，在“替换”选项组中单击“替换”按钮，弹出“查找和替换”对话框，如图 4-18 所示。

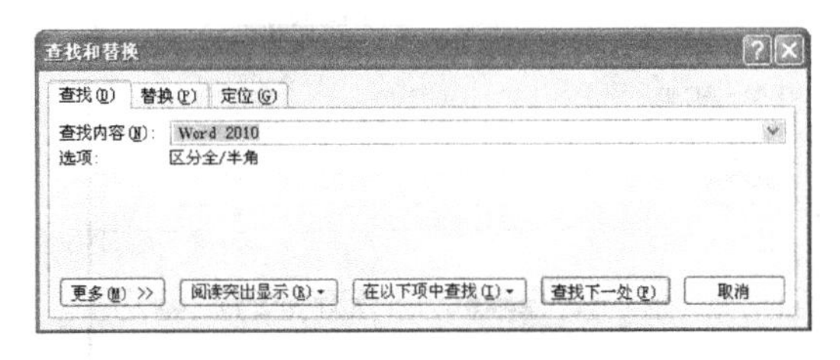

图 4-17 “查找和替换”对话框

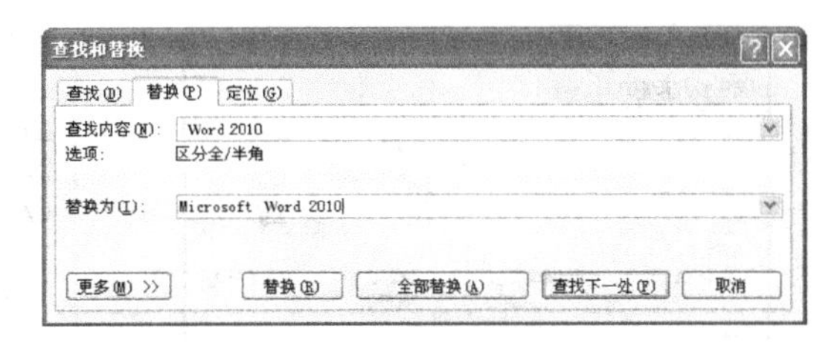

图 4-18 替换操作

② 在“查找内容”文本框中输入“Word 2010”。

③ 在“替换为”文本框中输入“Microsoft Word 2010”。

④ 单击“全部替换”按钮，即可将所有“Word 2010”替换为“Microsoft Word 2010”。

注意：实际操作过程中，如果只替换其中一部分内容，就不要单击“全部替换”按钮，而是单击“查找下一处”按钮，查看是不是自己需要替换的内容，如果是，则单击“替换”按钮，否则就继续单击“查找下一处”按钮，直到找到需要替换的内容。

【查找和替换练习】用查找和替换功能将如图 4-19 所示文章中的双波浪下画线去掉，其他格式不取消，操作步骤如下。

电脑小技巧

快速调整字号

问：在 Word 中编辑文字时，有时只需将字号缩小或放大一磅，而若再利用鼠标去选取字号将影响工作效率，有没有方法快速完成字号调整？

答：有，利用键盘选择好需调整的文字后，在键盘上直接利用“Ctrl+[”组合键缩小字号，每按一次将使字号缩小一磅；而利用“Ctrl+]”组合键可放大字号，同样每按一次所选文字将放大一磅。

另外也可在选中需调整字体大小的文字后，利用“Ctrl+Shift+>”组合键来快速放大文字，而利用“Ctrl+Shift+<”组合键快速缩小文字。

图 4-19 示例文章

① 单击“开始”选项卡，在“替换”选项组中单击“替换”按钮，弹出“查找和替换”对话框，在“查找内容”文本框内单击左下角“更多”按钮展开其他功能。

② 单击“格式”按钮，在快捷菜单中选择“字体”，弹出“查找字体”对话框，在“下画线线型”列表框中选择双波浪下画线，如图 4-20 所示，单击“确定”按钮，回到“查找和替换”对话框。

③ 在“替换为”文本框中单击（若要删掉原有替换内容），单击“格式”按钮，选择“字体”，弹出“查找字体”对话框，在“下画线线型”列表框中选择“无”，单击“确定”按钮，回到“查找和替换”对话框，如图 4-21 所示。

④ 单击“全部替换”按钮，即可将所有双波浪下画线去掉，如图 4-22 所示。

注意：

① 在“查找和替换”对话框中设置内容及格式时，插入点的位置非常重要。插入点在哪个文本框就对哪部分内容做相关的设置。对“查找”选项卡设置时一定将插入点放到“查找内容”文本框中，对“替换”选项卡设置时一定将插入点放到“替换为”文本框中。

② 在查找替换过程中，如果设置了错误的查找或者替换的格式，可以单击“查找和替换”对话框底部的“不限定格式”按钮取消所有设置。

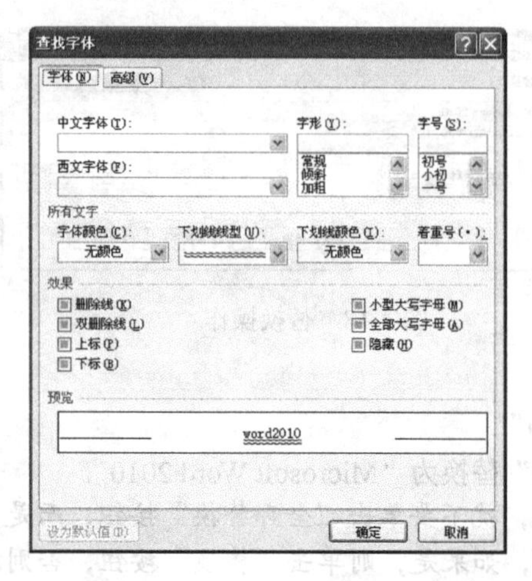

图 4-20 “查找字体”对话框

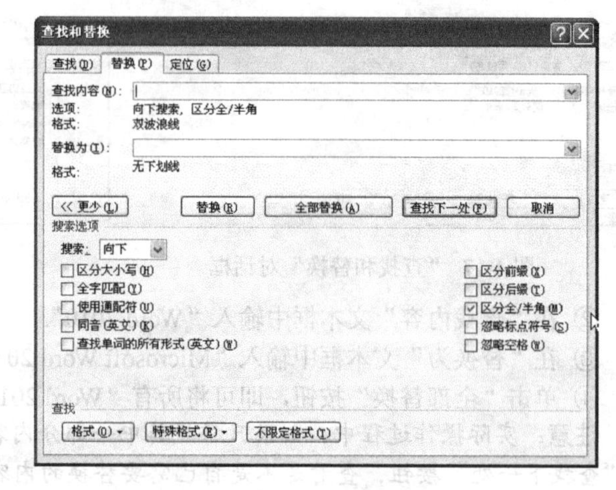

图 4-21 设置“替换为”内容

编者注：在 Word 中采用“下划线”的写法，实际应为“下画线”，本书统一采用“下画线”。

电脑小技巧

快速调整字号

问：在 Word 中编辑文字时，有时只需将字号缩小或放大一磅，而若再利用鼠标去选取字号将影响工作效率，有没有方法快速完成字号调整？

答：有，利用键盘选择好需调整的文字后，在键盘上直接利用“Ctrl+[”组合键缩小字号，每按一次将使字号缩小一磅 ；而利用“Ctrl+]”组合键可放大字号，同样每按一次所选文字将放大一磅。

另外也可在选中需调整字体大小的文字后，利用“Ctrl+Shift+>”组合键来快速放大文字，而利用“Ctrl+Shift+<”组合键快速缩小文字。

图 4-22 修改后的示例文章

4.3 Word 2010 文档排版

文档排版是文字处理的一个重要功能，其目的是使文档有一个合理、美观的打印效果。文档排版就是对文档格式化，Word 格式化包括字符格式的设置、段落格式的设置和页面格式的设置。

4.3.1 设置字体格式

字体格式选项包括字体、字号、字形（如加粗、倾斜、下画线）、字体颜色、字符边框及字符底纹等。

1. 通过“快捷字体工具栏”设置字体格式

选中需要更改格式的文本，Word 会自动弹出“快捷字体工具栏”，如图 4-23 所示，此时工具栏显示为半透明状态。当光标进入工具栏区域时，工具栏将变为不透明状态，在此工具栏中可以设置选中文本的常见格式，如字体、字号、缩进量、字体颜色等。

2. 通过“字体”选项组设置字体格式

单击“开始”选项卡，利用其中的“字体”选项组可以快速对选中文本进行字体外观、字体边框、字体底纹等设置，如图 4-24 所示。

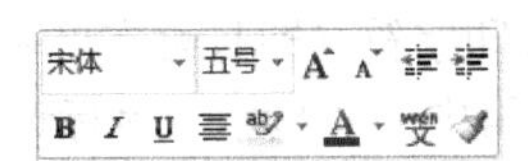

图 4-23 快捷字体工具栏

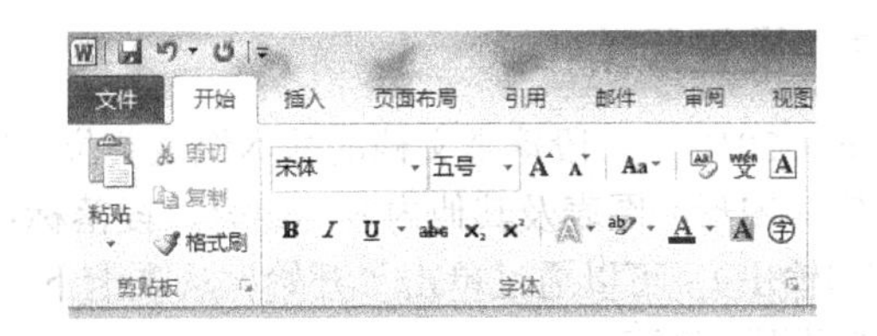

图 4-24 “开始”选项卡中的“字体”选项组

3. 通过“字体”对话框设置字体格式

使用“字体”对话框，可进行更多的字体格式设置，操作步骤如下。

① 选取待设置格式的文本。

② 单击“开始”选项卡下“字体”选项组右下角的扩展按钮，弹出“字体”对话框，如图 4-25 所示。

③ 在“字体”对话框的“字体”选项卡中，用户可以设置字符的字体、字形、字号、字体颜色、下画线线型、下画线颜色、着重号等。在“效果”区，用户还可以设置字符的上标和下标效果、删除线等。“预览”区显示字体格式设置后的效果。

④ 在“字体”对话框的“高级”选项卡中，用户可以设置字符间距、缩放、位置等效果。

⑤ 设置完成后，单击“确定”按钮即可。

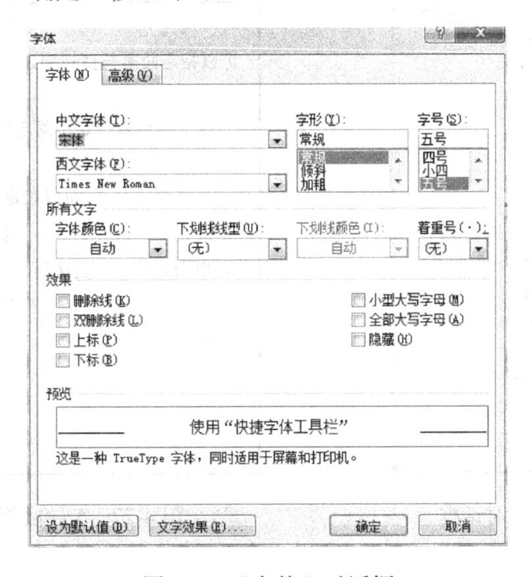

图 4-25 “字体”对话框

4. 格式的复制与清除

在编辑文档的过程中，常常希望对多处文本设置相同的格式，但又不想反复执行同样的格式化工作，这时利用“格式刷”工具就十分方便。操作步骤如下。

① 将格式应用一次。先选定要应用格式的文本，单击“开始”选项卡下“剪贴板”选项组中的“格式刷”按钮，然后再将光标定位到需要应用格式的文本处拖动格式刷光标，则光标所经之处就会应用为指定的格式，一旦放开鼠标，格式刷则自动取消。

② 将格式应用多次。选定已设置格式的文本，双击“剪贴板”选项组中的“格式刷”按钮，然后将光标定位到需要应用格式的文本处拖动格式刷光标；再将光标定位到下一个需要应用格式的文本处拖动格式刷光标，文本选定之处就会应用为指定的格式。若要取消“格式刷”功能，再次单击“格式刷”按钮或按 Esc 键即可。

4.3.2 设置段落格式

在 Word 2010 中，段落是文档的基本组成单位。它是指以段落标记“↵”作为结束的一段任意数量的文字、图形、图表及其他内容的组合。段落标记是一个非打印字符（即只可在屏幕上看到，而不能打印输出），可以通过单击“开始”选项卡下“段落”选项组中的“显示段落标记”按钮来显示或隐藏段落标记。

段落的格式设置包括段落对齐方式、缩进设置、段落行距及段间距等。对单个段落进行格式设置时，可以选定该段落，也可只将光标定位在段落中的任意位置。当需要对多个段落进行段落格式设置时，选定段落必须包含段落标记。

1．设置段落对齐方式

段落的对齐方式有：文本左对齐、文本右对齐、居中、两端对齐和分散对齐 5 种类型，在“开始”选项卡的“段落”组中有 5 个段落对齐按钮，从左到右依次为“文本左对齐”“居中”“文本右对齐”“两端对齐”和“分散对齐”。选定需要排版的文本后，单击相应的对齐按钮即可。也可以通过单击“段落”组中的右下角的按钮，在弹出的“段落”对话框的“缩进和间距”选项卡的“常规”区中，设置“对齐方式”来实现，如图 4-26 所示。图 4-27 所示为 5 种段落对齐方式的简单示例。

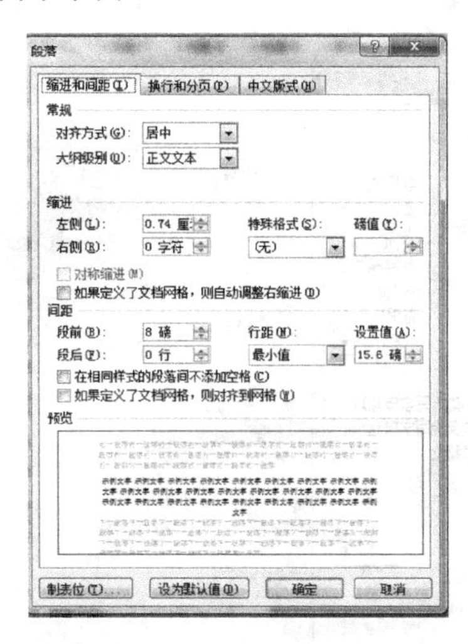

图 4-26 “段落”对话框

〈两端对齐〉

可以指定段落与页边距之间的距离

〈居中〉

可以指定段落与页边距之间的距离

〈文本右对齐〉

可以指定段落与页边距之间的距离

〈文本左对齐〉

可以指定段落与页边距之间的距离

〈分散对齐〉

可以指定段落与页边距之间的距离

图 4-27 5 种段落对齐方式的简单示例

2．设置段落缩进

通过设置段落缩进，可以指定段落与页边距之间的距离。段落的缩进包括首行缩进、左缩进、右缩进和悬挂缩进 4 种形式。Word 提供了 4 种实现段落缩进的方法。

① 单击“开始”选项卡下“段落”组中的右下角的按钮，在弹出的“段落”对话框中用数值精确地指定缩进位置，如图 4-28 所示。

② 通过鼠标右击：选中段落，单击鼠标右键，在弹出的快捷菜单中单击“段落”命令，如图 4-29 所示，同样会打开方法①中的“段落”对话框。左、右缩进的单位可以是厘米，也可以是字符，在“特殊格式”下拉列表中可以设置首行缩进与悬挂缩进。例如，希望文档文字最左边与页边距距离是 2 字符，则只要在“左（L）”文本框中输入“2 字符”，然后再单击“确定”按钮即可。若要求文档文字最左边与页边距距离是 2 厘米，则在“左（L）”文本框中输入“2 厘米”，然后再单击“确定”按钮即可。

③ 利用“段落”组中的按钮：单击“段落”组中的“增加缩进量”按钮或“减少缩进量”

按钮 来调节缩进量。

④ 在水平标尺上拖动各种缩进标志，这是最直观的操作方法，如图 4-30 所示。可直接把光标定位到对应标尺上，然后拖动鼠标即可调节各种缩进。如果在按住 Alt 键的同时拖动缩进标志，可在水平标尺上显示缩进的距离。

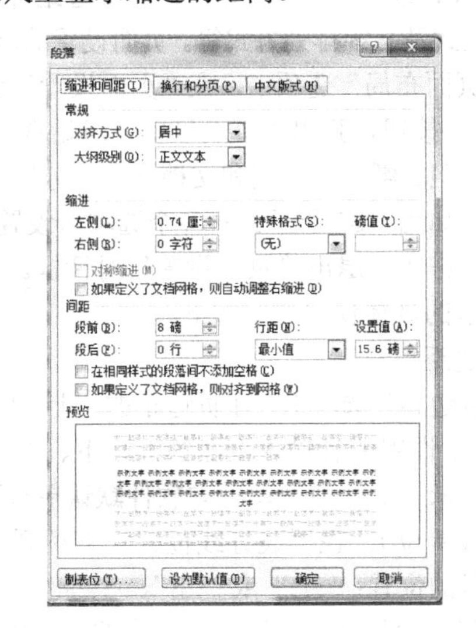

图 4-28 “段落”对话框

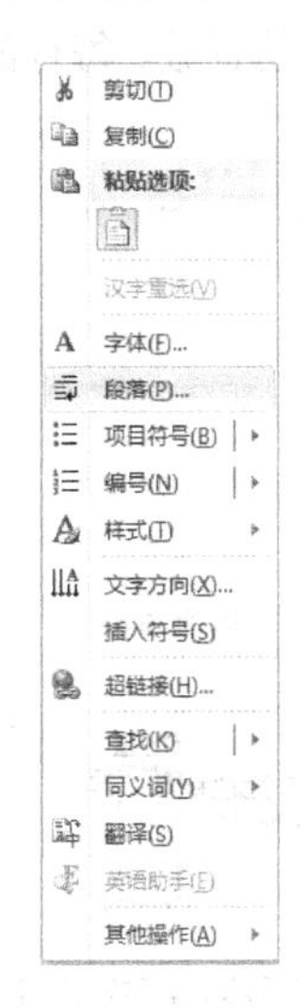

图 4-29 在快捷菜单中单击“段落”命令

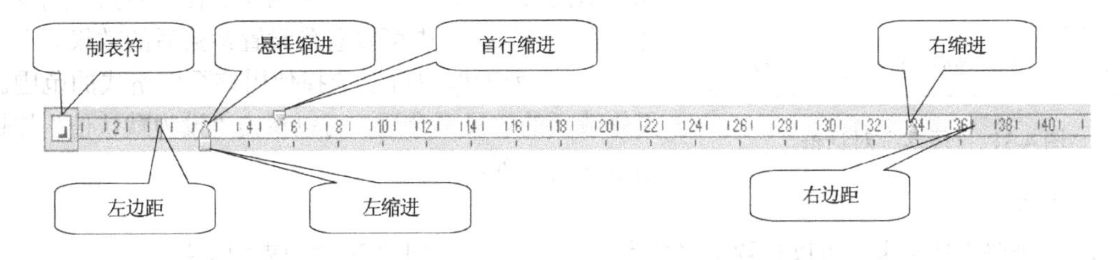

图 4-30 水平标尺

表 4-2 列出了标尺上 4 个缩进标记的含义。

表 4-2　标尺上 4 个缩进标记的含义

标　记	含　义
▽	首行缩进。拖动此标记可设置所选段落第 1 行行首与左边界的距离
△	悬挂缩进。拖动此标记可设置所选段落中除首行以外的其他各行的起始位置
■	左缩进。拖动此标记设置所选段落的左边界
△	右缩进。拖动此标记设置所选段落的右边界

3．设置行间距与段间距

用户利用如图 4-31 所示的“段落”对话框中的“缩进和间距”选项卡，还可以设置段落的行间距和段间距等。

行间距是指文档中行和行之间的距离。在“段落”对话框的“行距”下拉列表中可以选择“单倍行距”“1.5 倍行距”“2 倍行距”“固定值”“最小值”及“多倍行距”等。当选取“固定值”或“多倍行距”时，要输入一个具体的数值来确定行间距大小。

段间距是指段落与段落之间的距离，包含了段前与段后的距离。可以在“段落”对话框的“段前”“段后”文本框中，输入确定的值来调节段落之间的距离。

4.3.3 设置页面与页面背景

1. 设置页面

页面设置是对文档的页面的整体设置，包括纸张尺寸、纸张来源、打印方向和页边距等，还可以确定文档中每页的行数、每行的字数；可以设置文档的版式及文字排列方式等。页面设置的步骤如下。

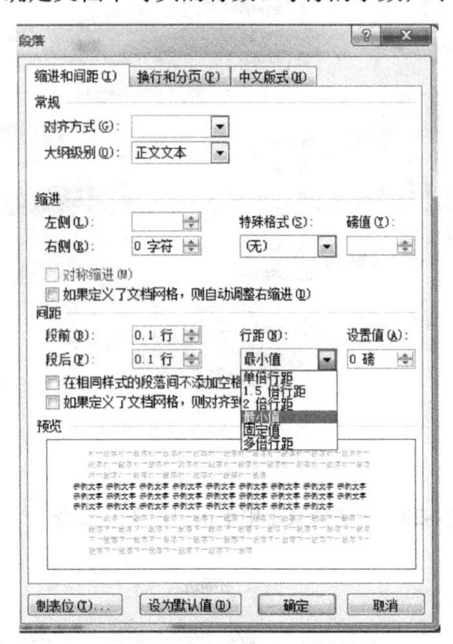

图 4-31 “段落”对话框

单击“页面布局”选项卡，在“页面设置”选项组的右下角单击 按钮，弹出“页面设置”对话框，有 4 个选项卡：页边距、纸张、版式和文档网格，分别用于对页面进行设置，如图 4-32 所示。对各个选项卡设置完成后，单击“确定”按钮，退出“页面设置”对话框。

各选项卡的具体使用说明如下。

（1）页边距

单击“页边距”选项卡，在页边距的“上”“下”“左”“右”微调框中设置或者输入页面的上、下、左、右页边距，单位为厘米（如果所需单位与软件默认单位不相同，可以手动修改单位）；在“装订线位置”下拉列表框中可以选择装订线的位置：“上”或“左”。

在“纸张方向”区中可以选择纸张的方向为“纵向”或“横向”。“页码范围”可根据需要在“多页”列表中选择。在“预览区”中可以看到设置参数后的效果。在下方“应用于”列表框中可以选择使用该页面格式的范围。如果修改后的效果不合适，可以单击“设为默认值”按钮撤销刚才的设置。

（2）纸张

单击“纸张”选项卡，可以设置纸张的类型。在“纸张大小”下拉列表中选择合适的纸张规格，如 A4、B5 等，如图 4-33 所示。若其中没有满足需要的纸张规格，可以选择“自定义大小”，并输入纸张的“高度”和“宽度”。

在“纸张来源”区域，可以分别设置“首页”和“其他页”的送纸方式。Word 支持多种送纸方式，可在不同送纸器中使用不同规格的纸张。

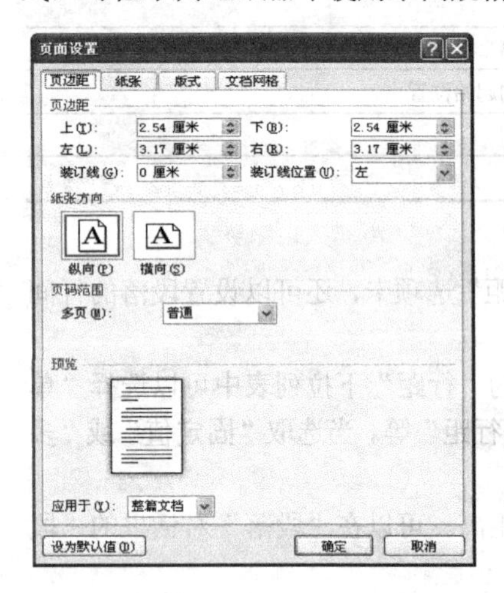

图 4-32 “页面设置”对话框

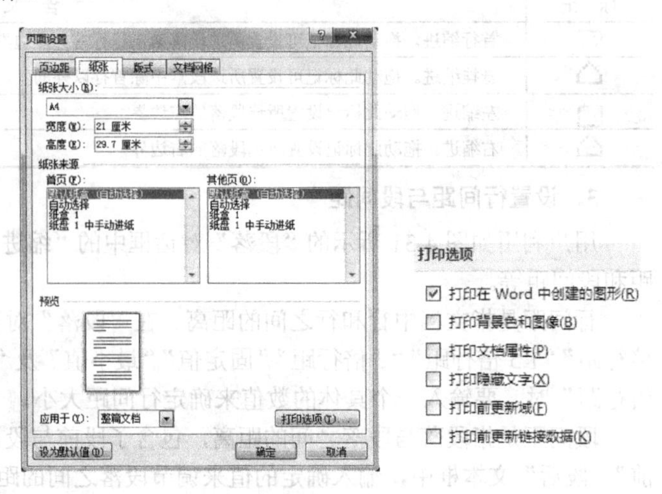

图 4-33 “纸张”选项卡

单击右下角的“打印选项”按钮，弹出“Word 选项”对话框，在“显示”的“打印选项”区域可以设置打印参数。

（3）版式

版式主要指文档在纸张中的编排格式。单击“版式”选项卡，可以在“页眉和页脚”区设置“奇偶页不同”及“首页不同”，在“距边界”设置页眉和页脚与页面纸张边界的距离；在“页面”区的“垂直对齐方式”下拉列表中，可以设置文档在纸张中的垂直对齐方式，有居中、两端对齐、顶端对齐和底端对齐 4 种对齐方式。单击“行号”按钮，弹出“行号”对话框，可以为文档添加行号。单击“边框”按钮，弹出“边框和底纹”对话框，可以对页面边框进行设置，如图 4-34(a)所示。

（4）文档网格

在“文档网格”选项卡中的“文字排列”区可以设置文字排列方向为水平或垂直，在“栏数”列表框中可以选择每页显示的栏数，可选择 1、2、3、4 四个值。

“字符数”区可以设置每行显示的字符数及跨度；“行数”可以设置每页显示的行数及跨度，只需要按需选择合适的参数即可。但是字符数和行数是否可用取决于前面所选的网格类型，若未达到使用条件则显示为灰色，暂不可用，如图 4-34(b)所示。

2．设置页面背景

单击“页面布局”选项卡，在“页面背景”选项组中可以进行 3 项设置：水印、页面颜色和页面边框。

水印：单击“水印”按钮 水印，如果选择系统提供的样式作为水印，则在列表框里直接单击即可；如果想自己设计水印，则单击列表框中的“自定义水印”按钮，弹出“水印”对话框，如图 4-35 所示。

无水印：相当于取消水印。

图片水印：选择图片作为水印，可以对缩放比进行设置，还可以设置是否“冲蚀”。

文字水印：“文字”是系统提供的文字，如果没有所需的，也可以自己输入，用鼠标在“文字”文本框中单击，删除原来的文字，输入新的文字，如图 4-35 所示，删掉“请勿复制”，输入“盗版必究”，然后再设置对应的字号、颜色、版式。

所有内容设置好后，单击“应用”按钮，再单击“关闭”按钮退出。

不管应用了什么水印，如果要取消，单击“水印”列表中的“删除水印”即可。

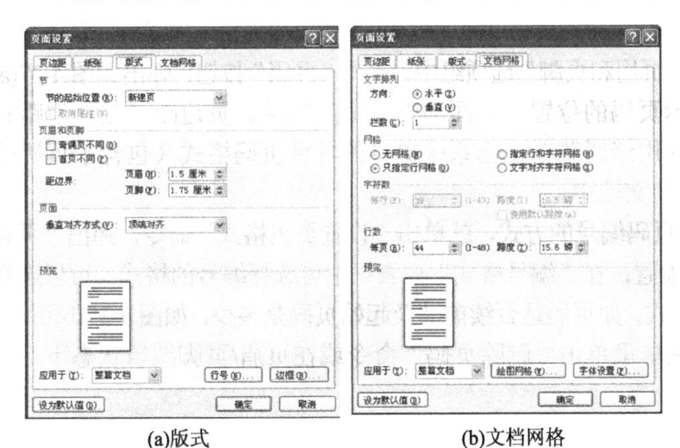

(a)版式　　(b)文档网格

图 4-34 “版式”与“文档网格”

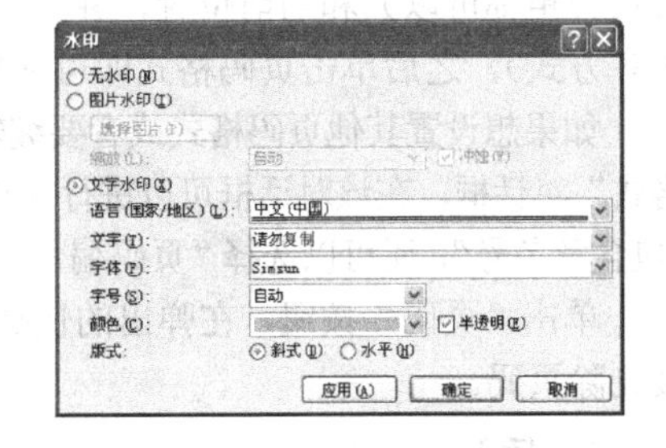

图 4-35 “水印”对话框

页面颜色：可以在列表中设置页面颜色，包括主题颜色、标准色、无颜色、其他颜色、填充效果。

页面边框：单击“页面边框”按钮，弹出“边框和底纹”对话框，由此可以设置页面边框。

4.3.4 设置页眉、页脚

页眉和页脚通常是用来显示文档的附加信息，或对文档内容进行说明的文字或图形，常用来插入时间、日期、页码、单位名称和徽标等。其中，页眉在页面的顶部，页脚在页面的底部。页眉和页脚只能在页面视图或者打印预览状态下才显示，其他显示方式下不显示。

Word 在设置页眉或页脚时，可以选择"首页不同"或"奇偶页不同"。页眉和页脚设置的相关内容如下：单击"插入"选项卡，在"页眉和页脚"选项组中单击"页眉"（或者页脚）按钮，在列表框中选择系统提供的页眉样式或单击"编辑页眉"按钮，均可打开"页眉和页脚工具设计"选项卡，如图 4-36 所示。

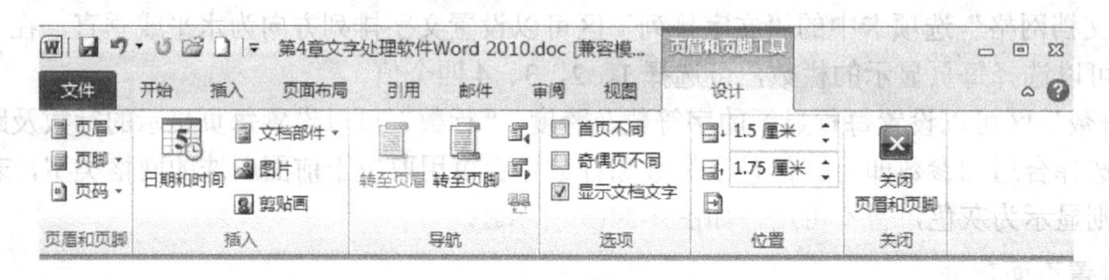

图 4-36 "页眉和页脚工具设计"选项卡

1. 页眉和页脚

（1）页眉

在"页眉和页脚工具设计"选项卡的"页眉和页脚"选项组中，单击"页眉"按钮，在列表框中选择系统提供的页眉样式或单击"编辑页眉"按钮，进入页眉编辑状态，用户输入需要显示在页眉上的内容，页眉编辑完成后，可在"导航"选项组中单击"转至页脚"按钮，插入点跳转到页脚编辑状态。

（2）页脚

在"页眉和页脚工具设计"选项卡的"页眉和页脚"选项组中，单击"页脚"按钮，在列表框中选择系统提供的页脚样式或单击"编辑页脚"按钮，进入页脚编辑状态，用户输入需要显示在页脚上的内容，页脚编辑完成后，可在"导航"选项组中单击"转至页眉"按钮，插入点跳转到页眉编辑状态。

（3）页码

在"页眉和页脚工具设计"选项卡的"页眉和页脚"选项组中，单击"页码"按钮，弹出如图 4-37(a)所示的快捷菜单，在菜单中可以设置显示页码的位置：页面顶端、页面底端、页边距（左页边距和右页边距都可以）和当前位置，并可以使用级联菜单中由系统提供的各种页码格式（包含了页码的对齐方式），之后单击页码格式即可应用到文档中。

如果想设置其他页码格式或者要编辑页码编号的方式，就单击"设置页码格式"命令，弹出"页码格式"对话框，在该对话框可以进行 3 项设置：在"编号格式"列表框中可选择编号的格式，可以选择"包含章节号"，还可以选择"页码编号"方式，如页码是否续前节及起始页码是多少，如图 4-37(b)所示。

单击"页码"按钮，在弹出的快捷菜单里单击"删除页码"命令或在页眉/页脚编辑状态下，直接删除页码。

2. 插入

在"页眉和页脚工具设计"选项卡的"插入"选项组中单击"日期和时间"按钮，弹出"日期和时间"对话框，在"可用格式"列表框中选择日期和时间格式，如图 4-38 所示，单击"确定"按钮即可。

文档部件可以为页眉页脚添加自动图文集或域。

单击"图片"按钮和"剪贴画"按钮可以将商标之类的图片放置在页眉/页脚中。

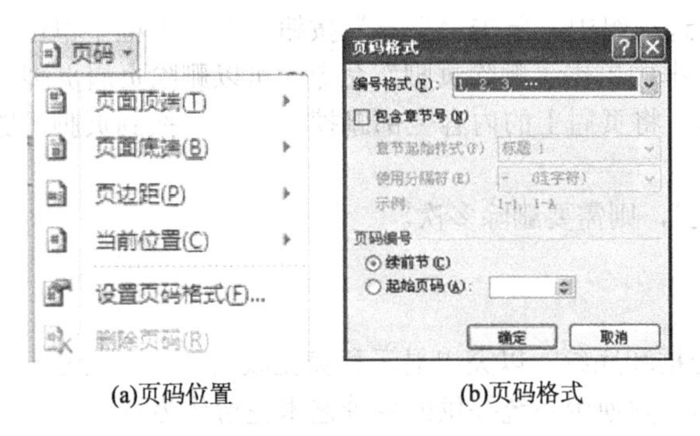

(a)页码位置　　　(b)页码格式

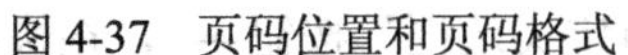

图 4-37　页码位置和页码格式

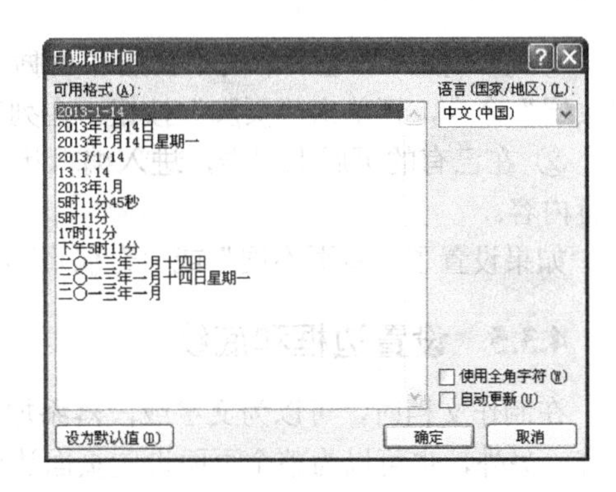

图 4-38 “日期和时间”对话框

3. 导航

“导航”选项组可以更换编辑对象，有“转至页眉”“转至页脚”“上一节”“下一节”和“链接到前一条页眉”5 条命令。

（1）转至页眉、转至页脚

编辑的时候可以在页眉与页脚之间切换。

（2）上一节、下一节

如果文档存在与页眉/页脚相关的分节，那么可以使用“上一节”按钮、“下一节”按钮来切换各节之间的编辑。

（3）链接到前一条页眉

链接到上一节，使当前节的页眉/页脚与前一节的页眉/页脚相同。

4. 选项

“选项”选项组有 3 项内容可以设置：首页不同、奇偶页不同和显示文档文字。需要用到哪个功能就在该功能前面的复选框打对钩即可。

（1）首页不同

要使首页的页眉/页脚与其他不同，就需要勾选“首页不同”复选框。

（2）奇偶页不同

要实现奇数页使用一套页眉/页脚，而偶数页使用另一套不同的页眉/页脚，就需要在编辑页眉/页脚之前，勾选“奇偶页不同”复选框。

设置“奇偶页不同”之后，“页眉和页脚”的编辑状态与之前有所不同，会区别出奇数页页眉（页脚）与偶数页页眉（页脚），如图 4-39 所示。

图 4-39　设置“奇偶页不同”后的编辑状态

（3）显示文档文字

编辑页眉/页脚是不需要看到文档内容的，可将“显示文档文字”前面的对钩去掉，而默认是有对钩的。

5. 位置

在“位置”选项组中，“页眉顶端距离”可以通过在微调框选择或手动输入数值来设置页眉到顶端的距离，“页脚底端距离”与“页面设置”中的设置是相同的。

6. 关闭

页眉/页脚设置完成后，单击“关闭页眉和页脚”按钮退出或在文档编辑区双击退出编辑状态。

7. 删除页眉/页脚

页眉/页脚生成后，如果要删除页眉/页脚，有两种方法：

① 在“插入”选项卡的“页眉和页脚”选项组中，单击“页眉”按钮，在列表框中单击“删除页眉”命令，再单击“页脚”按钮，在列表框中单击“删除页脚”命令就可以删除页眉页脚；

② 在已有的页眉上双击，进入编辑状态，将页眉上的内容全部删掉，之后切换到页脚，删除所有内容。

如果设置了“首页不同”或“奇偶页不同”，则需要删除多次。

4.3.5 设置边框和底纹

在制作文档时，可以为文字或段落添加边框和底纹，以突出显示和美化版面，并可区分于其他内容。另外，也可以为整个页面设置页面边框，并使用系统提供的各种艺术花边作为页面边框。

单击“开始”选项卡，在“段落”选项组中单击“自定义边框”按钮，在快捷菜单中单击“边框和底纹”命令，弹出“边框和底纹”对话框。“边框和底纹”对话框的使用方法如下。

1.“边框”选项卡

单击“边框”选项卡，有设置、样式、颜色和宽度 4 个参数可以设置，如图 4-40(a)所示。

① 设置：在“设置”区域中可以选择边框的类型为方框、阴影、三维和自定义。

② 样式：在“样式”区域中选择合适的线型。

③ 颜色：在“颜色”区域中为选好的边框线型设置颜色。

④ 宽度：在“宽度”区域中可以调整边框线的粗细。

在右侧预览区中可以看到设置好的效果，如果与预期的效果不同可以继续修改，利用“预览”区左侧和底部的按钮可以快捷添加上、下、左、右的边框线。

右下角的“应用于”下拉列表用于选择应用对象，可选文字或段落。当应用范围是段落时，则激活下方的“选项”按钮，单击 按钮可弹出“边框和底纹选项”对话框，可以设置边框与正文的间距，下方有“预览”区，如图 4-40(b)所示。

对文字和段落设置边框的效果是不同的，注意区别。

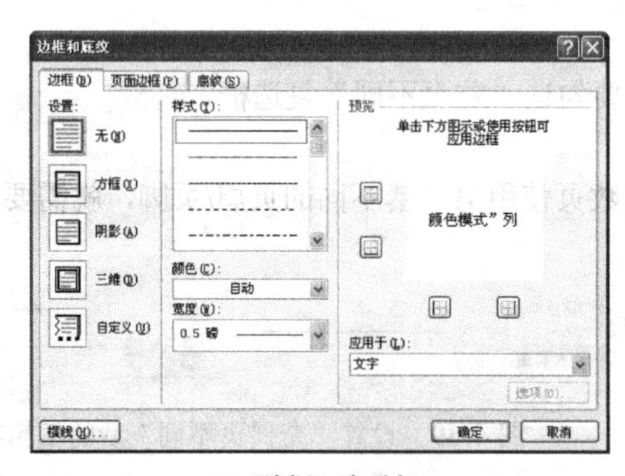

(a)“边框”选项卡

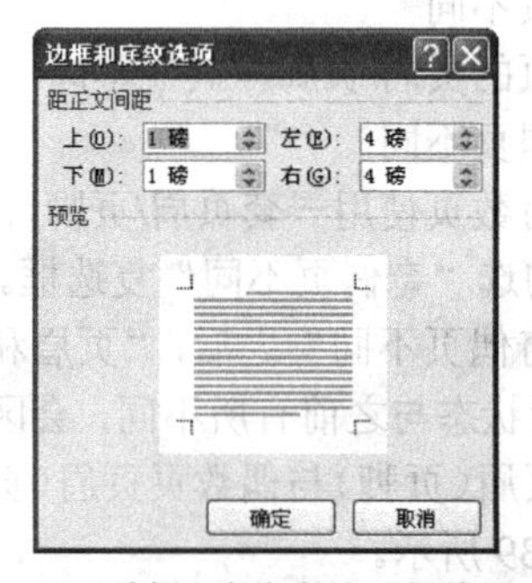

(b)“边框和底纹选项”对话框

图 4-40 “边框”选项卡

2.“底纹”选项卡

“底纹”选项卡可以设置填充和图案两种效果。

① 填充：填充默认为无颜色，单击“填充”列表框可以设置主题颜色、标准色、无颜色和其他颜色，如图 4-41(a)所示，在色块中可单击或者自定义颜色。

② 图案：在“样式”列表框中选择要用的样式，然后在“样式”下面的“颜色”框中设置该样式的颜色，如图 4-41(b)所示。

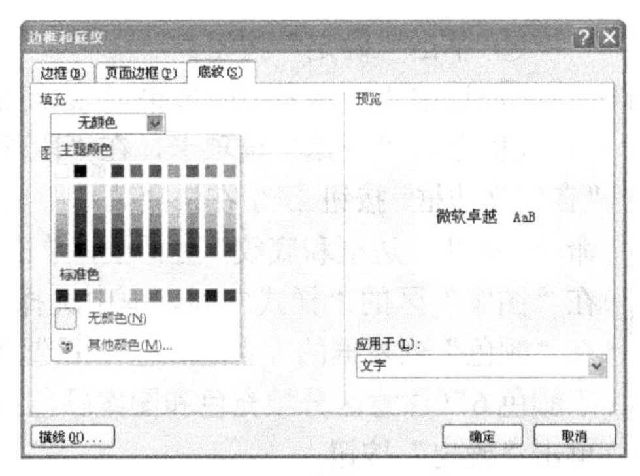

(a)填充

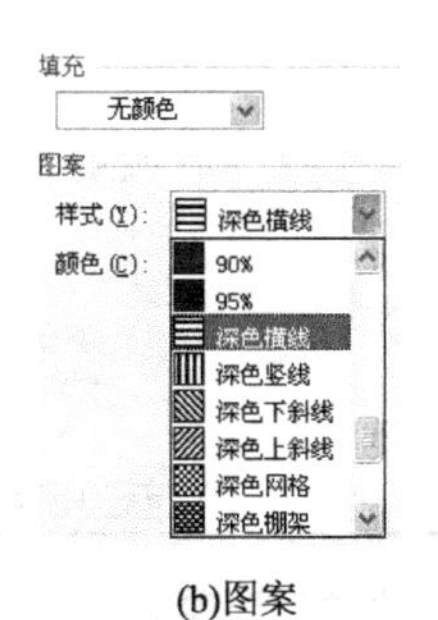

(b)图案

图 4-41　“底纹”选项卡

在右侧“预览”区可以提前看到效果。“应用于”列表框用于选择应用对象。

对文字和段落使用底纹，效果也不相同。

【边框和底纹练习】在图 4-42 所示的文本中按要求设置边框和底纹。

为“世界博览会”添加双波浪边框，且底纹填充颜色为自定义：RGB（120，180，250）；为最后一句话添加底纹图案为“浅色上斜线”，颜色为“橙色，强调文字颜色 6”。

> 世界博览会（World Exhibition or Exposition，简称 World Expo）又称国际博览会，简称世博会、世博，是一项由主办国政府组织或政府委托有关部门举办的有较大影响和悠久历史的国际性博览活动。参展者向世界各国展示当代的文化、科技和产业上正面影响各种生活范畴的成果。

图 4-42　示例文本

操作步骤如下。

① 选中“世界博览会”。

② 单击“开始”选项卡，在“段落”选项组中单击“自定义边框”按钮，在快捷菜单中单击“边框和底纹”命令，弹出“边框和底纹”对话框，单击“边框”选项卡，在“设置”区单击“方框”，在“样式”列表框选择双波浪线（颜色与宽度根据需要去设置，本题不需设置），在右下角“应用于”列表框中选择“文字”。

③ 单击“底纹”选项卡，在“填充”下拉列表中单击“其他颜色”命令，弹出“颜色”对话框，单击“自定义”选项卡，在“颜色模式”列表中选择“RGB”，在“红色”文本框中设置或输入 120，在“绿色”文本框中设置或输入 180，在“蓝色”文本框中设置或输入 250，如图 4-43 所示，单击“确定”按钮，返回“底纹”选项卡，如图 4-44 所示。

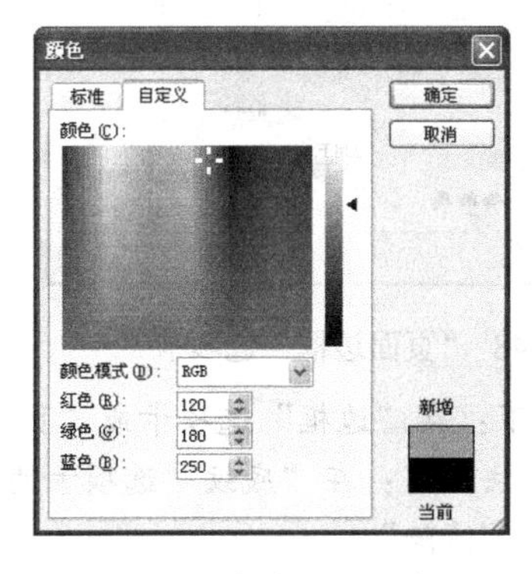

图 4-43　“颜色”对话框

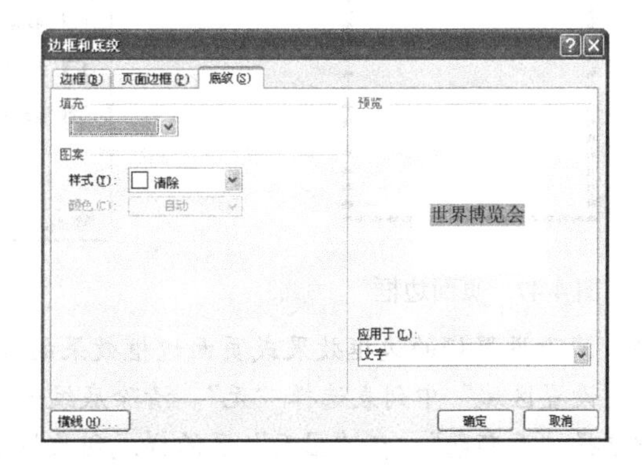

图 4-44　“底纹”选项卡

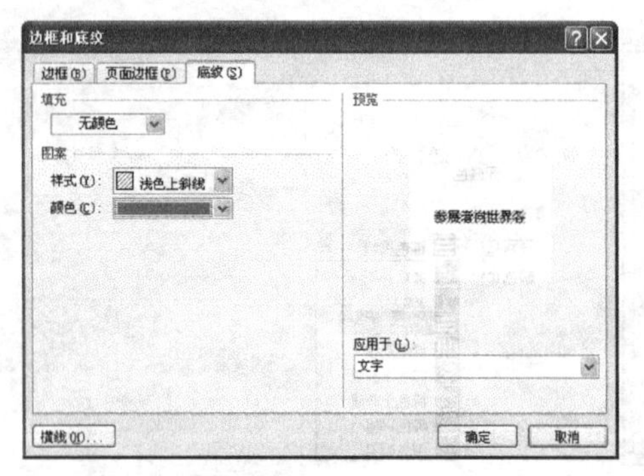

图 4-45 “底纹”选项卡

④ 单击“确定”按钮。

⑤ 选中“参展者……成果。”这句话。

⑥ 单击“开始”选项卡，在“段落”选项组中单击“自定义边框”按钮，在快捷菜单中单击“边框和底纹”命令，弹出“边框和底纹”对话框，单击“底纹”选项卡，在“图案”区的“样式”列表框中选择“浅色上斜线”，在“颜色”列表框的“主题颜色”中选择“橙色，强调文字颜色 6”(注意区分填充色和图案颜色)，如图 4-45 所示，单击“确定”按钮。

最终效果如图 4-46 所示。

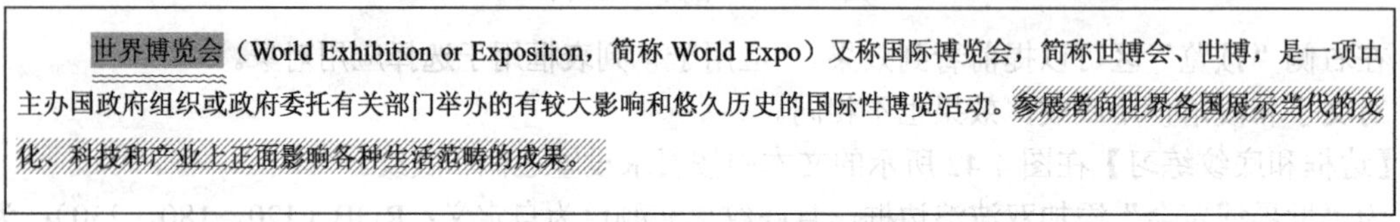

世界博览会（World Exhibition or Exposition，简称 World Expo）又称国际博览会，简称世博会、世博，是一项由主办国政府组织或政府委托有关部门举办的有较大影响和悠久历史的国际性博览活动。参展者向世界各国展示当代的文化、科技和产业上正面影响各种生活范畴的成果。

图 4-46 设置后的文本效果

注意：在设置边框和底纹时，颜色不能凭想象随意设置，在 Word 中每种颜色都有对应的名称，当鼠标停在颜色色块上面时，一般都会有颜色的名称显示。

段落的边框和底纹的设置方法与文字的边框和底纹的设置方法相同。

3. “页面边框”选项卡

设置页面边框可使整个页面变得生动活泼。页面边框设置的方法同边框类似。

设置如图 4-47 所示的页面边框，操作步骤如下。

① 单击“开始”选项卡，在“段落”选项组中单击“自定义边框”按钮，在快捷菜单中单击“边框和底纹”命令，弹出“边框和底纹”对话框，单击“页面边框”选项卡。

② 单击“方框”按钮（也可以不选，设置边框后会自动更改），在“艺术型”列表框中选择“椰子树图案”，如图 4-48 所示，在“宽度”中设置或输入 31 磅（宽度值取值范围：1～31 磅），单击“确定”按钮。

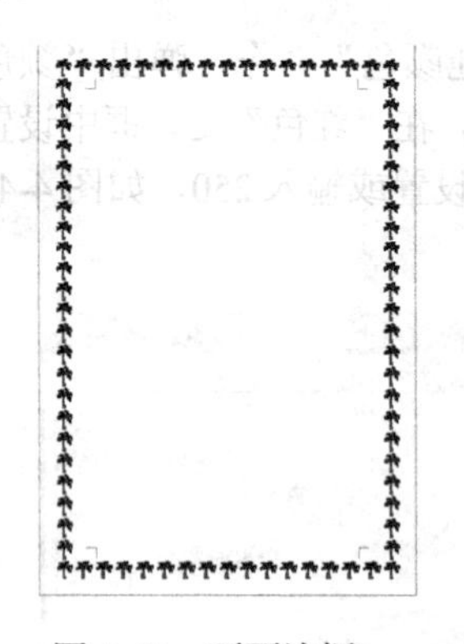

图 4-47 页面边框

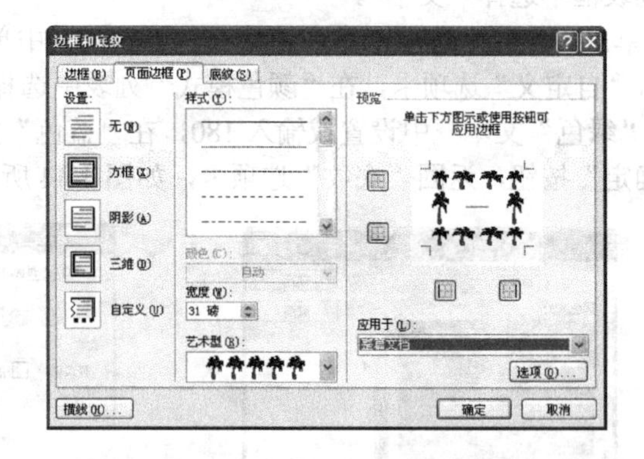

图 4-48 “页面边框”选项卡

注意：清除设置好的边框效果或页面边框效果的方法如下：在“边框”选项卡或“页面边框”选项卡的“设置区域”中列表选择“无”。清除底纹效果的方法如下：在“底纹”选项卡的“填充”列表框中选择“无颜色”，在“图案”区的样式列表框中选择“清除”。

4.3.6　设置项目符号和编号

在编辑文档时，用户经常会用到 1，2，3，4，…这样的编号或●，◆，■，□，…这样的项目符号来突出要点或强调顺序，从而增加文档的可读性。Word 提供了自动创建项目符号和编号的功能。项目符号和编号的应用对象是段落，也就是说，项目符号和编号只添加在段落第 1 行的最左侧。

1．添加项目符号

添加项目符号的具体操作步骤如下。

① 选取需要设置项目符号的段落。

② 单击“开始”选项卡下“段落”组中的“项目符号”按钮，即可直接在选中段落第 1 行的最左侧添加默认的项目符号。

③ 若想添加除默认项目符号之外其他样式的项目符号，则单击“项目符号”下拉按钮，弹出“项目符号库”快捷菜单，如图 4-49 所示。当光标进入“项目符号库”中时，会按照当前光标所指项目符号方式在文档中预览。单击想要添加的项目符号类型，即可给当前选中段落添加该类型的项目符号。

当项目符号库中没有满意的项目符号时，用户还可以添加自定义的项目符号，单击图 4-49 中的“项目符号库”菜单中的“定义新项目符号”命令，弹出“定义新项目符号”对话框，如图 4-50 所示，单击其中的“符号”按钮，会弹出“符号”对话框。在符号集中选择需要添加的项目符号类型，单击“确定”按钮，返回“定义新项目符号”对话框。单击“定义新项目符号”对话框中的“确定”按钮，即可将自定义的项目符号添加到文档选定段落之前。

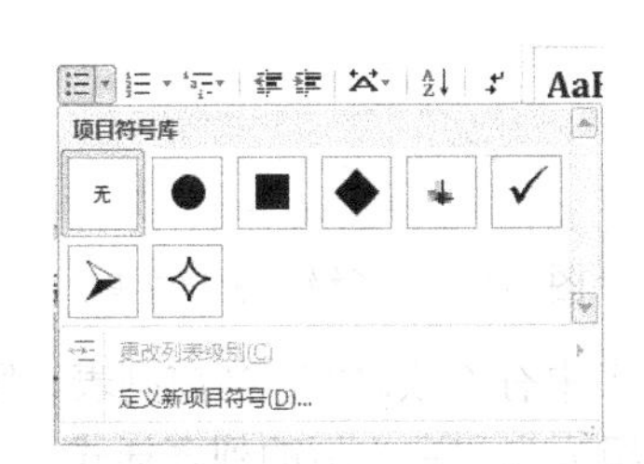

图 4-49　“项目符号库”快捷菜单

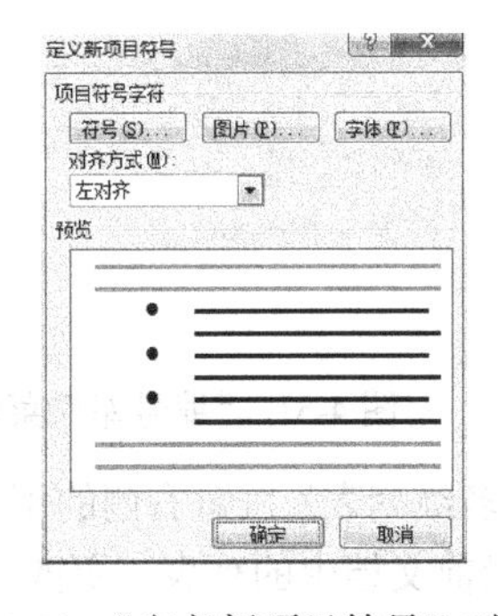

图 4-50　“定义新项目符号”对话框

另外，单击“定义新项目符号”对话框中的“图片”按钮，弹出“图片项目符号”对话框，在图片列表中选择需要添加的图片项目符号类型，即可将该图片项目符号添加到文档选定段落之前。单击“定义新项目符号”对话框中的“字体”按钮，弹出“字体”对话框，可以对选中的项目符号进行字体、字形、字号及字体颜色等设置；而在“对齐方式”下拉列表中可以选择项目符号的对齐方式。

2．添加编号

为文档中段落添加编号的方法与添加项目符号类似，具体操作步骤如下。

① 选取需要设置编号的段落。

② 单击“开始”选项卡下“段落”组中的“编号”按钮，即可直接在选中段落第 1 行的最左侧添加默认的编号。

③ 若想添加除默认编号之外的其他格式的编号，则单击“编号”下拉按钮，弹出“编号库”快捷菜单，如图 4-51 所示，当光标进入“编号库”中时，会按照当前光标所指编号方式在文档中预览。单击想要添加的编号类型，即可给当前选中段落添加该类型的编号。

同样，当编号库中没有满意的编号时，用户还可以添加自定义的编号，方法与自定义项目符号类似。

3．添加多级列表

选中要进行编号的文本，单击“开始”选项卡下的“段落”选项组，单击“多级列表”按钮，所选文本可自动设置成默认的编号，如 1.，2.，3.，…，再选择需要在第二级显示的内容，单击“多级列表”按钮右侧的下三角箭头，如图 4-52 所示，在弹出的快捷菜单中单击“更改列表级别”命令，在级联菜单中单击所需修改的级别。

图 4-51 “编号库”菜单

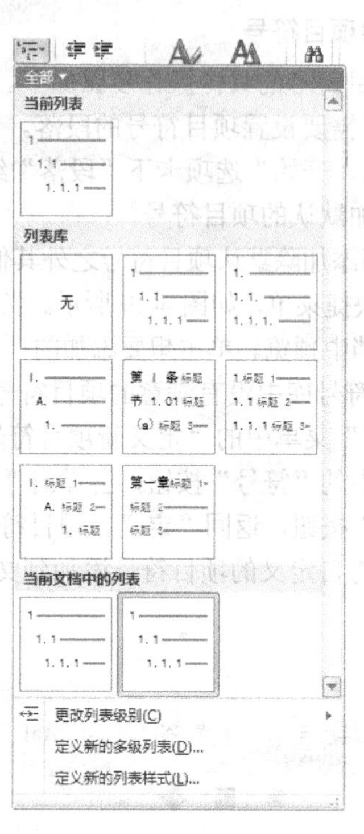

图 4-52 “多级列表”菜单

单击“多级列表”按钮右侧的下三角箭头，在弹出的列表中有 6 项内容：当前列表、列表库（单击应用）、当前文档中的列表、更改列表级别、定义新的多级列表和定义新的列表样式。

单击“定义新的多级列表”命令，弹出“定义新多级列表”对话框，在“单击要修改的级别”列表中单击要修改的级别，如图 4-53 所示，修改的是第二级；在“编号格式”区的“输入编号的格式”文本框中可以手动修改编号的格式，如在编号前或后加括号、顿号、逗号等；在“位置”区可以设置编号的对齐方式（在列表中选择）、对齐位置（选择或输入值）和文本缩进位置（选择或输入），设置好后单击“确定”按钮。回到文档编辑区，所选文字只应用了第一级列表，然后对 2，3，…级等分别进行列表级别的修改。

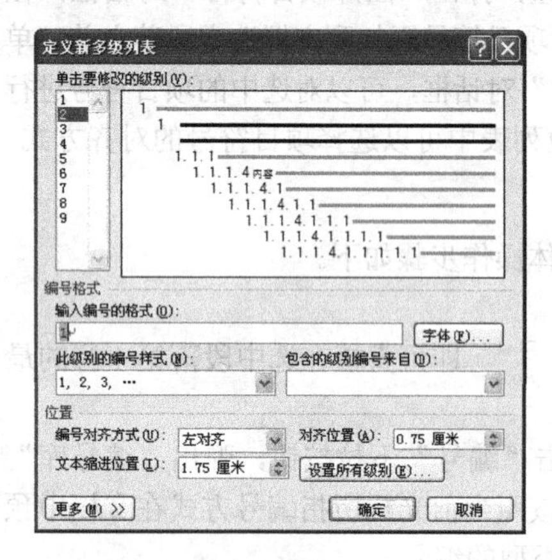

图 4-53 “定义新多级列表”对话框

【多级列表练习】为图 4-54 中的示例文本添加多级列表，要求如下。

① 按样张设置多级列表，一级编号位置为左对齐，对齐位置为 0 厘米，文字缩进位置为 2 厘米。

② 二级编号位置为左对齐，对齐位置为 1 厘米，文字缩进位置为 1 厘米，制表位位置为 1.5 厘米。

南瓜尾骨汤的菜谱

选料

南瓜 110 克，猪尾骨 150 克，生姜 1 片，鸡精 1 小匙，盐、香油各 1/2 小匙。

制法

姜洗净，切薄块；南瓜洗净，切大块。

猪尾骨洗净，切小块，放入开水中氽烫，捞出。

锅中倒入 4 杯水煮开，放入猪尾骨、姜块煮 20 分钟，加入南瓜块煮至熟烂，最后再加入鸡精 1 小匙，盐、香油各 1/2 小匙即可。

特点

瓜软，肉香，汤醇。

图 4-54　示例文本

添加多级列表后的文本如图 4-55 所示。

南瓜尾骨汤的菜谱

1．选料

A．南瓜 110 克，猪尾骨 150 克，生姜 1 片，鸡精 1 小匙，盐、香油各 1/2 小匙。

2．制法

A．姜洗净，切薄块；南瓜洗净，切大块。

B．猪尾骨洗净，切小块，放入开水中氽烫，捞出。

C．锅中倒入 4 杯水煮开，放入猪尾骨、姜块煮 20 分钟，加入南瓜块煮至熟烂，最后再加入鸡精 1 小匙，盐、香油各 1/2 小匙即可。

3．特点

A．瓜软，肉香，汤醇。

图 4-55　添加多级列表后的文本

操作步骤如下。

① 选定从“选料”开始到“瓜软，肉香，汤醇。”结束的文本，单击“开始”选项卡，在“段落”选项组中单击“多级列表”按钮右侧的下三角箭头，在弹出的快捷菜单中单击“定义新的多级列表”命令，弹出“定义新多级列表”对话框。

② 在“单击要修改的级别”列表中单击“1”，在“此级别的编号样式”列表中选择“1, 2, 3,…”样式，在“位置”区设置“编号对齐方式”为左对齐，“对齐位置”为 0 厘米（可选择或手动输入），“文本缩进位置”为 2 厘米。

③ 在“单击要修改的级别”列表中单击“2”，在“此级别的编号样式”列表中选择“A,B,C,…”样式，在“位置”区设置“编号对齐方式”为左对齐，“对齐位置”为 1 厘米（可选择或手动输入），“文本缩进位置”为 1 厘米。

④ 单击对话框左下角的“更多”按钮 更多(M) >>，在对话框右侧会出现更多可以设置的项目，如图 4-56 所示，单击“制表位添加位置”前面的复选框，激活下方的文本框，在里面选择或输入 1.5 厘米，单击“确定”按钮。

⑤ 回到文档中，多级编号效果如图 4-57(a)所示，将插入点置于需要修改的段落前面（如“南瓜”前面），按键盘上 Tab 键或单击“多级列表”按钮右侧下三角箭头，在弹出的菜单中单击“更改列表级别”命令，在级联菜单中单击“2 级”均可以使其更改为第二级列表，如图 4-57(b)所示。用相同的方法修改其他需要设置为二级列表的段落（根据文本判断）。

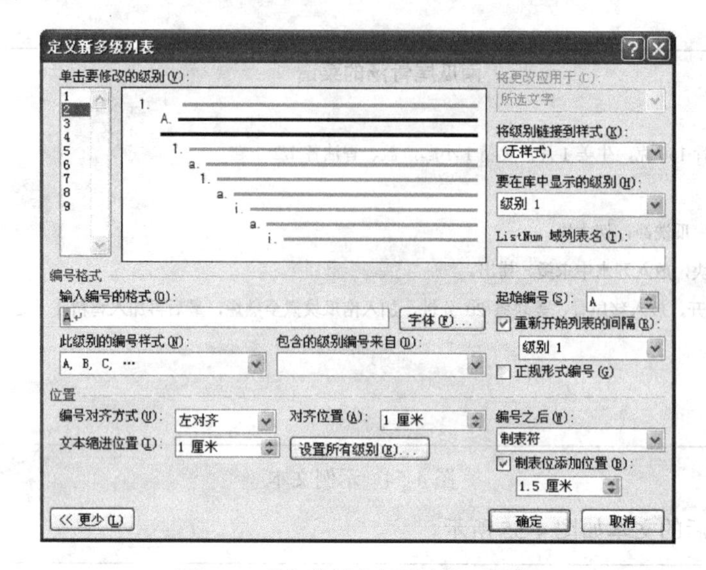

图 4-56 “定义新多级列表”对话框

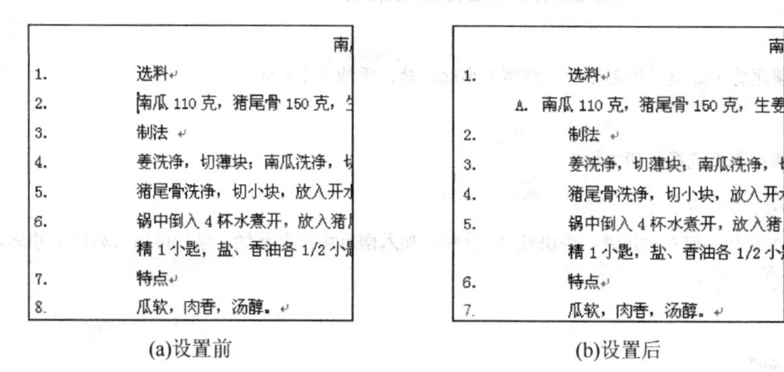

(a)设置前　　(b)设置后

图 4-57 设置二级列表

4.3.7 设置分栏

分栏是文档中常用的编辑功能之一。默认情况下，文档只有一栏。为了满足特殊编辑的需要，或者为了使文档布局更加合理美观，可以将文档分为多栏。

对文档设置分栏的具体步骤如下。

① 选取需要进行分栏的段落。

② 单击“页面布局”选项卡下“页面设置”组中的“分栏”下拉按钮，弹出“分栏”快捷菜单，如图 4-58 所示。

③ 在“分栏”菜单中选择需要的分栏数即可完成分栏设置。其中，“偏左”表示将选中段落分为两栏，左侧略窄一些；“偏右”表示将选中段落分为两栏，右侧略窄一些。

若 Word 2010 提供的预设分栏不能满足需求时，用户可以自定义分栏，具体方法如下。

① 选取需要进行分栏的段落。

② 在图 4-58 所示的“分栏”菜单中单击“更多分栏”选项，弹出“分栏”对话框，如图 4-59 所示。

③ 在“预设”区中选择分栏版式，或直接在“栏数”文本框中输入分栏的数目。“宽度和间距”区可设置每栏的宽度及栏与栏之间的间隔距离，若选中“栏宽相等”复选框，则各栏的宽度及栏间距离均相等。在“应用于”下拉列表中可选择要应用分栏格式的文档范围。“分隔线”复选框设定是否在栏与栏之间设置分隔线效果。“预览”区给用户提供了设置分栏后的文档效果图。

④ 设置完成后，单击对话框中的“确定”按钮。此时在文档的页面视图中，可以看到文档的分栏情况。

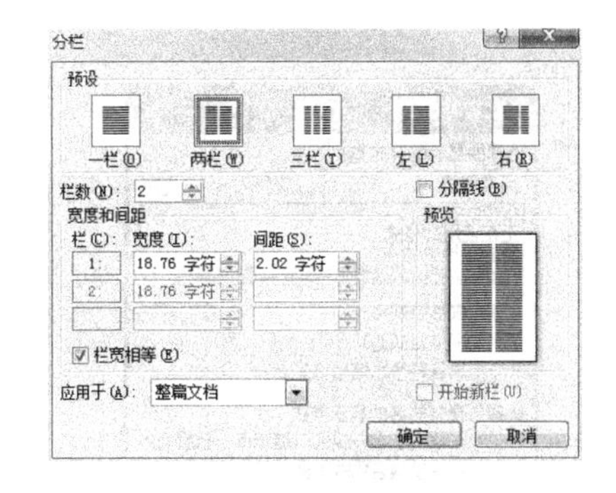

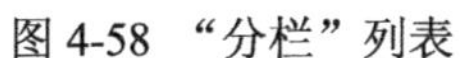

图 4-58 “分栏”列表　　　　图 4-59 “分栏”对话框

注意：如果没有选择具体要分栏的文字，可以在“应用于”列表中选择应用范围：整篇文档、插入点之后或本节，如果选择“插入点之后”，可以激活“开始新栏”。

4.3.8 设置样式

样式是指用有意义的名称保存的字符格式和段落格式的集合，是多个排版命令的集合。在编排重复格式时，先创建一个该格式的样式，然后在需要的地方套用这种样式，就无须一次次地对它们进行重复的格式化操作。

样式主要包括字符样式，如文本的字体、字号、字形、颜色等；段落样式，如段落的对齐方式、边框、缩进、行与段的间距等。使用样式可以方便快捷地给具有统一格式要求的文本排版，另外自动更新功能可以使文档中使用相同样式的所有段落外观自动刷新成修改后的新格式，无须手动修改。

关于样式主要有以下 4 种操作。

1．应用样式

在文档中要应用已有的样式，有以下两种方法。

（1）通过“快速样式”应用样式

① 选定要使用样式的段落或文本。

② 单击“开始”选项卡，在“样式”选项组的“快速样式”栏中单击所要使用的样式即可应用，如选择“标题 2”样式，即可将标题 2 样式应用到所选段落中。

③ 单击“上一行”按钮 ▲ 或“下一行”按钮 ▼ 可以按行进行浏览，如果想一次看到全部样式则单击该栏右下角的箭头 ▼，打开隐藏的样式进行选择。

（2）通过“样式”窗格应用样式

① 选定要使用样式的段落或文本。

② 单击“开始”选项卡，单击“样式”选项组右下角的显示按钮，弹出“样式”菜单，在菜单中单击即可将该样式应用到所选段落。如果在当前菜单中没有找到需要的样式，可单击菜单右下角的“选项”按钮，弹出“样式窗格选项”对话框，在“选择要显示的样式”列表中选择“所有样式”，单击“确定”按钮，即可将系统里的样式全部显示出来，如图 4-60 所示。

2．创建样式

Word 提供了多种样式，但是排版时总有各种各样不同的要求，很难同时满足，那么，用户可以自己建立新的样式，操作步骤如下。

① 单击“开始”选项卡，单击“样式”选项组右下角的显示按钮，弹出“样式”菜单，单击菜单左下角的“新建样式”按钮 ，弹出“根据格式设置创建新样式”对话框，如图 4-61 所示。

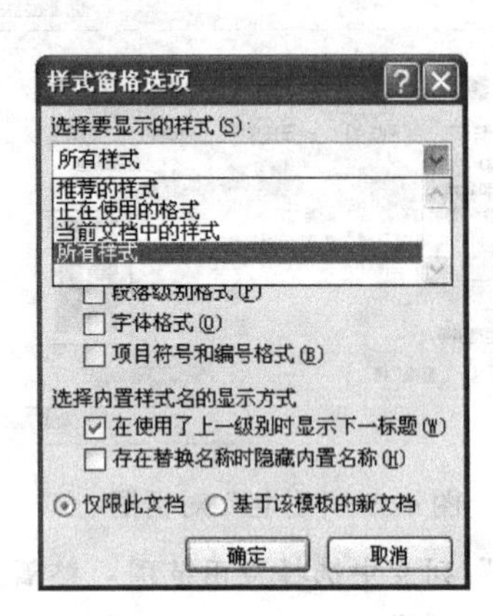

图 4-60 “样式窗格选项”对话框

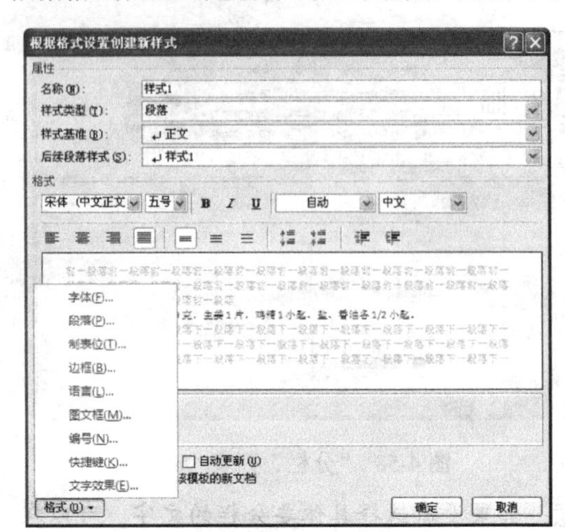

图 4-61 “根据格式设置创建新样式”对话框

② 在“名称”文本框中输入新样式的名称。

③ 在“样式类型”列表框中选择“段落”样式或“字符”样式。

④ 在“样式基准”列表框内选择一种样式作为修改的基准。否则，Word 则以当前文档中选定内容的格式作为新样式的基准。

⑤ 在“后续段落样式”列表框内选择一个样式。

⑥“格式”区设置：可以进行简单的字体字号、对齐方式等的修改，如果需要更详细的设置，则单击左下角的“格式”按钮，弹出一个菜单，根据需要单击某一个命令打开相应对话框设置格式，如要修改字体格式则单击“字体”命令，然后单击“确定”按钮，返回到“根据格式设置创建新样式”对话框。

⑦ 若要使新建样式在其他 Word 文档中也可以使用，则需选中“基于该模板的新文档”。

⑧ 若要使样式更改后文本的排版格式同步更改，则需选中“自动更新”复选框。

⑨ 单击“确定”按钮，关闭“样式”对话框，新建的样式将出现在“快速样式”列表中。

3．修改样式

多段文本应用同一样式后，如果需要统一修改为另一种排版格式，可以修改应用的样式而不必逐一修改每个段落格式，修改样式的操作步骤如下。

① 单击“开始”选项卡，单击“样式”选项组右下角的显示按钮，弹出“样式”菜单，如图 4-62(a)所示。

② 如要修改的样式为“ff”，则在列表中找到该样式，单击该样式右侧的向下箭头，在弹出的菜单中单击“修改”命令，弹出“修改样式”对话框，如图 4-62(b)所示，可以修改名称、样式类型和样式基准等内容。该对话框的设置方法与新建样式相同，修改完成后，单击“确定”按钮即可。

4．删除样式

Word 自带的样式不允许删除，但用户自定义创建的样式可以删除。删除样式后，文档中使用该样式的文本的相应的格式也会被删除，删除样式的操作步骤如下。

① 单击“开始”选项卡，单击“样式”选项组右下角的显示按钮，弹出“样式”菜单。

② 如要删除的样式为“ff”，则在列表中找到该样式，单击该样式右侧的向下箭头，在弹出的菜单中单击“删除‘ff’”命令。

③ 单击“是”按钮，删除“ff”样式。

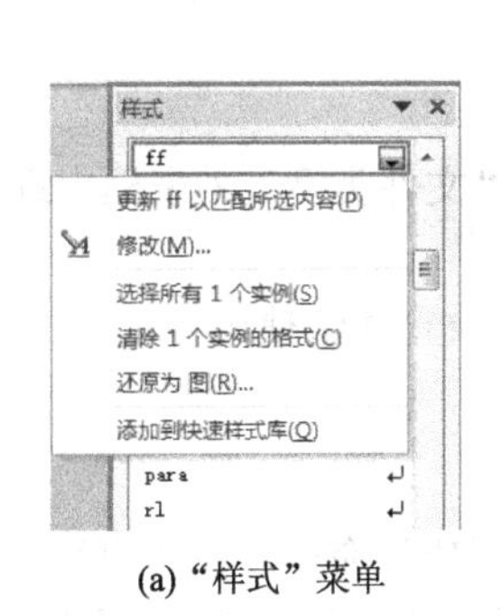

(a)“样式”菜单

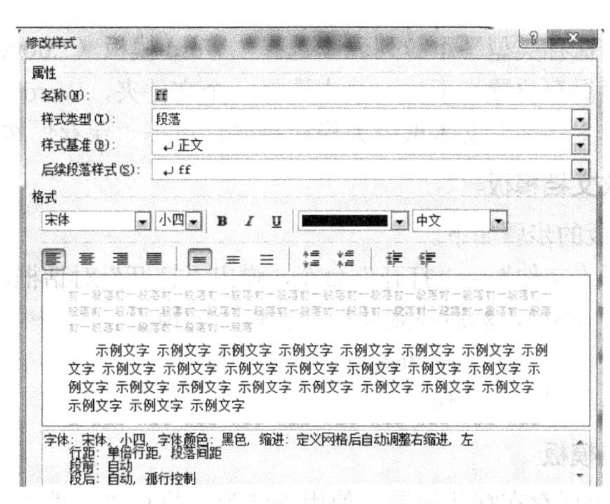

(b)“修改样式”对话框

图 4-62　修改样式

4.3.9　设置模板

样式是针对段落和文本格式设定的，而模板是针对整篇文档的格式设定的，Word 自带了许多不同类型的模板，用户也可以根据需要自己创建新的模板。模板是一种特殊的文档，具有预先设置好的文档外观框架，可以包括样式、页面设置、自动图文集、文字等。

1．使用自带的模板

执行“文件”→“新建”命令，在“可用模板”区域中单击“样本模板”按钮，如图 4-63 所示。Word 2010 提供了多种模板，可以根据需要选定某一种类型的模板，然后再选定“文档”选项，单击“确定”按钮，则正在编辑的文档就会应用选定的模板格式。

2．创建文档模板

默认的文档模板是 normal.dot。但是，用户需求总是多样的，用户可以创建符合自己要求的模板，方法也很简单。操作步骤如下。

① 打开需要用来创建模板的文档，执行“文件”→“另存为”命令，弹出“另存为”对话框，如图 4-64 所示。

图 4-63　新建文档

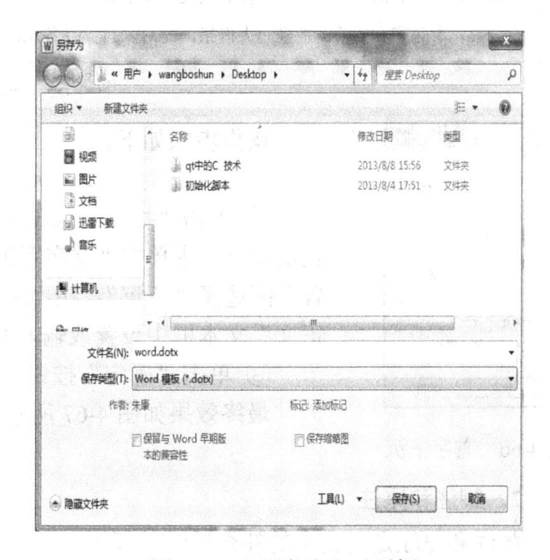

图 4-64　“另存为”对话框

② 在“保存类型”下拉列表中选择“Word 模板（*.dotx）”类型。

③ 在“保存位置”下拉列表中选择一个文件夹，Word 中预定义的模板均放在指定文件夹中。

④ 在“文件名”文本框中为模板命名，单击“保存”按钮即可。

3．修改文档模板

修改模板的步骤如下。

① 执行“文件”→“打开”命令，弹出“打开”对话框，在“文件类型”列表框中选择“Word 模板(*.dotx)”类型，然后找到并打开要修改的模板。

② 更改模板中的文本和图形、样式、格式、工具栏、选项卡设置和快捷键等。

③ 单击“保存”按钮。

4．使用模板

如果模板保存在默认位置，使用方法为：执行“文件”→“新建”命令，在“可用模板”区单击“我的模板”按钮，弹出“新建”对话框，左侧是“个人模板”，可以看到刚才保存的模板。

如果存放在其他位置，使用方法为：找到模板存放的位置，打开模板文件，在模板中编辑文档，编辑完成后，执行“文件”→“另存为”命令，弹出“另存为”对话框，在“文件类型”列表框中选择“Word 文档(*.docx)”类型，输入文件名，选择路径保存即可。

4.3.10 设置其他格式

1．首字下沉

在文档中要突出首字，可以用“首字下沉”功能，该功能包含“下沉”和“悬挂”两种方式，设置方法相同。

单击“插入”选项卡，在“文本”选项组单击“首字下沉”按钮，可以选择下沉或悬挂设置，此时下沉的行数为默认的 3 行，如果要灵活修改参数就单击“首字下沉”选项进行设置，可以设置位置、字体、下沉行数、与正文的距离，完成设置后，单击“确定”按钮。

【首字下沉练习】将图 4-65 所示这段文字设置为首字下沉 2 行，距正文 0.5 厘米。

> 海宝（HaiBao）是中国 2010 年上海世博会吉祥物。2007 年 12 月 18 日晚上 8 点，万众瞩目的 2010 年上海世博会吉祥物“海宝”终于掀开了神秘面纱，蓝色“人”字的可爱造型让所有人耳目一新。海宝，以汉字“人”字为核心创意，配以代表生命和活力的海蓝色。他的欢笑，展示着中国积极乐观、健康向上的精神面貌；他挺胸抬头的动作和双手的配合，显示着包容和热情；他竖起大拇指，是对来自世界各地的朋友发出的真诚邀请。

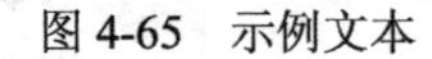
图 4-65 示例文本

图 4-66 首字下沉

操作步骤如下。

① 选定首字“海”或者将插入点置于对应段落中。

② 单击“插入”选项卡，在“文本”选项组中单击“首字下沉”按钮，在快捷菜单中单击“首字下沉选项”命令，弹出“首字下沉”对话框，在“位置”区选择“下沉”，在“选项”区，将“下沉行数”的值设置为 2，在“距正文”文本框中设置或输入 0.5 厘米，如图 4-66 所示。

③ 单击“确定”按钮。

最终效果如图 4-67 所示。

2．脚注和尾注

脚注和尾注是对文本的补充说明。脚注一般位于页面底部或文字下方，可以作为文档某处内容的注释；尾注一般位于文档结尾或节的结尾，列出引文的出处等。

> 海宝（HaiBao）是中国 2010 年上海世博会吉祥物。2007 年 12 月 18 日晚上 8 点，万众瞩目的 2010 年上海世博会吉祥物“海宝”终于掀开了神秘面纱，蓝色“人”字的可爱造型让所有人耳目一新。海宝，以汉字“人”字为核心创意，配以代表生命和活力的海蓝色。他的欢笑，展示着中国积极乐观、健康向上的精神面貌；他挺胸抬头的动作和双手的配合，显示着包容和热情；他竖起大拇指，是对来自世界各地的朋友发出的真诚邀请。

图 4-67　首字下沉的文本效果

脚注由两个关联的部分组成：注释引用标记（又称脚注编号）和其对应的注释文本。Word 会自动按照选定的编号格式为插入的尾注生成标记编号或创建自定义的标记。在添加、删除或移动自动编号的注释时，Word 将对注释引用标记重新编号。

尾注与脚注一样，由两个关联部分组成，编号方式与脚注相同。

脚注和尾注的使用方法如下。

单击“引用”选项卡，在“脚注”选项组中单击右下角的“显示脚注和尾注”按钮，弹出“脚注和尾注”对话框，如图 4-67 所示。该对话框有 3 项内容可设置：位置、格式和应用更改。

位置：选择脚注或尾注显示的位置，在列表中选择即可。

格式：“编号格式”列表中有许多系统提供的编号方式，可单击选择；也可以自定义标记，单击右侧的“符号”按钮进行选择；“起始编号”可以根据具体情况设置；还可以在“编号”中设置编号的连续方式，有 3 种（连续、每节重新编号和每页重新编号）；最后可以选择更改的应用范围。

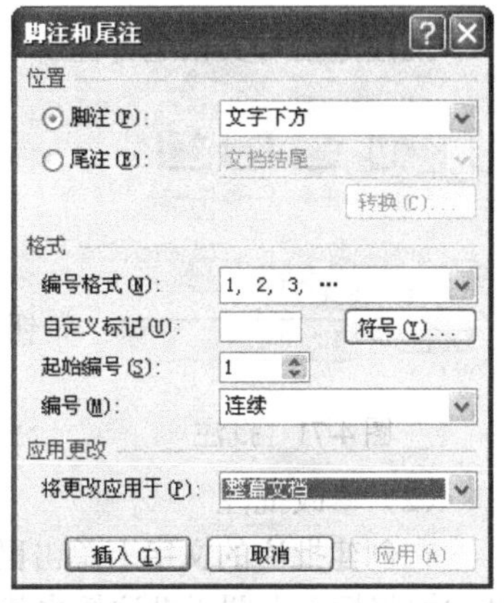

图 4-68　“脚注和尾注”对话框

设置好所有参数后，单击“插入”按钮，插入点会跳转到需要输入注释内容的位置，在该位置输入注释内容即可添加一个脚注或尾注。

删除脚注或尾注：在脚注的注释编号上双击，可以追踪到文档中的插入位置，该位置有一个与被双击编号相同的编号，选定该编号，用退格键或 Delete 键删除该编号，即同时删除对应编号的脚注或尾注。若有多个脚注或尾注，那么剩下的脚注或尾注会自动重新编号。

脚注和尾注也可以通过“脚注”选项组的“插入脚注”按钮、“插入尾注”按钮来创建；编辑多个脚注和尾注时，可以单击“下一条脚注”按钮进行切换，在列表里有 4 个选择：上一条脚注、下一条脚注、上一条尾注和下一条尾注。

【脚注练习】在图 4-69 所示的段落中设置脚注。在“吉祥物”的后面插入脚注，脚注位置为文字下方，脚注文字为：“吉祥物”作为代表东道国特色的标志物，是一个国家文化的象征。

> 世博会吉祥物，不仅是世博会形象品牌的重要载体，而且体现了世博会举办国家、承办城市独特的文化魅力，体现了世博会举办国家的民族文化和精神风貌，它已经成为世博会最具价值的无形资产之一。

图 4-69　示例段落

操作步骤如下。

① 在“吉祥物”后面单击，使插入点定位到“吉祥物”后面。

② 单击“引用”选项卡，在“脚注”选项组中单击右下角的“显示脚注和尾注”按钮，弹出“脚注和尾注”对话框，在“位置”区的“脚注”列表框中选择“文字下方”，其未提及的项目不用修改。

③ 单击“插入”按钮。

④ 在插入点处输入脚注注释内容：“吉祥物”作为代表东道国特色的标志物，是一个国家文化

的象征。

最终效果如图 4-70 所示，文本“吉祥物”的右上角会出现一个编号“1”，文字下方有编号和脚注注释内容。

世博会吉祥物[1]，不仅是世博会形象品牌的重要载体，而且体现了世博会举办国家、承办城市独特的文化魅力，体现了世博会举办国家的民族文化和精神风貌，它已经成为世博会最具价值的无形资产之一。

[1] “吉祥物”作为代表东道国特色的标志物，是一个国家文化的象征。

图 4-70 插入脚注后的段落

3. 批注

批注是指对文档进行注解，有利于提高阅读效率。

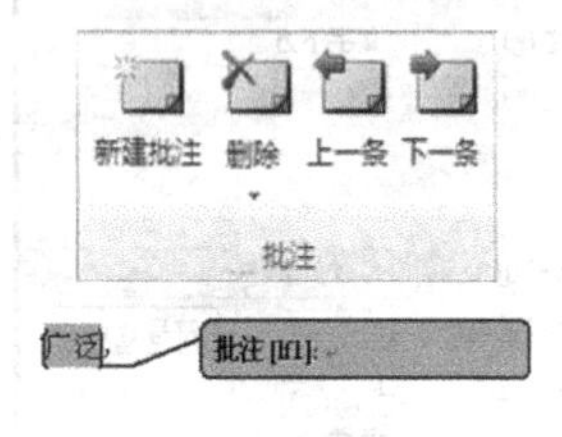

图 4-71 批注

（1）插入批注

插入批注的步骤如下。

① 选择要进行批注的文字（如“广泛”）。

② 单击“审阅”选项卡，在“批注”选项组单击“新建批注”按钮，会在选定文字处出现批注框，如图 4-71 所示。

③ 在批注框中输入批注内容，在批注框以外的地方单击，完成批注并退出批注编辑状态。

（2）修改批注

在创建批注的文字上单击鼠标右键，在弹出的快捷菜单中单击“编辑批注”命令或者直接单击批注框将插入点置于批注框内就可以进行修改。

（3）删除批注

在创建批注的文字上或者批注框上单击鼠标右键，在弹出的快捷菜单中单击“删除批注”命令。

在创建批注的文本上单击，在“批注”选项组中单击“删除”按钮，在弹出的菜单中选择“删除”“删除所有显示的批注”或“删除文档中所有的批注”。

4.4 Word 2010 表格的制作与设计

表格是 Word 2010 主要功能之一，它提供的表格处理功能可以方便地处理各种表格（如履历表、课程表等），它不仅具有制表功能，而且还可以对表格内的数据进行处理，如排序、统计和运算等。

一个表格通常是由若干个单元格组成的。一个单元格就是一个方框，它是表格的基本单位。处于同一水平位置的单元格构成了表格的一行，处于同一垂直位置的单元格构成了表格的一列。

4.4.1 表格的创建

Word 提供了表格处理功能，可以根据需要建立表格。

1. 用自动“插入表格”列表创建表格

操作步骤如下。

① 将插入点放在要插入表格的位置。

② 单击“插入”选项卡，在“表格”选项组中单击“表格”按钮，弹出的菜单的最上面是自动“插入表格”列表区，用光标移动选择可以快速生成表格，最多可以有 8 行 10 列，如图 4-72 所示。如果超出这个范围就要用“插入表格”命令。

2．用“插入表格”命令创建表格

操作步骤如下。

① 将插入点放在要插入表格的位置。

② 单击“插入”选项卡，在“表格”选项组中单击“表格”按钮，然后在菜单中单击“插入表格”命令，弹出“插入表格”对话框，如图 4-73 所示。

③ 在“表格尺寸”区的“列数”中输入数值，在“行数”中也输入数值，将创建一个相应行数和列数的表格。

④“‘自动调整’操作”区可以根据需要选择。如图 4-73 所示，如果勾选“为新表格记忆此尺寸”复选框，则表示将 10 列 9 行设置为默认值，下一次插入表格时的默认值即为 10 和 9。

图 4-72 “表格”菜单

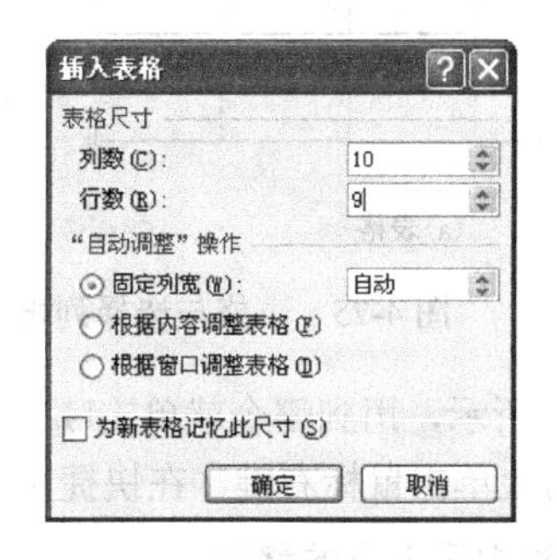

图 4-73 “插入表格”对话框

3．用自由绘制表格方式创建表格

利用自由绘制表格方式创建表格的最大优势，就是在文档的任何地方都可以绘制出不同行高和列宽的复杂表格。

操作步骤如下。

① 单击“插入”选项卡，在“表格”选项组中单击“表格”按钮，然后在菜单中单击“绘制表格”命令。

② 当光标指针变成铅笔形状 ✎ 时，按住左键拖动可以绘制图表，每完成一次绘制就松开左键。每次绘制都重复第②步直至图表绘制完成。取消绘图状态则按键盘上的 Esc 键。

③ 绘制完成第①步即可激活“表格工具设计/布局”选项卡，如图 4-74 所示。“设计”选项卡可以自动套用表格样式、修改表格边框和底纹和清除不需要的部分。“布局”选项卡也可以修改表的布局，包括插入/删除行和列，合并/拆分单元格/表格和设置单元格对齐方式等。

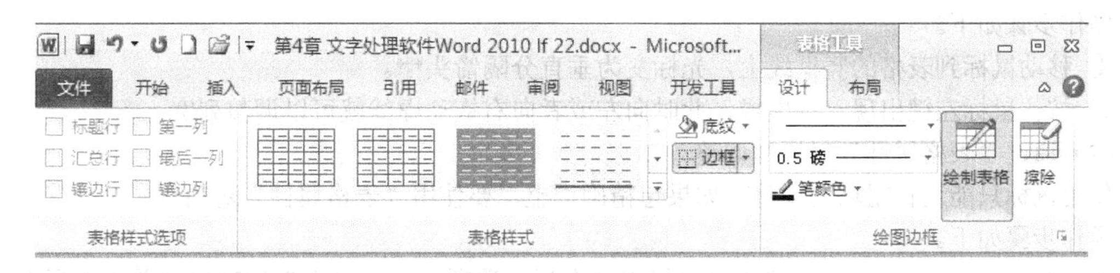

图 4-74 “表格工具设计/布局”选项卡

4.4.2 表格的编辑

1．表格的选定

对表格进行编辑，选定对象是非常重要的，常见的选定方法如下。

① 移动鼠标到单元格内部的左侧，当光标变为右上黑色箭头时，单击鼠标可选定一个单元格，拖动鼠标可选定多个单元格。

② 移动鼠标到选定区，当光标变为右上空心箭头时，单击鼠标可选定一行，拖动鼠标可选定连续多行。

③ 移动鼠标到表格上方，当光标变为向下的粗体箭头时，单击鼠标可选定一列，拖动鼠标可选定多列。

④ 移动鼠标到表格内，此时表格左上角出现一个全选标记⊞，用鼠标单击该十字方框可以选定整个表格；右下角出现一个缩放标记（空白小方块），将鼠标停在该方块上面，左键拖动可以改变表格的大小，如图 4-75(a)所示。

(a) 表格

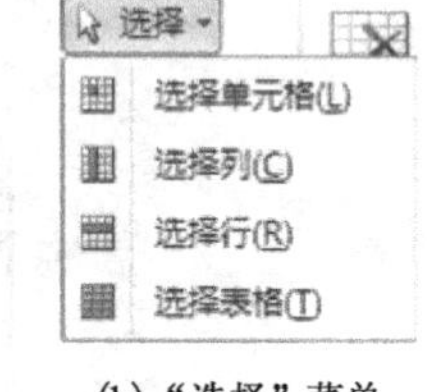

(b)“选择”菜单

图 4-75 表格与选择列表

单击“表格工具布局”选项卡，在“表”选项组中单击“选择”按钮，弹出的菜单如图 4-75(b)所示，用到哪个就单击哪个，也可以选择单元格、行、列、表格。

在表格上单击鼠标右键，在快捷菜单中单击“选择”命令也可以选定单元格、行、列、表格。

2．表格中插入点的移动

创建表格后，在编辑过程中，插入点不断变化，改变插入点的方法如下。

① 移动鼠标到所要操作的单元格中单击鼠标。

② 使用快捷键在单元格间移动，见表 4-3。

表 4-3 表格中移动插入点的快捷键

快捷键	操作效果	快捷键	操作效果
Tab	移至当前单元格右侧，一行结束跳转到下一行第一个单元格	Shift+Tab	移至当前单元格左侧，一行结束跳转到上一行最后一个单元格
Alt+Home	移至当前行的第一个单元格	Alt+End	移至当前行的最后一个单元格
Alt+PgUp	移至当前列的第一个单元格	Alt+PgDn	移至当前列的最后一个单元格

3．调整表格的列宽

调整表格的列宽有以下两种方式。

（1）通过鼠标调整

操作步骤如下。

① 移动鼠标到表格的竖框线上，光标变为垂直分隔箭头。

② 按住鼠标左键出现一条虚线，此时向左或者向右拖动虚线就可以调整列宽。

（2）通过“表格属性”对话框调整

使用鼠标只能进行粗略的调整，如果想精确调整，要使用“表格属性”对话框。

操作步骤如下。

① 将插入点置于表格中，单击“表格工具布局”选项卡，在“表”选项组中单击“属性”按钮属性，弹出“表格属性”对话框，如图 4-76(a)所示。

② 单击“列”选项卡，勾选“指定宽度”复选框，在“度量单位”中选择厘米（还有一个单

位是百分比，根据具体情况选用)，在“指定宽度”文本框中用微调框设置或者输入宽度值（如 2.5 厘米），如图 4-76(b)所示。

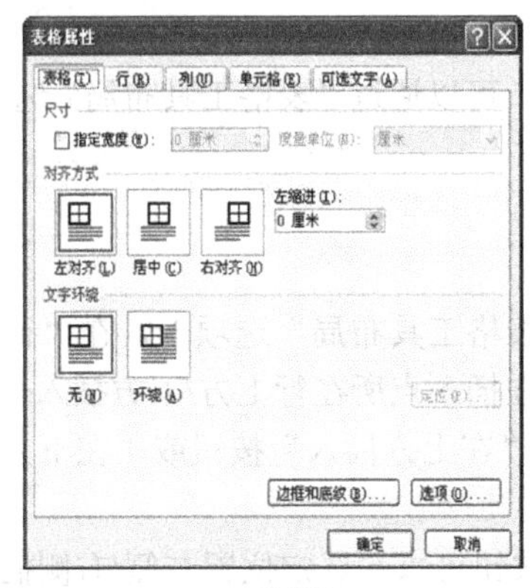

(a)对话框

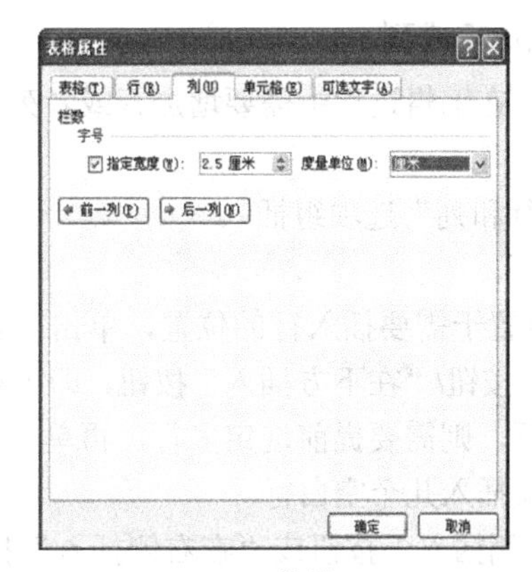

(b)设置

图 4-76 “表格属性”对话框

③ 单击“前一列”按钮或“后一列”按钮，重复步骤②可对其他列的列宽度进行设置。

④ 单击“确定”按钮，返回到“表格属性”对话框，单击“确定”按钮。

4. 调整表格的行高

调整行高的方法同调整列宽的方法相似，也有以下两种。

(1) 通过鼠标调整

操作步骤如下。

① 移动鼠标到表格的横框线上，光标变为水平分隔箭头÷。

② 按住鼠标左键出现一条虚线，此时向上或者向下拖动虚线就可以调整行高。

(2) 通过“表格属性”对话框调整

与调整列宽相同，精确调整要使用“表格属性”对话框。操作步骤如下。

① 将插入点置于表格中，单击“表格工具布局”选项卡，在“表”选项组单击“属性”按钮属性，弹出“表格属性”对话框。

② 单击“行”选项卡，勾选“指定高度”复选框，在“行高值是”文本框中选择“最小值”（还有一个是“固定值”，根据具体情况选用），在“指定高度”文本框中用微调框设置或者输入高度值（如 1 厘米），如图 4-77 所示。

③ 单击“上一行”按钮或“下一行”按钮，重复步骤②可设置其他行的高度。

④ 单击“确定”按钮。“行”选项卡的选项里有两项内容：“允许跨页断行”和“在各页顶端以标题行形式重复出现”。

- 允许跨页断行：复选框打对钩表示允许跨页断行，即表格在显示到下一页时，单元格的数据分成两部分分别在两页显示；复选框未打对钩表示不允许跨页断行，即表格在显示到下一页时，单元格的数据如果在上一页不能完全显示，则将整个单元格的数据完整地显示在下一页。

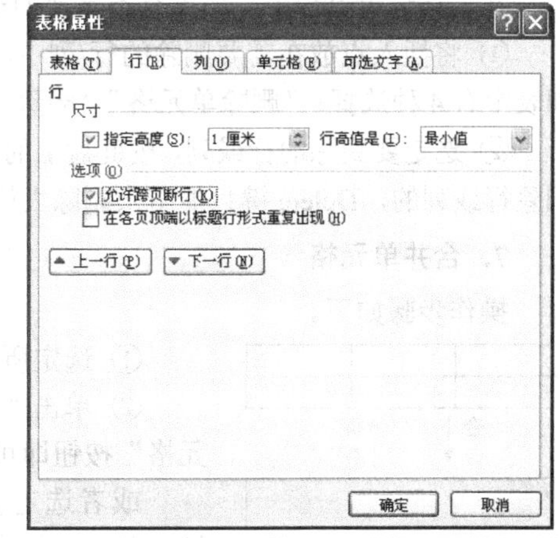

图 4-77 “行”选项卡

- 在各页顶端以标题形式重复出现：复选框打对钩表示允许各页顶端以标题形式重复出现；复选框未打对钩表示不允许各页顶端以标题形式重复出现，即只有一个表头。

5. 插入表格的行或列

插入表格后，在编辑过程中需要增加行或者列，可以通过“表格工具布局”选项卡的“行和列”选项组实现。

（1）通过“行和列”选项组插入

操作步骤如下。

① 将插入点置于需要插入行的位置，单击“表格工具布局”选项卡，在“行和列”选项组单击“在上方插入”按钮/“在下方插入”按钮，即可在插入点所在行上方/下方插入一个空白行。如果要插入多个空白行，则需要提前选定多行，再单击“在上方插入”按钮或“在下方插入”按钮，这时提前选定几行就插入几个空白行。

② 用“在左侧插入”按钮或“在右侧插入”按钮可以在选定位置左侧/右侧插入新列。具体操作方法参考插入行的方法。

（2）通过快捷菜单插入

通过快捷菜单来插入行，操作步骤如下。

① 在选定行上单击鼠标右键，在快捷菜单中将鼠标移到“插入”命令，会出现级联菜单。

② 在菜单中有 5 项可以选择：“在上方插入行”“在下方插入行”“在左侧插入列”“在右侧插入列”和“插入单元格”，根据具体需要单击即可。

如果要同时插入多行，在步骤①中选定连续的多行，后面步骤相同，则可插入多行或多列。

（3）通过键盘插入行

通过键盘只能进行插入行的操作，常用的方法有两种。

① 将插入点放在需要插入行的右外侧（如要在第二行后面插入新的空白行，则将插入点放到第二行最后一个单元格的外面，简称“右外侧”），按键盘上的 Enter 键，即可在当前行的下方插入一个空白行。用这种方法一次只能插入一个新行。

② 将插入点放在表格的最后一个单元格中或外面，按键盘上的 Tab 键可在表后面插入一个新的空白行。

6. 删除表格的行或列

在表格编辑过程中，如果有不需要的行或者列，可以通过以下方法删除。

① 将插入点放在需要删除的行/列中，单击“表格工具布局”选项卡，单击“删除”按钮，在列表中有 4 种选择：“删除单元格”“删除列”“删除行”和“删除表格”，根据需要选择即可。

② 选定要删除的行或列，按键盘上的 Backspace 键即可删除选定的行或列（按 Delete 键是无法删除行或列的，Delete 键只能用来删除表格中的数据）。

7. 合并单元格

操作步骤如下。

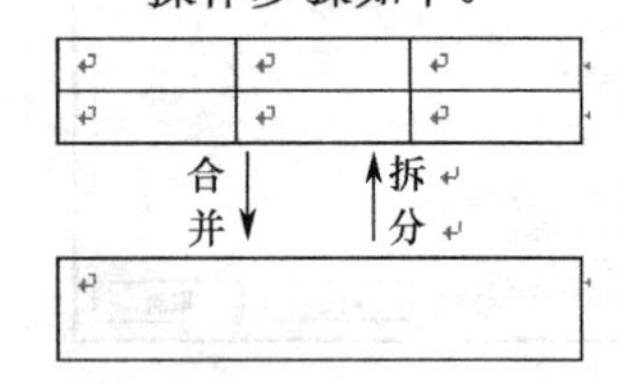

图 4-78　合并/拆分单元格

① 选定所要合并的单元格。

② 单击“表格工具布局”选项卡，在“合并”选项组单击“合并单元格”按钮即可将选定的多个单元格合并为一个单元格。

或者选定所要合并的单元格，在选定的多个单元格上单击鼠标右键，在弹出的快捷菜单中单击“合并单元格”命令，即可将选定的多个单元格合并为一个单元格，结果如图 4-78 所示。

8．拆分单元格

操作步骤如下。

① 将插入点放在要进行拆分的单元格内。

② 单击“表格工具布局”选项卡，通过在“合并”选项组单击“拆分单元格”按钮或者在当前单元格上单击鼠标右键，在弹出的快捷菜单中单击“拆分单元格”命令，均可弹出“拆分单元格”对话框。

③ 在“列数”文本框输入要拆分的列数 3，在“行数”文本框输入要拆分的行数 2。

④ 单击“确定”按钮。

9．表格的移动和缩放

通常通过缩放标记来调整表格的大小，操作步骤如下。

① 移动鼠标到表格内，表格右下角出现一个缩放标记。

② 移动鼠标到“缩放”标志上，此时光标变为向左倾斜的双向箭头↖↘。

③ 拖动鼠标即可成比例地放大或缩小整个表格。

另外，如果要固定表格的宽度，可在“表格属性”对话框中设置，操作步骤如下。

单击全选标记选中整张表格，在表格上单击鼠标右键，弹出快捷菜单，然后单击“表格属性”命令，弹出“表格属性”对话框，再单击“表格”选项卡，在“尺寸”区中选中“指定宽度”前面的复选框，即可在其文本框中用微调框设置或输入宽度值。

4.4.3　格式化表格

为了使表格美观、漂亮，需要对表格进行格式编辑。例如，对表格中的数据进行字体设置，包括字体、字号和颜色等；对数据在单元格内的对齐方式进行设置；对表格在文档中的缩进和对齐方式进行设置等。

1．表格中数据的格式化

表格中字符的格式化，与文档中其他字符的格式化方法相同，操作步骤如下。

① 选定一个或多个单元格中的数据。

② 单击“开始”选项卡，在“字体”选项组中设置字体的格式。

2．表格中单元格的对齐方式

（1）水平对齐

只设置表格中数据的水平对齐，方法如下：单击“开始”选项卡，在“段落”选项组选择需要的对齐方式，单击即可应用。

（2）垂直对齐

表格中数据的垂直对齐方式有靠上、居中和靠下 3 种。设置的方法如下。

① 选定要进行设置的单元格。

② 单击“表格工具布局”选项卡，单击“属性”按钮，打开“表格属性”对话框，然后单击“单元格”选项卡，在“垂直对齐方式”区中单击选择需要的对齐方式，单击“确定”按钮。

（3）水平和垂直两个方向快速对齐

① 选定要进行设置的单元格后，单击“表格工具布局”选项卡，在“对齐方式”区有 9 种对齐方式，包括靠上居中对齐（垂直方向的对齐方式是靠上，水平对齐方式是居中）等。

② 或在选定的单元格上单击鼠标右键，在弹出的快捷菜单中单击“单元格对齐方式”命令，此时弹出的列表框中共有 9 种对齐方式：靠上两端对齐、靠上居中对齐、靠上右对齐、中部两端

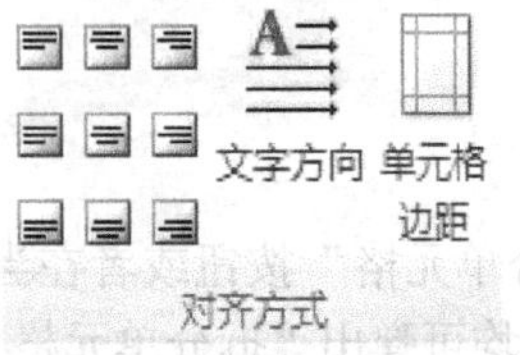

图 4-79 单元格对齐方式

对齐、水平居中对齐、中部右对齐、靠下两端对齐、靠下居中对齐和靠下右对齐，如图 4-79 所示，单击需要的对齐方式即可（指针停在对齐方式上就有名称显示）。

3. 表格的对齐

表格的对齐是指整个表格的对齐方式类似于图形在文档中的摆放位置、与文字之间的环绕方式。设置方法有两种。

（1）通过“表格属性”设置

操作步骤如下。

① 把插入点放在表格内。

② 单击“表格工具布局”选项卡，单击“属性”按钮或者在表格上单击鼠标右键，弹出快捷菜单，然后单击“表格属性”命令，弹出“表格属性”对话框。

③ 单击“表格”选项卡，在“对齐方式”中选择需要的对齐方式，在“文字环绕”中选择是否“环绕”。单击“边框和底纹”按钮可设置表格的边框和底纹，设置后，单击“确定”按钮。

（2）通过段落格式设置

操作步骤如下。

① 选定整个表格。

② 单击“开始”选项卡下的“两端对齐”按钮，可以使整个表格两端对齐。

③ 单击“格式”选项卡，在“段落”选项组中单击要用的对齐方式。如单击“居中”按钮可以使整个表格居中。

4.4.4 表格的转换

Word 提供了表格与文本互相转换的功能。

1. 表格转换成文本

利用表格转换成文本可以将表格转换成常规文字。

【表格转换成文本练习】将表 4-4 转换成文本，用“*”分隔文字，操作步骤如下。

表 4-4 销售统计表

书 名	第一作者	出版社	单 价	购买数量
网页制作	张 月	电子工业出版社	20	15
计算机基础	李 靖	电子工业出版社	25	30
电子商务	王平平	中国金融出版社	30	15
英语	刘 淼	清华大学出版社	43	30
高等数学	李 旭	机械工业出版社	32	30

① 将插入点放到表格内。

② 单击“表格工具布局”选项卡，在“数据”选项组中单击“转换为文本”按钮，弹出“表格转换成文本”对话框，如图 4-80 所示，在“文字分隔符”区中选中“其他字符”，在后面的文本框中输入“*”。

③ 单击“确定”按钮，即可将所选表格转换成文本。

表格转换成文本结果如图 4-81 所示。

2. 文本转换成表格

文本转换成表格为数据导入提供了一种新方式，但不是所有的文本都能转换成表格。能转换成表格的文本都有隐藏的行列信息，这些文本被一些特定符号有规律地分隔开。只要能找到这些规律，就能将文本进行转化。在 Word 中，可以将文字拆分为以逗号、句号或其他指定字符分隔的列，从而使用此功能将所选文字转换到表格中。

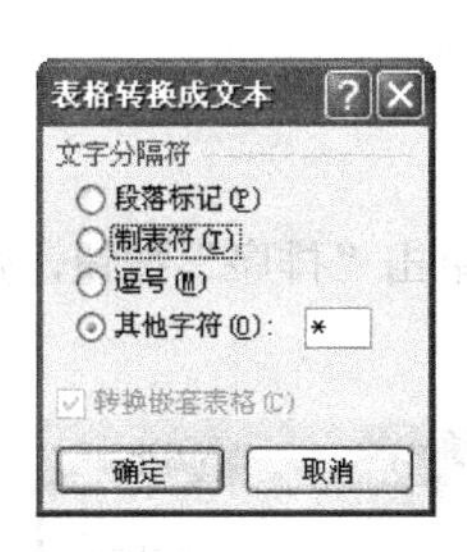

图 4-80 “表格转换成文本”对话框

书名*第一作者*出版社*单价*购买数量
网页制作*张　月*电子工业出版社*20*15
计算机基础*李　靖*电子工业出版社*25*30
电子商务*王平平*中国金融出版社*30*15
英语*刘　淼*清华大学出版社*43*30
高等数学*李　旭*机械工业出版社*32*30

图 4-81　表格转换得到的文本

【文本转换成表格练习】将图 4-82 所示的文字转换成表格。

操作步骤如下。

① 选定要进行转换的全部文字。

② 单击“插入”选项卡，单击“表格”按钮，在列表中选择“文本转换成表格”命令，弹出“将文字转换成表格”对话框，如图 4-83 所示，“表格尺寸”中的行、列数目一般为自动获取（系统根据选定文字与分隔位置来确定行、列数目），在“文字分隔位置”区选中“其他字符”，在后面的文本框中输入“%”（观察题目给出的文本特征，判断其使用的分隔符，从本题所选定的文本分析出分隔符是“%”）。

书名%第一作者%出版社%单价%购买数量
网页制作%张　嘎%电子工业出版社%20%15
计算机基础%刘逸飞%电子工业出版社%25%30
电子商务%上官雪儿%中国金融出版社%30%15
英语%李　一%清华大学出版社%43%30
高等数学%李　旭%机械工业出版社%32%30

图 4-82　示例文本

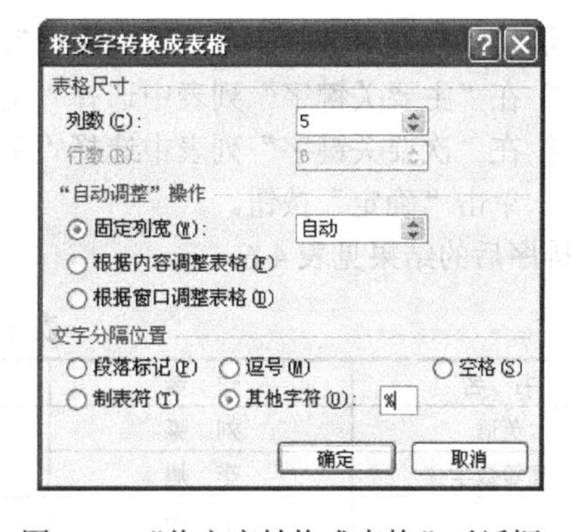

图 4-83 “将文字转换成表格”对话框

③ 单击“确定”按钮，即可将选定文本转换成表格，效果见表 4-5。

表 4-5　文字转化后的表格

书　名	第一作者	出版社	单　价	购买数量
网页制作	张　嘎	电子工业出版社	20	15
计算机基础	刘逸飞	电子工业出版社	25	30
电子商务	上官雪儿	中国金融出版社	30	15
英语	李　一	清华大学出版社	43	30
高等数学	李　旭	机械工业出版社	32	30

4.4.5　表格的计算与排序

在 Word 中，可以对表格中的数据进行简单的运算与排序。

1. 表格排序

排序指按照字母顺序排列所选文字或对数值数据排序。利用排序关键字来排列表格中的数据，将表格中的数据从“无序”调整为“有序”。对表格进行适当的排序，可以使表格更清晰。

例如，对4.4.4节中的表4-4进行排序：按照“购买数量”进行降序排序，若“购买数量”相同则按照“单价”降序排列。

操作步骤如下。

① 在表格内单击。

② 单击“表格工具布局”选项卡，在“数据”区中单击“排序”按钮，弹出“排序”对话框，如图4-84所示。

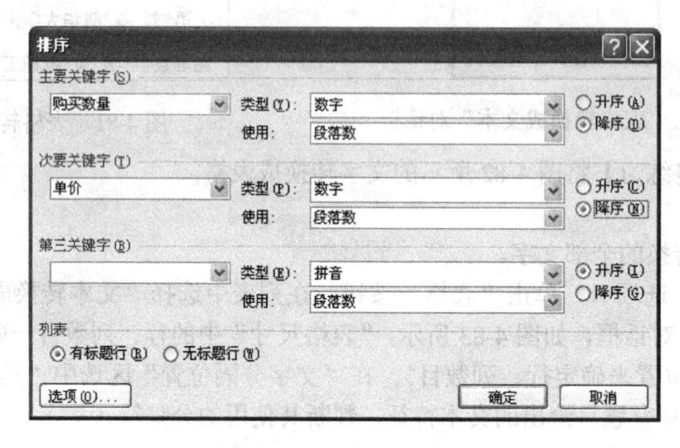

图4-84 “排序”对话框

③ 在“列表”区中选中“有标题行”，这样才能看到字段的名称，并且标题行不参与排序。

④ 在“主要关键字”列表中选择“购买数量”，在右侧选中“降序”。

⑤ 在“次要关键字”列表中选择“单价”，在右侧选中“降序”。

⑥ 单击“确定”按钮。

排序后的结果见表4-6。

表4-6 排序后的销售表

书　名	作　者	出版社	单　价	购买数量
英语	刘　淼	清华大学出版社	43	30
高等数学	李　旭	机械工业出版社	32	30
计算机基础	李　靖	电子工业出版社	25	30
电子商务	王平平	中国金融出版社	30	15
网页制作	张　月	电子工业出版社	20	15

2．表格的计算

在单元格中添加一个简单的公式可用于执行简单的计算，如AVERAGE、SUM或COUNT。在使用公式之前先了解一下单元格的表示方式，表格中的列用字母A，B，C，…来表示，行用数字1，2，3，…来表示，见表4-7。

表4-7 销售统计表

	A	B	C	D	E
1	书　名	作　者	出版社	单　价	购买数量
2	网页制作	张　月	电子工业出版社	20	15
3	计算机基础	李　靖	电子工业出版社	25	30
4	电子商务	王平平	中国金融出版社	30	15
5	合计				

（1）单元格的表示

单元格表示方法：列号+行号，称为单元格地址，如“书名”所在单元格地址为 A1、“中国金融出版社”所在单元格地址为 C4。

（2）区域的表示

区域由连续的单元格组成。如表 4-7 中，第一列就是一个区域，表示为 A1:A5。从“作者”开始到“中国金融出版社”结束的区域表示为 B1:C4。

【表格计算练习】在表 4-7 中，计算出 D5、E5，其中 D5 为 3 种书单价的平均值，E5 为购买数量合计。

操作步骤如下。

① 将插入点放到 D5 单元格中。

② 单击“表格工具布局”选项卡，在“数据”区单击“公式”按钮，弹出“公式”对话框，如图 4-85 所示。

③ 在“公式”文本框中删除函数及参数，仅剩下“=”，在“粘贴函数”下拉列表中选择需要的函数 AVERAGE()，选择后该函数会出现在“公式”文本框中，在括号内输入要进行运算的单元格范围，如（D2:D4）。则在“公式”文本框显示的公式为：=AVERAGE（D2:D4）或者=AVERAGE（ABOVE）。

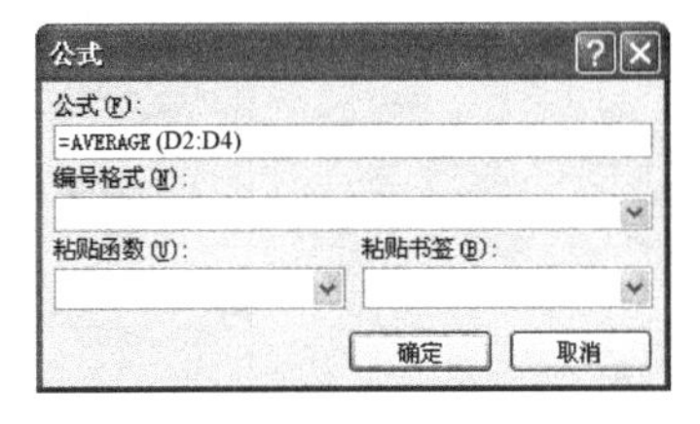

图 4-85 “公式”对话框

④ 单击“确定”按钮，运算结果出现在选定单元格 D5 内。

⑤ 将插入点放到 E5 单元格中。

⑥ 单击“表格工具布局”选项卡，在“数据”区单击“公式”按钮，弹出“公式”对话框，在“粘贴函数”下拉列表中选择 SUM()，则在“公式”文本框显示的公式为：=SUM(E2:E4)或者=SUM(ABOVE)。

⑦ 单击“确定”按钮，运算结果出现在选定单元格 E5 内。

计算结果见表 4-8。

表 4-8　销售统计合计

	A	B	C	D	E
1	书　名	第一作者	出版社	单　价	购买数量
2	网页制作	张　月	电子工业出版社	20	15
3	计算机基础	李　靖	电子工业出版社	25	30
4	电子商务	王平平	中国金融出版社	30	15
5	合计			25	60

在 Word 表格中只能进行一些简单的计算，而且用起来不方便，更多更复杂的数据处理要用 Excel 电子表格来实现。

4.5 Word 2010 图文混排

图文混排就是将文字与图片混合排列，文字可在图片的四周、嵌入图片下面或浮于图片上方等。善于利用图文混排可以编排出更专业、更生动的文档。

4.5.1 插入图片

在 Word 中，用户可以方便地插入图片，并且可以把图片插入到文档的任何位置，达到图文并茂的效果。Word 2010 支持更多的图片格式，如.emf、.wmf、.jpg、.jpeg、.jfif、.png、.bmp、.dib、.rle 和.gif 等。

在文档中插入图片的具体步骤如下。

① 将插入符移动到要插入图片的位置。

② 单击“插入”选项卡下“插图”组中的“图片”按钮，弹出“插入图片”对话框，如图 4-86 所示。

③ 选择需要插入的图片，单击“插入”按钮完成操作。

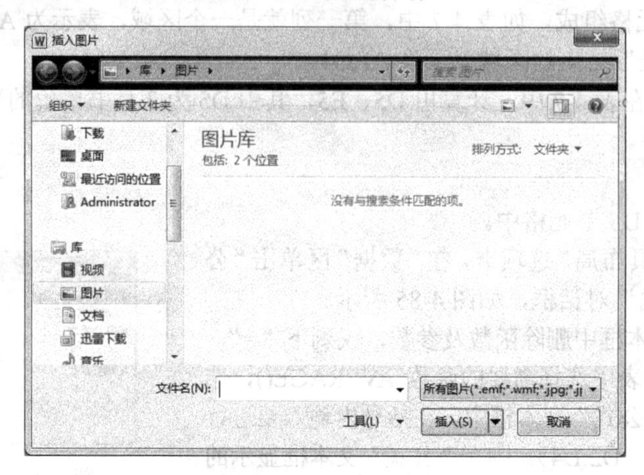

图 4-86 “插入图片”对话框

4.5.2 设置图片格式

选中已插入文档中的图片，功能区中会显示“图片工具格式”选项卡，如图 4-87 所示。单击“图片工具格式”选项卡中的按钮可以给选中图片设置相应的格式，如艺术效果、图片边框、图片大小等。

图 4-87 “图片工具格式”选项卡

若需要对图片格式做进一步设置，可以单击“图片工具格式”选项卡中“大小”组右下角的扩展按钮，或直接右击图片，从弹出的快捷菜单中单击“大小和位置”命令，都会弹出“布局”对话框，如图 4-88 所示。

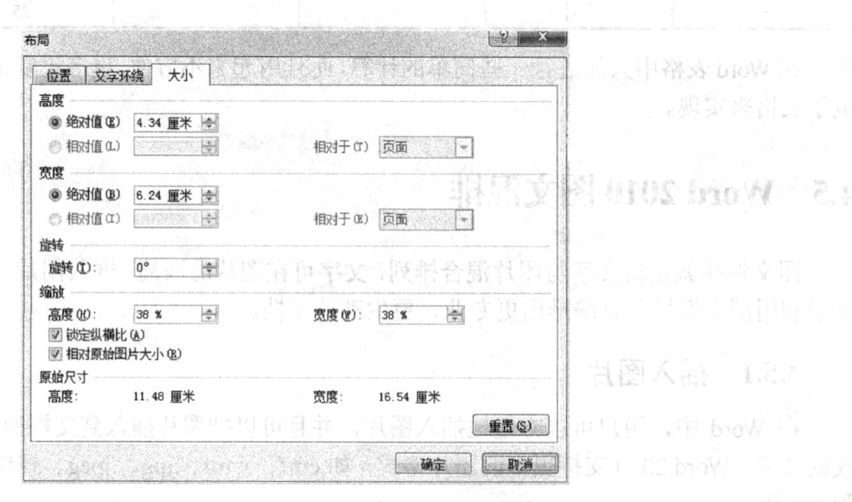

图 4-88 “布局”对话框

在“布局”对话框的“大小”选项卡中，可以设置图片的高度、宽度、旋转角度及缩放比例等；在“文字环绕”选项卡中，可以设置图片与上下文之间的环绕方式及距正文的距离；在“位置”选项卡中，可以设置图片水平和垂直方向的对齐方式及相对位置或绝对位置等。

4.5.3　插入剪贴画

剪贴画是 Word 预置的一系列对象，可将其插入到文档中并按照编辑图片的方法对剪贴画进行处理。插入剪贴画的具体步骤如下。

① 将插入符移动到要插入剪贴画的位置。

② 单击“插入”选项卡中“插图”组中的“剪贴画”按钮，打开“剪贴画”窗口，如图 4-89 所示。

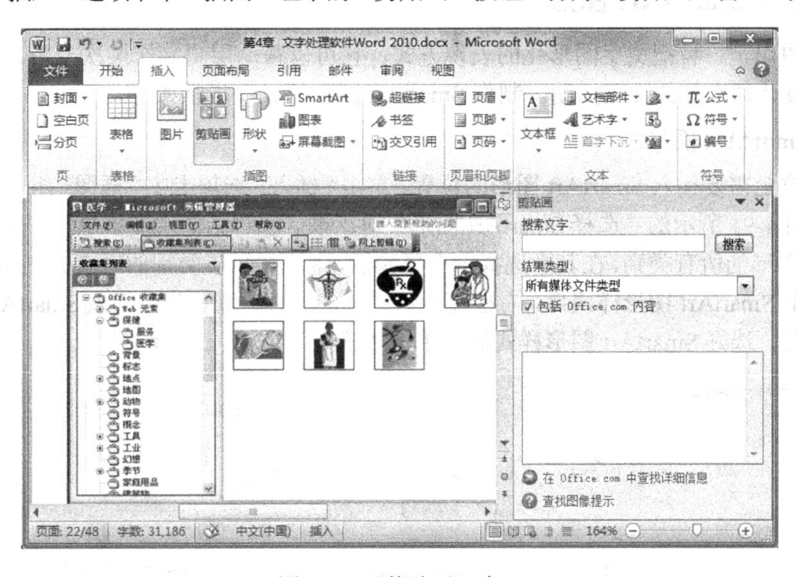

图 4-89 “剪贴画”窗口

③ 在“搜索文字”文本框中输入需要搜索的图片的名称，或者输入和图片有关的描述词汇，单击“搜索”按钮，即可开始搜索符合关键字要求的剪贴画文件。可以在“结果类型”下拉列表中设置搜索结果中包含的图片的媒体类型。

④ 搜索结束后，“剪贴画”窗格下方的空白区域会显示搜索结果，从中选择合适的剪贴画，单击即可将其插入到当前文档中。然后单击“剪贴画”窗格右上角的“关闭”按钮。

4.5.4　插入形状

Word 2010 自带了大量的形状，用户可以根据自己的需要进行选择和绘制。插入形状的具体步骤如下。

① 单击“插入”选项卡中“插图”组中的“形状”按钮，弹出“形状”快捷菜单，其中列出了常用的各种类型的形状，如线条、矩形、基本形状、箭头总汇、公式形状、流程图、星与旗帜、标注等。

② 单击需要插入的形状，当光标变成“十”字形时，在需要插入形状的位置，使用拖动的方法绘制适当大小的形状，绘制完成时释放鼠标左键即可。

③ 形状绘制好之后，形状处于选中状态，此时功能区中会自动出现“绘图工具”栏，如图 4-90 所示。

④ 在“绘图工具格式”选项卡中，可以对形状进行编辑，如更改形状、为形状填充颜色、设置形状旋转角度等。

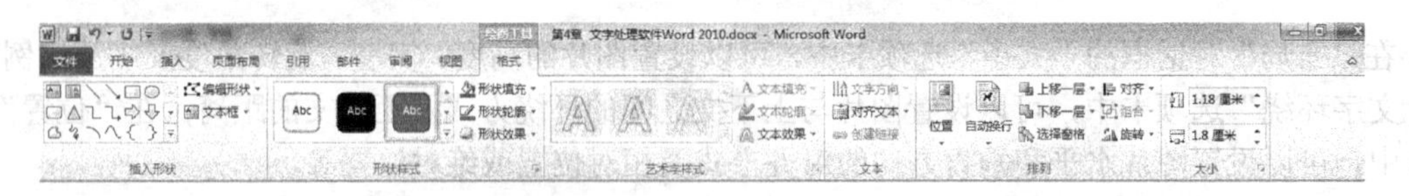

图 4-90 “绘图工具格式”选项卡

除利用“绘图工具格式”选项卡设置形状格式外，还可以右击形状，从弹出的快捷菜单中单击“设置形状格式”或“其他布局选项”命令，对选中形状进行填充颜色、线条颜色、环绕方式及形状大小等设置。

4.5.5 插入 SmartArt 图形

SmartArt 图形是一种把文字图形化的表现方式，它可以帮助用户制作层次分明、结构清晰、外形美观的专业设计师水平的文档插图。制作 SmartArt 图形的具体步骤如下。

1. 插入 SmartArt 图形

将光标定位至需要插入 SmartArt 图形的位置，单击“插入”选项卡中“插图”组中的“SmartArt”按钮，弹出如图 4-91 所示的“选择 SmartArt 图形”对话框。该对话框由左、中、右 3 栏组成。左栏显示 SmartArt 图形的所有类别，在其中选择一个类别后，中栏显示该类别的所有 SmartArt 图形样式。在中栏选择一个 SmartArt 图形样式后，右栏显示该样式的一种外观，并注解该 SmartArt 图形样式的功能和适用情况。选好 SmartArt 图形样式后，单击“确定”按钮。

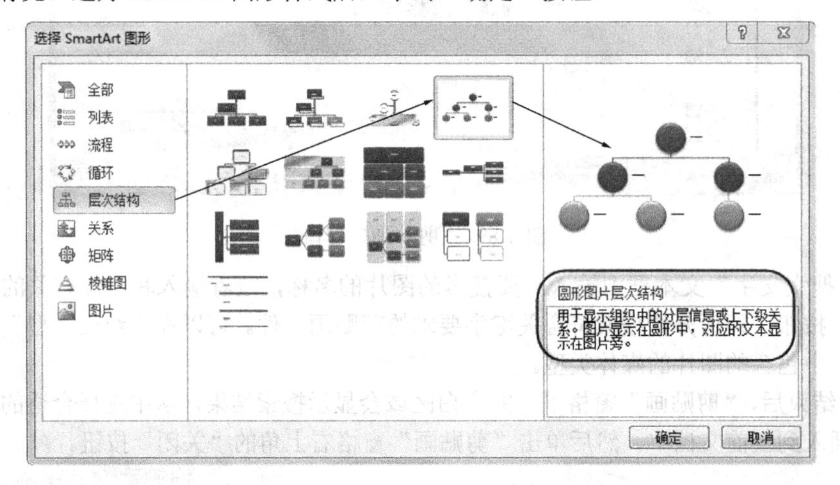

图 4-91 “选择 SmartArt 图形”对话框

2. 在 SmartArt 中插入文本

插入 SmartArt 图形后，如图 4-92 所示，图形周围会出现“文本”区域，在“文本”区域单击，就可以在其中输入文本了。为了便于表述，这里输入如图 4-93 所示的文本。如果需要在图 4-93 中“2.1”的右侧添加一个同级别形状，可选中图中“2.1”处的圆形或文本，然后单击“SmartArt 工具设计”选项卡中“创建图形”选项组中的“添加形状”下拉按钮，在弹出的如图 4-94 所示的快捷菜单中单击“在后面添加形状”命令，则图中“2.1”的右侧多出一个圆形及配套的文本框，在其中输入“2.2”。如果还需要在图中“1.2”的下方添加两个子级别形状，可选中图中“1.2”处的圆形或文本，重复上述步骤，在“添加形状”快捷菜单中单击“在下方添加形状”命令，则图中“1.2”的下方多出一个圆形及配套的文本框，在其中输入“1.2.1”。用同样的方法再添加一个同级别的图形“1.2.2”后，效果如图 4-95 所示。

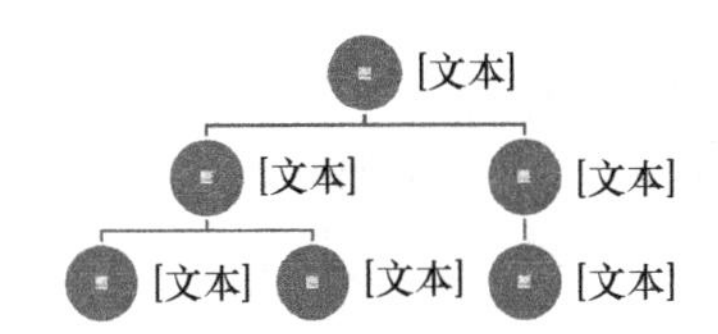

图 4-92　新插入的 SmartArt 图形

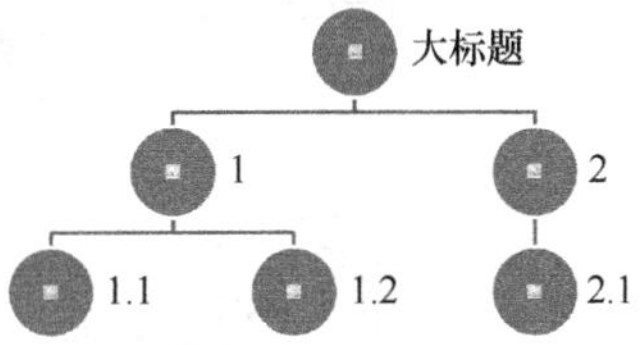

图 4-93　输入文本后的 SmartArt 图形

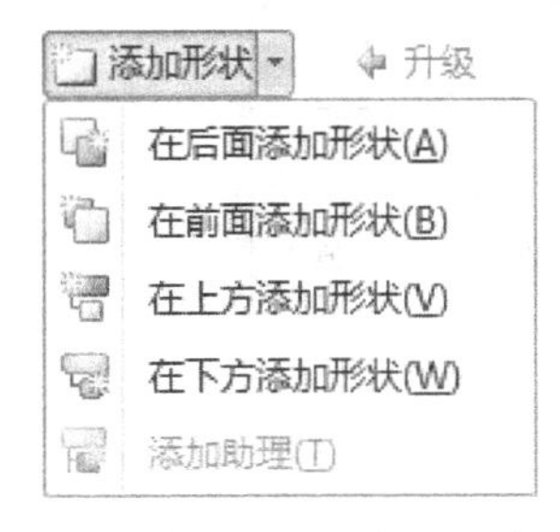

图 4-94　添加形状菜单

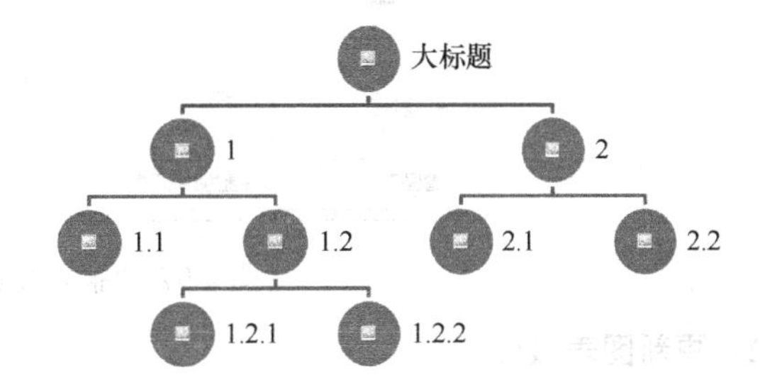

图 4-95　添加形状后的 SmartArt 图形

3．更改 SmartArt 图形的形状格式

SmartArt 图形的每个组成部分都是相互独立的，用户可以根据自己的需要单独更改。例如，选中图 4-95 中的一个圆形后，单击“SmartArt 工具格式”选项卡中“形状”组中的“更改形状”下拉按钮，在弹出的快捷菜单中选择一个形状样式，则该圆形就变成了所选形状，图 4-96 所示为将大标题改为三角形后的效果。另外，使用“SmartArt 工具格式”选项卡中“形状样式”组中的功能，还可以改变图形的其他格式。

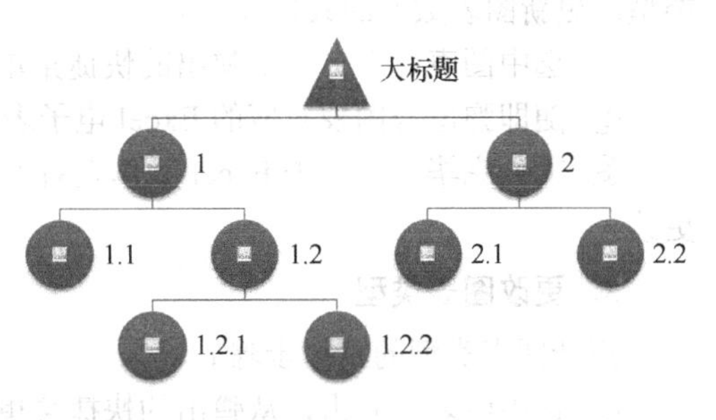

图 4-96　更改 SmartArt 图形的形状格式

4．应用 SmartArt 样式快速美化 SmartArt 图形

Word 为 SmartArt 内置了一些样式，让普通用户也能设计出专业水平的图形。使用“SmartArt 工具设计”选项卡中“SmartArt 样式”组中的功能，可直接应用各种内置二维或三维的 SmartArt 图形样式。

4.5.6　插入图表

图表可以用图形的方式直观地表达数据之间的关系，是一种方便数据统计或分析的工具。Word 2010 为用户提供了大量预设好的图表，使用这些预设图表可以方便地创建图表。

1．创建图表

在文档中插入图表的具体步骤如下。

① 将光标定位至插入图表的位置。

② 单击“插入”选项卡中“插图”组中的“图表”按钮，弹出“插入图表”对话框，如图 4-97 所示。

③ 从“插入图表”对话框中选择要插入的图表的类型，单击“确定”按钮，即可在文档中插入指定类型的图表，同时系统自动弹出标题为“Microsoft Word 中的图表”的 Excel 2010 窗口，Excel 表中显示的是示例数据。

④ 删除 Excel 表中全部示例数据，输入相应的图表数据，则图表会随着 Excel 电子表格中数据的更改而改变。

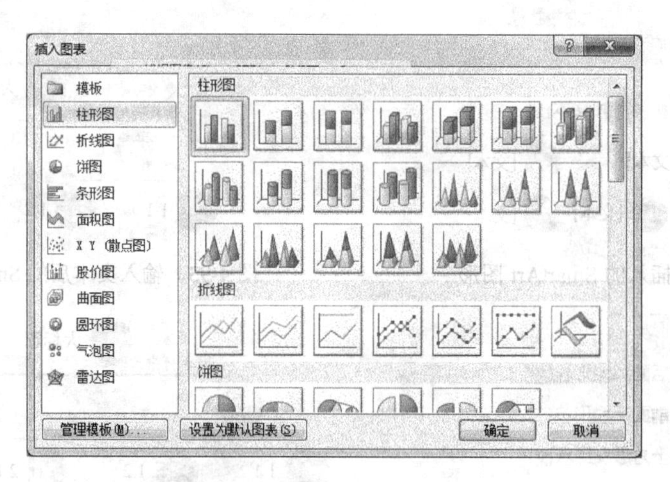

图 4-97 “插入图表”对话框

2．更新图表数据

在 Word 文档中插入图表之后，用户还可以对其进行编辑操作，主要包括更新数据和更改图表类型。更新图表数据的具体步骤如下。

① 选中图表，右击，从弹出的快捷菜单中单击“编辑数据”命令。

② 随即弹出与图表对应的 Excel 电子表格，直接在表格中修改数据即可。

③ 输入完毕后，单击 Excel 工作表右上角的“关闭”按钮，此时 Word 文档中的图表已经随之更改。

3．更改图表类型

更新图表类型的具体步骤如下。

① 选中图表，右击，从弹出的快捷菜单中单击“更改图表类型”命令。

② 弹出“更改图表类型”对话框，从中选择需要的图表类型。

③ 选择完毕单击“确定”按钮即可。

4．“图表工具”选项卡

在文档中选中已有图表之后，功能区中会自动出现“图表工具”选项卡，如图 4-98 所示。

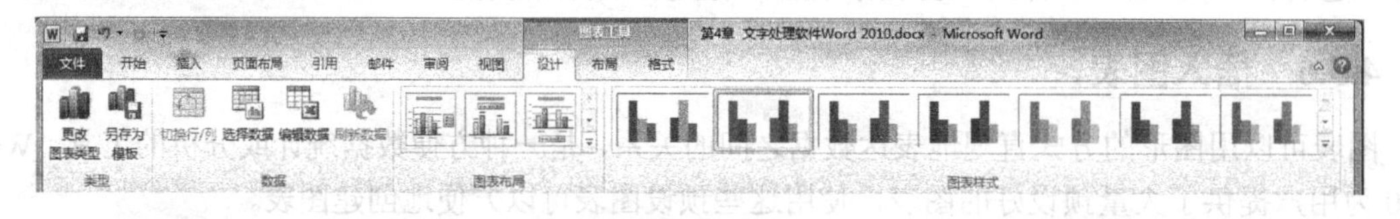

图 4-98 “图表工具”选项卡

“图表工具”选项卡又由 3 个选项卡组成：在“设计”选项卡中，可以更改图表类型、编辑数据、设置图表布局和外观样式；在“布局”选项卡中，可以设置图表标题、图例、图表区、绘图区、数据系列格式等；在“格式”选项卡中，同样可以设置图表区、绘图区、数据系列和坐标轴格式，还可以设置形状样式和艺术字格式等。

4.5.7 插入文本框

文本框是一种特殊的对象，不但可以在其中输入文本，还可以插入图片、剪贴画、形状和艺术字等对象，从而制作出各种特殊和美观的文档。文本框有两种：横排文本框和竖排文本框，其区别只是文本框内所输入文本的方向不同。插入文本框的具体步骤如下。

① 单击“插入”选项卡中“文本”组中的“文本框”下拉按钮，弹出“文本框”快捷菜单，在快捷菜单的上部，列出了 Word 预设好的常用的文本框类型，如简单文本框、奥斯汀提要栏等。选择其中任一种，则文档中插入一个该类型的文本框。

② 单击“文本框”快捷菜单中的“绘制文本框”命令，光标变成“十”字形，在需要插入文本框的位置，使用拖动的方法绘制适当大小的文本框，绘制完成时释放鼠标左键即可。

③ 单击“文本框”快捷菜单中的“绘制竖排文本框”命令，方法与“绘制文本框”一样，只是文本框绘制完成后，在文本框中输入文字，文字呈竖排显示。

文本框绘制完成后，单击文本框，文本框周围会出现 8 个尺寸控点，拖动尺寸控点可以调节文本框大小。将光标移动到文本框的边框上，当光标变成一个四方向箭头时，按住鼠标左键拖动可以改变文本框的位置。

右击文本框，在弹出的快捷菜单中单击“其他布局选项”命令，弹出“布局”对话框，在该对话框中可以对文本框的位置、环绕方式、大小、旋转角度等进行设置。

右击文本框，在弹出的快捷菜单中单击“设置形状格式”命令，弹出“设置形状格式”对话框，在该对话框中可以对文本框的填充颜色、线条颜色、线型、阴影效果等进行设置。

选中文本框，功能区中会出现“绘图工具”选项卡，在“绘图工具”选项卡的“格式”选项卡下，同样可以对文本框进行格式设置。

4.5.8　插入艺术字

艺术字是一种具有特殊效果的文本，它不仅具有文本的特性，也具有一定的图片特性，是美化文档的一个好帮手，其装饰效果包括颜色、字体、阴影效果和三维效果等。在 Word 2010 中，艺术字被视为一张图片。

1．插入艺术字

在文档中插入艺术字的具体步骤如下。

① 单击“插入”选项卡中“文本”组中的“艺术字”下拉按钮，在弹出的快捷菜单中选择需要插入的艺术字的类型。

② 此时会在光标所在位置出现一个艺术字样式文本框，显示“请在此放置您的文字”，如图 4-99 所示。

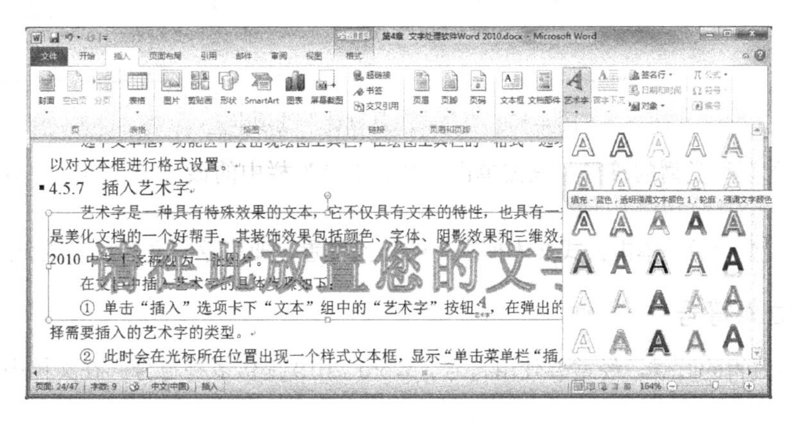

图 4-99　艺术字样式文本框

③ 在艺术字样式文本框中输入文本信息即可。

2．更改艺术字文字方向

更改艺术字文字方向的具体步骤如下。

① 选中需要更改文字方向的艺术字，艺术字被选中后，功能区中自动出现“绘图工具”选项卡。

② 单击“绘图工具”选项卡中“格式”选项卡下“文本”组中的“文字方向”下拉按钮，弹出快捷菜单。

③ 从弹出的快捷菜单中根据需要选择文本方向即可。

3．更改艺术字样式

更改艺术字样式的具体步骤如下。

① 选中需要更改样式的艺术字，艺术字被选中后，功能区中自动出现“绘图工具”选项卡。

② 单击“绘图工具”选项卡中“格式”选项卡下“艺术字样式”组中的“快速样式”下拉按钮，弹出“艺术字样式”列表。

③ 从“艺术字样式”列表中选择需要的艺术字样式即可。

利用“绘图工具”选项卡中“格式”选项卡提供的按钮，还可以更改艺术字的填充效果、设置艺术字的阴影或三维效果、设置艺术字的对齐方式、更改艺术字的形状等。

4.5.9 插入公式

在编辑有关自然科学的文章时，用户可能会经常遇到各种数学公式。数学公式结构比较复杂而且变化形式极多。在 Word 中，可以借助“公式工具设计”选项卡以直观的操作方法生成各种公式。从简单的求和公式到复杂的矩阵运算公式，用户都能通过“公式工具设计”选项卡轻松自如地进行编辑。

在 Word 文档中插入一个公式的具体步骤如下。

① 把光标移到欲插入公式的位置，然后单击“插入”选项卡中“符号”组中的“公式”下拉按钮，弹出“公式”快捷菜单。

② “公式”快捷菜单中列出了常用的公式，如二次公式、傅里叶级数等，如用户需要插入的是此类公式，单击即可直接插入到文档中。

③ 若用户需要插入的公式不在列表中，则单击列表中的“插入新公式”命令，光标所在处会出现一个公式文本框，并在其中显示文本“在此处键入公式”，同时功能区中自动出现“公式工具设计”选项卡，如图 4-100 所示。

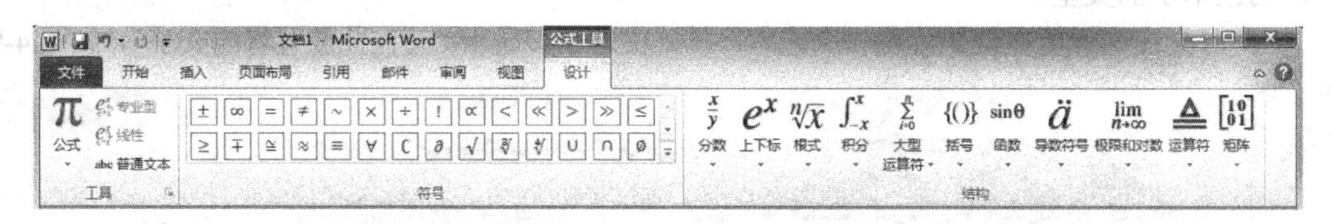

图 4-100 “公式工具设计”选项卡

③ 需要插入某种类型的符号，只需单击“公式工具”栏中的该符号，即可将该符号插入到公式文本框中。

④ 完成公式编辑后，单击公式文本框之外的任何位置，即可返回文档，完成公式的插入操作。

4.5.10 插入符号

在进行文档编辑的时候，经常要使用符号。Word 2010 提供多种符号。在文档中插入符号的具体操作步骤如下。

① 将光标移到欲插入符号的位置，单击“插入”选项卡中“符号”组中的“符号”下拉按钮，弹出“符号”快捷菜单，如图 4-101 所示。

② 若需要的符号出现在“符号”快捷菜单中，选择需要插入的符号即可将该符号插入光标所在位置，如列表中没有需要的符号，单击“其他符号”命令，弹出“符号”对话框，如图 4-102 所示。

③ 在“符号”对话框的“符号”或“特殊字符”选项卡中找到所需的符号，单击“插入”按

钮即可。

还可以右击需要插入符号的位置，在弹出的快捷菜单中单击“插入符号”命令，同样弹出“符号”对话框，然后进行步骤③的操作即可。

图 4-101　“符号”快捷菜单

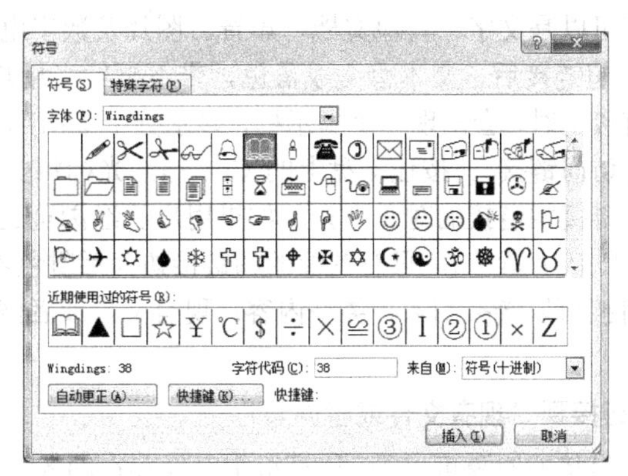

图 4-102　“符号”对话框

4.5.11　插入编号

在 4.3.6 节介绍了为段落添加编号的方法，在 Word 中，除为段落添加编号之外，在文档的任意位置都可以插入编号，具体操作步骤如下。

① 将光标移到欲插入编号的位置，单击“插入”选项卡中“符号”组中的“编号”按钮，弹出“编号”对话框，如图 4-103 所示。

② 在“编号”对话框上方的“编号”文本框中输入数字，在“编号类型”列表中选择需要的编号样式，单击“确定”按钮即可。按图 4-103 设置且单击“确定”按钮之后，就能在光标所在位置插入编号“②”。

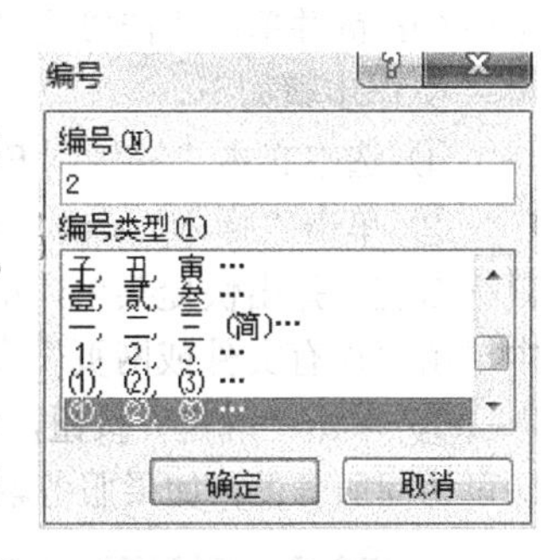

图 4-103　“编号”对话框

4.5.12　各种图形和图片的组合

在编辑文档时，有时需要将图形、图片、文本框、艺术字等组合成一张大的图片。为了方便用户，Word 提供了图形的组合功能。组合各种对象的具体操作步骤如下。

① 在按住 Shift 键的同时单击选取多个图片、图形、文本框、艺术字。

② 在选取的多个对象上右击，弹出快捷菜单。

③ 执行“组合”→“组合”命令，可以将被选取的多个图片、图形组合成一个整体。

对于组合后的图片，可以通过右击图片，在弹出的快捷菜单中执行“组合”→“取消组合”命令，将其还原成原来独立的对象。

4.6　Word 2010 的其他功能

4.6.1　超链接

超链接是指创建指向网页、图片、电子邮件地址或程序的链接，即从一个网页指向一个目标的链接关系，这个目标可以是另一个网页，也可以是相同网页上的不同位置，还可以是一张图片、一个电子邮件地址、一个文件，甚至是一个应用程序。而在一个网页中用来超链接的对象，可以是一段文本或者是一张图片。当浏览者单击已经插入超链接的文字或图片后，链接目标将显示在浏览器上，并且根据目标的类型来打开或运行。

在 Word 中，超链接与网页中的超链接有所不同，它链接后的效果不一定在浏览器中打开。例如，如果用户在阅读某篇文章时，遇到一个不明白的词语，只要在这个词语上单击一下，即可出现它的详细说明，看完后单击“返回”按钮，又可继续阅读，实现这种功能的方法就称为超链接。这样的链接可以是文字、其他文档、声音、图片及数字电影等。

插入超链接后，文本会变成蓝色，带下画线（用户也可以自己设置成其他颜色）。当移动光标到该超链接上时，会出现一个提示框，显示分上下两部分：上面显示链接内容，下面显示“按住 Ctrl 并单击可访问链接”。按住键盘上的 Ctrl 键，光标将变成手形，同时单击鼠标就可以直接跳转到与这个超链接相链接的对象上去。如果用户已经浏览过某个超链接，这个超链接的文本颜色就会发生改变（默认为紫色）。只有图像的超链接访问后颜色不会发生变化。

超链接可以链接到 4 种类型内容：现有文件或者网页、本文档中的位置、新建文档和电子邮件地址。

1．链接到“现有文件或者网页”

这类链接的对象可以是：计算机中已经存在的各种文件、浏览过的网址及局域网服务器地址等。

【创建链接到“现有文件或者网页”超链接练习】对文本“链接到 FTP”设置超链接，实现功能：按住 Ctrl 键并单击“链接到 FTP”，链接到服务器 ftp://192.168.0.200，对服务器进行访问。

操作步骤如下。

① 选中文本“链接到 FTP”。

② 单击“插入”选项卡，在“链接”选项组中单击“链接”按钮（或者在选中的文本上单击鼠标右键，弹出快捷菜单，单击“超链接”命令），弹出“插入超链接”对话框，在“链接到”列表中单击“现有文件或网页”命令，在“地址”文本框中输入 ftp://192.168.0.200，如图 4-104(a)所示。

③ 单击“确定”按钮，超链接已经建立，如图 4-104(b)所示，按住键盘上的 Ctrl 键并单击鼠标即可访问服务器，如果服务器设置及网络都正常，则可以访问服务器地址并进行上传、下载等操作。

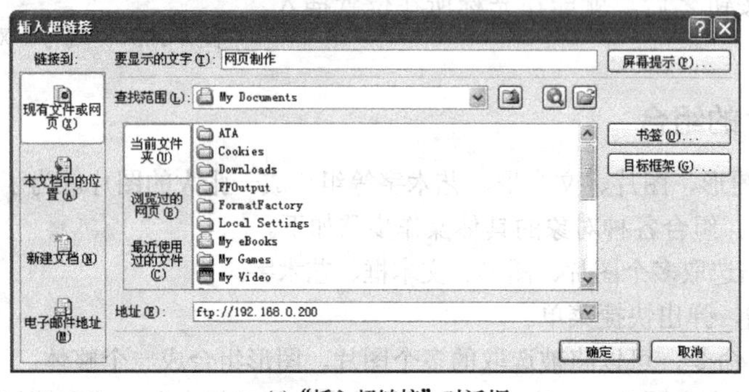

(a)“插入超链接”对话框

(b)建立完成

图 4-104 链接到“现有文件或者网页”

2．链接到“本文档中的位置”

要链接到本文档中的某个位置，即为所要进行超链接的对象命名，使其成为文档中的位置。文档中的位置除顶端、标题之外，还可以建立书签。

书签：创建一个书签，为文档中的某个特定点指定一个名称。可以创建能够直接跳转到书签位置的超链接。

【创建链接到“本文档中的位置”超链接练习】在图 4-105 所示文本的第一个“青春”后面添加一个书签，名为“青春”。为文本“青春纪念册”插入超链接，链接对象为书签“青春”。

青春是打开了就不忍合上的书。

青春就像卫生纸，看着挺多的，可是用着用着就没有了。

时光飞逝，那些年少轻狂，那些叛逆霸道，那些嚣张跋扈，那些不懂世事的天经地义，都将永远地保留在我们的青春纪念册里，哪天我们欣然回首，必定会微微一笑，满脸泪水。

图 4-105　示例文本

操作步骤如下。

① 将插入点放到文本“青春”后面。

② 单击“插入”选项卡，在“链接”选项组中单击“书签”按钮，弹出“书签”对话框，如图 4-106 所示。

③ 在“书签名”文本框中输入“青春”，单击“添加”按钮，“书签”对话框会自动关闭，此时书签已经建立好了（再次打开“书签”对话框就可以在列表中看到已经插入的书签；不需要用的书签可以通过“删除”按钮删除）。

④ 选定文本“青春纪念册”。

⑤ 单击“插入”选项卡，在“链接”选项组中单击“链接”按钮（或者在选中的文本上单击鼠标右键，弹出快捷菜单，单击“超链接”命令），弹出“插入超链接”对话框，如图 4-107(a)所示。

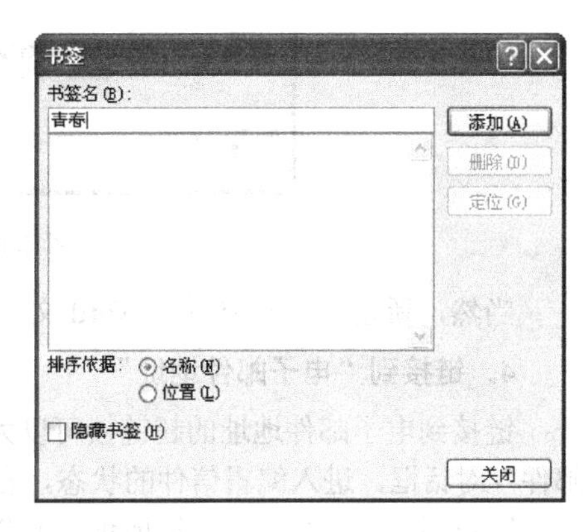

图 4-106　“书签”对话框

⑥ 在“链接到”列表中单击“本文档中的位置”命令，在“请选择文档中的位置”中，选择书签“青春”。

⑦ 单击“确定”按钮，超链接已经创建完成，如图 4-107(b)所示。按住键盘上的 Ctrl 键并用鼠标单击文本“青春纪念册”，插入点就会跳转到书签所在的位置。

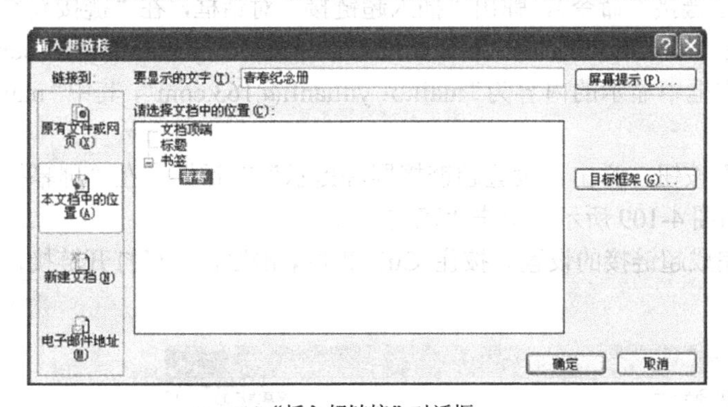

(a)“插入超链接”对话框

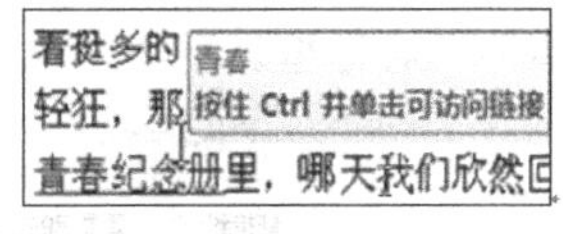

(b)创建完成

图 4-107　链接到“本文档中的位置”

3．链接到“新建文档”

操作步骤如下。

① 选中要进行链接的文本。

② 单击“插入”选项卡，在“链接”选项组中单击“链接”按钮（或者在选中的文本上单击鼠标右键，弹出快捷菜单，单击“超链接”命令），弹出“插入超链接”对话框。

③ 在“链接到”列表中单击“新建文档”命令，在“新建文档名称”文本框中输入“说明.doc”，“完整路径”显示新建文档所在位置 D:\My Documents\，如图 4-108 所示。单击“更改”按钮，可以

改变存放路径，如改到E盘根目录下，在“完整路径”下方会显示E:\，“新建文档名称”文本框中会显示完整路径变成“E:\说明.doc”，单击“确定”按钮。

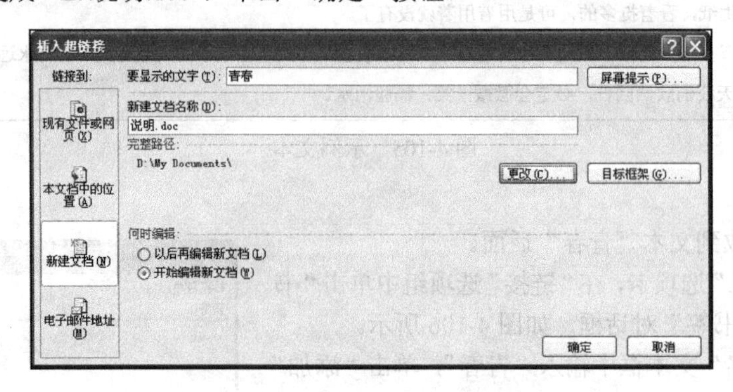

图4-108 链接到“新建文档”

当然，新建文档的类型除Word文档外，也可以是其他类型的文档。

4．链接到“电子邮件地址”

链接到电子邮件地址的超链接可以为用户发送邮件提供方便，用户通过单击便可直接打开“新邮件”对话框，进入编辑信件的状态，省去了很多打开的步骤，方便好用。

【创建链接到“电子邮箱地址”超链接练习】对文本“院长邮箱”设置超链接，链接到邮箱“yulianlf@163.com”，提示“问题反馈”。实现功能：按住键盘上的Ctrl键并单击文本“院长邮箱”，创建收件人为“yulianlf@163.com”的新邮件。

操作步骤如下。

① 选中文本“院长邮箱”。

② 单击“插入”选项卡，在“链接”选项组中单击“链接”按钮（或者在选中的文本上单击鼠标右键，弹出快捷菜单，单击“超链接”命令），弹出“插入超链接”对话框，在“链接到”列表中单击“电子邮件地址”命令，在“电子邮件地址”下方的文本框中输入“yulianlf@163.com”。输入完成后在“电子邮件地址”文本框中显示的内容为“mailto: yulianlf@163.com”，其中“mailto:”为系统自动生成，不用修改。

③ 单击右上角的“屏幕提示”按钮，弹出“设置超链接屏幕提示”对话框，在“屏幕提示文字”文本框中输入“问题反馈”，如图4-109所示，单击“确定”按钮。

④ 再次单击“确定”按钮，完成超链接的设置。按住Ctrl键并单击鼠标即可打开链接，即打开“新邮件”对话框。

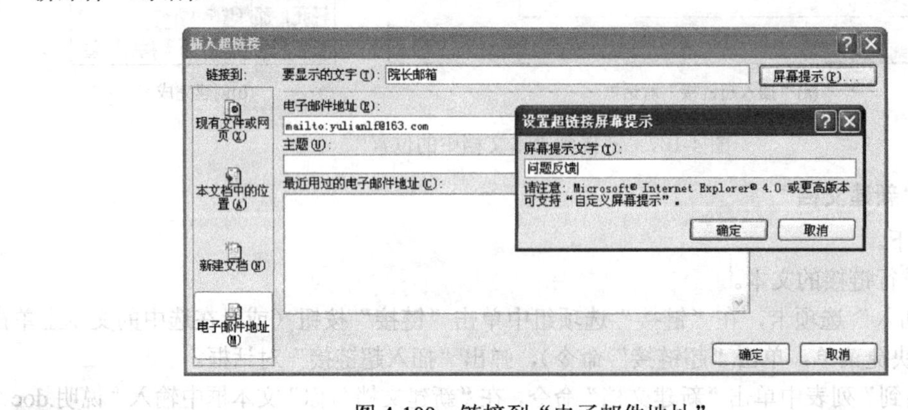

图4-109 链接到“电子邮件地址”

5．超链接的其他操作

超链接的相关操作，除插入超链接以外，还有 5 种：编辑超链接、选定超链接、打开超链接、复制超链接和取消超链接。

实现这些操作的方法为：在已经插入超链接的文本上右击，在弹出的快捷菜单中可以看到这 5 条命令。如果不需要这个超链接，那么在快捷菜单中单击“取消超链接”命令，即可将该超链接删除，所选文本也恢复到未插入超链接前的状态。其他几项操作的使用方法与取消超链接相同。

4.6.2　目录制作

目录按照一定的次序编排而成，目录可以提高检索、查阅的效率。可对包括在目录中的文本应用标题样式（如标题 1、标题 2 和标题 3）。Word 会搜索这些标题，然后在文档中插入目录。以这种方式创建目录时，如果在文档中对标题进行了更改，那么目录可以自动更新。

也可以通过使用“目录”对话框，利用所选的选项和应用的自定义样式创建自定义目录。

1．生成目录

（1）通过大纲级别或标题样式生成目录

Word 提供了编制目录的功能。目录不能直接自动生成，在生成目录前，先要做前期工作，即为将要包含在目录中的内容设置特定的格式。编制目录最简单的方法是使用 Word 内置的大纲级别格式或者标题样式。

大纲级别：用于为文档中的段落指定不同等级的段落格式（1～9 级）。例如，指定了大纲级别后，就可在大纲视图或文档结构图中处理文档。

设置大纲级别的方法为：单击“视图”选项卡中“文档视图”选项组中的“大纲视图”按钮，激活“大纲”选项卡，如图 4-110 所示，选中一行要显示在目录中的文字，单击“升级”按钮或“降级”按钮来改变它的级别，可依次对其他要显示的部分进行操作，直到要显示的内容全部设置了大纲级别。

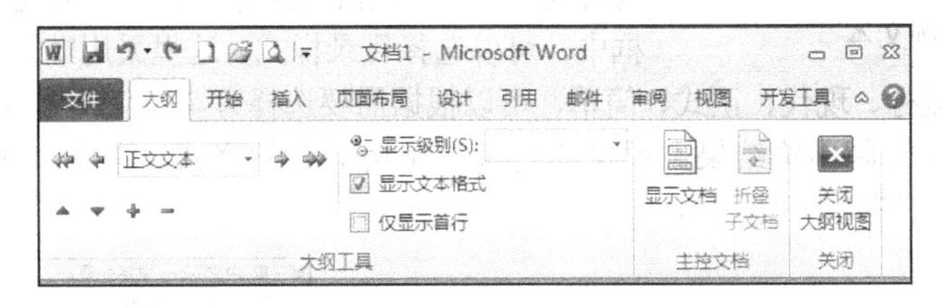

图 4-110　“大纲”选项卡

标题样式是指应用于标题的格式设置，Word 中内置了 9 个不同的标题样式（标题 1～9）。

标题 1 至标题 9 与大纲级别中的 1 级至 9 级相对应。

如果文档中要显示在目录中的文本已经使用了大纲级别或内置标题样式，则创建目录的步骤如下。

① 单击要插入目录的位置。

② 单击“引用”选项卡，在“目录”选项组中单击“目录”按钮，在快捷菜单中单击“插入目录”命令，弹出“目录”对话框。

③ 若要使用现有的目录样式，则在“常规”区的“格式”列表框中进行选择，并设置显示级别；根据需要设置是否“显示页码”、是否“页码右对齐”及选择 “制表符前导符”。

④ 单击“确定”按钮，即可在指定位置插入目录。

第三章　中文 Word 文字处理
3.1　Word 2010 的功能
3.1.1 Word 2010 的基本功能
3.1.2 Word 2010 窗口特征
3.1.3 Word 2010 的启动和退出
3.2　Word 2010 文档的排版
3.2.1 字符格式化
3.2.2 段落格式化(项目符号)
3.2.3 分栏与首字下沉
3.3　图文混排
3.3.1 插入图片
3.3.2 插入艺术字
3.3.3 绘制图形
3.3.4 制作公式
3.4　Word 2010 的表格制作
3.3.1 建立表格
3.3.2 修改表格
3.3.3 表格格式设置
3.5　文档的打印、显示
3.5.1 样式和模板
3.5.2 文档的显示方式
3.5.3 页面设置
3.5.4 邮件合并

图 4-111　示例文本

【生成目录练习】将如图 4-111所示的内容显示在目录中，在文档最前面生成一个 3 级目录。

操作步骤如下。

① 新建一个空白文档，输入内容，单击“开始”选项卡，在“样式”选项组中的“快速样式”中设置样式。

② 选中文字“第三章　中文 Word 文字处理”，使其出现在目录的第一级（1 级目录），在“快速样式”列表中单击“标题 1”（标题 1 相当于大纲 1 级）。

③ 选中文字“3.1　Word 2010 的功能”，使其出现在目录的第二级（2 级目录），在“快速样式”列表中单击“标题 2”（标题 2 相当于大纲 2 级）。对所有属于 2 级目录的文本重复本步骤（也可以利用“格式刷”将设置好的“2 级目录”的格式复制到其他属于 2 级目录的文本当中）。

④ 选中文本“3.1.1　Word 2010 的基本功能”，使其出现在目录的第三级（3 级目录），在“快速样式”列表中单击“标题 3”（标题 3 相当于大纲 3 级）。对所有属于 3 级目录的文本重复本步骤（也可以利用“格式刷”将设置好的“3 级目录”格式复制到其他属于 3 级目录的文本当中）。到此，需要显示在目录中的文本已设置好大纲格式。

⑤ 将插入点置于要生成目录的位置。

⑥ 单击“引用”选项卡，在“目录”选项组中单击“目录”按钮，在快捷菜单中单击“插入目录”命令，弹出“目录”对话框，如图 4-112 所示。

⑦ 勾选“显示页码”前的复选框，然后勾选“页码右对齐”前的复选框，“制表符前导符”选择默认（列表中有 4 种前导符，可以根据需要选择）。在“常规”区的“格式”列表框中，可以选择目录样式，这里采用默认样式（列表中有 6 种模板：古典、优雅、流行、现代、正式、简单，可以根据需要选择），在“显示级别”列表框中选择 3。

⑧ 在“打印预览”区预览结果，预览的目录正是所需要的格式，单击“确定”按钮，完成在指定位置生成目录，如图 4-113 所示。

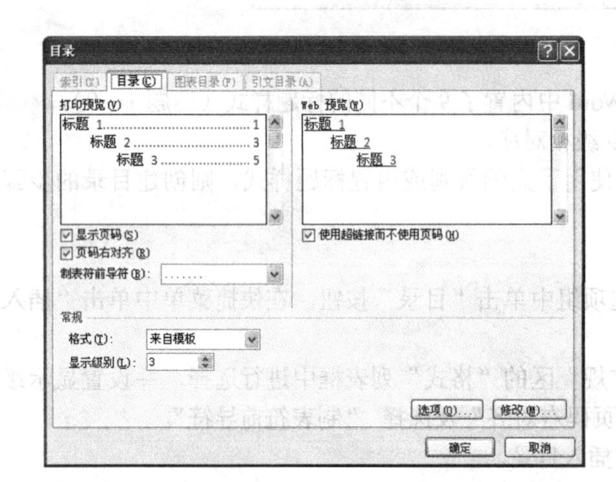

图 4-112　“目录”对话框

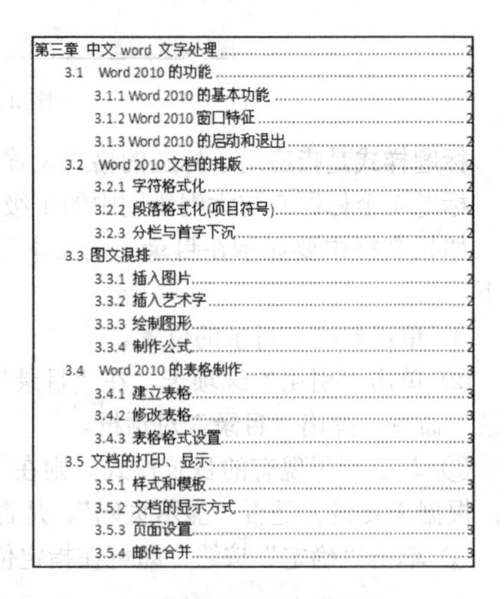

图 4-113　生成目录

（2）用自定义样式创建目录

如果已将自定义样式应用于所有要生成目录的文本中，则可以指定 Word 2010 在编制目录时使用自定义样式来生成目录。

将上面的练习用自定义样式的方法来实现，步骤如下。

① 新建 3 个自定义样式：“f1”“f2”“f3”，分别应用于 1 级目录、2 级目录和 3 级目录。

② 选中文本“第三章　中文 Word 文字处理”，单击“开始”选项卡，单击“样式”选项组右下角的扩展按钮，弹出“样式”快捷菜单，在快捷菜单中选择“f1”。

③ 选中文本“3.1　Word 2010 的功能”，单击“开始”选项卡，单击“样式”选项组右下角的扩展按钮，弹出“样式”快捷菜单，在快捷菜单中选择“f2”。对所有属于 2 级目录的文本重复本步骤（也可以利用“格式刷”将设置好的“2 级目录”的格式复制到其他属于 2 级目录的文本当中）。

④ 选中文本“3.1.1　Word 2010 的基本功能”，单击“开始”选项卡，单击“样式”选项组右下角的扩展按钮，弹出“样式”快捷菜单，在快捷菜单中选择“f3”。对所有属于 3 级目录的文本重复本步骤（也可以利用“格式刷”将设置好的“3 级目录”格式复制到其他属于 3 级目录的文本中）。到此，需要显示在目录中的文本已设置好大纲格式。

⑤ 单击要插入目录的位置。

⑥ 单击“引用”选项卡，在“目录”选项组中单击“目录”按钮，在快捷菜单中单击“插入目录”命令，弹出“目录”对话框。

⑦ 在打开的对话框中单击“目录”选项卡右下角的“选项”按钮，弹出“目录选项”对话框，使用自定义样式，要先删除“标题 1”“标题 2”“标题 3”后面的目录级别“1”“2”“3”；在“有效样式”列表中找到样式“f1”“f2”“f3”，在“f1”右侧的“目录级别”中输入“1”；在“f2”右侧的“目录级别”中输入“2”，在“f3”右侧的“目录级别”中输入“3”（数字 1～9，表示每种标题样式所代表的目录级别），如图 4-114 所示。

⑧ 单击“确定”按钮，回到“目录”对话框，修改参数如图 4-115 所示，单击“确定”按钮，即可在指定位置生成目录。

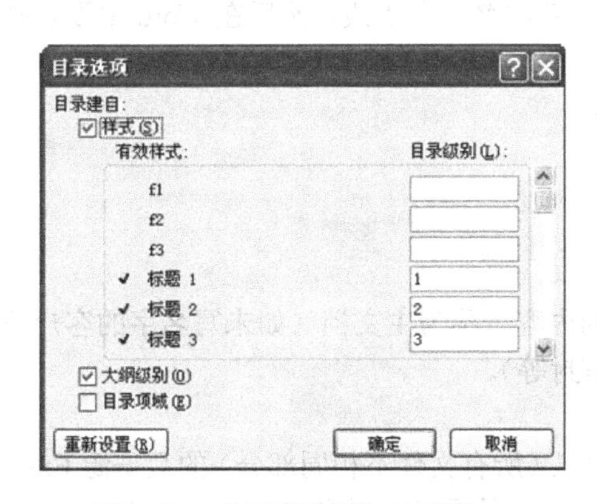

图 4-114　“目录选项”对话框

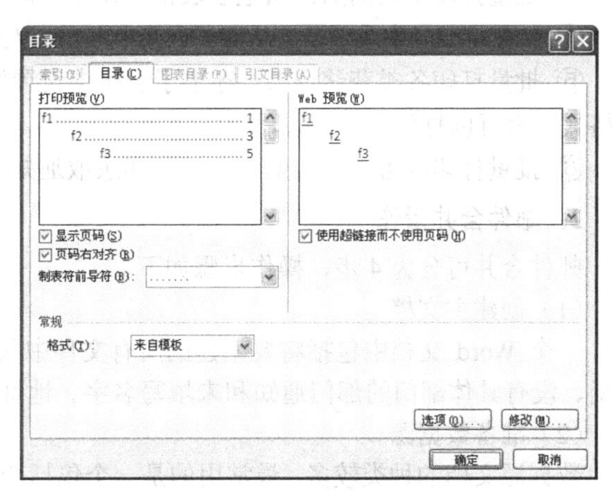

图 4-115　用自定义样式创建目录

2．更新目录

如果文档的内容或格式发生了改变，那么为了保持文档内容与目录的同步，目录的内容需要进行更新。

更新目录的操作步骤如下。

① 在已经生成的“目录区域”中单击，单击“引用”选项卡，单击“更新目录”按钮，或者按下功能键 F9，或者在已经生成的“目录区域”上单击鼠标右键，在弹出的快捷菜单中单击“更新

域”命令，这 3 种方法均可打开“更新目录”对话框，如图 4-116 所示。

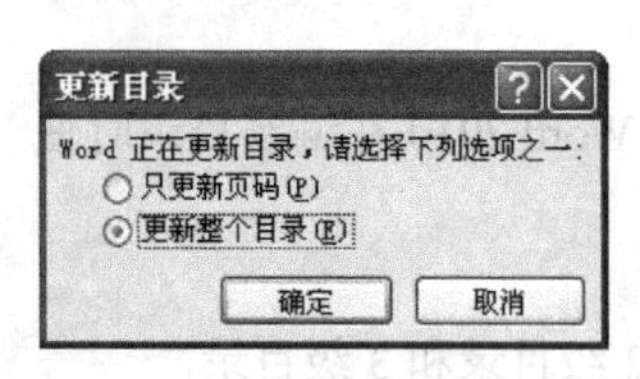

图 4-116 “更新目录”对话框

② 根据更新的情况选择“只更新页码”或“更新整个目录”。

③ 单击“确定”按钮，整个目录会刷新一遍，则与文档修改内容有关联的目录内容将变成新的内容。

3. 删除目录

删除目录的方法很简单，选定要删除的目录，按下 Delete 键，即可将选定的目录删除。

4.6.3 邮件合并

邮件合并是 Word 的一项高级功能，是办公自动化人员应该掌握的基本技术之一。掌握邮件合并的方法和技巧能提高办公效率。

创建一个要多次打印或要通过电子邮件发送给不同收件人的套用信函，需要使用邮件合并功能。在其中可以插入域（如“姓名”或“地址”），Word 可使用数据库或联系人列表中的信息，自动替换每份信函的相关域。

例如，当上级单位向下级单位发送会议通知时，公司向客户发送邀请函或给会员寄送卡片时，除接收人、联系方式等少许信息不同，其他内容是相同的。这种情况下，通过使用“邮件合并”功能，可以方便快捷地创建出需要的文件。

1. 邮件合并的应用范围

只要有主文档和数据源（电子表格、数据库等），就可以在 Word 中用邮件合并功能创建出用户所需的文件。因此，邮件合并的应用领域非常广。

① 批量打印信封：按统一的格式，将电子表格中的邮编、收件人地址和收件人打印出来。

② 批量打印信件：主要是从电子表格中调用收件人，修改称呼，信件内容基本固定不变。

③ 批量打印个人简历：从电子表格中调用不同字段的数据，每人一页，对应不同信息。

④ 批量打印学生成绩单：从电子表格中取出个人信息，并设置评语字段，编写不同的评语。

⑤ 批量打印各类获奖证书：在电子表格中设置姓名、获奖名称和等级，然后在 Word 中设置打印格式，就可以打印众多证书。

⑥ 批量打印准考证、明信片、请柬和录取通知书等。

2. 邮件合并操作

邮件合并可分为 4 步，操作步骤如下。

（1）创建主文档

一个 Word 文档中包括将要创建的所有文件中共同的内容，称为主文档（如未写名字的客户邀请函、没有具体部门的部门通知和未填写名字、地址的信封等）。

（2）准备数据源

数据源文档的种类较多，最常用的是一个包括变化信息（所有文件不相同部分）的数据源 Excel 文件（如填写的客户姓名、部门名称、收件人和邮编等）。这个数据源可以是 Excel 工作表，也可以是 Access 文件，还可以是 SQL Server 数据库文件。

（3）插入合并域

使用邮件合并功能在主文档中插入变化信息的字段名称或域名。

（4）完成并合并

“编辑单个文档”可以把这些信息输出到一个 Word 文档里面，以后直接打印这个文档就可以了。“打印文档”并不生成 Word 文档，而是直接打印出来。“发送电子邮件”则不生成文档直接发送邮件。

邮件合并就是主文档和数据源整合的过程。邮件合并必用的两个文档为主文档和数据源文档。邮件合并通过“邮件”选项卡来完成，如图 4-117 所示。“邮件”选项卡有 5 个选项组：创建、开始邮件合并、编写和插入域、预览结果和完成。

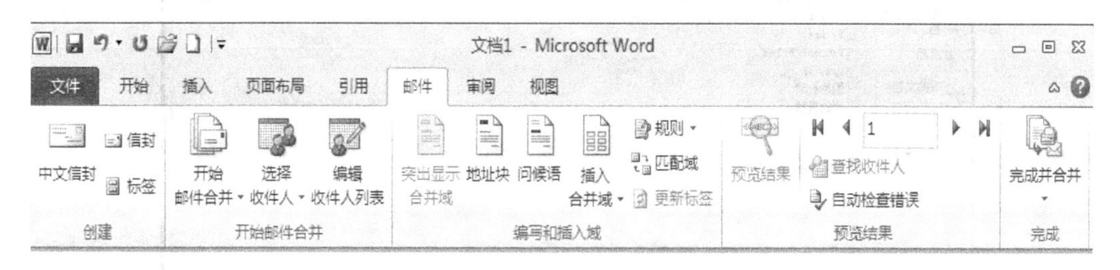

图 4-117　“邮件”选项卡

【邮件合并练习】制作 12 份如图 4-118 所示的通知，完成后合并到文档，命名为“合并通知”。要求如下。

① 建立主文档“通知.docx”。

② 建立数据源，内容见表 4-9，将数据源存放在“会议通知名单.docx”（或“会议通知名单.xlsx”）中。

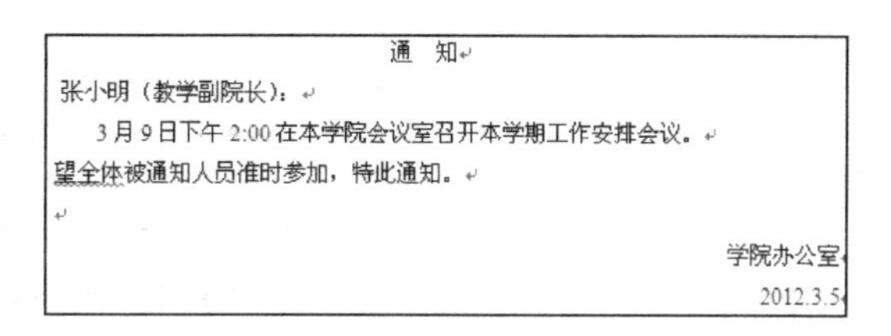
通　知

张小明（教学副院长）：

3 月 9 日下午 2:00 在本学院会议室召开本学期工作安排会议。

望全体被通知人员准时参加，特此通知。

学院办公室

2012.3.5

图 4-118　“通知”样张

表 4-9　数据源

姓　名	职　务	姓　名	职　务
张小明	教学副院长	刘　婷	计算机系主任
王平禄	院长秘书	董一品	经济系教务员
李平耀	经济系主任	许三多	管理系教务员
赵　婷	管理系主任	韩　进	数学系教务员
黄　明	数学系主任	车敏敏	会计系教务员
金　平	会计系主任	李　明	计算机系教务员

③ 在“通知.docx”文档中合适的位置插入名为“姓名”和“职务”的合并域，查看后完成并合并到文档“合并通知”中。

操作步骤如下。

① 新建一个空白文档，单击“邮件”选项卡，在“开始邮件合并”选项组中单击“开始邮件合并”按钮，然后在快捷菜单中单击“普通 Word 文档”命令（选择创建主文档的类型），在文档中输入通知内容并保存为“通知.docx”。

② 新建一个空白文档，制作表格（见表 4-9），保存为“会议通知名单.docx”。

③ 在“通知.docx”文档中，单击“邮件”选项卡，单击“选择收件人”按钮，在快捷菜单中单击“使用现有列表”（若没有数据源文件，则单击“输入新列表”），弹出“选取数据源”对话框，如图 4-119 所示，按照数据源的路径找到要插入的数据源文件，选择“会议通知名单.docx”，单击“打开”按钮，回到“通知”文档中。

④ 将插入点置于“()”前面，单击“插入合并域”按钮的上半部分，弹出“插入合并域”对话框，如图 4-120(a)所示，在“域”列表框中选择“姓_名”，单击“插入”按钮，将“姓名”域插入到文档中，或者将插入点置于“()”前面，单击“插入合并域”按钮的下半部分，在弹出的菜单中选择“姓_名”，如图 4-120(b)所示。将插入点置于括号内，单击“插入合并域”按钮的下半部分，

在弹出的菜单中选择“职_务”。最终效果如图 4-120(c)所示。

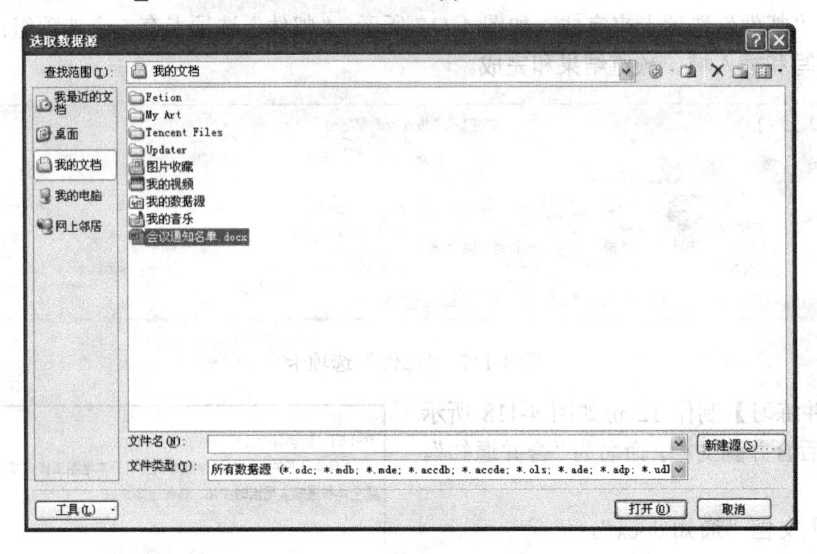

图 4-119 “选取数据源”对话框

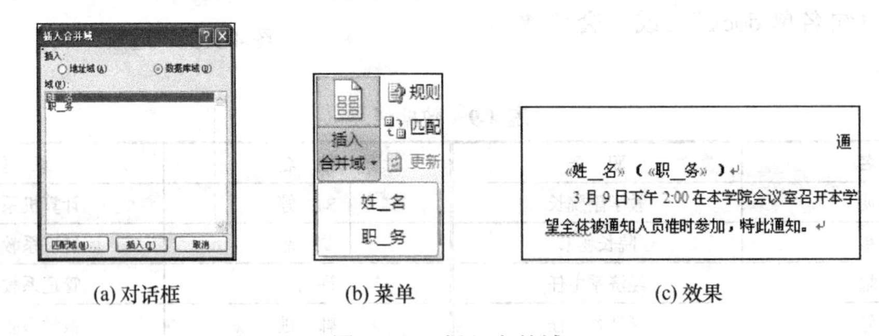

(a) 对话框　　(b) 菜单　　(c) 效果

图 4-120 插入合并域

⑤ 单击“预览结果”按钮，再单击 可以进行首记录、上一记录、下一记录、末记录的合并预览，单击“完成并合并”按钮，在菜单中单击“编辑单个文档”命令，如图 4-121(a)所示，弹出“合并到新文档”对话框，如图 4-121(b)所示，选中“全部”，单击“确定”按钮，完成邮件合并。

⑥ 保存为“合并通知”文档。

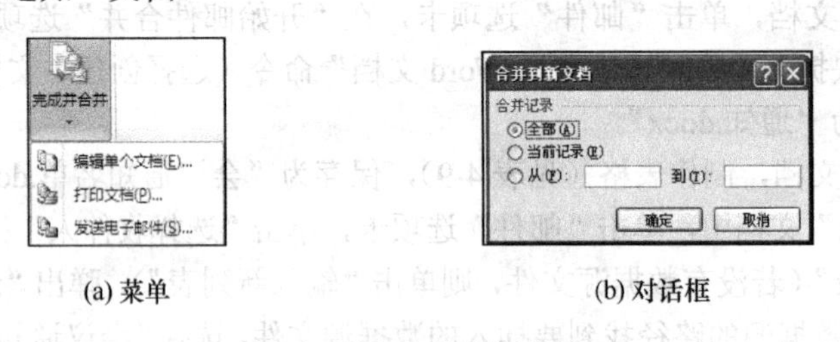

(a) 菜单　　(b) 对话框

图 4-121 合并到新文档

4.6.4 宏

宏是可用于自动执行某一重复任务的一系列命令。宏可自动执行经常使用的任务，从而节省击键和鼠标操作的时间。

但是，某些宏可能会引发潜在的安全风险。具有恶意企图的人员可以在文件中引入破坏性的宏，从而在计算机或网络中传播病毒。所以，可以在信任中心启用或禁用宏（执行“文件”→“选项”命令，在弹出的“Word 选项”对话框中选择“信任中心”，在右侧单击“信任中心设置”按钮进行相关设置）。

1. 录制宏

单击“视图”/“开发工具”选项卡，单击“宏”下拉列表中的“录制宏”按钮。

【录制宏练习】制作一个宏，要求在文档中插入“机密 1”样式的水印，保存为“插入水印”文档。

操作步骤如下。

① 打开一个空白文档，选择“视图”/“开发工具”选项卡，单击“宏”快捷菜单中的“录制宏”按钮，弹出“录制宏”对话框，如图 4-122 所示，在“宏名”文本框输入“插入水印”，单击“确定”按钮。

② 当光标变为磁带形状时，开始录制宏，单击“页面布局”选项卡，在“页面背景”选项组中单击“水印”，在快捷菜单中选择“机密 1”样式。

③ 单击“视图”/“开发工具”选项卡，单击“宏”快捷菜单中的“停止录制”按钮，完成宏的录制。

2. 运行宏

单击“视图”/“开发工具”选项卡，单击“宏”快捷菜单中的“查看宏”按钮（或按 Alt+F8 组合键），弹出“宏”对话框，如图 4-123 所示，在列表中选择要运行的宏，在右侧单击“运行”按钮。

运行宏“插入水印”，则会在文档中实现自动插入水印效果。

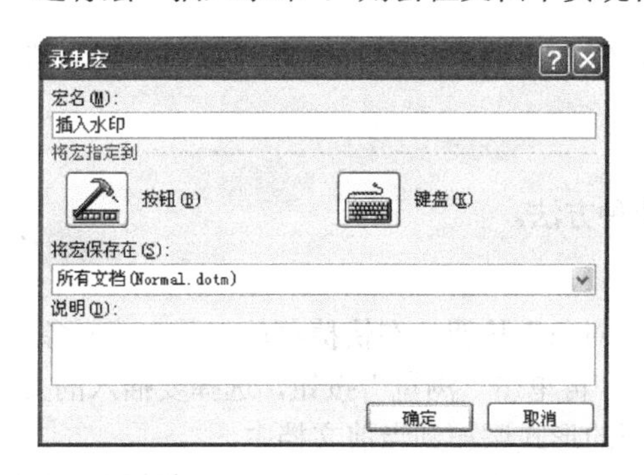

图 4-122　“录制宏”对话框

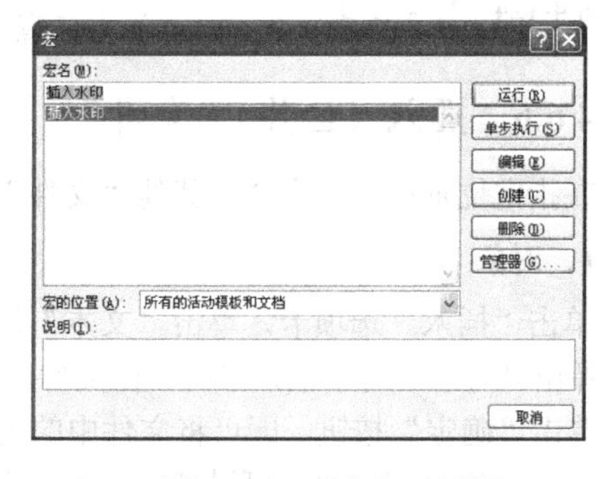

图 4-123　“宏”对话框

3. 删除宏

单击“视图”/“开发工具”选项卡，单击“宏”快捷菜单中的“查看宏”按钮，弹出“宏”对话框，在列表中选择要删除的宏，在右侧单击“删除”按钮。

4.6.5　打印及输出

1. 打印预览

打印之前，可以在屏幕上观察打印的效果。如果预览的效果不能满足要求，可重新排版后再次预览，直至达到要求为止。这样既可以节省纸张，又可以提高工作效率。

① 执行“文件”→“打印”命令，在右边可以看到打印预览效果。

② 默认文档中，界面上没有“打印预览”按钮，可以添加“打印预览和打印”按钮，方法如下。

执行“文件”→“选项”命令，弹出“Word 选项”对话框，然后单击“快速访问工具栏”选项，在“从下列位置选择命令”列表中选择“打印预览选项卡”，再在下面的列表框中选择“打印预览和打印”，单击“添加”按钮。在右侧列表单击新增的“打印预览和打印”命令，最后单击“确定”按

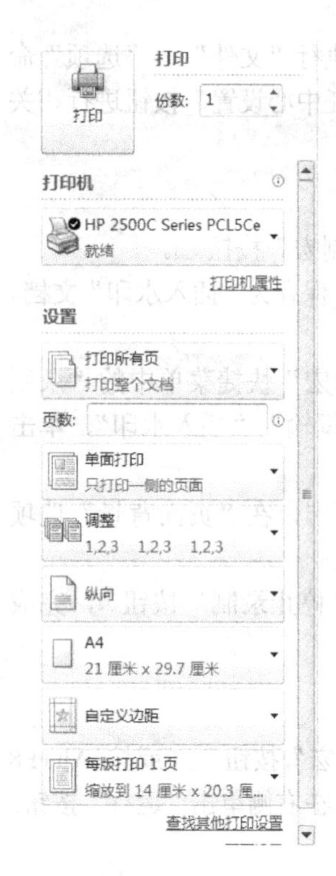

图 4-124 打印设置

钮，即可在“快速访问工具栏”看到“打印预览和打印”按钮。

单击“快速访问工具栏”中的“打印预览和打印”按钮，可以在屏幕上直接看到打印的效果，单击任意一个选项卡（如“开始”选项卡）都可以退出打印预览模式，返回到文档中。

2．打印

执行“文件”→“打印”命令，在右边会弹出两个窗格，一个是“打印设置”，一个是“打印预览”。

打印设置窗格如图 4-124 所示，可以进行如下设置。

① 打印份数：设置需要打印的份数，选择或输入数值。

② 打印机：如果有多台打印机，则在下拉列表框中进行选择。

③ 设置：可以设置打印页数，打印所有页，打印当前页和自定义页数。

④ 页数：自定义打印范围，输入的页码之间用逗号隔开，连续页码用短横线连接，如 1，3，5 和 12-20。

⑤ 单面打印：设置单面打印/手动双面打印。

⑥ 纵向：设置页面纵向/横向。

⑦ A4：设置纸张大小。

⑧ 每版打印 1 页：在列表中可以设置每版打印几页，系统会等比例缩小文档。

单击任意一个选项卡（如“开始”选项卡）都可以返回到文档中。

4.6.6 插入（合并）“文件”

在指定位置插入（合并）其他“文件”，有如下两种方法。

1．对象

单击“插入”选项卡，单击“文本”选项组中的“对象”按钮，在快捷菜单中单击“对象”命令，弹出“对象”对话框，单击“由文件创建”选项卡，再单击“浏览”按钮，选择要插入的文件，最后单击“确定”按钮，即可将文件中的内容以文本框的形式添加到当前文档中。

在插入的内容上双击可以打开另外一个 Word 文档，里面会显示插入的内容，同时可以编辑修改，完成后单击右上角的“关闭”按钮退出，可回到文档中。

2．文件中的文字

单击“插入”选项卡，单击“文本”选项组中的“对象”按钮，在快捷菜单中单击“文件中的文字”命令，弹出“插入文件”对话框，选择要插入的文件，单击“插入”按钮，即可将文件中的内容添加到当前文档中，变成文档的一部分（就像用户自己编辑的一样），可以直接在文档中进行编辑。

4.6.7 修订

单击“审阅”选项卡，在“修订”选项组中单击“修订”按钮，整个按钮会变成橘色底纹，代表开启“修订”功能，再次单击则关闭“修订”功能。还可以设置显示的状态、显示浏览上一条或下一条修订。

修订功能打开后，在文档中编辑过的内容都以批注框的形式反馈给用户，如图 4-125 所示，批注框中注明了这里具体修改的内容。

图 4-125　修订功能

如果文档没有出现这种批注框，则进行以下设置：单击“显示标记”按钮，在快捷菜单中将光标移到“批注框”上面，勾选级联菜单中的“在批注框中显示修订”。

单击“接受”按钮或“拒绝”按钮可全部或部分接受或拒绝修订内容。

实战练习

实验一　文档的新建和保存、字体、段落格式设置

（1）新建文档，将其保存到“task/word/”文件夹下，文件名为“2-1.docx”，并设置打开密码为“passwd”。

（2）打开本书配套资源文件夹中的文档“task/word/2-2.docx”，进行如下操作，然后按同名保存该文档。（本书上机实验所用素材可从本书配套资源文件夹中获取，可登录华信教育资源网下载。）

① 在文档第 1 段的上面插入标题“笑”。

② 在标题的下面插入 1 行，并输入“作者：冰心”。

③ 将正文的第 2 自然段从“这笑容仿佛在哪儿看见过似的，什么时候，我曾……”处分成两段。

④ 将文档中的“思考”改为蓝色、加粗，并将“想”改为带双下画线。

⑤ 将文档的第 2 行设置为宋体，小五号字，倾斜，蓝色，右对齐，字体效果为橄榄色，18pt 发光，强调文字颜色 3。

⑥ 将正文第 1 自然段的字符间距加宽 3 磅。

⑦ 将正文第 1 自然段首行缩进两个汉字的位置，行距设为 1.5 倍，段前、后间距为 6 磅，对齐方式为两端对齐。

⑧ 在文档后面空 1 行后，增加如图 4-126 所示的几行内容。

冰心妙语录： 指点我吧，我的朋友！我是横海的燕子，要寻觅隔水的窝巢。 春何曾说话呢？但她那伟大的、潜隐的力量，已这般地，温柔了世界了！

图 4-126　添加内容

⑨ 将新增加的第 1 行设为红色，三号字，粗体，以绿色填充作为突出显示。

⑩ 给新增加的第 2、3 行加上项目符号“♣”。

⑪ 给新增加的 3 行加上 1.5 磅粗的、带阴影的蓝色边框。

⑫ 给新增加的 3 行加上 50%图案的黄色底纹。

（3）打开文档“task/word/2-3.docx”，按如图 4-127 所示的样张进行多级项目符号设置，然后按同名保存该文档。

一级编号位置为左对齐，对齐位置为 0 厘米，文字缩进位置为 0.75 厘米。二级编号位置为居中，对齐位置为 1 厘米，文字缩进位置为 2 厘米。

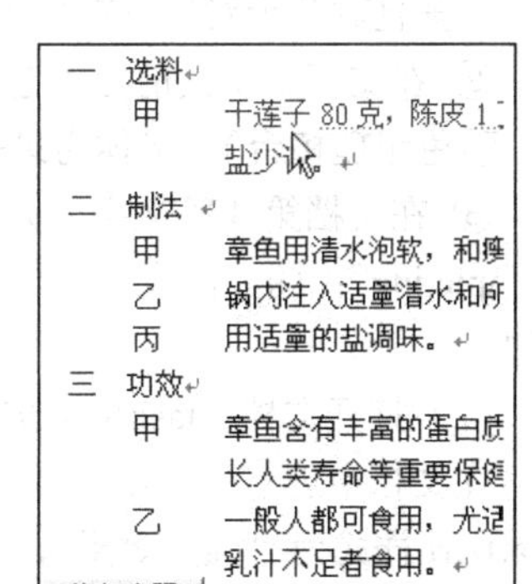

图 4-127　样张

实验二　文档页面格式设置、格式复制

（1）打开文档“task/word/2-4.docx”，并对其进行如下的版面设置，然后按同名保存该文档。

① 将文档正文第 3 自然段分成间距为 1 厘米、等栏宽的、带有分隔线的两栏。

② 将文档正文第 4 自然段分成带分隔线的 3 栏，栏宽分别为 3、4、6 厘米。

③ 取消文档正文第 5 自然段的分栏。

④ 将文档开始至正文第 5 自然段的内容设置在第 1 页上，第 6～10 自然段的内容设置在第 2 页上，其余置于第 3 页上。

⑤ 在文档的页脚设置页码，并将页码居中。

⑥ 给奇数页的页眉加上“小桔灯”字样，并居中；给偶数页的页眉加上“作者：冰心”字样，右对齐。

（2）打开文档“task/word/2-5.docx”，进行如下操作，然后按同名保存该文档。

① 将文档第 1 段（即标题“笑”）设置为 Word 的内置样式“标题 1”。

② 新建一个名为“CharType”的字符样式，该样式的格式为：中文字体为宋体，西文字体为 CourierNew，字形为粗体，字号为三号，字体颜色为红色，带双下画线。

③ 新建一个名为“作者行”的以“正文”为基准样式的段落样式，该样式的格式为：段落左右不缩进，首行不缩进，段前、后间距为 0 磅，单倍行距，右对齐，绿色底纹，中文字体为华文楷体，西文字体为 CourierNew，字形为倾斜，字号为五号，字体颜色为白色。

④ 将文档第 2 段（即带有文字“作者：冰心”的段落）设置成“作者行”样式。

⑤ 修改样式“标题 1”，使其中的段落文字“水平居中”。

⑥ 修改样式“正文”，使其首行缩进 0.75 厘米，行距为 1.5 倍，段后间距为 6 磅，字符颜色为蓝色，字号为小四。

⑦ 将文档正文中所有自然段的格式设置成“正文”样式。

⑧ 在文档的末尾增加一个新的段落，段落内容为“**********”，将文档第 2 段（即带有文字“作者：冰心”的段落）的样式复制给新增加的段落。

实验三　图文混排

（1）打开文档“task/word/2-6.docx”，进行如下操作，然后按同名保存该文档。

① 在文档第 3 段中插入一竖排文本框并输入文字“埃及古金字塔”，文本框格式设置为：阴影颜色黄色、透明度 45%，文本框高度为 2.75 厘米、宽度为 1 厘米，文本框水平对齐方式为相对于栏居中，垂直对齐绝对位置在段落下侧 1 厘米，文字环绕方式为四周型。

② 在文档第 1 段前插入艺术字，艺术字内容为“古典音乐”，选择第 5 行第 3 列样式（填充红色，暖色粗糙棱台）；字体为隶书，字号为 44 磅，文字环绕方式为四周型。

③ 在文档第 4 段文字，为“既有美学价值又有实用价值。”后面紧接着插入一幅图片，图片来自“\pic.jpg”；图片高度为 7.55 厘米，宽度为 7.33 厘米，文字环绕方式为紧密型，环绕文字方式为两边。

（2）打开文档“task/word/2-7.docx”，进行如下操作，然后按同名保存该文档。

在文档中创建一个如图 4-128 所示的组织结构图。图形要求：高度为 300 磅，宽度为 468 磅，SmartArt 样式为“强烈效果”，文字大小为 14 磅。

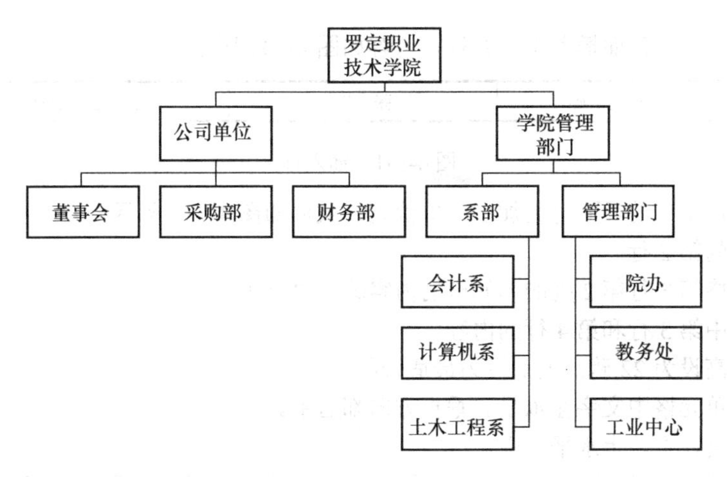

图 4-128　组织结构图

（3）打开文档“task/word/2-8.docx”，插入如下几个数学公式，然后按同名保存该文档。

$$f(x)=\int_{1}^{x}\frac{-mx}{\left(x^2+y^2+z^2\right)^{3/2}}\mathrm{d}x$$

$$\frac{\partial x}{\partial y}=\frac{xz-2\sqrt{xyz}}{\sqrt{xyz}-xy}$$

$$T=\left(x^2+y^2\right)\frac{2x-\sqrt{3xy^4}}{x^2y^2}\mathrm{e}^y+\sqrt{\frac{2kD^2}{\sum_{j=1}^{2}h_jD_j}}$$

（4）打开文档“task/word/2-9.docx”，进行如下操作，然后按同名保存该文档。

利用“形状”绘制如图 4-129 所示的五星红旗（灵活使用各种线条和形状）。

① 旗面为红色。

② 绘制大五角星和 4 颗小五角星，注意边线和填充颜色均为黄色。

③ 调整图形的叠放次序（不需要可以不调整）。

④ 利用“线条”中的“直线”工具，绘制旗杆。

⑤ 选择合适的工具绘制旗杆头，并设置形状填充为“浅色变体，现行对角，左上到右下”。

⑥ 使用图形的“组合”功能，把各图案组合为整体。

图 4-129　绘制五星红旗

实验四　Word 的表格操作

打开文档“task/word/2-10.docx”，进行如下操作，然后按同名保存该文档。

① 在文档中建立如图 4-130 所示的表格。

书　名	作　者	出版社
ASP 应用大全	廖信彦	清华大学出版社
网页制作简介	张明	电子工业出版社
电子商务实践	李华	中国金融出版社
实用公关英语	王明强	海南出版社
英语语法教程	杨依莛	学苑出版社

图 4-130　表格

② 在表格第 4 行的后面插入 1 个新行，内容如图 4-131 所示。

计算机应用基础	张　靖	电子工业出版社

图 4-131　插入行

③ 在表格最后 1 列的后面再增加 1 个单价列，数据如图 4-132 所示。

④ 删除表格的第 2 行。

⑤ 将位于表格第 3 行第 2 列的单元格的内容改为“赵平平”。

⑥ 交换表格中第 3 行和第 4 行的内容。

⑦ 将表格行高设为 22 磅，列宽设为最适合的宽度。

⑧ 使表格各单元格中文字在水平、垂直方向都居中。

⑨ 使整个表格在页面上水平居中。

⑩ 将表格的第 2、3 列改为如图 4-133 所示的内容，行高仍为 22 磅，列宽仍为最适合的宽度。

单　价
65
20
30
25
26
40

图 4-132　插入列

第一作者	第二作者
张明	王平
张靖	张玲
赵平平	姚志新
王明强	金志培
杨依莲	李纹

图 4-133　修改内容

⑪ 将整个表格从第 5 行处拆分成两个表格。

⑫ 复制第 1 个表格的第 1 行，并将其插入在第 2 个表格的第 1 行前。

⑬ 给第 1 个表格加上 1 行高为 22 磅的、横跨表格各列的标题行“计算机图书清单”，并使其中的文字在水平和垂直方向都居中。

⑭ 给第 2 个表格加上 1 行高为 22 磅的、横跨表格各列的标题行“英语图书清单”，并使其中的文字在水平和垂直方向都居中。

⑮ 给两个表格加上 1.5 磅粗的蓝色外边框。

⑯ 给两个表格的标题行加上 85%的绿色填充图案。

⑰ 合并两个表格，合并后的表格如图 4-134 所示。

计算机图书清单				
书名	第一作者	第二作者	出版社	单价
网页制作简介	张明	王平	电子工业出版社	20
计算机应用基础	张靖	张玲	电子工业出版社	25
电子商务实践	赵平平	姚志新	中国金融出版社	30
英语图书清单				
书名	第一作者	第二作者	出版社	单价
实用公关英语	王明强	金志培	海南出版社	26
英语语法教程	杨依莲	李纹	学苑出版社	40

图 4-134　合并表格

⑱ 在表格后空 1 行，输入如下文本：

书名，作者，出版社

围棋人生，聂卫平，中国文联出版社
黄金时代，王小波，花城出版社
围城，钱钟书，人民文学出版社
并将上述文本转换成表格。

⑲ 将转换后的表格文字设为蓝色、五号字。

实验五　邮件合并及域的操作、目录、链接、各类注释、修订功能的操作

（1）打开文档“task/word/2-11.docx”，进行如下操作，然后按同名保存该文档。

① 在文档中输入如图 4-135 所示的内容。

被通知人姓名：
被通知人职务：

通　　知

兹定于下星期二下午 2:00 在本系会议室召开第三次职工代表大会。
望全体被通知人员准时出席，特此通知。

罗定职业技术学院

图 4-135　输入内容

② 在文档的最后增加一新行，在该新行上插入一格式为“yyyy-mm-dd”的当前日期域，并使其右对齐。

③ 利用邮件合并功能为文档建立具有如图 4-136 所示的数据源，并将数据源存放在“task\word\会议通知名单.docx”中。

被通知人姓名	被通知人职务
张明	系主任
李平	系办公室主任
王平	行政秘书
李萌	科研秘书

图 4-136　数据源

④ 在文档的“被通知人姓名：”和“被通知人职务：”的后面分别插入名为“被通知人姓名”和“被通知人职务”的合并域，查看邮件合并的效果。

（2）如图 4-137 样张所示，以“2-12.docx”文件作为主文档，“通讯录.docx”文件作为数据源，进行邮件合并。

通知
李进先生
兹定于 2 月 20 日下午 2 时整在图书馆报告厅召开全体教师大会，校领导将对新学期教学工作提出要求。会议重要，务必准时出席为盼。
顺致
敬礼
罗定职业技术学院
2017 年 2 月 10 日

图 4-137　样张

① 在相应位置插入合并域“姓名”，并设置成楷体，小四号字。

② 根据性别分别在姓名右边加上“先生”或“女士”称谓，例如，李进先生或张芳女士。

③ 设置此通知只发送给所有的女教师，查看邮件合并的效果。

（3）打开文档“task/word/2-13.docx”，进行如下操作，然后按同名保存该文档。

① 将文档中的繁体字全部转化为简体字。

② 在第一个“青春”处添加一个书签，名为“青春”；为文本“青春纪念册”插入超链接，链

接对象为书签“青春”。

③ 对文本“链接到FTP”设置超链接，实现功能：按住Ctrl键并单击“链接到FTP”，可以链接到服务器ftp://192.168.1.200，对服务器进行访问。

④ 对文本“发送邮件”设置超链接，实现功能：按住Ctrl键并单击文本“发送邮件”，可以链接到yulianlf@163.com，屏幕提示“问题反馈”。

（4）目录应用：打开“2-14.docx”文档，完成以下操作（文本中每个回车符作为一个段落，没有要求操作的项目请不要更改）。

① 将文档中原应用样式“目录1”的段落应用为名称“一级目录”的样式。

② 将文档中原应用样式“目录2”的段落应用为名称“二级目录”的样式。

③ 将文档中原应用样式“目录3”的段落应用为名称“三级目录”的样式。

④ 在文档最后“目录”下方创建三级目录，目录中显示页码且页码右对齐。

（5）打开文档“task/word/2-15.docx”，进行如下操作，然后按同名保存该文档。

① 选定标题段落并插入批注，批注内容为文本中的字符数（如文本字符数为500，批注内只需填500，文本字符总数不含批注）。

② 在“甘肃华亭莲花台”的后面插入脚注，脚注位置为文字下方，脚注文字为“秦皇祭天第一坛”。

③ 打开修订功能，将标题段落设置为居中；将第三段文字中“是关山之次高峰”中的“次”字改为“最”字。

实验六 毕业论文的格式编辑

打开文档“task/word/2-16.docx”，进行如下操作，然后按同名保存该文档。

（1）论文页面设置

① 页边距：上边距为30mm，下边距为25mm，左边距为30mm，右边距为20mm，行间距为1.5倍行距，只指定行网格，每页42行。

② 页眉：论文页眉从绪论部分开始，至附录，居中对齐。奇数页页眉为论文题目，偶数页页眉为“罗定职业技术学院”。

③ 页码：论文页码从绪论部分开始，至附录，用阿拉伯数字连续编排，页码位于页脚右侧。封面、中英文设计说明（论文摘要）和目录不编入论文页码。

（2）字体和段落格式设置

① 章标题：三号字，黑体，加粗，居中对齐，1.5倍行距，每章应另起一页。

② 节标题：小四号字，黑体，加粗，左对齐，段前距和段后距各为0.5行，1.5倍行距。

③ 条标题：小四号字，黑体，左对齐，段前距和段后距各为0.5行，1.5倍行距。

④ 正文：小四号字，宋体，1.5倍行距，首行缩进2字符，左对齐。

⑤ 页码：小五号字，Times New Roman字体。

⑥ 数字和字母：Times New Roman字体。

⑦ 中文摘要：“摘要”字样设置为三号字，黑体，加粗；摘要正文和关键词设置为小四号字，宋体，1.5倍行距。

⑧ 英文摘要：英文摘要另起一页，英文和汉语拼音一律为Times New Roman字体，字号与中文摘要相同。

⑨ 参考文献：小四号字。

（3）在文档3.4原型法的开发过程一节，在文字“图3.1 原型法的工作流程”上方新建绘图画布，然后在画布中使用形状工具画出如图4-138所示的流程图，并设置图片格式布局为“嵌入型文字环绕”，图片高度为6cm，宽度为5cm。

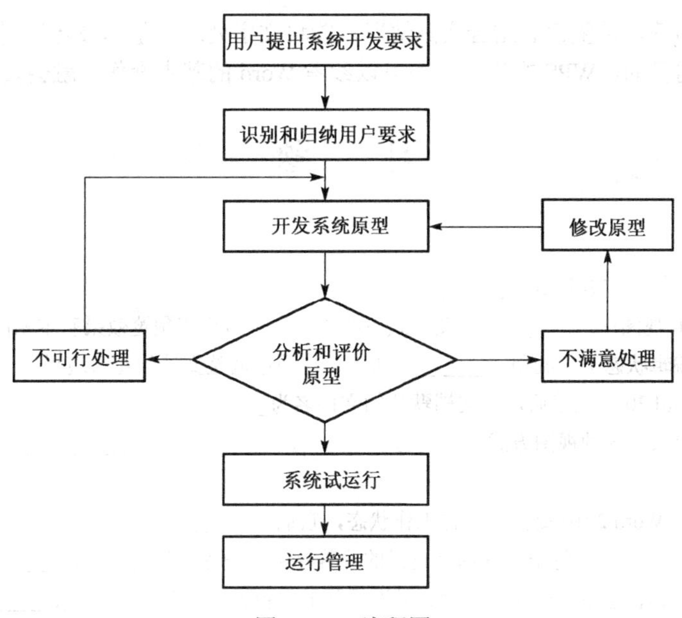

图 4-138　流程图

（4）公式录入

在文档最后一节附录中输入如下公式。

$$S = \lim s(\Delta) \lim \sum_{i-1}^{n} \sqrt{1+\left[\int(\varepsilon)\right]^{2}} \Delta x$$

$$\lim \frac{\text{arlan}(a^{3}\sqrt{x^{3}-1-1})}{\sqrt[5]{1+\sqrt[3]{x^{2}-1-1}}} = (5\text{Lina})$$

实验七　制作成绩单

在文件夹“task/word/”中新建“成绩通知单.docx”，在其中插入一个 4 行 2 列的表格，外边框为 1.5 磅双实线，内边框为 0.5 磅细实线，在单元格中分别输入如图 4-139 所示的成绩单信息，并以该表格作为成绩单模板，使用“task/word”文件夹中“成绩表.xlsx”数据作为数据源，批量生成学生成绩单，每页生成 8 张成绩单。

2016-2017 学年上学期各科成绩单

班级：　　　　　　　　姓名：

科目	成绩
英语成绩	
计算机基础成绩	
物理成绩	
体育成绩	
平均分	

注：下学期于2月5日开学，2月8日正式上课

图 4-139　成绩单

本章小结

文字处理是大学生必须掌握的基本技能，Word、WPS 文字都是当下流行的文字处理软件，本章主要介绍了 Word 2010 的应用，包括文档的基本操作、文本的编辑、文档的排版、图文混排、表

格制作、文档的打印等，希望读者结合实际情况，能将文字处理的基本技巧运用到学习和工作中，真正达到学以致用的目的。WPS 文字的使用可以参考 Word 的基本操作，融会贯通。

习　题

1．填空题

（1）Word 2010 文件的扩展名是________。

（2）在 Word 2010 视图中，________视图方式下的显示效果与打印预览效果基本相同。

（3）Word 2010 编辑状态下，利用________可快速、直观地调整文档的左右边界。

（4）新建一个 Word 2010 文档后，该文档默认的文件名为________。

（5）Word 2010 提供了 5 种视图方式，分别为________、________、________、________和________，启动时默认为________。

（6）在状态栏中，Word 2010 提供了两种工作状态，它们是________和________。

（7）在 Word 2010 文档中，每个段落都有自己的段落标记，段落标记的位置在________。

（8）Word 2010 编辑状态下，剪切、复制、粘贴操作的快捷键分别为________、________和________。

（9）在 Word 2010 编辑状态中，选中一个句子的操作是，将插入光标定位在待选句子中的任意处，然后按住________键后，单击鼠标。

2．选择题

（1）在 Word 2010 文档编辑中，按____键可以删除插入点左边的字符。

A．Delete　　B．Backspace　　C．Ctrl+Delete　　D．Ctrl+Backspace

（2）执行____命令，可恢复刚删除的文本。

A．撤销　　B．消除　　C．复制　　D．粘贴

（3）当 Word 2010 的“剪切”和“复制”命令呈灰色显示时，则表示____。

A．选定的内容是页眉或页脚　　B．选定的文档内容太长，剪贴板放不下

C．剪贴板里已经有信息了　　D．在文档中没有选定任何信息

（4）下列操作中，____不能将选定的内容复制到剪贴板上。

A．单击“剪贴板”组中的“复制”按钮　　B．单击“剪贴板”组中的“剪切”按钮

C．单击快捷菜单中的“复制”命令　　D．按 Ctrl+C 组合键

（5）文档编辑排版结束，要想预览其打印效果，应选择 Word 2010 中的____功能。

A．打印预览　　B．模拟打印　　C．屏幕打印　　D．打印

（6）在 Word 文档编辑中，文字下面有红色波浪下划线表示____。

A．对输入的确认　　B．可能有错误　　C．可能有拼写错误　　D．已修改过的文档

（7）Word 2010 中将插入点移到文档尾部的快捷键是____。

A．Ctrl+Home 组合键　　B．Ctrl+End 组合键

C．Ctrl+PageUp 组合键　　D．Ctrl+PageDown 组合键

（8）能够切换插入和改写两种编辑状态的操作是____。

A．按 Ctrl+C 组合键　　B．用鼠标单击状态栏中的“改写”

C．按 Shift+I 组合键　　D．用鼠标双击状态栏中的“改写”

（9）下列关于文档分页的叙述，错误的是____。

A．分页符也能打印出来

B．Word 2010 文档可以自动分页，也可以人工分页

C．将插入点置于硬分页符上，按 Delete 键便可将其删除

D．分页符标志前一页的结束，一个新页的开始

（10）在普通视图方式下，自动分页处显示____。

A．页码　　B．一条虚线　　C．一条实线　　D．无显示

（11）下列关于页码、页眉、页脚的叙述，正确的是____。

A．页码是系统自动设定的，页眉、页脚需要人为设置

B．页码、页眉和页脚需要人为设置

C．页码就是页眉和页脚

D．页眉和页脚不能是图片

（12）Word 2010 具有分栏功能，下列关于分栏的说法中正确的是____。

A．最多可分 4 栏　　B．各栏的宽度必须相同

C．各栏的宽度可以不同　　D．各栏之间的间距是固定的

（13）将文字转换成表格的第一步是____。

A．调整文字的间距

B．选择要转换的文字

C．单击“插入”选项卡中“表格”组中的“文本转换成表格”命令

D．设置页面格式

（14）在 Word 2010 表格计算中，公式=SUM(A1,C4)的含义是____。

A．1 行 1 列与 3 行 4 列元素相加　　B．1 行 1 列到 1 行 4 列元素相加

C．1 行 1 列与 1 行 4 列元素相加　　D．1 行 1 列与 4 行 3 列元素相加

（15）在 Word 2010 文档编辑中，对所插入的图片不能进行的操作是____。

A．放大或缩小　　B．从矩形边缘裁剪

C．修改其中的图形　　D．复制到另一个文件的插入点位置

（16）在 Word 2010 中，关于设置页边距的说法不正确的是____。

A．用户可以使用“页面设置”对话框来设置页边距

B．用户既可以设置左、右页边距，也可以设置上、下页边距

C．页边距的设置只影响当前页

D．用户可以使用标尺来调整页边距

3．问答题

（1）简述 Word 2010 的窗口组成。

（2）启动 Word 2010 的常用方法有哪几种？

（3）保存文档的三要素是什么？

（4）若想对一页中的各个段落进行多种分栏，如何操作？

（5）如果文档中的内容在一页没满的情况下要强制换页，如何操作？

第 5 章　电子表格软件 Excel 2010

导读

Excel 2010 是 Office 2010 系列中的电子表格软件。它具有丰富的宏命令和函数，以及强有力的数据管理功能，极大地提高了工作效率，广泛应用于财务、行政、金融、经济、审计和统计等众多办公领域中。本章的主要内容包括：在 Excel 2010 中输入数据，数据的编辑和格式处理，利用公式进行数据的运算，制作图表以反映数据之间的关系，以及用 Excel 2010 进行数据管理。

学习目标

- 熟悉 Excel 的功能和窗口
- 掌握 Excel 的启动、退出
- 掌握 Excel 工作表的建立及数据的编辑
- 掌握 Excel 公式与函数的使用
- 掌握 Excel 图表的制作
- 掌握 Excel 的排序筛选、分类汇总、合并计算和模拟分析功能

5.1　Excel 2010 概述

Microsoft Excel 2010 通过比以往更多的方法分析、管理和共享信息，帮助用户做出更好、更明智的决策。全新的分析和可视化工具可跟踪和突出显示重要的数据趋势，利用它可以在移动办公时从 Web 浏览器或移动终端上访问用户的重要数据，甚至可以将文件上传到云端并与其他人同时在线协作。现在人们常用的电子表格版本有 2003 版、2007 版、2010 版和 2013 版，最新版本为 Microsoft Excel 2016。本章叙述中所提到的 Excel，若无特别说明，均指 Excel 2010 中文版。

5.1.1　Excel 2010 的启动

启动 Excel 2010 一般有以下几种方法。

① 执行“开始”→“所有程序”→Microsoft Office→Microsoft Excel 2010 命令。

② 若桌面上有 Excel 2010 的快捷图标，双击该图标也可启动。

③ 双击扩展名为. xlsx（或.xls）的文件的图标，将启动 Excel 2010，并将该文件打开。

启动 Excel 2010 后，屏幕上显示如图 5-1 所示的工作界面，表明已进入 Excel 2010。

5.1.2　Excel 2010 的工作界面

从图 5-1 可以看到，Excel 2010 的工作界面由快速访问工具栏、选项卡、选项组、编辑栏、工作表标签、工作表区、显示比例工具栏等部分组成。

1. 快速访问工具栏

快速访问工具栏，顾名思义，就是将常用的工具摆放于此，帮助用户快速完成工作。预设的“快速访问工具栏”只有 3 个常用的工具，分别是“保存”“撤销”及“恢复”，如果想将自己常用的工

具添加到此区，可按下▼按钮进行设定。

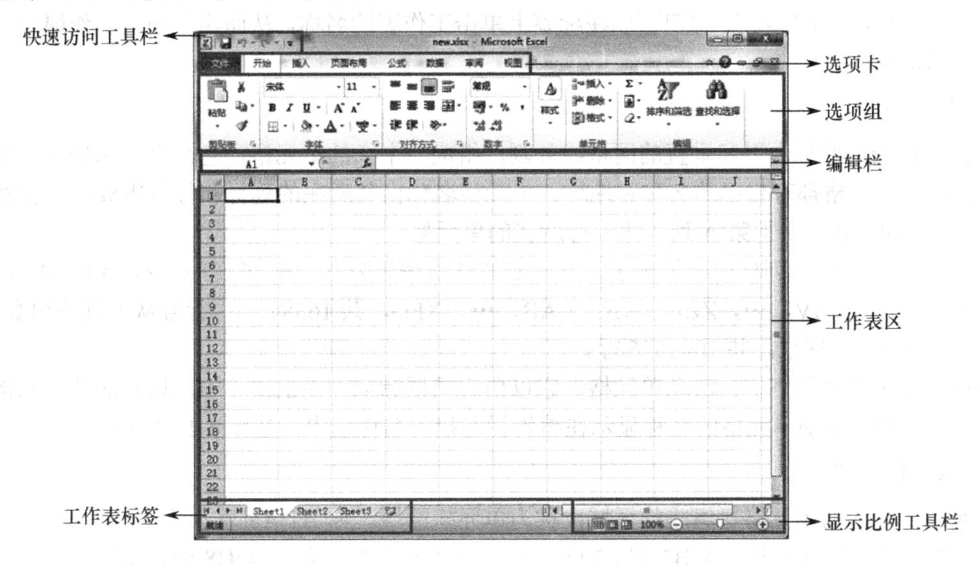

图 5-1　Excel 2010 的工作界面

2．选项卡

Excel 中所有的功能操作分门别类为八大功能，包括文件、开始、插入、页面布局、公式、数据、审阅和视图。各选项卡中收录相关的选项组，方便使用者切换、选用。

3．选项组

工作界面上半部的面板称为选项组，放置了编辑工作表时需要使用的工具按钮。开启 Excel 时预设会显示“开始”选项卡下的工具按钮，当单击其他的选项卡时，便会改变选项组所包含的按钮。

4．编辑栏

编辑栏的左端是名称框，用来显示当前活动单元格的名称；右端的文本框用来显示、输入或编辑单元格中的数据或公式。

5．工作表区

工作表区指的是工作表的整体及其中的所有元素，它由许多方格组成，是存储和处理数据的基本单元。

6．工作表标签

Excel 当前文件中所有的工作表都显示在该区域中，可以通过单击各标签，在不同的工作表之间进行切换。

7．显示比例工具栏

通过拖动显示比例工具栏的滑动块，可以等比例地放大或缩小工作表区。

5.1.3　Excel 2010 的基本概念

1．工作簿与工作表

工作簿是指在 Excel 2010 中用来存储并处理工作数据的文件，是 Excel 2010 存储数据的基本单位。一个工作簿就是一个 Excel 文件，以.xlsx 作为扩展名保存。图 5-1 标题栏中显示的 new.xlsx 就是正在编辑的工作簿的名称。

一个工作簿由若干张工作表组成，默认为 3 张，分别用 Sheet1、Sheet2、Sheet3 命名。工作表可根据需要增加或删除。工作表的名称显示在工作簿文件窗口底部的工作表标签里。当前工作表只有一个，称为“活动工作表”。用户可以在标签上单击工作表的名称，从而实现同一工作簿中不同工作表之间的切换。

2．单元格

每张工作表由若干水平和垂直的网格线分割，组成一个个的单元格，它是存储和处理数据的基本单元。每个单元格都有自己的名称和地址。单元格名称由其所在的列标和行号组成，列标在前，行号在后。如 A6 就代表了第 A 列、第 6 行所在的单元格。

在 Excel 2010 中，列标用字母表示，从左到右依次编号为 A，B，C，…，Z，AA，AB，…，AZ，BA，BB，…，IV，…，ZZ，AAA，AAB，…，XFD，共 16384 列。行号从上到下用数字 1，2，3，…，1048576 标记，共 1048576 行。

当前被选中的单元格称为活动单元格，它以白底黑框标记。在工作表中，只有活动单元格才能输入或编辑数据。活动单元格的名称显示在编辑栏左端的名称框中，在图 5-1 中显示为 A1。

3．单元格区域

一组连在一起的单元格所组成的区域，称为单元格区域。如 A1:A5 表示从 A1 到 A5 同一列的连续 5 个单元格，B3:F3 表示从 B3 到 F3 同一行的连续 5 个单元格，C4:H8 则表示以 C4、H8 为对角形成的矩形区域。

4．填充柄

活动单元格右下角有一个小黑色方块，称为填充柄。拖动填充柄可以将活动单元格的数据或公式复制到其他单元格中。

5.1.4 Excel 2010 的退出

完成工作簿的操作后，可采用以下方法退出 Excel 2010。

① 执行“文件”→“退出”命令。

② 单击“快速访问工具栏”中的按钮，在弹出的下拉菜单中单击“关闭”命令。

③ 单击标题栏中的“关闭”按钮。

如果没有对当前工作簿进行保存，退出时则会出现如图 5-2 所示的对话框，用户根据提示进行相应的操作后，Excel 2010 窗口将会关闭。

图 5-2 提示保存对话框

5.2 Excel 2010 基本操作

Excel 的基本信息元素包括工作簿、工作表、单元格和单元格区域等，本节主要对工作簿和工作表进行介绍。

5.2.1 工作簿操作

工作簿的基本操作主要有新建工作簿、保存工作簿、打开工作簿、关闭工作簿等。

1．新建工作簿

启动 Excel 2010 后，程序会自动创建一个工作簿。默认情况下，Excel 为每个新建的工作簿创建了 3 张工作表，其名称分别为 Sheet1、Sheet2 和 Sheet3。除在启动 Excel 时可新建工作簿之外，还可以使用以下方法来新建工作簿。

① 新建空白工作簿。执行“文件”→“新建”命令，双击“可用模板”区域的“空白工作簿”按钮，如图 5-3 所示。或者按 Ctrl+N 组合键，即可快速新建一个工作簿。新建工作簿后，Excel 将自动按照工作簿 1、工作簿 2、工作簿 3……的默认顺序为新工作簿命名。

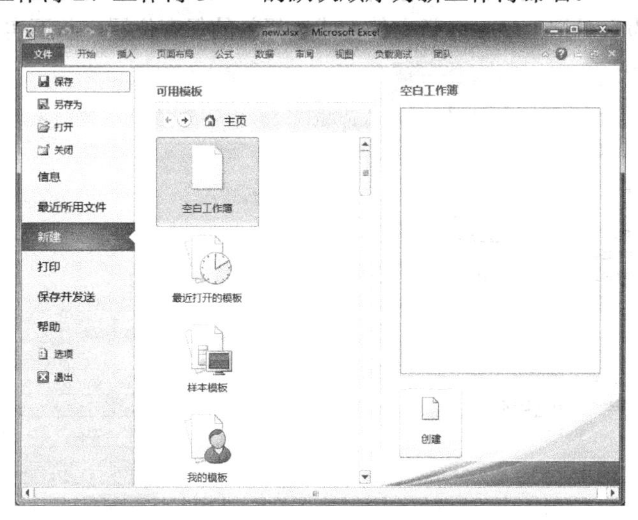

图 5-3　使用“新建”命令新建工作簿

② 使用样本模板新建工作簿。单击“可用模板”区域的“样本模板”按钮，接着从弹出的列表中选择与需要新建工作簿类型对应的模板，最后单击“创建”按钮，即可生成带有相关文字和格式的工作簿。使用这种方法大大简化了创建 Excel 工作簿的过程。

③ 根据现有内容新建工作簿。单击“可用模板”区域中的“根据现有内容新建”按钮，打开“根据现有工作簿新建”对话框，从中选择已有的 Excel 文件来新建工作簿，如图 5-4 所示。

图 5-4　“根据现有工作簿新建”对话框

2. 保存工作簿

保存工作簿有 3 种方法：一是单击“快速访问工具栏”中的“保存”按钮；二是执行“文件”→“保存”命令或“文件”→“另存为”命令；三是使用 Ctrl+S 组合键。

① 保存新文件。新创建的工作簿第一次按上述 3 种方法保存时，会弹出“另存为”对话框，

如图 5-5 所示。在该对话框中选择保存位置，输入文件名，单击“保存”按钮即可。

② 保存已有工作簿。对已经命名的工作簿的修改进行保存，可单击“快速访问工具栏”中的“保存”按钮或按 Ctrl+S 组合键。如果希望对工作簿备份或者更名，可通过执行“文件”→“另存为”命令，在“另存为”对话框中输入新文件名或选择新的保存位置，从而实现工作簿的备份。

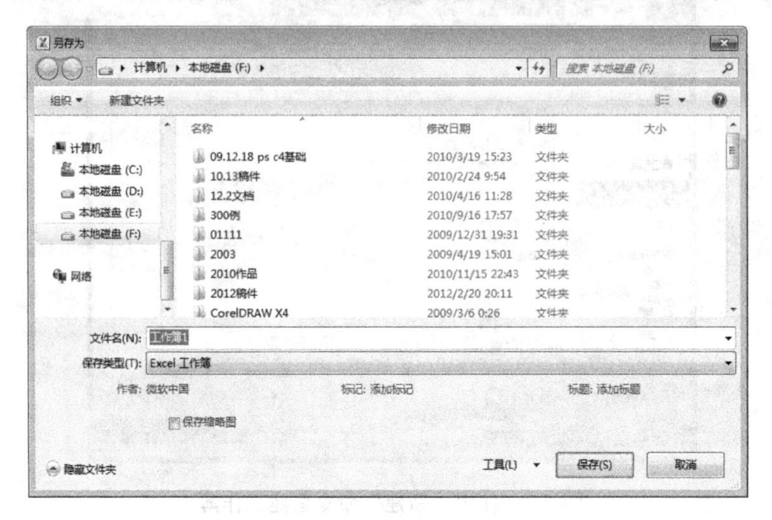

图 5-5 “另存为”对话框

③ 执行“文件”→“选项”命令，弹出“Excel 选项”对话框。单击左侧的“保存”选项，在右侧的“保存工作簿”区域中选中“保存自动恢复信息时间间隔”复选框，并设置间隔时间，然后再单击“确定”按钮即可，如图 5-6 所示。

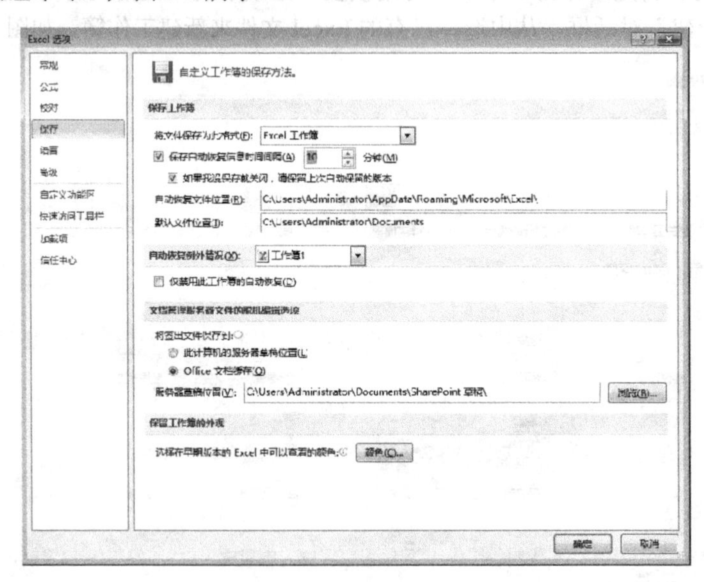

图 5-6 “Excel 选项”对话框

3．打开工作簿

执行“文件”→“打开”命令或单击“快速访问工具栏”中的“打开”按钮，在弹出的“打开”对话框中选择要打开的工作簿，然后单击“打开”按钮，即可一次打开一个或多个工作簿，“打开”对话框如图 5-7 所示。

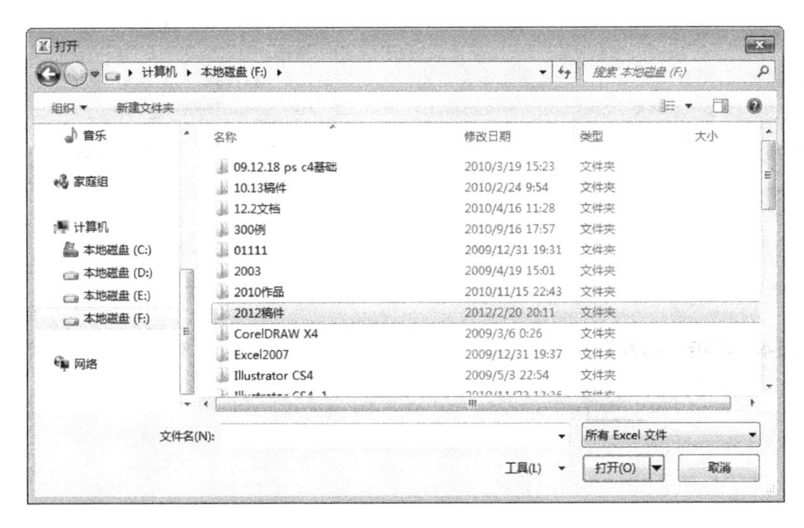

图 5-7 “打开”对话框

4. 关闭工作簿

当完成对某个工作簿的编辑后，如需关闭，执行“文件”→“关闭”命令。如果文件尚未保存，则会弹出对话框询问是否保存所做的修改。如果要关闭当前打开的所有工作簿，可以按住 Shift 键，再执行“文件”→“关闭”命令。

5.2.2 管理工作表

一个工作簿文件中可以包含多张工作表。当前工作表只有一张，称为活动工作表。对工作表的管理主要是指对工作表进行复制、移动、插入、重命名、删除等操作。

1. 选择工作表

（1）选择单张工作表

单击要使用的工作表标签，该工作表即成为活动工作表。如果看不到所需的工作表标签，单击标签滚动按钮，然后单击各标签即可。

（2）选择多张工作表

① 选择一组相邻的工作表：先单击第一个工作表标签，然后按住 Shift 键，再单击最后一个工作表标签。

② 选择一组不相邻的工作表：先单击第一个工作表标签，然后按住 Ctrl 键，再依次单击每个要选定的工作表标签。

③ 选定工作簿中的全部工作表：右击工作表标签，然后从弹出的快捷菜单中单击“选定全部工作表”命令。

选定多张工作表后，标题栏中会出现“工作组”字样。这时对当前工作表内容的改动，也将同时替换其他工作表中的相应数据。

2. 插入工作表

除预先设置默认工作表的数量之外，还可以在工作表中根据需要随时插入新的工作表。插入工作表的方法有以下几种。

① 右击工作表标签（这里选择 Sheet1），从弹出的快捷菜单中单击“插入”命令，如图 5-8 所示。在弹出的“插入”对话框中单击“工作表”按钮，如图 5-9 所示，再单击“确定”按钮，即可在该工作表标签的左侧插入一个空白工作表，如图 5-10 所示。

图 5-8 单击“插入”命令

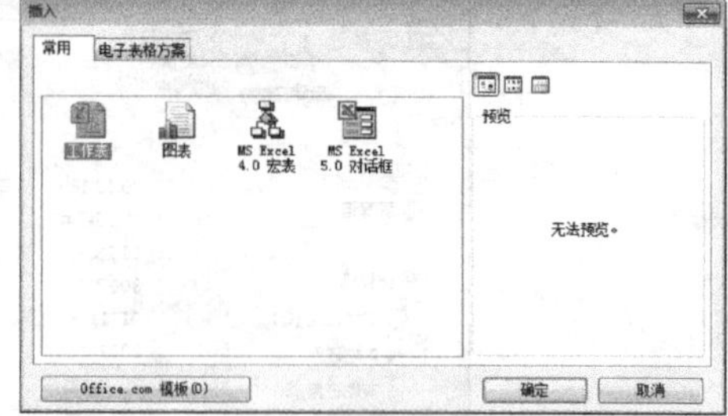

图 5-9 单击“工作表”按钮

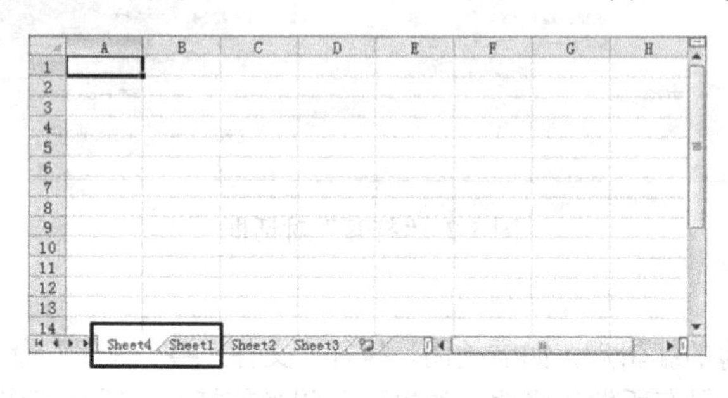

图 5-10 在 Sheet1 左侧插入一个空白工作表

② 单击工作表标签右侧的“插入工作表”按钮，如图 5-11 所示，即可在所有工作表标签的右侧插入一个空白工作表，如图 5-12 所示。

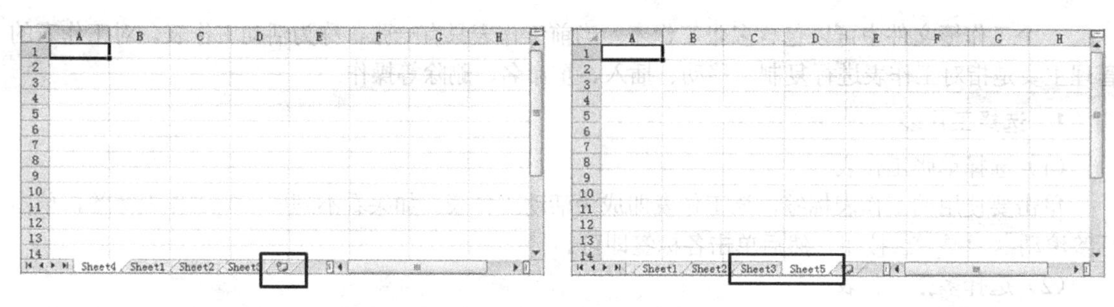

图 5-11 单击“插入工作表”按钮　　图 5-12 在所有工作表标签的右侧插入一个空白工作表

③ 单击“开始”选项卡，在“单元格”选项组中单击“插入”按钮，从弹出的快捷菜单中单击“插入工作表”命令，如图 5-13 所示，即可在当前工作表标签的左侧插入一个空白工作表，如图 5-14 所示。

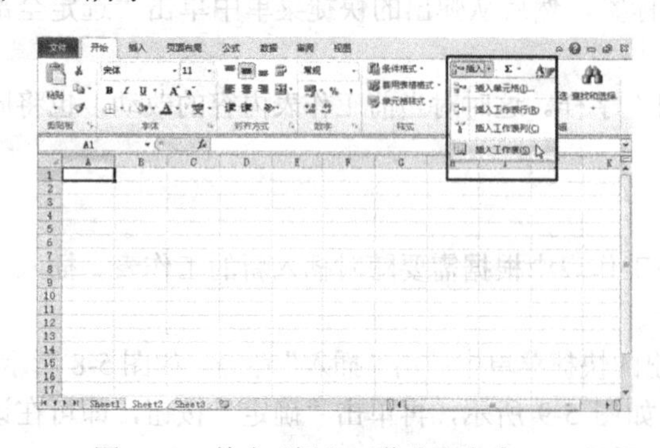

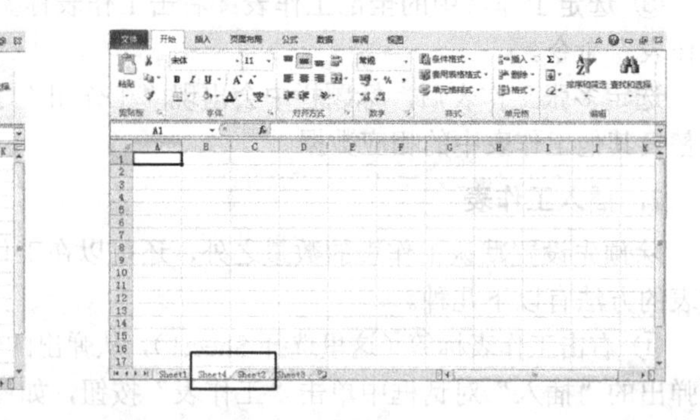

图 5-13 单击“插入工作表”命令　　图 5-14 在当前工作表标签的左侧插入一个空白工作表

3. 删除工作表

如果不再需要某张工作表时，则可以将该工作表删除。删除工作表的方法有以下两种。

① 右击要删除的工作表标签，从弹出的快捷菜单中单击“删除”命令，如图 5-15 所示，即可将该工作表删除。

② 单击“开始”选项卡，在“单元格”选项组中单击“删除”按钮右侧的下拉按钮，从弹出的快捷菜单中单击“删除工作表”命令，如图 5-16 所示，即可删除当前工作表。

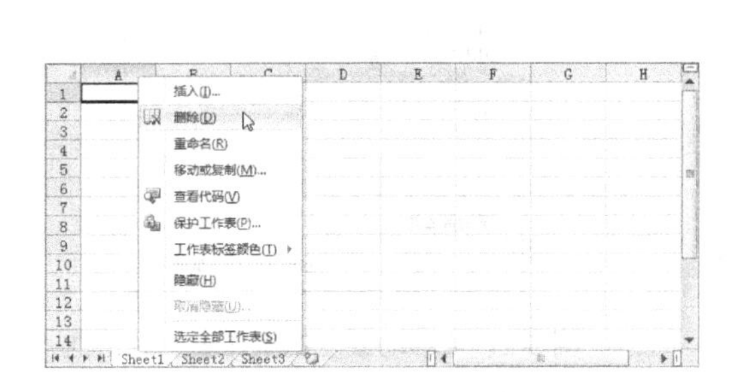

图 5-15　单击“删除”命令

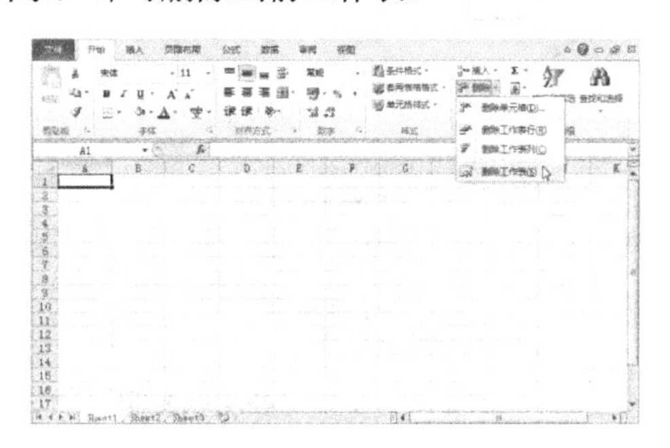

图 5-16　单击“删除工作表”命令

4. 移动或复制工作表

利用工作表的移动和复制功能，可以实现在同一个工作簿间或不同工作簿间移动或复制工作表。

（1）在同一个工作簿间移动或复制工作表

① 移动工作表：将光标放到要移动的工作表标签上，按住鼠标左键向左或向右拖动，如图 5-17 所示。到达目标位置后再释放鼠标，如图 5-18 所示，即可移动工作表。

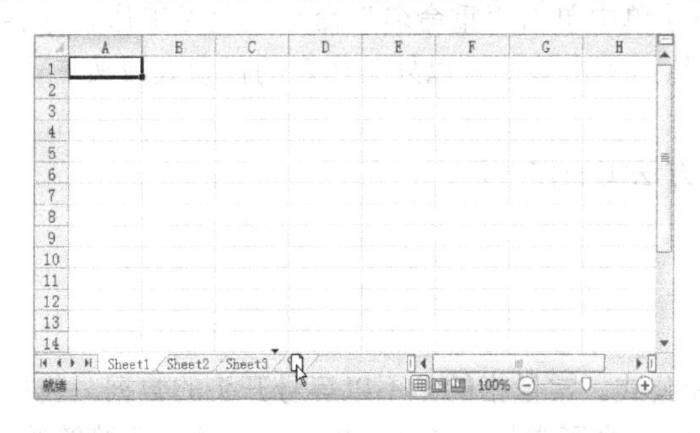

图 5-17　拖动 Sheet1 标签

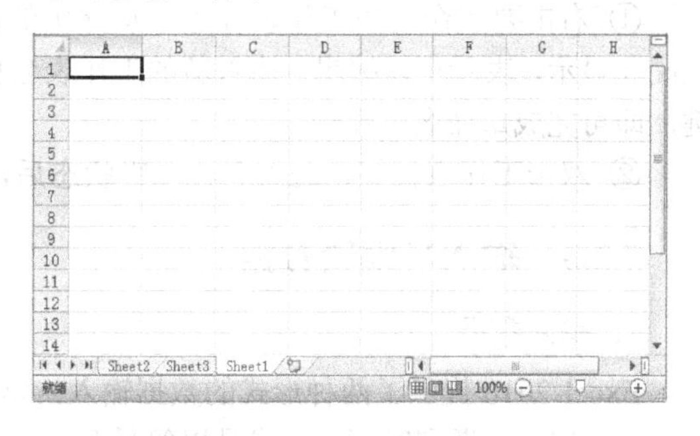

图 5-18　将 Sheet1 移到 Sheet3 之后

② 复制工作表：按住 Ctrl 键的同时拖动工作表标签，到达目标位置后，先释放鼠标，再松开 Ctrl 键，即可复制工作表。此时，复制的工作表与原工作表完全相同，只是在复制的工作表名称后附带一个有括号的标记，如图 5-19 所示。

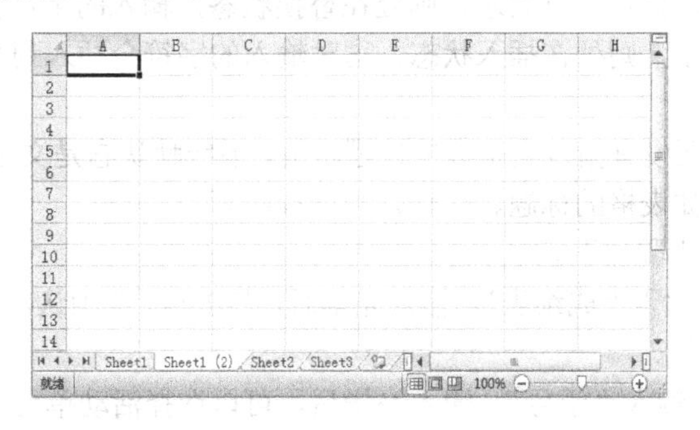

图 5-19　复制的 Sheet1 工作表

（2）在不同工作簿之间移动或复制工作表

在不同工作簿之间移动或复制工作表的具体操作步骤如下。

① 打开用于接收工作表的工作簿，再切换到要移动或复制工作表的工作簿中。

② 右击要移动或复制的工作表标签，从弹出的快捷菜单中单击“移动或复制”命令，如图 5-20 所示。弹出“移动或复制工作表”对话框，如图 5-21 所示。

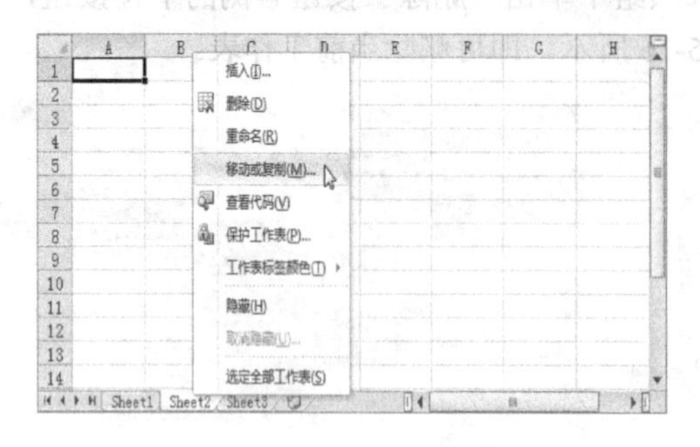

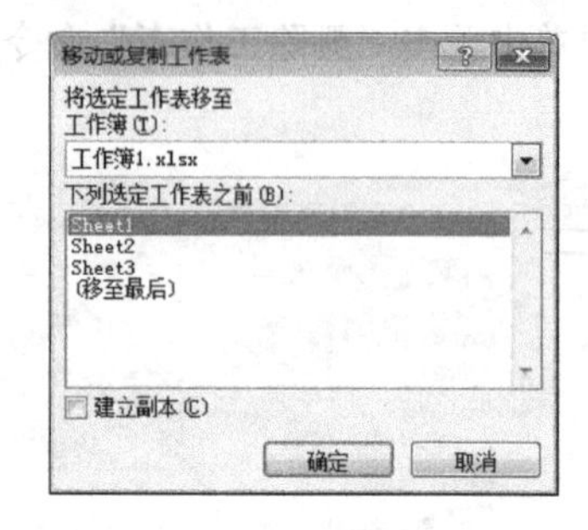

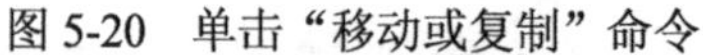
图 5-20 单击“移动或复制”命令

图 5-21 “移动或复制工作表”对话框

③ 在“工作簿”下拉列表中选择用于接收工作表的工作簿名称。

④ 在“下列选定工作表之前”列表框中选择把要移动或复制的工作表放在接收工作簿中哪张工作表之前。如果要复制工作表，则选中“建立副本”复选框，否则只是移动工作表。

⑤ 单击“确定”按钮，即可完成工作表的移动或复制操作。

5．重命名工作表

重命名工作表有以下两种方法。

① 右击要重命名的工作表标签，从弹出的快捷菜单中单击“重命名”命令，此时工作表标签呈高亮显示，表示可以编辑，输入新的工作表名称，然后单击该标签以外工作表的任意处或按 Enter 键，即可完成重命名工作表。

② 双击工作表标签，进入名称编辑状态后，同方法①操作一样。

5.2.3 输入与编辑数据

1．输入数据

Excel 2010 提供了两种形式的数据输入：常量和公式。常量指的是不以等号开头的数据，包括文本、数字、日期和时间。公式是以等号开头的，中间包含了常量、函数、单元格名称、运算符等。如果改变了公式中所涉及的单元格中的值，则公式的计算结果也会相应地改变。

输入数据有两种方式：直接在单元格中输入数据和在编辑栏中输入数据。一般情况下，常量是直接在单元格中输入，而公式是在编辑栏中输入。无论哪种方法都有两种输入状态：插入状态和替换状态。如果活动单元格以黑粗线框表示，则处在替换状态，输入的字符会代替原有的字符。如果活动单元格以细实线框表示，则处在插入状态，这时输入的字符会插入到光标的后面。

（1）输入文本

输入的任何数据，只要没有指定它是数值或逻辑值，系统默认它是文本型数据。文本型是 Excel 中常用的一种数据类型，如表格的标题、行标题和列标题等。

输入文本的具体操作步骤如下。

① 选择 A1 单元格，输入“成绩表”，输入完毕后，按 Enter 键确认，或者单击编辑栏中的“输入”按钮✓，如图 5-22 所示。

② 选择 A3 单元格，输入“学号”。输入完毕后，可以选择活动单元格，方法有：按 Tab 键选择右侧的单元格为活动单元格；按 Enter 键选择下方的单元格为活动单元格；按方向键可以自由选

择其他单元格为活动单元格。

③ 重复步骤②的操作，在其他单元格中输入相应文本，如图 5-23 所示。

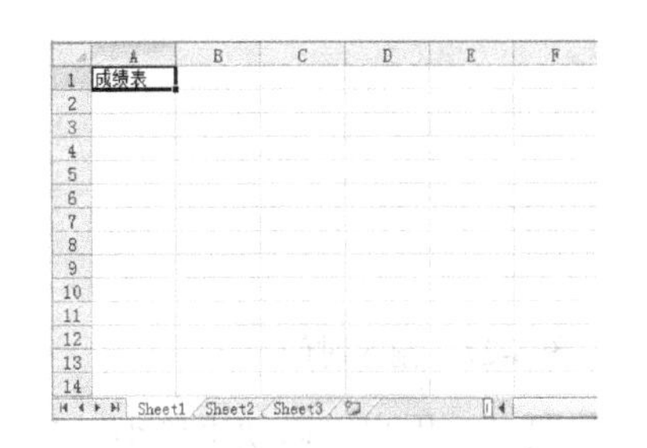

图 5-22　输入文本

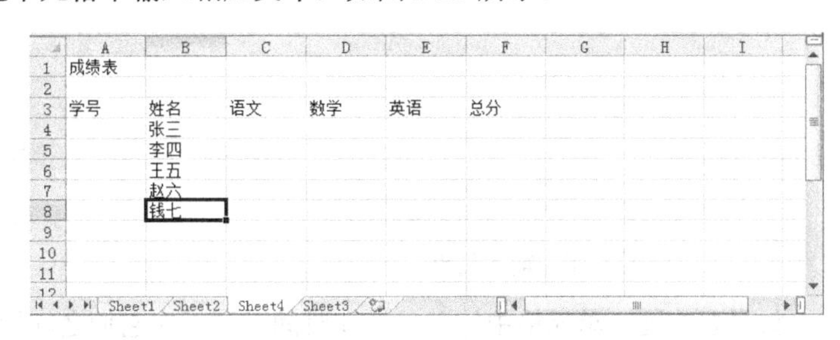

图 5-23　在其他单元格中输入文本

用户输入的文本超出单元格宽度时，如果右侧相邻的单元格中没有任何数据，则超出的文本会延伸到右侧单元格中；如果右侧相邻的单元格中已有数据，则超出的文本被隐藏起来。此时，只要增大或以自动换行的方式格式化单元格后，就可以看到全部的文本内容了。如果要使单元格的数据强行转换到下一行中，按 Alt+Enter 组合键即可。

当输入编号、序号、学号等文本型数字时，如“001”“02”等，Excel 会自动去掉文本开头的 0，而以“1”“2”的方式显示。常用的解决方法有两种，一是在输入文本编号如“001”“02”之前先输入一个英文单引号“'”，二是预先设置单元格的格式为“文本”类型，则可以直接输入编号。

（2）输入数字

Excel是处理各种数据的工具，因此在日常操作中会经常输入大量的数据。例如，如果要输入负数，只要在数字前加一个负号（-），或者将数字放在圆括号内即可。

输入数字的方法为直接输入，但必须是对一个数值的正确表示。单击要输入数字的单元格，输入数字后按 Enter 键确认，如图 5-24 所示。输入完第一个数字后，用户可以继续在其他单元格中输入相应的数字，如图 5-25 所示。

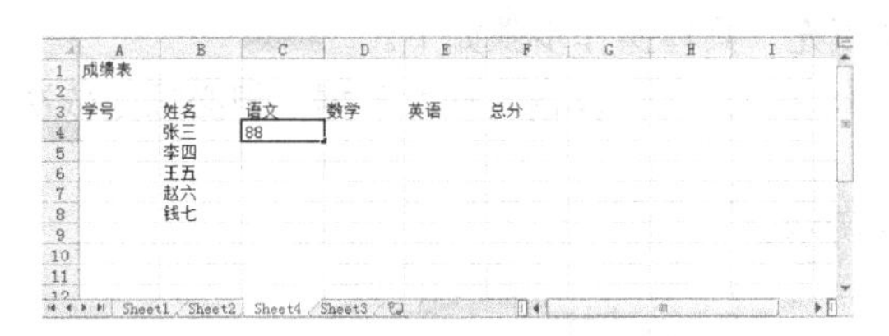

图 5-24　输入数字

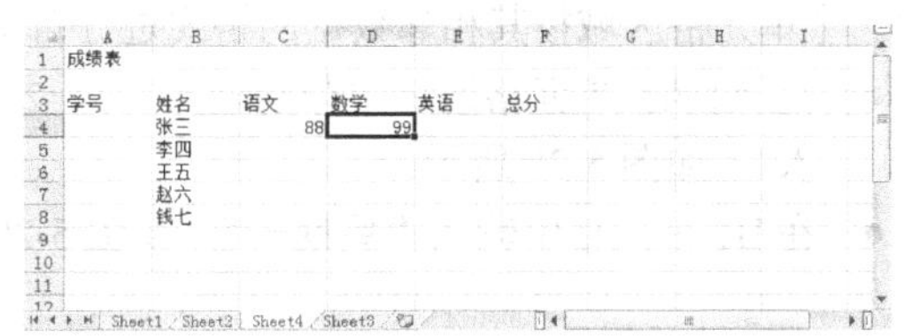

图 5-25　在其他单元格中输入数字

当输入一个较长的数字时，它在单元格中就会显示为科学记数法（如2.15E+18），以表示该单元格的列宽太小不能将该数字完全显示出来。

（3）输入日期和时间

在使用 Excel 进行各种报表的编辑和统计中，经常需要输入日期和时间。输入日期时，一般使用“/”（斜杠）或“-”（短横线）来分隔日期的年、月、日。年份通常用两位数来表示，如果输入时省略了年份，则 Excel 2010 会以当前的年份作为默认值。输入时间时，可以使用“:”（冒号）来将时、分、秒隔开。

例如，要输入 2012 年 02 月 25 日和 24 小时制的 16 点 38 分，具体操作步骤如下。

① 单击要输入日期的单元格 A1，然后输入“2012-2-25”，按 Tab 键，将光标定位到 B1 单元格，此时，A1 单元格中的内容变为“2012/2/25”，如图 5-26 所示。

② 在 B1 单元格中输入“16:38”，按 Enter 键确认，再次单击输入时间的单元格，即可在编辑栏中看到完整的时间格式，如图 5-27 所示。

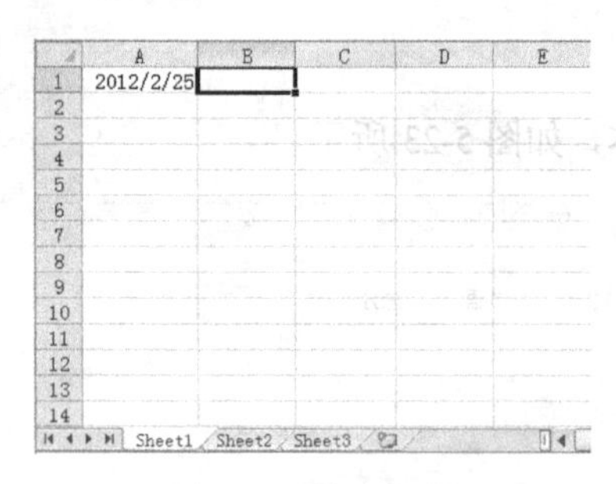

图 5-26 输入日期

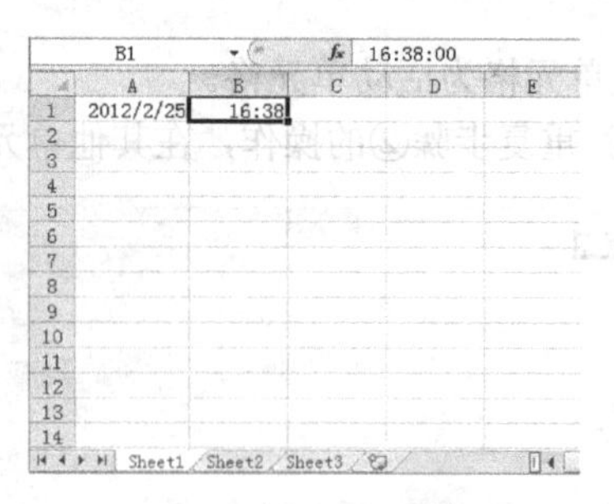

图 5-27 输入时间

如果要在同一单元格中输入日期和时间，可以在它们之间用空格隔开。用户可以使用12小时制或者24小时制来显示时间。如果使用12小时制格式，则在时间后加上一个空格，然后输入AM或A（表示上午）、PM或P（表示下午）；如果使用24小时制格式，则不必使用AM或者PM。

2. 数据输入技巧

① 改变Enter键移动方向。在默认情况下，数据输入完成后按Enter键，活动单元格会自动下移。如果希望按Enter键后活动单元格往右或往其他方向移动，可以执行如下操作进行修改。执行“文件”→“选项”命令，弹出“Excel选项”对话框，单击“高级”选项，选中“按Enter键后移动”复选框，然后在“方向”下拉列表框中选定移动方向。如果要在按Enter键后保持当前单元格为活动单元格，则清除该复选框。

② 在同一单元格中输入多行文本。单击“开始”选项卡中“单元格”选项组中的“格式”按钮，在弹出的快捷菜单中单击“设置单元格格式”命令，在“设置单元格格式”对话框中单击“对齐”选项卡，选中“自动换行”复选框。如果要在单元格中强制换行，可按Alt+Enter组合键。

③ 在多个单元格中输入相同数据。先选定需要输入数据的多个单元格，再输入相应的数据，然后按Ctrl+Enter组合键即可将数据输入到所有选定的单元格中。

④ 快速填充数据。快速填充数据有三种方法，具体如下。

一是使用填充柄。Excel 2010提供了基于相邻单元格的自动填充。利用双击填充柄的方法，可以使一个单元格区域按其相邻数据的格式进行自动填充，具体操作步骤如下。

- 在A1:A5单元格区域中分别输入“1，2，3，4，5”（可以输入任意数据，但必须是依次输入），如图5-28所示。
- 在B1单元格中输入“星期一”，如图5-29所示。

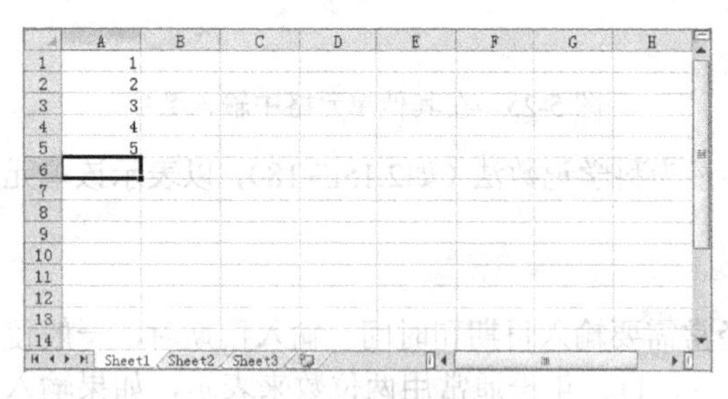

图 5-28 输入数字

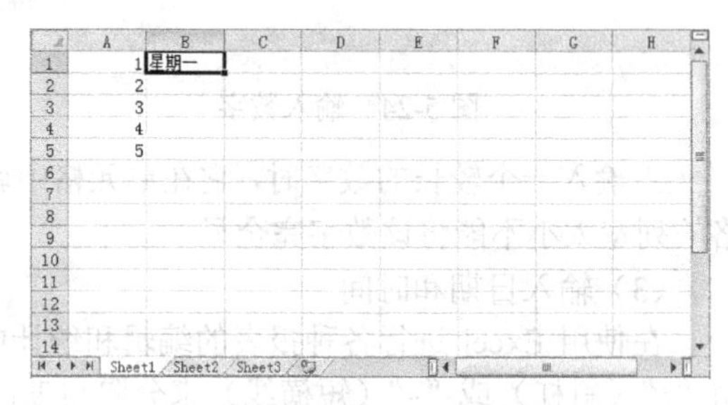

图 5-29 输入“星期一”

- 双击B1单元格右下角的填充柄，系统自动将星期二、星期三、星期四和星期五填充到B2:B5单元格区域中，如图5-30所示。

二是使用自定义序列。在实际工作中，可以根据需要设置自定义序列，以便更加快捷地填充固定的序列。下面介绍使用Excel 2010自定义序列填充的方法。

- 执行“文件”→“选项”命令，弹出“Excel选项”对话框，在左侧选择“高级”选项，然后在右侧单击“编辑自定义列表”按钮，如图5-31所示。

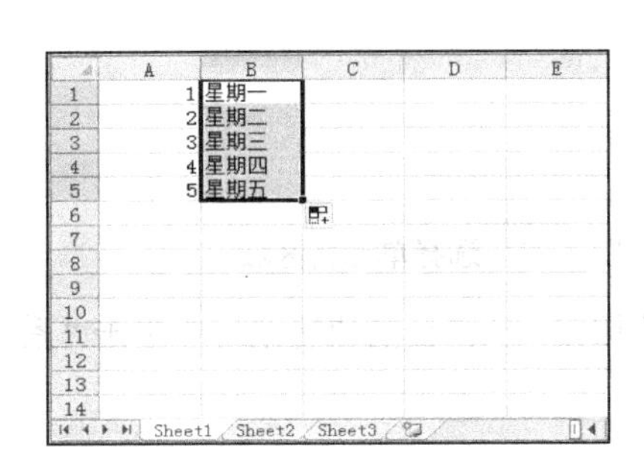

图 5-30　填充效果　　　　图 5-31　“Excel 选项”对话框

- 弹出“自定义序列”对话框，在“输入序列”文本框中输入自定义的序列项，在每项末尾按 Enter 键隔开，如图 5-32 所示。
- 单击“添加”按钮，新定义的序列将自动出现在“自定义序列”列表框中，如图 5-33 所示。

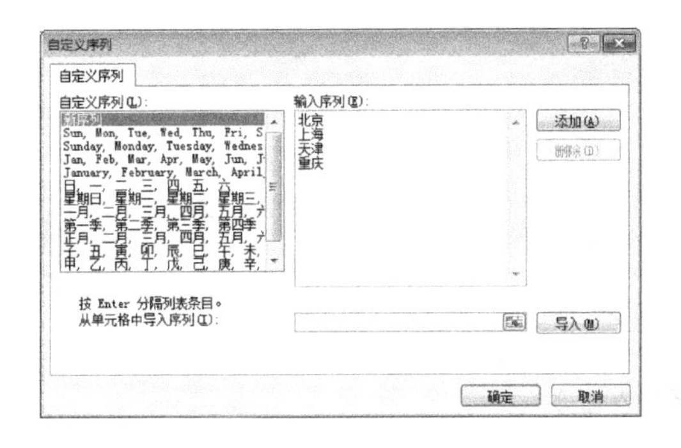

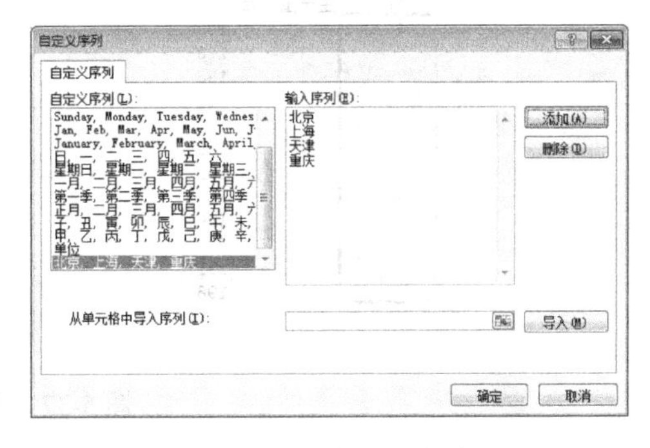

图 5-32　“自定义序列”对话框　　　　图 5-33　自定义的序列

- 设置完毕后，单击“确定”按钮，返回工作表。在 A1 单元格中输入自定义序列的第一个数据，再通过拖动填充柄的方法进行填充，释放鼠标后，即可完成自定义序列的填充，如图 5-34 所示。

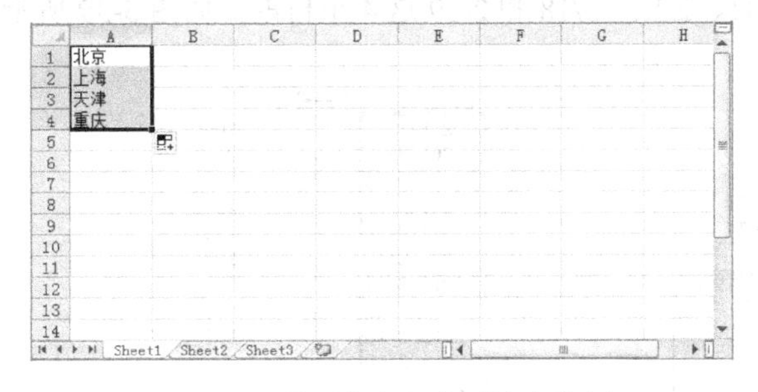

图 5-34　利用自定义序列填充数据

三是使用序列生成器。从“序列”对话框中可以了解到 Excel 2010 提供的自动填充工具。利用“序列”对话框填充日期时，可以选用不同的日期单位，如“工作日”，则填充的日期将忽略周末或其他法定的节假日。具体操作步骤如下。

- 在 A2 单元格中输入日期“2012/2/6”，如图 5-35 所示。
- 选择需要填充的 A2:A13 单元格区域（必须要包括初始数据所在的单元格），如图 5-36 所示。

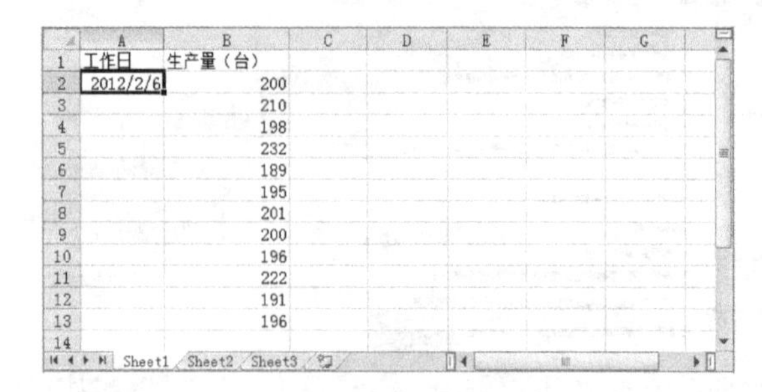

图 5-35 输入日期

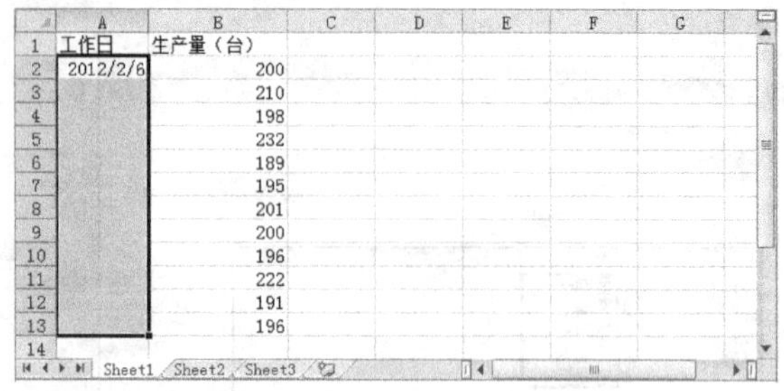

图 5-36 选择单元格区域

- 单击“开始”选项卡，单击“编辑”选项组中的“填充”按钮，从弹出的快捷菜单中单击“系列”命令，如图 5-37 所示。

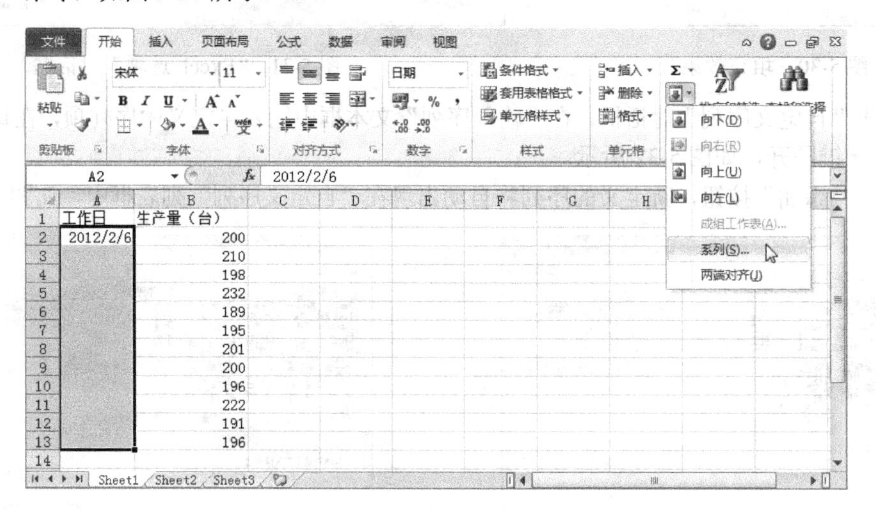

图 5-37 单击“系列”命令

- 弹出“序列”对话框，设置序列产生在“列”，类型为“日期”，日期单位为“工作日”，步长值为 1，如图 5-38 所示。
- 设置完毕后，单击“确定”按钮返回工作表中，此时可以看到在选择的单元格区域中所填充的日期忽略了 2/11、2/12、2/18 和 2/19 这 4 个日期，如图 5-39 所示。

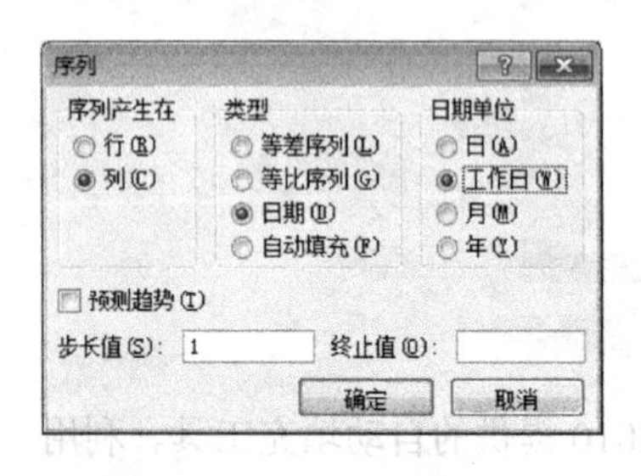

图 5-38 “序列”对话框

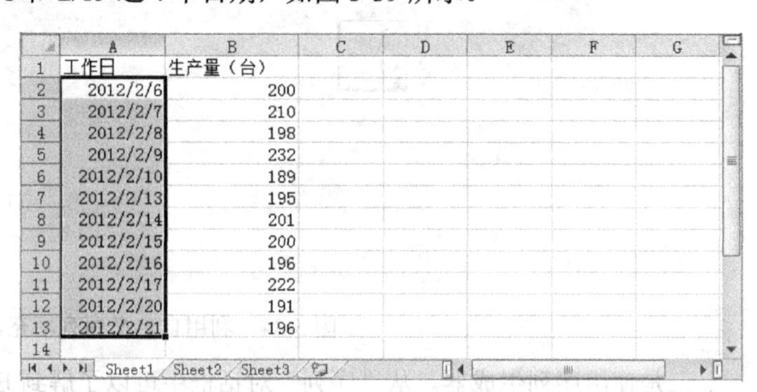

图 5-39 利用“序列”对话框填充日期

3．编辑工作表数据

（1）选择单元格或区域

① 选择一个单元格：单击单元格。

② 选择整行或整列：单击行号或列标。

③ 选择矩形区域：单击区域左上角单元格并向右下角拖动，到适当位置后松开鼠标即可。

④ 选择相邻行（列）：选择一行（列），按住 Shift 键，再单击最后一行（列）。

⑤ 选择不相邻的单元格（行、列）：按住 Ctrl 键，再依次单击其他单元格（行、列）。

⑥ 选择整张工作表：单击“全选”按钮 。

⑦ 取消选择：用鼠标单击任意单元格。

（2）编辑单元格数据

若单元格中的数据全部需要进行修改，只需单击单元格，输入数据再按 Enter 键即可。若只修改单元格中的部分数据，先选中单元格，按 F2 键或双击单元格，出现插入点光标，就可以修改数据了。

（3）复制、移动单元格数据

在表格中，有时有大量重复的数据需要输入，此时就可以利用复制数据的方法，从而节省时间、提高效率。复制表格数据的方法有以下几种。

① 单击要复制的单元格，单击“开始”选项卡，在“剪贴板”选项组中单击“复制”按钮，再单击要将数据复制到的目标单元格，然后单击“剪贴板”选项组中的“粘贴”按钮，如图 5-40 所示。

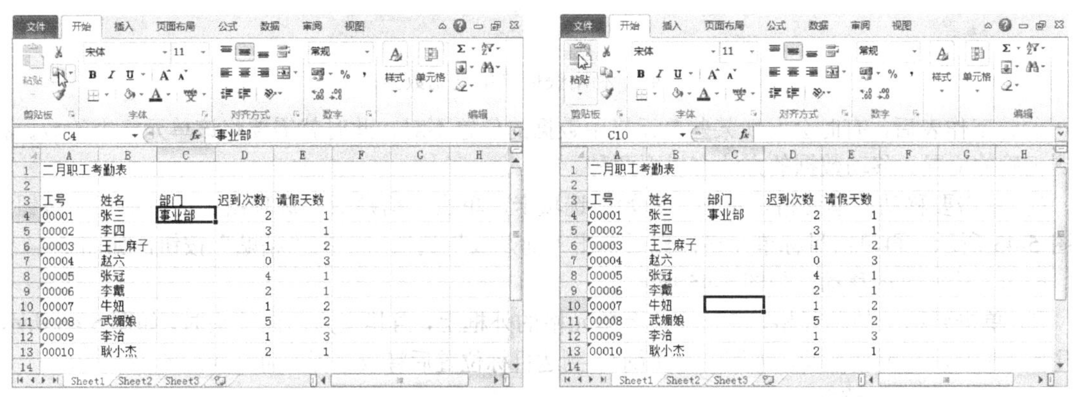

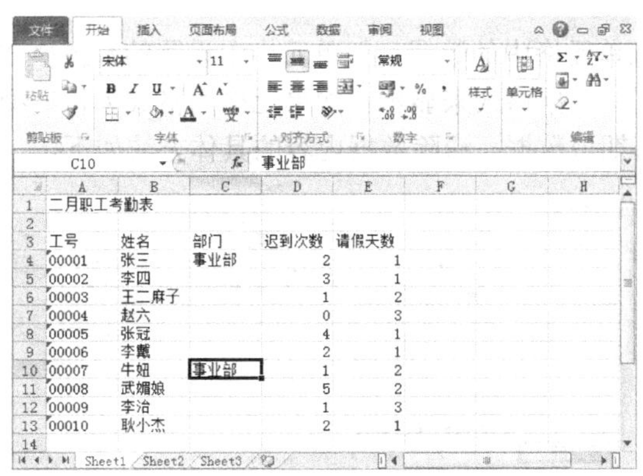

图 5-40　利用剪贴板复制数据

② 将光标移至要复制数据的单元格边框上，当其变为四向箭头时，按住 Ctrl 键，此时四向箭头变为“+”形状，再同时按住鼠标并将其拖动至目标位置，然后再释放鼠标并松开 Ctrl 键，如图 5-41 所示。

③ 右击要复制数据的单元格，从弹出的快捷菜单中单击“复制”命令，然后右击目标单元格，从弹出的快捷菜单中单击“粘贴选项”→“粘贴”命令，如图 5-42 所示。

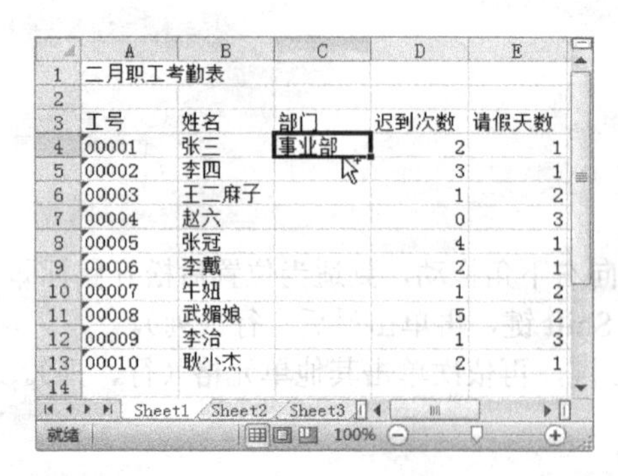

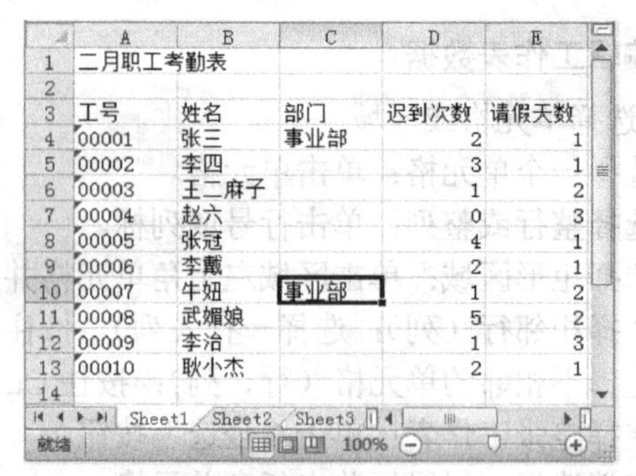

图 5-41　利用 Ctrl 键复制数据

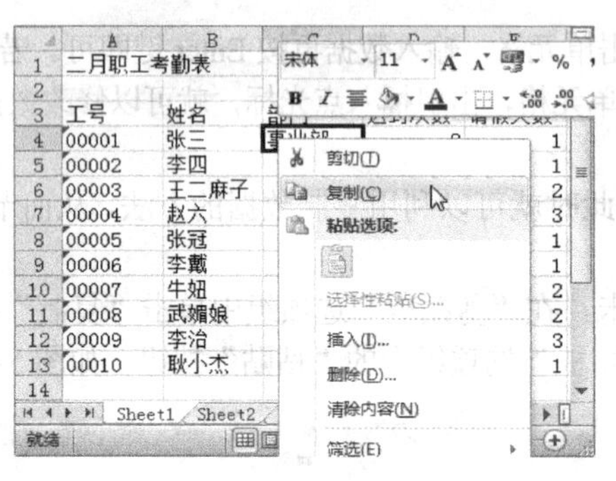

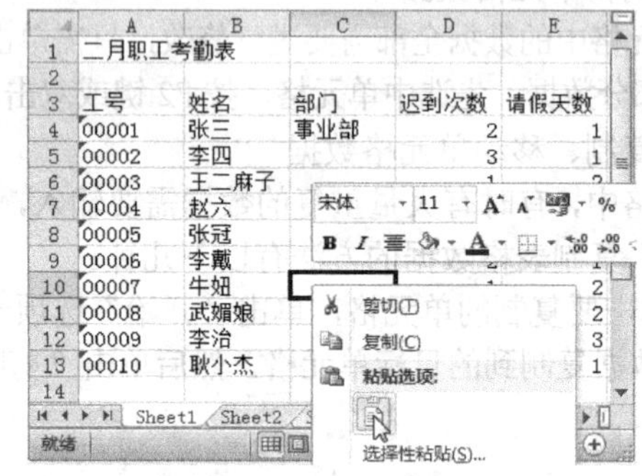

图 5-42　利用快捷菜单复制数据

创建工作表后，有时会发现某些单元格中数据的位置不对，此时就需要将该单元格中的数据移动到正确的位置。移动数据的方法有以下两种。

① 单击要移动的单元格，单击“开始”选项卡，单击“剪贴板”选项组中的“剪切”按钮，如图 5-43 所示，再单击目标单元格，然后单击“剪贴板”选项组中的“粘贴”按钮，如图 5-44 所示，即可完成数据的移动，如图 5-45 所示。

② 单击要移动的单元格，将光标移至单元格的外框上，当其变为四向箭头时，如图 5-46 所示，按住鼠标向目标单元格拖动，如图 5-47 所示，到达目标位置后释放鼠标即可，如图 5-48 所示。

（4）清除单元格数据

清除数据内容是指删除单元格中的数据，但单元格中设置的数据格式并没有被删除，如果再次输入数据，仍然以之前设置的数据格式来显示。如单元格的格式为日期型，清除数据内容后再次输入数据，其数据格式仍为日期型数据。清除数据内容的具体方法如下。

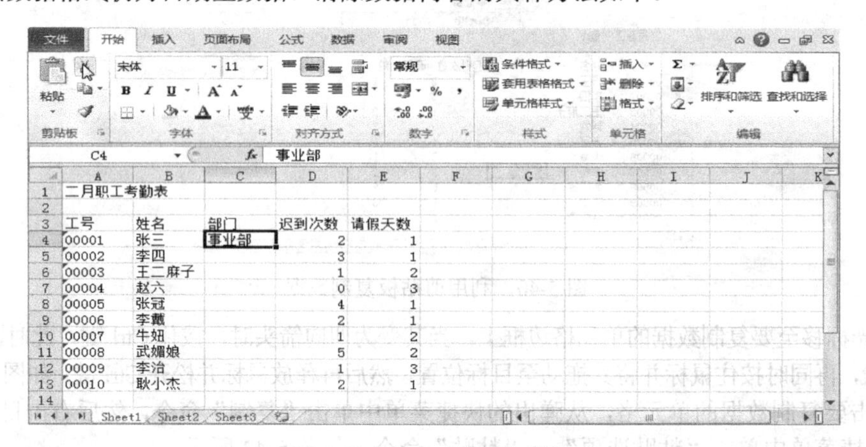

图 5-43　单击“剪切”按钮

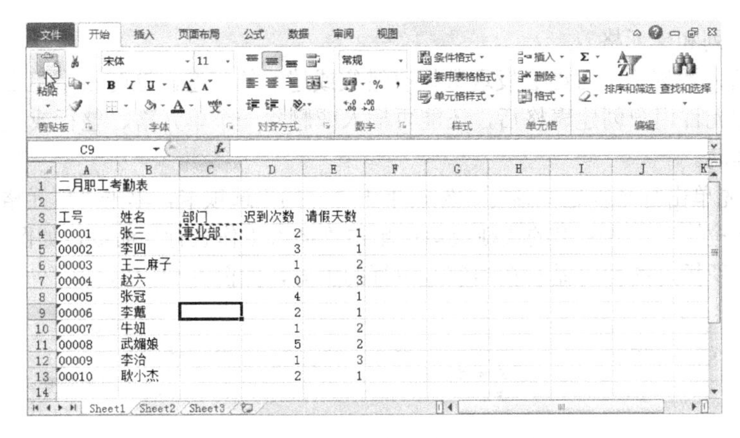

图 5-44　选择目标单元格并单击“粘贴”按钮

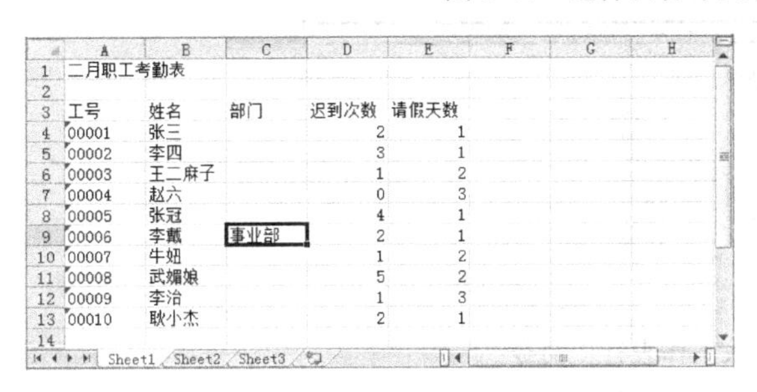

图 5-45　移动数据

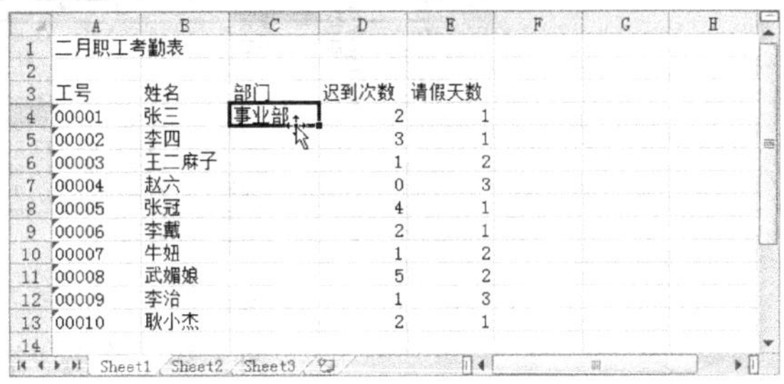

图 5-46　光标变为四向箭头

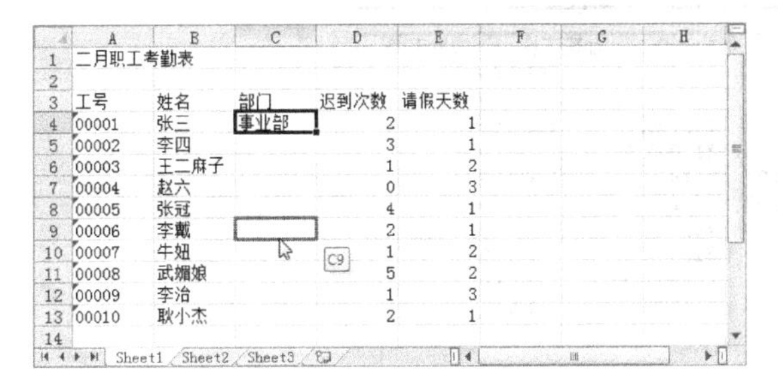

图 5-47　拖动到目标单元格

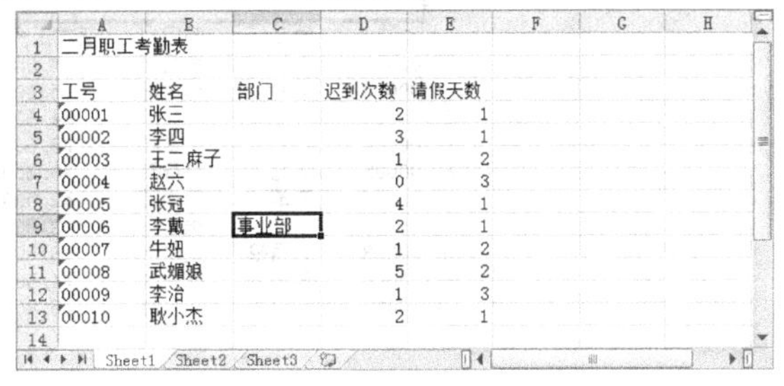

图 5-48　移动数据

单击要清除内容的单元格，单击“开始”选项卡，在“编辑”选项组中单击“清除”按钮，在弹出的快捷菜单中单击“清除内容”命令即可，如图 5-49 所示。

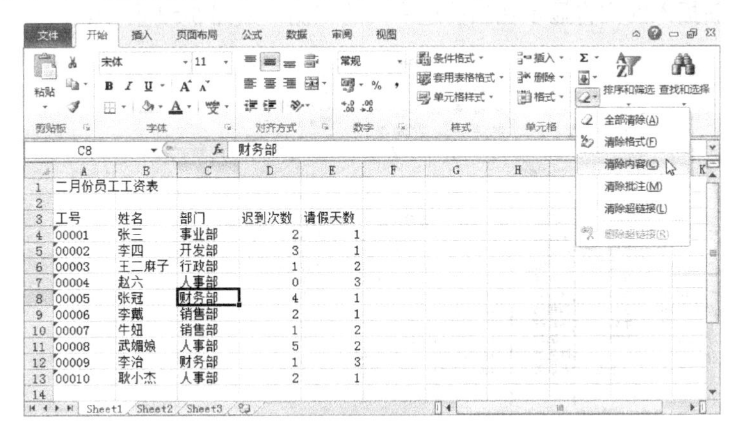

图 5-49　单击“清除内容”命令

（5）插入行、列和单元格

在工作表中输入数据后，可能会发现数据有错位或遗漏的问题，这时不用担心，因为 Excel 是电子表格软件，它允许用户创建表格后，还能再插入或删除一个单元格、整行或整列，而表格中已有的数据将自动移动。

① 插入行。先单击行号以选中该行，然后单击“开始”选项卡，单击“单元格”选项组中“插入”按钮右侧的下拉按钮，从弹出的快捷菜单中单击“插入工作表行”命令，如图 5-50 所示，即可完成插入行操作。新插入的行将显示在当前选中行的上方，如图 5-51 所示。

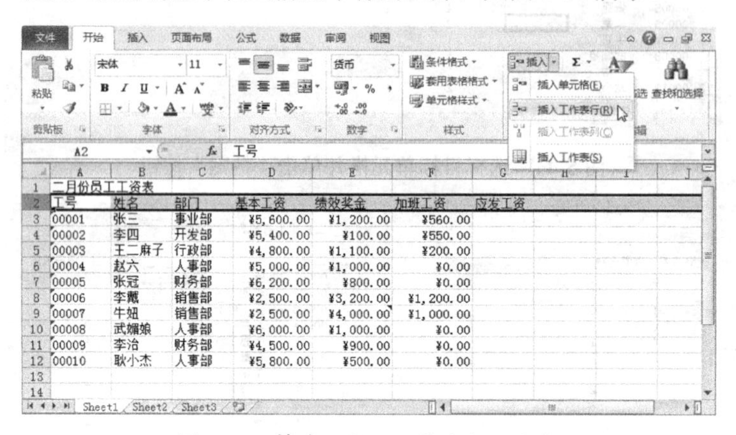

	A	B	C	D	E	F	G
1	二月份员工工资表						
2	工号	姓名	部门	基本工资	绩效奖金	加班工资	应发工资
3	00001	张三	事业部	¥5,600.00	¥1,200.00	¥560.00	
4	00002	李四	开发部	¥5,400.00	¥100.00	¥550.00	
5	00003	王二麻子	行政部	¥4,800.00	¥1,100.00	¥200.00	
6	00004	赵六	人事部	¥5,000.00	¥1,000.00	¥0.00	
7	00005	张冠	财务部	¥6,200.00	¥800.00	¥0.00	
8	00006	李戴	销售部	¥2,500.00	¥3,200.00	¥1,200.00	
9	00007	牛妞	销售部	¥2,500.00	¥4,000.00	¥1,000.00	
10	00008	武媚娘	人事部	¥6,000.00	¥1,000.00	¥0.00	
11	00009	李治	财务部	¥4,500.00	¥900.00	¥0.00	
12	00010	耿小杰	人事部	¥5,800.00	¥500.00	¥0.00	

图 5-50　单击“插入工作表行”命令

	A	B	C	D	E	F	G
1	二月份员工工资表						
2							
3	工号	姓名	部门	基本工资	绩效奖金	加班工资	应发工资
4	00001	张三	事业部	¥5,600.00	¥1,200.00	¥560.00	
5	00002	李四	开发部	¥5,400.00	¥100.00	¥550.00	
6	00003	王二麻子	行政部	¥4,800.00	¥1,100.00	¥200.00	
7	00004	赵六	人事部	¥5,000.00	¥1,000.00	¥0.00	
8	00005	张冠	财务部	¥6,200.00	¥800.00	¥0.00	
9	00006	李戴	销售部	¥2,500.00	¥3,200.00	¥1,200.00	
10	00007	牛妞	销售部	¥2,500.00	¥4,000.00	¥1,000.00	
11	00008	武媚娘	人事部	¥6,000.00	¥1,000.00	¥0.00	
12	00009	李治	财务部	¥4,500.00	¥900.00	¥0.00	
13	00010	耿小杰	人事部	¥5,800.00	¥500.00	¥0.00	

图 5-51　插入行效果

② 插入列。先单击列号以选中该列，然后单击“开始”选项卡，单击“单元格”选项组中“插入”按钮右侧的下拉按钮，从弹出的快捷菜单中单击“插入工作表列”命令，如图 5-52 所示，即可完成插入列操作。新插入的列将显示在当前选中列的左侧，如图 5-53 所示。

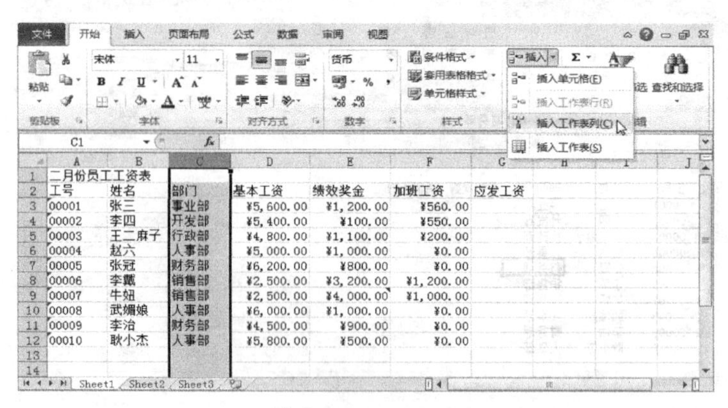

	A	B	C	D	E	F	G
1	二月份员工工资表						
2	工号	姓名	部门	基本工资	绩效奖金	加班工资	应发工资
3	00001	张三	事业部	¥5,600.00	¥1,200.00	¥560.00	
4	00002	李四	开发部	¥5,400.00	¥100.00	¥550.00	
5	00003	王二麻子	行政部	¥4,800.00	¥1,100.00	¥200.00	
6	00004	赵六	人事部	¥5,000.00	¥1,000.00	¥0.00	
7	00005	张冠	财务部	¥6,200.00	¥800.00	¥0.00	
8	00006	李戴	销售部	¥2,500.00	¥3,200.00	¥1,200.00	
9	00007	牛妞	销售部	¥2,500.00	¥4,000.00	¥1,000.00	
10	00008	武媚娘	人事部	¥6,000.00	¥1,000.00	¥0.00	
11	00009	李治	财务部	¥4,500.00	¥900.00	¥0.00	
12	00010	耿小杰	人事部	¥5,800.00	¥500.00	¥0.00	

图 5-52　单击“插入工作表列”命令

	A	B	C	D	E	F	G
1	二月份员工工资表						
2	工号	姓名		部门	基本工资	绩效奖金	加班工资	应
3	00001	张三		事业部	¥5,600.00	¥1,200.00	¥560.00
4	00002	李四		开发部	¥5,400.00	¥100.00	¥550.00
5	00003	王二麻子		行政部	¥4,800.00	¥1,100.00	¥200.00
6	00004	赵六		人事部	¥5,000.00	¥1,000.00	¥0.00
7	00005	张冠		财务部	¥6,200.00	¥800.00	¥0.00
8	00006	李戴		销售部	¥2,500.00	¥3,200.00	¥1,200.00
9	00007	牛妞		销售部	¥2,500.00	¥4,000.00	¥1,000.00
10	00008	武媚娘		人事部	¥6,000.00	¥1,000.00	¥0.00
11	00009	李治		财务部	¥4,500.00	¥900.00	¥0.00
12	00010	耿小杰		人事部	¥5,800.00	¥500.00	¥0.00
13							
14							

图 5-53　插入列效果

（6）删除行、列和单元格

删除行或列时，其中的内容也会被删除。而其他列的单元格将移至删除的位置，以填补空缺。

① 删除行。选择要删除的行，单击“开始”选项卡，单击“单元格”选项组中“删除”按钮右侧的下拉按钮，从弹出的快捷菜单中单击“删除工作表行”命令，即可将当前选中行删除。

② 删除列。选择要删除的列，单击“开始”选项卡，单击“单元格”选项组中“删除”按钮右侧的下拉按钮，从弹出的快捷菜单中单击“删除工作表列”命令，即可将当前选中列删除。

（7）插入、编辑批注

批注是单元格数据内容的补充说明，其作用是帮助自己及他人在日后能了解创建工作表时的想法，同时可供其他用户参考。为单元格添加批注的具体操作步骤如下。

① 单击要添加批注的单元格，单击“审阅”选项卡，单击“批注”选项组中的“新建批注”按钮，此时，该单元格的右上角会出现一个红色的三角标记，并弹出批注框，如图 5-54 所示。

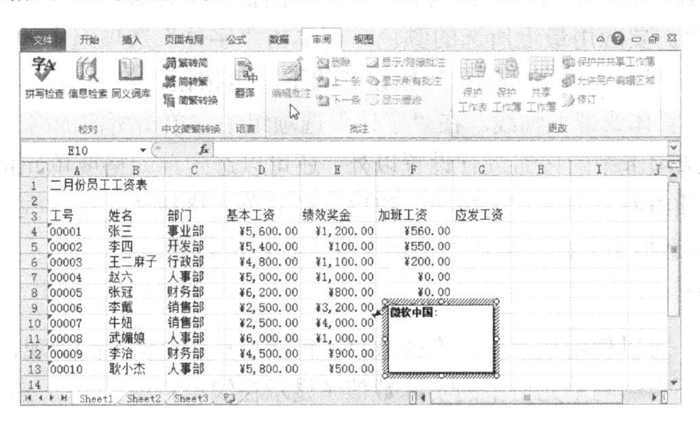

图 5-54　弹出批注框

② 在批注框中输入批注，如图 5-55 所示。在批注框外的任意位置单击，即可完成批注的添加。

	A	B	C	D	E	F	G
1	二月份员工工资表						
2							
3	工号	姓名	部门	基本工资	绩效奖金	加班工资	应发工资
4	00001	张三	事业部	¥5,600.00	¥1,200.00	¥560.00	
5	00002	李四	开发部	¥5,400.00	¥100.00	¥550.00	
6	00003	王二麻子	行政部	¥4,800.00	¥1,100.00	¥200.00	
7	00004	赵六	人事部	¥5,000.00	¥1,000.00	¥0.00	
8	00005	张冠	财务部	¥6,200.00	¥800.00	¥0.00	
9	00006	李戴	销售部	¥2,500.00	¥3,200.00		
10	00007	牛妞	销售部	¥2,500.00	¥4,000.00		
11	00008	武媚娘	人事部	¥6,000.00	¥1,000.00		
12	00009	李治	财务部	¥4,500.00	¥900.00		
13	00010	耿小杰	人事部	¥5,800.00	¥500.00		
14							

二月份该员工被客户投诉，故扣除绩效资金200元

图 5-55　添加批注内容

5.3 Excel 2010 格式设置

在工作表中实现了所有文本、数据、公式和函数的输入后，为了使创建的工作表美观、数据醒目，可以对其进行必要的格式编排，如改变数据的格式、对齐方式、添加边框和底纹、调整行高与列宽等。

工作表的格式化，一般采用 3 种方法实现。一是使用“开始”选项卡中的按钮；二是使用“设置单元格格式”对话框；三是使用 Excel 2010 的自动套用格式功能。图 5-56 所示为“开始”选项卡中所有的功能。

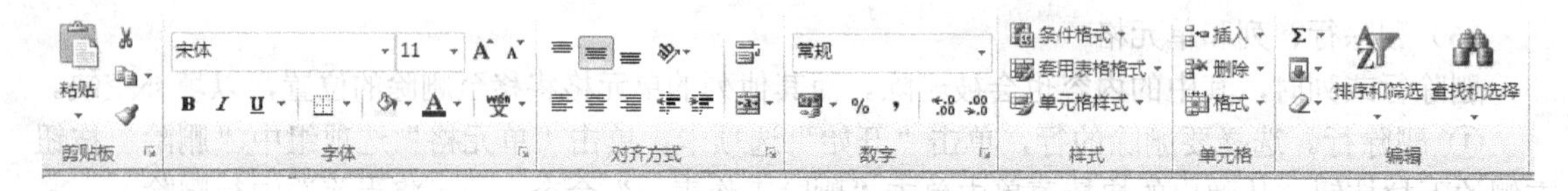

图 5-56 “开始”选项卡

5.3.1 格式化数据

1. 设置文本格式

文本格式包括工作表中文本的字体、大小、颜色等。

① 更改字体或字体大小。选定单元格或单元格区域，在“开始”选项卡中的“字体”下拉列表框中选择所需的字体，在“字号”下拉列表框中选择所需的字体大小。

② 更改字体颜色。要应用最近所选的颜色，可单击“字体”选项组中的“字体颜色”按钮；如果要应用其他颜色，可单击“字体颜色”按钮旁的下三角按钮，然后单击调色板上的某个颜色。

③ 设置为粗体、斜体或带下画线。在“字体”选项组中，单击所需的格式按钮。

除通过“开始”选项卡中的按钮进行设置以外，还可以选定单元格或单元格区域，单击“开始”选项卡中“字体”选项组右下角的扩展按钮，弹出“设置单元格格式”对话框，如图 5-57 所示。在“设置单元格格式”对话框中，在“字体”选项卡中进行相应设置。

2. 设置数字格式

在 Excel 2010 中，可以使用数字格式更改数字（包括日期和时间）的外观，而不更改数字本身。所应用的数字格式并不会影响单元格中的实际数值（显示在编辑栏中的值），Excel 2010 是使用该实际值进行计算的。

利用“数字”选项组能够快速将数字改为“货币”“百分比”“千位分隔符”等格式。如果要进行其他特殊格式的设置，可单击如图 5-58 所示的“设置单元格格式”对话框中的“数字”选项卡进行修改。为了改变计算精度，还可以通过“数字”选项组中的“增加小数位数”“减少小数位数”按钮来实现。每单击一次，数据的小数位数分别会增加或减少一位。各种数据格式的样例如图 5-59 所示。

3. 设置日期、时间格式

选择要设置格式的单元格，单击“开始”选项卡中“字体”选项组右下角的扩展按钮，弹出“设置单元格格式”对话框，单击“数字”选项卡。选择“分类”列表中的“日期”或“时间”选项，然后单击所需的格式即可。

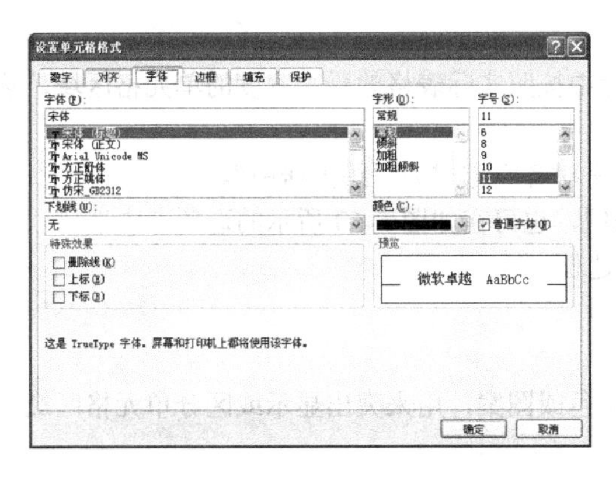

图 5-57 “字体”选项卡

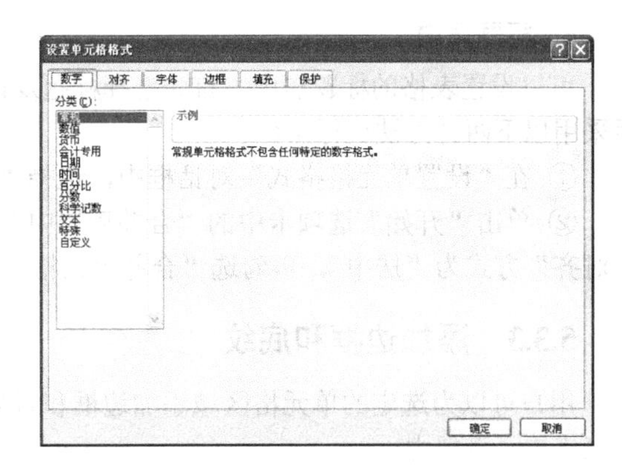

图 5-58“数字”选项卡

5.3.2　设置对齐方式

在 Excel 2010 中，单元格中数据的对齐方式包括水平对齐、垂直对齐和任意方向对齐 3 种。

	A	B	C	D
1	对1234.56的不同格式表示			
2	货币样式		¥　　1,234.56	$1,234.56
3	百分比样式		123456%	
4	千位分隔符样式		1,234.56	
5	分数样式		1234 5/9	
6	科学计数法样式		1.23E+03	
7	中文小写数字样式		一千二百三十四.五六	
8	中文大写数字样式		壹仟贰佰叁拾肆.伍陆	
9	增加小数位数		1234.560	
10	减少小数位数		1234.6	
11				

图 5-59　数据格式样例

1．水平对齐

在默认为“常规”格式的单元格中，文本是左对齐的，数字、日期和时间是右对齐的，逻辑型数据是水平居中对齐的。要设置水平对齐方式，首先要选择设置格式的单元格，再单击“对齐方式”选项组中的相应按钮即可。

2．垂直对齐

垂直对齐方式是指数据在单元格垂直方向上的对齐，包括靠上、居中、靠下等。选定要设置格式的单元格，再在“设置单元格格式”对话框中单击“对齐”选项卡，如图 5-60 所示，在“垂直对齐”下拉列表框中选择需要的对齐方式，单击“确定”按钮即可。

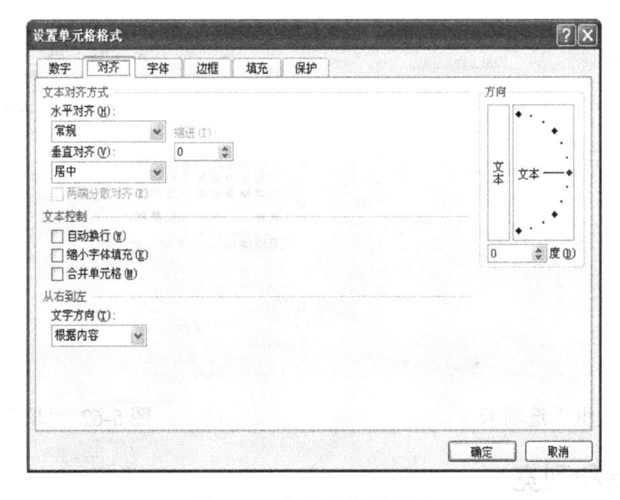

图 5-60 “对齐”选项卡

3．任意方向对齐

选择要旋转文本的单元格。在图 5-60 中的“方向”框中，输入某一角度值，也可拖动指示器到所需要的角度。若要垂直显示文本，可单击“方向”框下的垂直文本框。

4．标题居中

可以设置表格的标题居中，首先选择标题及该行中按照实际表格的最大宽度的单元格区域，然后采用以下两种方法进行操作。

① 在“设置单元格格式”对话框中，选择“水平对齐”方式为“跨列居中”。

② 单击“开始”选项卡中的“合并后居中”按钮，也可在如图 5-60 所示的选项卡中选择“水平对齐”方式为“居中”，再勾选“合并单元格”复选框。

5.3.3 添加边框和底纹

用户可以为选定的单元格区域添加边框和背景颜色或图案，用来突出显示或区分单元格区域，使表格更具表现力。

1．边框

在默认情况下，单元格的边框是虚线，不能打印出来。如果要在打印时加上表格线，必须为单元格加边框。

可利用“字体”选项组中的“边框”按钮为表格加上简单的框线。若要设置较复杂的框线，则可在“设置单元格格式”对话框中的“边框”选项卡中进行设置。如图 5-61 所示，先在“线条”区的“样式”中选择样式，然后在“颜色”下拉列表中选择线条颜色，再在边框各位置上单击，设置所需的上、下、左、右框线。

2．颜色和图案

① 用纯色设置单元格背景色。选择要设置背景色的单元格，单击“字体”选项组中的“填充颜色”按钮或单击按钮旁的下三角按钮，选择一种颜色。

② 用图案设置单元格背景色。选择要设置背景色的单元格，在“设置单元格格式”对话框中单击“填充”选项卡，如图 5-62 所示。选择要设置图案的背景色，单击“背景色”中的某一颜色。在“图案颜色”下拉列表中选择所需的图案颜色，在“图案样式”下拉列表中选择所需的图案样式。

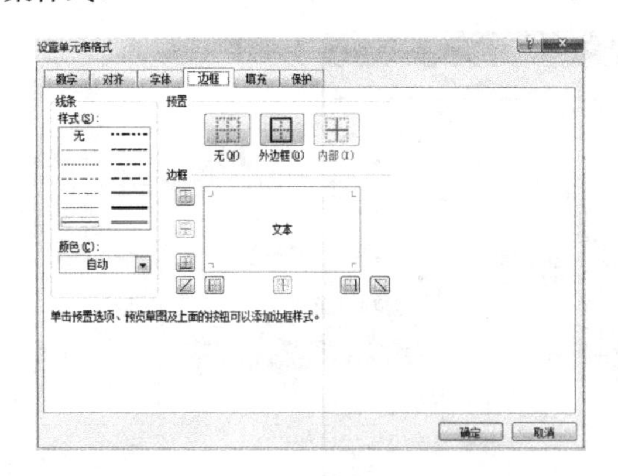

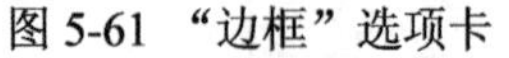
图 5-61 “边框”选项卡

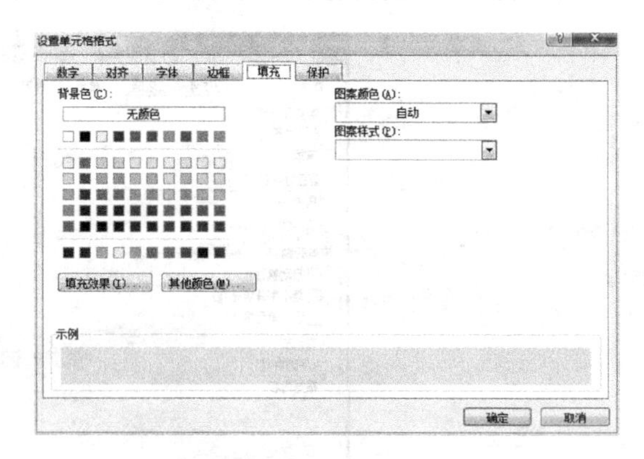

图 5-62 “填充”选项卡

5.3.4 调整行高和列宽

在 Excel 2010 中，行高和列宽是可以调整的。调整行高和列宽有两种方法：使用鼠标拖动或执行菜单命令。

1．调整单元格行高

① 使用鼠标拖动：将光标指向要改变行高的行号的下边界，此时光标变成一个竖直方向的双

向箭头，拖动鼠标调整其边界到适当的高度，然后松开鼠标。若要改变多行的高度，需要先选定这些行，然后拖动其中任一行的行号下边界到适当位置即可。如果要更改工作表中所有行的高度，则“全选”工作表，然后拖动任意行的下边界即可。

图 5-63 “行高”对话框

② 执行菜单命令：选中一行或多行，单击鼠标右键，在弹出的快捷菜单中，单击“行高”命令，在如图 5-63 所示的对话框中输入行高值，单击“确定”按钮完成操作。

注意：双击行号下方的边界可使行高适合单元格中的内容。

2．调整单元格列宽

在对工作表的编辑过程中，有时会出现单元格中显示一长串“####”的情况。调整单元格的列宽，使之大于数字的宽度，则会恢复数字的显示。

① 使用鼠标拖动：将光标指向要改变列宽的列标的右边界，此时光标变成一个水平方向的双向箭头，拖动其边界到适当的宽度，然后松开鼠标。如果要更改多列的宽度，先选定所有要更改的列，然后拖动其中某一选定列标的右边界。如果要更改工作表中所有列的列宽，则“全选”工作表，然后拖动任意列标的边界。

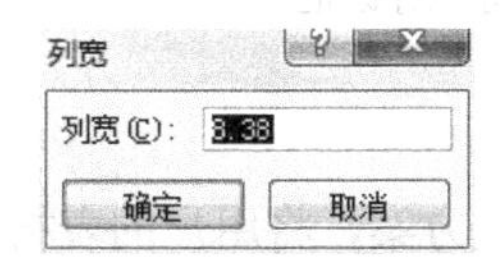

图 5-64 “列宽”对话框

② 执行菜单命令：选中一列或多列，单击鼠标右键，在弹出的快捷菜单中，单击“列宽”命令，在如图 5-64 所示的对话框中输入列宽值，单击“确定”按钮完成操作。

注意：双击列标右边的边界可使列宽适合单元格中的内容。

5.3.5 使用条件格式

条件格式是指在规定单元格中的数值达到设定的条件时的显示方式。通过条件格式化可增加工作表的可读性。

【例 5-1】 在图 5-65 所示的“学生成绩表”工作表中，将小于 60 分的各项成绩设置为红色、倾斜，所在单元格添加淡紫色底纹；90 分及以上的成绩设置为蓝色、加粗，所在单元格添加浅绿色底纹。操作步骤如下。

学生成绩表

考号	姓名	语文	数学	外语	政治	历史	地理	生物	总分	平均分
0809029	尚乐天	79	89	60	66	70	90	85		
0809121	杨旭	80	85	86	77	75	79	74		
0809272	王志	85	99	74	66	76	89	75		
0809039	刘辉	89	37	91	69	81	78	89		
0809175	郭涛	82	77	86	77	60	94	77		
0809292	任静	85	94	84	63	66	75	80		
各科平均分										

图 5-65 学生成绩表

① 选中“学生成绩表”工作表中的所有“成绩”单元格，即单元格区域 C3:I8。

② 单击“开始”选项卡中的“条件格式”按钮，单击快捷菜单中的“突出显示单元格规则”→“小于”命令，弹出如图 5-66 所示的“小于”对话框。

③ 在左边的输入框中输入“60”，再在右侧下拉列表中选中“自定义格式…”，然后单击“确定”按钮，将会弹出“设置单元格格式”对话框，如图 5-67 所示。

④ 在对话框的“字体”选项卡中，按题目要求将字体设置成红色、倾斜，然后在“填充”选

项卡中将背景色设置成淡紫色。

⑤ 小于 60 分的格式设置完成，90 分以上的格式设置操作方法与上述步骤一致。

图 5-66 “小于”对话框

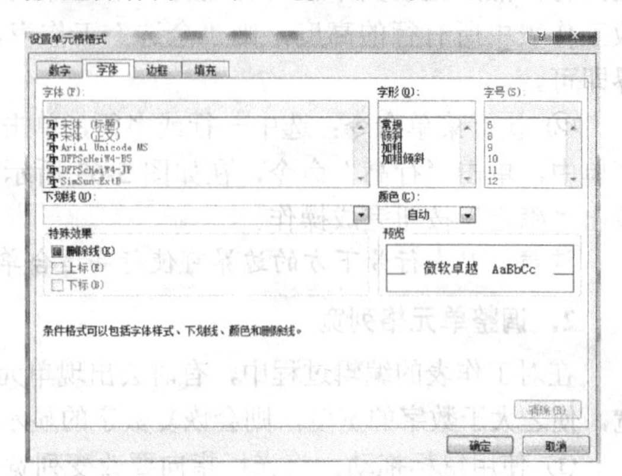

图 5-67 “设置单元格格式”对话框

5.3.6 套用表格格式

Excel 2010 提供了套用表格格式的功能，它可以根据预先设定的表格格式方案，将用户的表格格式化，使用户的编辑工作变得十分轻松。

操作步骤如下。

① 先选择要格式化的单元格区域。

② 单击“开始”选项卡中的“套用表格格式”按钮，弹出如图 5-68 所示的“套用表格格式”快捷菜单。

③ 单击要套用的表格格式，所选定的单元格区域被已选定的格式进行格式化。

如果要对表格中的数字、边框、字体、图案和列宽/行高统一进行格式化，可以单击“单元格样式”快捷菜单中的样式来完成，如图 5-69 所示。如果想更精确地控制或自定义单元格样式，可以单击“单元格样式”快捷菜单中的“新建单元格样式”命令。

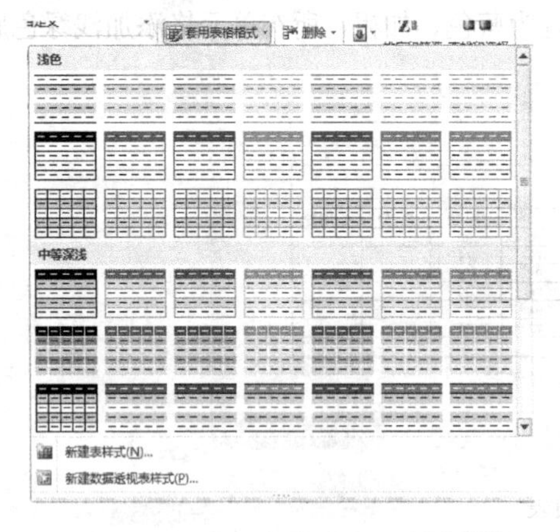

图 5-68 “套用表格格式”快捷菜单

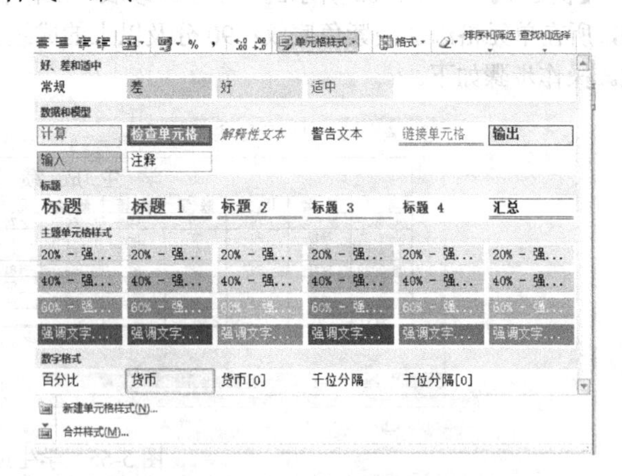

图 5-69 “单元格样式”快捷菜单

5.4 Excel 2010 公式与函数的应用

作为一个专业的电子表格管理系统，除进行一般的表格处理外，最主要的还是进行数据运算。在 Excel 2010 中，用户可以在单元格中输入公式或者使用函数来完成对工作表的各种运算。

5.4.1　使用公式

1．建立公式

公式是在工作表中对数据进行运算的等式，它可以对工作表中的数据进行加、减、乘、除、比较等多种运算。输入一个公式时总是以“=”开头，然后才是公式的表达式。公式中可以包含运算符、单元格地址、常量、函数等。以下是一些公式的示例：

=52*156　　　　　　　　常量运算
=E2*30%+F2*70%　　　　使用单元格地址
=INT(4.36)　　　　　　　使用函数

要在单元格中输入公式，首先要选中该单元格，然后输入公式（先输入等号），最后按 Enter 键或用鼠标单击编辑栏中的✓按钮，即可完成对公式的计算。如果按 Esc 键或单击编辑栏中的✕按钮，则取消本次输入。输入和编辑公式可在编辑栏中进行，也可在当前单元格中进行。

2．运算符

（1）算术运算符

Excel 2010 中可以使用的算术运算符如表 5-1 所示。

表 5-1　算术运算符

运算符	举　例	公式计算的结果	含　义
+	=1+5	6	加法
-	=10-2	8	减法
*	=5*5	25	乘法
/	=8/2	4	除法
%	=5%	0.05	百分数
^	=2^4	16	乘方

在执行算术运算时，通常要求有两个或两个以上的参数，但对于百分数运算来说，只有一个参数。

（2）比较运算符

比较运算符用于对两个数据进行比较运算，其结果只有两个：真（TRUE）或假（FALSE）。Excel 2010 中可以使用的比较运算符如表 5-2 所示。

（3）文本连接符

文本连接符&用来合并文本串。如在编辑栏中输入“=abcd&efg”，再按 Enter 键，则在单元格中显示公式计算的结果为 abcdefg。

（4）运算符优先级

在 Excel 2010 中，不同的运算符具有不同的优先级。同一级别的运算符依照“从左到右”的次序来运算，运算符的优先级如表 5-3 所示。可以使用括号来改变表达式中的运算顺序。

表 5-2　比较运算符

运算符	举　例	公式计算的结果	含　义
=	=2=1	FALSE	等于
<	=2<1	FALSE	小于
>	=2>1	TRUE	大于
<=	=2<=1	FALSE	小于等于
>=	=2>=1	TRUE	大于等于
<>	=2<>1	TRUE	不等于

表 5-3　运算符优先级

运算符	含　义
^	乘方
%	百分数
*和/	乘除
+和-	加减
=　<　>　<=　>=　<>	比较运算符

3．单元格的引用

（1）引用的作用

一个引用代表工作表上的一个或一组单元格，引用指明公式中所使用的数据的位置。通过引用，用户可以在一个公式中使用工作表上不同部分的数据，也可以在几个公式中使用同一个单元格中的数据。

（2）引用的表示

在默认状态下，Excel 2010 使用行号和列标来表示单元格引用。如果要引用单元格，只需顺序输入列标和行号即可。例如，D6 表示引用了 D 列和第 6 行交叉处的单元格。如果要引用单元格区域，则要输入区域左上角单元格的引用、英文输入法下的冒号（:）和区域右下角单元格的引用。例如，如果要引用从 A 列第 10 行到 E 列第 20 行的单元格区域，则可以输入“A10:E20”。

（3）相对引用

相对引用是指单元格引用会随公式所在单元格的位置变化而变化。

在图 5-70 所示的表格中，J3 单元格的公式为“=C3+D3+E3+F3+G3+H3+I3”，表示在 J3 单元格中引用 C3、D3、E3、F3、G3、H3 和 I3 中的数据，并将这 7 个数据相加。

J3 =C3+D3+E3+F3+G3+H3+I3

学 生 成 绩 表

考 号	姓 名	语 文	数 学	外 语	政 治	历 史	地 理	生 物	总 分	平均分
0809029	尚乐天	79	89	60	66	70	90	85	539	
0809121	杨旭	80	85	86	77	75	79	74		
0809272	王志	85	99	74	66	76	89	75		
0809039	刘辉	89	37	91	69	81	78	89		
0809175	郭涛	82	77	86	77	60	94	77		
0809292	任静	85	94	84	63	66	75	80		
各科平均分										

图 5-70　相对引用

相对引用的特点：使用拖动法将 J3 单元格中的公式复制到单元格 J4 中后，则 J4 单元格中的公式自动改变为“=C4+D4+E4+F4+G4+H4+I4”，这就是相对引用的特点，如图 5-71 所示。

注意：在工作表中使用拖动法计算某一列单元格的结果时，使用的就是相对引用。在默认情况下，表格公式中的单元格使用相对引用。

J4 =C4+D4+E4+F4+G4+H4+I4

学 生 成 绩 表

考 号	姓 名	语 文	数 学	外 语	政 治	历 史	地 理	生 物	总 分	平均分
0809029	尚乐天	79	89	60	66	70	90	85	539	
0809121	杨旭	80	85	86	77	75	79	74	556	
0809272	王志	85	99	74	66	76	89	75		
0809039	刘辉	89	37	91	69	81	78	89		
0809175	郭涛	82	77	86	77	60	94	77		
0809292	任静	85	94	84	63	66	75	80		
各科平均分										

图 5-71　相对引用的特点

（4）混合引用

在某些情况下，用户需要在复制公式时只保持行不变或者列不变，就要使用混合引用。在图 5-72 所示的表格中，J3 单元格中的公式为“=$C$3+$D$3+E3+F3+G3 +H3+I3”，这就是混合引用的一种。

J3 =$C$3+$D$3+E3+F3+G3+H3+I3

学 生 成 绩 表

考 号	姓 名	语 文	数 学	外 语	政 治	历 史	地 理	生 物	总 分	平均分
0809029	尚乐天	79	89	60	66	70	90	85	539	
0809121	杨旭	80	85	86	77	75	79	74		
0809272	王志	85	99	74	66	76	89	75		
0809039	刘辉	89	37	91	69	81	78	89		
0809175	郭涛	82	77	86	77	60	94	77		
0809292	任静	85	94	84	63	66	75	80		
各科平均分										

图 5-72　混合引用

混合引用的特点：使用拖动法将 J3 单元格中的公式复制到单元格 J4 中后，公式中只有对 C3 和 D3 单元格引用的地址没有发生改变，而在前面没有添加“$”符号的单元格地址都发生了变化，如图 5-73 所示。

J4　=$C$3+$D$3+E4+F4+G4+H4+I4

学生成绩表										
考号	姓名	语文	数学	外语	政治	历史	地理	生物	总分	平均分
0809029	尚乐天	79	89	60	66	70	90	85	539	
0809121	杨旭	80	85	86	77	75	79	74	559	
0809272	王志	85	99	74	66	76	89	75		
0809039	刘辉	89	37	91	69	81	78	89		
0809175	郭涛	82	77	86	77	60	94	77		
0809292	任静	85	94	84	63	66	75	80		
各科平均分										

图 5-73　混合引用的特点

注意：在编辑栏中选择公式后，利用 F4 键可以进行相对引用与绝对引用的切换。按一次 F4 键，相对引用转换成绝对引用，连续按两次 F4 键转换为不同的混合引用，再按一次 F4 键可还原为相对引用。

（5）绝对引用

在引用单元格的列标和行号之前分别加入符号“$”便为绝对引用，在图 5-74 所示的表格中，J3 单元格的公式为“=$C$3+$D$3+$E$3+$F$3+$G$3+$H$3+$I$3”，这就是绝对引用。

J3　=$C$3+$D$3+$E$3+$F$3+$G$3+$H$3+$I$3

学生成绩表										
考号	姓名	语文	数学	外语	政治	历史	地理	生物	总分	平均分
0809029	尚乐天	79	89	60	66	70	90	85	539	
0809121	杨旭	80	85	86	77	75	79	74		
0809272	王志	85	99	74	66	76	89	75		
0809039	刘辉	89	37	91	69	81	78	89		
0809175	郭涛	82	77	86	77	60	94	77		
0809292	任静	85	94	84	63	66	75	80		
各科平均分										

图 5-74　绝对引用

绝对引用的特点：使用拖动法将 J3 单元格中的公式复制到 J4 单元格中，此时可以看到 J4 单元格公式中的单元格地址并未改变，仍为“=$C$3+$D$3+$E$3+$F$3+$G$3+$H$3+$I$3”，这就是绝对引用的特点，如图 5-75 所示。

J4　=$C$3+$D$3+$E$3+$F$3+$G$3+$H$3+$I$3

学生成绩表										
考号	姓名	语文	数学	外语	政治	历史	地理	生物	总分	平均分
0809029	尚乐天	79	89	60	66	70	90	85	539	
0809121	杨旭	80	85	86	77	75	79	74	539	
0809272	王志	85	99	74	66	76	89	75		
0809039	刘辉	89	37	91	69	81	78	89		
0809175	郭涛	82	77	86	77	60	94	77		
0809292	任静	85	94	84	63	66	75	80		
各科平均分										

图 5-75　绝对引用的特点

注意：使用复制和粘贴功能时，公式中绝对引用的单元格地址不改变，相对引用的单元格地址将会发生改变。使用剪切和粘贴功能时，公式中单元格的绝对引用和相对引用地址都不会发生改变。

5.4.2 使用函数

函数是预先编制好的用于数值计算和数据处理的公式。Excel 2010 提供了数百个可以处理各种计算需求的函数。

1．函数的格式

函数是以函数名开始的，后面紧跟左圆括号、逗号分隔的参数序列和右圆括号，即：

函数名（参数序列）

参数序列可以是一个或多个参数，也可以没有参数。

2．函数的输入

如果能够记住函数名，则直接从键盘输入函数是最快的方法。如果不能记住函数名称，则可以用下列方法输入包含函数的公式。

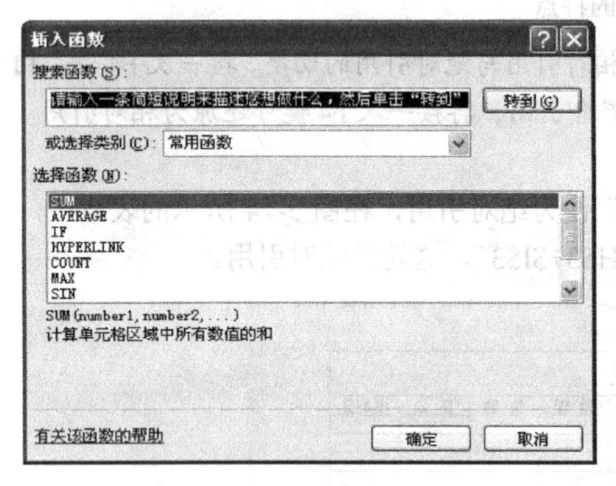

图 5-76 “插入函数”对话框

单击编辑栏中的 fx 按钮，弹出“插入函数”对话框，从中选择所需函数，如图 5-76 所示。单击“确定”按钮后，将自动弹出一个对话框，要求为选定的函数指定参数。参数的设定将在常用函数中具体介绍。

此外，要在公式中插入函数，还可单击“公式”选项卡中的“插入函数”按钮，也会弹出如图 5-76 所示的“插入函数”对话框。

3．常用函数

（1）求和函数 SUM（）

① 格式：SUM（number1, number2, ...），其中 number1，number2，... 为 1～30 个需要求和的参数。

② 功能：返回某一单元格区域中所有的数字之和。

【例 5-2】 根据图 5-65 所示的“学生成绩表”工作表，计算每位学生的总分。

有 4 种方法能够实现求和运算，分别如下。

① 选定“学生成绩表”工作表，选定 J3 单元格。在编辑栏中直接输入“=SUM（C3:I3）”，并按 Enter 键。

② 选定单元格区域 C3:I3。单击“公式”中的 Σ 自动求和 · 按钮，则在 J3 中显示总分值。

③ 选定 J3 单元格，在编辑栏中输入“=SUM（）”，将光标移到圆括号中，选定单元格区域 C3:I3，公式变为“=SUM（C3:I3）”，按 Enter 键即可求出总分值。

④ 选定 J3 单元格，单击 fx 按钮，弹出如图 5-76 所示的对话框，选定“常用函数”中的 SUM，弹出如图 5-77 所示的“函数参数”对话框。单击 Number1 文本框右边的按钮切换到 Excel 2010 的工作表界面，选定单元格区域 C3:I3，单击按钮返回到图 5-77，然后单击“确定”按钮。

注意：①是直接在单元格中输入完整的函数和参数，这是最常见的方式，但要求记住函数名和参数序列。

②单击的是“快速求和”按钮，选定求和的单元格区域后再单击它，自动将值及公式保存到本列下方第一个空单元格或本行右边第一个空单元格中。

③是先在编辑栏中输入一个空函数，再选定参加运算的单元格，系统自动将选定单元格填入函数中，这种方式对于非连续、无规律的单元格运算较方便。

④采用的是“插入函数”对话框和“函数参数”，这对多项数据的运算及不熟悉函数格式的用户特别有用。

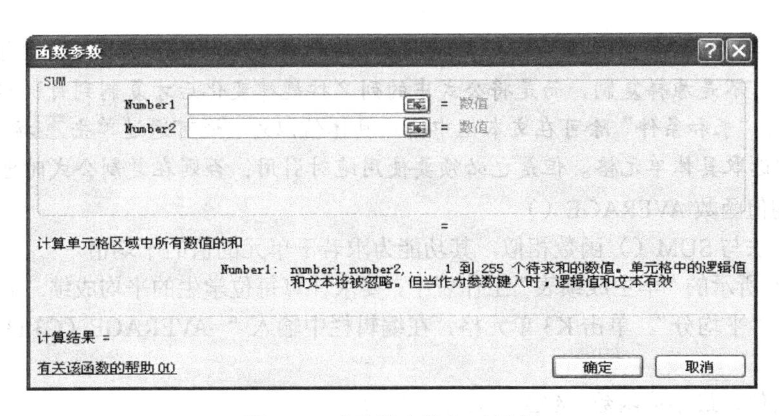

图 5-77　“函数参数”对话框

（2）条件求和函数 SUMIF（）

① 功能：根据指定条件对若干单元格求和。

② 格式：SUMIF（条件范围，求和条件，求和范围）。

“条件范围”是指用于条件判断的单元格区域；“求和条件”用于确定哪些单元格将被相加求和，其形式可以为数字、表达式或文本，例如，条件可以表示为 5、“45”、“>=60”、“English”；“求和范围”是指需要求和的实际单元格或区域。只有当“条件范围”中的相应单元格满足条件时，才对“求和范围”中的单元格求和。如果省略了“求和范围”，则直接对“条件范围”中的单元格求和。

【例 5-3】 在图 5-78 中，用 SUMIF（）函数分别计算期评分中男女生的合计。

操作步骤如下。

① 在 A13、A14 单元格中分别输入“男生合计”“女生合计”。

② 单击 G13 单元格，单击 *fx* 按钮，弹出“插入函数”对话框，选择“常用函数”中的 SUMIF，弹出如图 5-78 所示的“函数参数”对话框。单击 Range 文本框右边的按钮切换到 Excel 2010 的工作表界面，选定单元格区域 D4:D12，单击按钮返回到图 5-79，将单元格区域 D4:D12 修改为绝对引用$D$4:$D$12。在“Criteria”文本框中输入“男”。单击“Sum_range”文本框右边的按钮切换到 Excel 2010 的工作表界面，选定单元格区域 G4:G12，单击按钮返回到图 5-79 所示的界面，将单元格区域 G4:G12 改为绝对引用$G$4:$G$12，然后单击“确定”按钮。在编辑栏中可看到该单元格的公式为=SUMIF（$D$4:$D$12,“男”, $G$4:$G$12）。

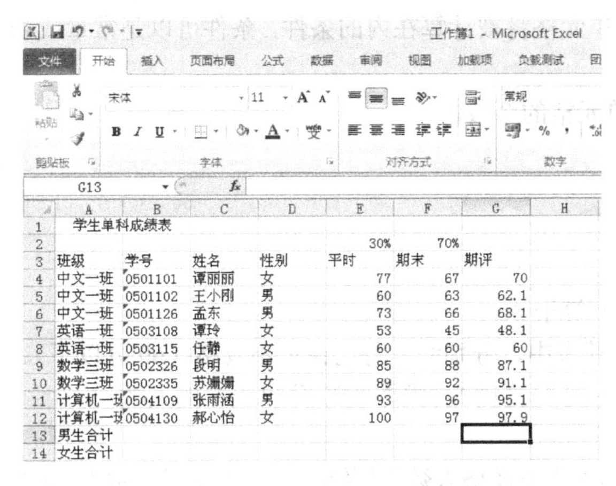

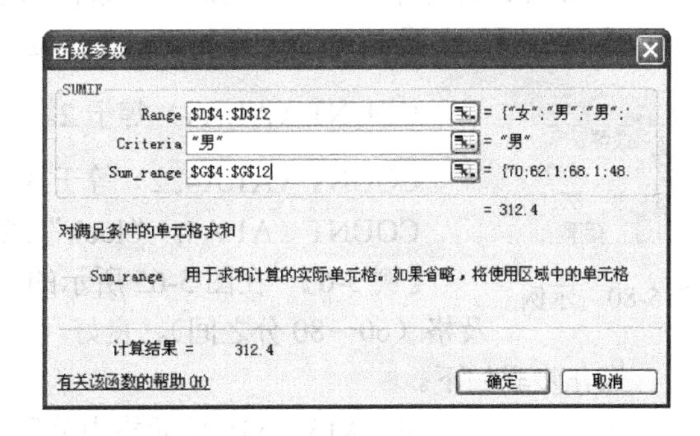

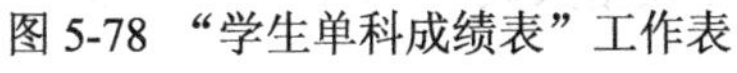

图 5-78　“学生单科成绩表”工作表　　　　图 5-79　“函数参数”对话框

③ 拖动 G13 单元格右下角的填充柄至 G14 单元格。单击 G14 单元格，在编辑栏中将公式中的“男”改为“女”，按 Enter 键确定。

说明：步骤②中的“条件区域”和“求和区域”使用的是绝对引用。如果使用相对引用的话，则在复制公式时，不是原样复制，而是将公式中的列名按规律变化后才复制到目标单元格中，就会得到错误的结果。“求和条件”除可在文本框中输入具体值以外，还可通过单击按钮在 Excel 2010 的工作表界面中选取具体单元格。但是也必须要使用绝对引用，否则在复制公式时也会出错。

（3）求平均值函数 AVERAGE（）

该函数的用法与 SUM（）函数相似，其功能为求若干单元的值的平均值。

在如图 5-65 所示的“学生成绩表”工作表中，要求计算每位学生的平均成绩。单击 K2 单元格，在编辑栏中输入“平均分”。单击 K3 单元格，在编辑栏中输入“=AVERAGE（C3:I3）”，再按 Enter 键即可。

（4）求最大值、最小值函数 MAX（）、MIN（）

① 格式：MAX（number1, number2, ...），number1，number2，...为需要找出最大数值的 1～30 个数值。

② 功能：返回数据集中的最大数值。参数可以为数字，单元格列表等。

③ 函数 MIN（与函数 MAX）相似，其值为最小值。

【例 5-4】 在图 5-78 所示的工作表中，求期评分中的最高分与最低分。

操作步骤如下。

① 在 A15、A16 单元格中分别输入“最高分”“最低分”。

② 单击 G15 单元格，在编辑栏的文本框中输入“=MAX（）”，将光标移到圆括号中，用鼠标选择单元格区域 G4:G12，按 Enter 键确认。

③ 单击 G16 单元格，按步骤②中的方法输入公式，只是将 MAX（改为 MIN）即可。

（5）统计函数 COUNT（）和 COUNTIF（）

COUNT（）函数说明如下。

① 格式：COUNT（value1, value2, ...），value1，value2，...是包含或引用各种类型数据的参数（1～30 个），但只有数字类型的数据才被计数。

② 功能：计算参数表中的数字参数和包含数字的单元格的个数，用来从混有数字、文本、逻辑值等的单元格或数据中统计出数字类型数据的个数。

COUNTIF（）函数说明如下。

① 格式：COUNTIF（统计范围，统计条件）。“统计范围”是指需要计算其中满足条件的单元格个数的单元格区域。“统计条件”是指确定哪些单元格将被计算在内的条件，条件可以是常量或表达式。如“5” “45”“>=80”等。

② 功能：计算某个区域中满足给定条件的单元格的个数。

【例 5-5】 在图 5-80 中，有如下函数成立。

	A
1	成绩
2	40
3	55.5
4	TRUE

图 5-80 示例

COUNT（A1:A4）等于 2。

COUNT（A1:A4, 2）等于 3。

COUNT（A1:A4, “look”, 2）等于 3。

【例 5-6】 在图 5-65 所示的成绩表中，分别统计每门课程不及格（60 分以下）、及格（60～80 分之间）、良好（80～90 分之间）、优秀（90 分以上）的人数。

操作步骤如下。

① 在 A13、A14、A15、A16 单元格中分别输入“不及格人数”“及格人数”“良好人数”“优秀人数”。

② 在 C13 单元格中输入公式“=COUNTIF（C3:C8, " <60 " ）”，并将其复制到 D13:I13 单元格中。

③ 在 C14 单元格中输入公式“=COUNTIF（C3:C8, " >=60 " ）− COUNTIF（C3:C8, " > =80 " ）”，

并将其复制到 D14:I14 单元格中。

④ 在 C15 单元格中输入公式“=COUNTIF(C3:C8, " > =80 ")– COUNTIF(C3:C8, " > =90 ")”，并将其复制到 D15:I15 单元格中。

⑤ 在 C16 单元格中输入公式“=COUNTIF（C3:C8, " >=90 ")”，并将其复制到 D16:I16 单元格中。

（6）条件判断函数 IF（）

① 格式：IF（逻辑表达式, 值 1, 值 2）。

② 功能：根据逻辑表达式的真假值返回不同的结果。当逻辑表达式为真时，返回值 1，否则返回值 2。

【例 5-7】 在图 5-65 中的 L2 单元格中输入“评语”。如果“平均分”在 90 分以上，“评语”为“优秀”；其他情况“评语”为“非优秀”。

操作步骤如下。

① 单击 L3 单元格，单击 f_x 按钮，弹出“插入函数”对话框，选定“逻辑”函数中的“IF”，弹出“函数参数”对话框。

② 在 Logical-test 后的文本框中输入“K3>=90”，表示判断的条件。在 Value-if-true 后的文本框中输入“优秀”，表示平均分在 90 分以上时（条件为真时）返回“优秀”，在 Value-if-false 后的文本框中输入“非优秀”，表示平均分在 90 分以下时（条件为假时）返回“非优秀”。如图 5-81 所示。

③ 单击“确定”按钮，拖动 L3 单元格右下角的填充柄至 L8 单元格，完成所有评语。

【例 5-8】 在图 5-65 中的 L2 单元格中输入“评语”。如果“平均分”在 90 分以上，“评语”为“优秀”；如果“平均分”在 80～90 分之间，“评语”为“良好”；如果“平均分”在 60～80 分之间，“评语”为“合格”；如果“平均分”在 60 分以下，“评语”为“不合格”。

操作步骤如下。

① 单击 L3 单元格，单击 f_x 按钮，弹出“插入函数”对话框，选定“逻辑”函数中的“IF”，弹出“函数参数”对话框。

② 在 Logical-test 后的文本框中输入“K3>=90”，表示判断的条件。在 Value-if-true 后的文本框中输入“优秀”，表示平均分在 90 分以上时（条件为真时）返回“优秀”，如图 5-82 所示。

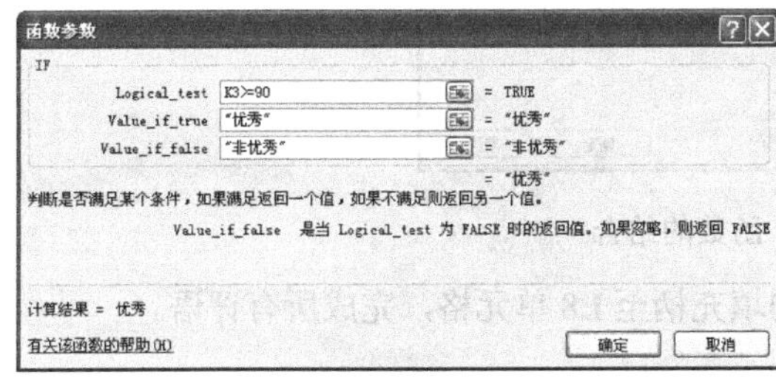

图 5-81　IF 函数参数设置 1

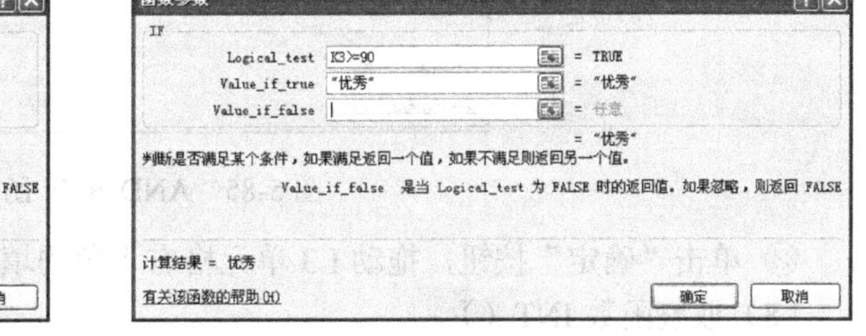

图 5-82　IF 函数参数设置 2

③ 将光标定位到 Value-if-false 后的文本框中，单击编辑栏中左侧的 IF 按钮，在条件为假时嵌入一个 IF 语句判断是否为“良好”，如图 5-83 所示。

④ 方法同第③步，在 Value-if-false 后的文本框中再次嵌入一个 IF 语句判断是“合格”还是“不合格”，如图 5-84 所示。单击“确定”按钮，则在编辑栏中显示该单元格的公式为“=IF（K3>=90,“优秀”,IF（K3>=80,“良好”,IF（K3>=60,“合格”,“不合格”)))”。该公式在一个 IF 函数中又嵌套了两个 IF 函数。IF 函数最多可以嵌套 7 层，用 Value-if-true 及 Value-if-false 参数可以构造很复杂的检测条件。

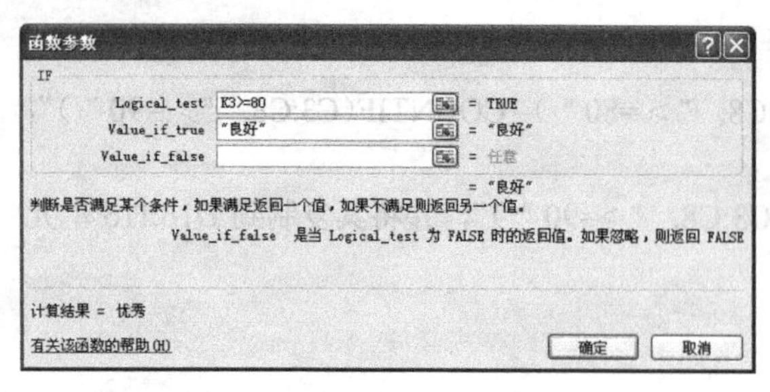

图 5-83 在条件为假时嵌入一个 IF 函数

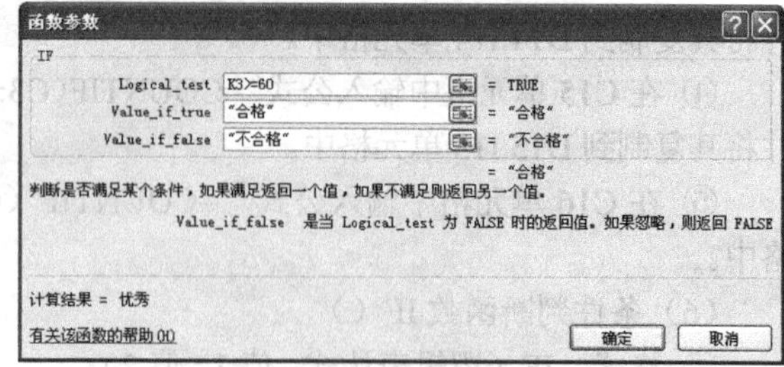

图 5-84 3 层嵌套

⑤ 将 L3 单元格中的公式复制到 L4～L8 单元格中。

（7）AND（）函数

① 格式：AND（逻辑表达式 1，逻辑表达式 2，…）。

② 功能：根据逻辑表达式的真假值返回结果。当所有逻辑表达式都为真时，返回值为逻辑真，只要有一个逻辑表达式为假时，返回值为逻辑假。

【例 5-9】 AND 函数与 IF 函数的结合。在图 5-65 中的 L2 单元格中输入“评语”。如果“语文”和“数学”成绩都在 85 分以上，“评语”为“优秀”，否则“评语”为“一般”。

操作步骤如下。

① 单击 L3 单元格，单击 *fx* 按钮，弹出“插入函数”对话框，选择“逻辑”函数中的“IF”，弹出“函数参数”对话框。

② 在 Logical-test 后的文本框中输入“AND(C3>=85,D3>=85)”，表示判断的条件。在 Value-if-true 后的文本框中输入“优秀”，表示当“语文”和“数学”成绩都在 85 分以上时（条件为真时），返回“优秀”， 在 Value-if-false 后的文本框中输入“一般”，表示当“语文”和“数学”成绩不满足都在 85 分以上时（条件为假时），返回“一般”。如图 5-85 所示。

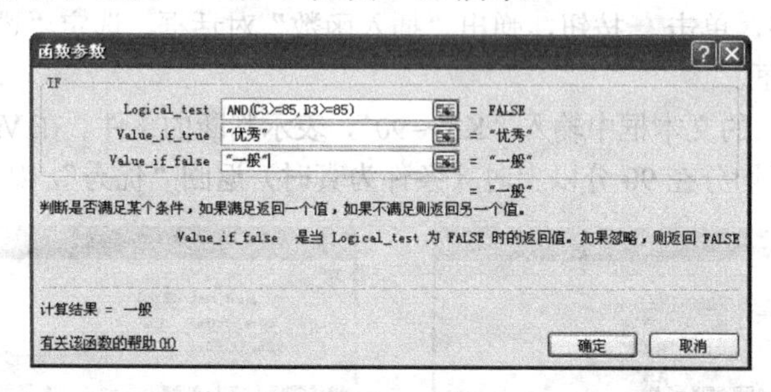

图 5-85 AND 和 IF 函数的结合

③ 单击“确定”按钮，拖动 L3 单元格右下角的填充柄至 L8 单元格，完成所有评语。

（8）取整函数 INT（）

① 格式：INT（Number）。

② 功能：将数值向下取整为最接近的整数。

例如，INT（4.36）等于 5；INT（−1.8）等于−2。

（9）四舍五入函数 ROUND（）

① 格式：ROUND（*n*, *m*）。

② 功能：按指定的位数 *m* 对数值 *n* 进行四舍五入。

说明：当 *m*>=0 时，从小数位的第 *m*+1 位向第 *m* 位四舍五入。当 *m*<0 时，从整数位的第 *m* 位向前进行四舍五入。

例如，ROUND（124.36374，2）等于 124.364；ROUND（124.36374，−2）等于 100。

（10）取子串函数 LEFT（）、RIGHT（）、MID（）

① LEFT（字符串, n）：从字符串的左边开始取 n 位字符。如 LEFT（"文化", 1）等于“文”。

② RIGHT（字符串, n）：从字符串的右边开始取 n 位字符。如 RIGHT（"文化", 1）等于“化”。

③ MID（字符串, m, n）：从字符串的第 m 位开始连续取 n 个字符。例如，MID（" 计算机文化基础 ", 4, 2）等于“文化”。

（11）日期、时间函数

① NOW（）：返回系统当前的日期和时间。

② TODAY（）：返回系统当前日期。

③ YEAR（日期）：返回日期中的年份。

④ MONTH（日期）：返回日期中的月份。

⑤ DAY（日期）：返回日期中的日。

⑥ WEEKDAY（日期）：返回日期是本星期的第几天（数字表示，星期日是本星期的第一天）。

⑦ HOUR（时间）：返回时间中的小时。

⑧ MINUTE（时间）：返回时间中的分钟。

⑨ SECOND（时间）：返回时间中的秒。

综合案例（1）：见随书电子文件“Excel 公式与函数操作.xlsx”。

5.5　Excel 2010 图表应用

将工作表中的数据以图表的形式展示出来，可以使繁杂的数据变得直观、生动，有利于分析和比较数据之间的关系。Excel 2010 提供了强大的图表制作功能，不仅能够制作多种不同类型的图表，而且能够对图表进行修饰，使数据一目了然。

5.5.1　创建图表

在 Excel 2010 中，图表可以放在工作表中，称为嵌入式图表；也可以放在具有特定名称的独立工作表中，称为图表工作表。嵌入式图表和图表工作表均与工作表数据相链接，并随工作表数据的变化而自动更新。

创建图表的方法有两种：“一步法”与“向导法”。

1．一步法

Excel 2010 默认的图表类型是柱形图。在工作簿中创建图表工作表的方法很简单：首先在工作表上选定需要绘制图表的数据，如图 5-86 所示，再按 F11 键，得到如图 5-87 所示的图表工作表，其默认工作表名称为 Chart1。

2．向导法

用 F11 键自动创建图表，是创建图表最简单的方法，但是只能创建柱形图。若要快速地创建其他类型的图表，可使用“图表工具”选项卡，其中存放了若干图表工具。

首先，选中图 5-86 中的数据，单击“插入”选项卡中“图表”选项组右下角的“创建图表”按钮，弹出“插入图表”对话框，从中选择一种图表类型，单击“确定”按钮，图表即被建立并嵌入到当前工作表中。

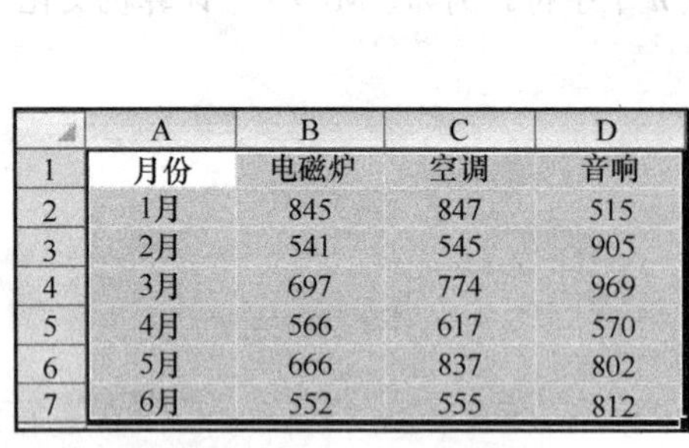
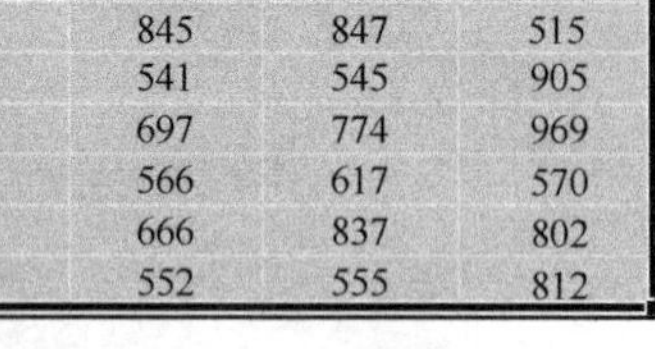

	A	B	C	D
1	月份	电磁炉	空调	音响
2	1月	845	847	515
3	2月	541	545	905
4	3月	697	774	969
5	4月	566	617	570
6	5月	666	837	802
7	6月	552	555	812

图 5-86 选定图表数据

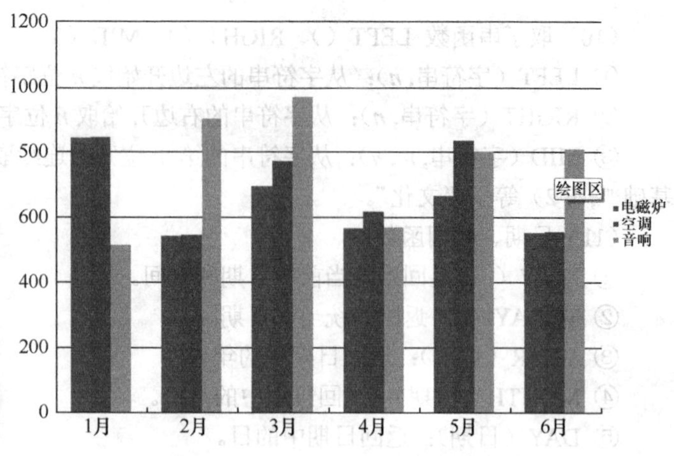

图 5-87 “一步法”创建图表工作表

【例 5-10】 针对图 5-86 所示的“销售情况表”建立一个三维簇状柱形图。

操作步骤如下。

① 单击“插入”选项卡中“图表”选项组右下角的“创建图表”按钮，弹出如图 5-88 所示的“插入图表”对话框。

② 在如图 5-89 所示的图表类别列表中选择“柱形图”，然后在右边的选项区中选择“三维簇状柱形图”，如图 5-90 所示。

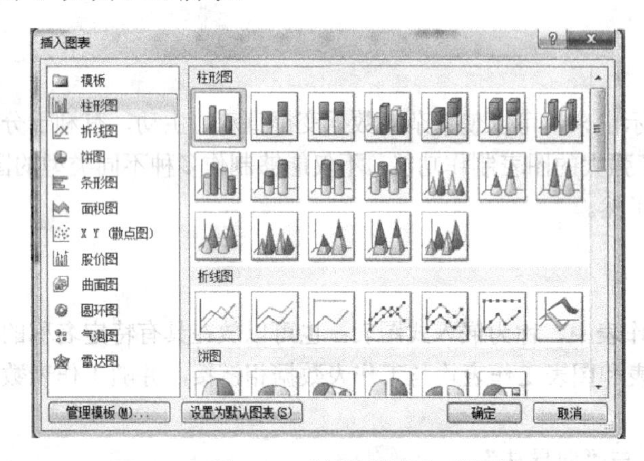

图 5-88 “插入图表”对话框

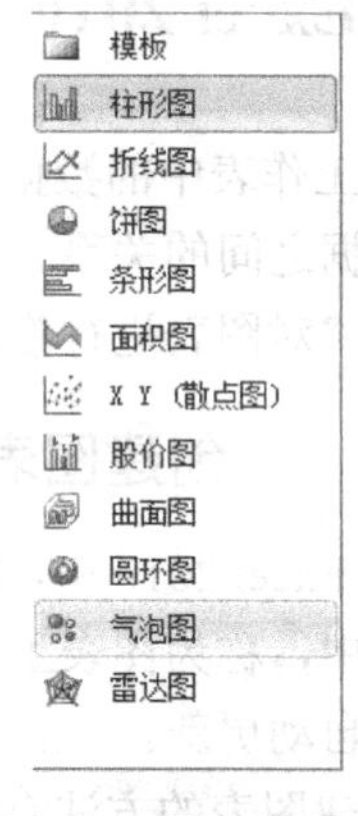

图 5-89 图表类别

③ 最后单击“确定”按钮，创建图表，如图 5-91 所示。

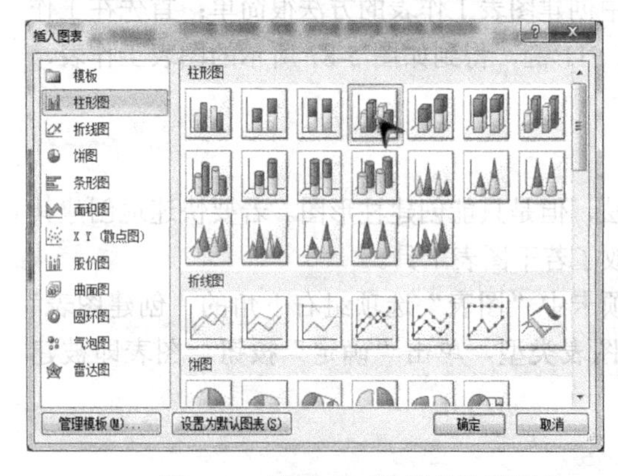

图 5-90 选择“三维簇状柱形图”

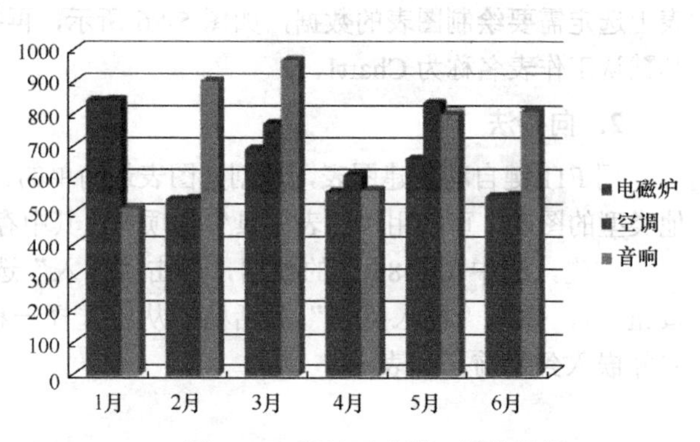

图 5-91 题目要求的三维簇状图

5.5.2 编辑图表

用“一步法”或“向导法”创建图表后，还可以对其进行编辑、修改和格式化，使其更加美观，更具表现力。

1．调整图表

嵌入在工作表中的图表可以移动或调整大小。

① 移动图表。在 Excel 2010 中，移动图表非常简单，首先选定要移动的图表，然后拖动图表到目标位置即可。

② 调整图表的大小。选定要调整的图表，图表四周会出现 8 个控制块，拖动这些控制块即可调整图表的大小。

2．编辑图表

编辑图表的方法有 3 种：一是利用“图表工具”选项卡中的工具按钮进行修改，“图表工具”选项卡如图 5-92 所示；二是执行“图表”菜单中的相关命令；三是右击待编辑对象，在弹出的快捷菜单中执行相应命令进行修改。

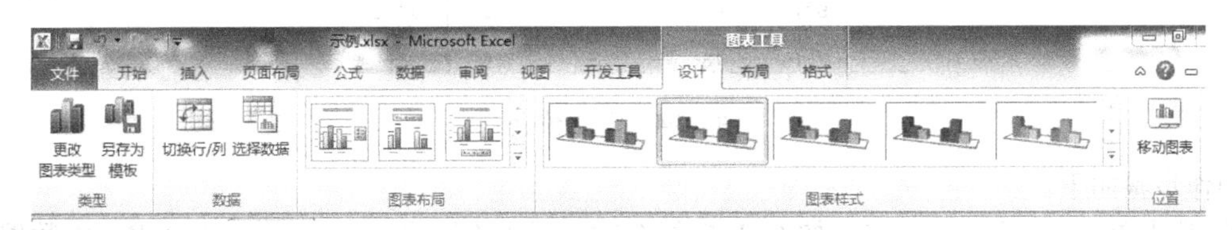

图 5-92 “图表工具”选项卡

（1）“图表工具”选项卡的使用

① 设计：单击“设计”选项卡，可以对图表类型、样式等进行修改。

② 布局：单击“布局”选项卡，可以进行对图表插入标签、设置图表背景等操作。

③ 格式：在“格式”选项卡中，主要有形状样式、艺术字样式等设置。

（2）更改图表类型

单击“设计”选项卡中的“更改图表类型”按钮，弹出“更改图表类型图”对话框，选中要更改的图表类型，单击“确定”按钮即可。

（3）修改图表标题

选中图表，单击“布局”选项卡中的“图表标题”按钮，在弹出的快捷菜单中选择要添加的标题类型。

（4）修改网格线、数据标志、图例等

要添加或删除网格线、数据标志和图例，只需在“布局”选项卡中，选择相应功能的按钮即可。

（5）图表的更新

图表的更新包括以下 3 个方面。

① 修改工作表中的数据，图表会自动更新。

② 删除工作表中的数据，图表会自动更新。

③ 向嵌入的图表中添加数据，图表会自动更新。

向图表中添加数据，只需将该工作表中的数据复制、粘贴到图表中。或按住 Ctrl 键，拖动选中数据区域的边框到图表区即可。

（6）修改图表的数据源

首先单击要修改的图表，右击图表，单击“选择数据”命令，弹出如图 5-93 所示的对话框，然后在表格中选择要显示在图表中的数据区域，单击“确定”按钮。

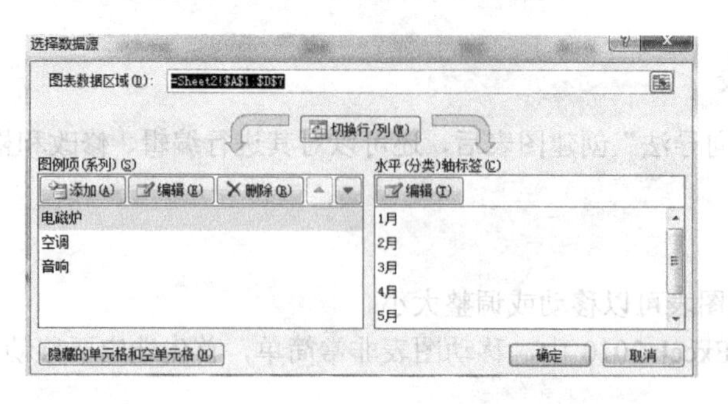

图 5-93 “选择数据源”对话框

【例 5-11】 假设在图 5-86 所示的“销售情况表”中添加一行和一列数据，如图 5-94 所示，然后把该数据添加到图 5-91 中的三维簇状图中。

	A	B	C	D	E
1	月份	电磁炉	空调	音响	电视机
2	1月	845	847	515	876
3	2月	541	545	905	978
4	3月	697	774	969	959
5	4月	566	617	570	800
6	5月	666	837	802	1034
7	6月	552	555	812	980
8	7月	786	666	787	999

图 5-94 添加数据

操作步骤如下。

① 选中单元格区域 A1∶E7，按 Ctrl+C 组合键，再单击图表，按 Ctrl+V 组合键，将数据粘贴到图表中。调整图表的大小，使所有对象可见，如图 5-95 所示。

② 选中图表，右击图表，单击“选择数据”命令，弹出“选择数据源”对话框，如图 5-96 所示。

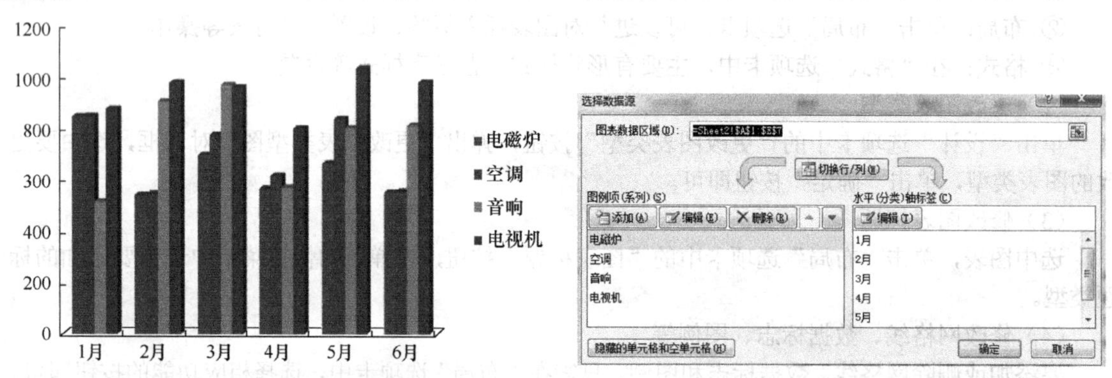

图 5-95 添加一列数据后的簇状图

图 5-96 “选择数据源”对话框

③ 在“图表数据区域”后面的文本框中直接输入“=Sheet2!$A$1:$E$8”，或者直接用鼠标从工作表中选取数据，Excel 会自动在此文本框中生成选取范围的函数表达式，如图 5-97 所示，最后单击“确定”按钮，结果如图 5-98 所示。

3．格式化图表

创建好图表之后，为了让其更加美观，还可以对其进行格式化。图表格式化是指对图表对象进行格式设置，包括字体、字号、图案、颜色、数字样式等。

设置对象格式的方法有 3 种：一是双击该对象；二是右击该对象，在弹出的快捷菜单中单击相应的格式设置命令；三是利用“图表工具”选项卡中的工具对图表进行修改。这 3 种方法都能打开相应的格式设置对话框。下面介绍坐标轴格式的设置方法，其他对象格式的设置与此类似。

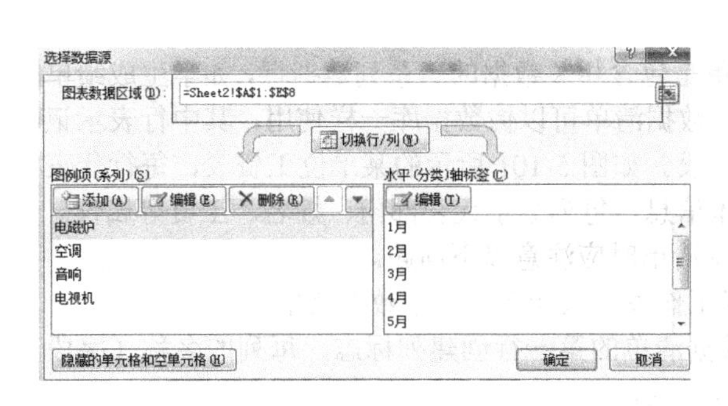

图 5-97　填写数据源的区域

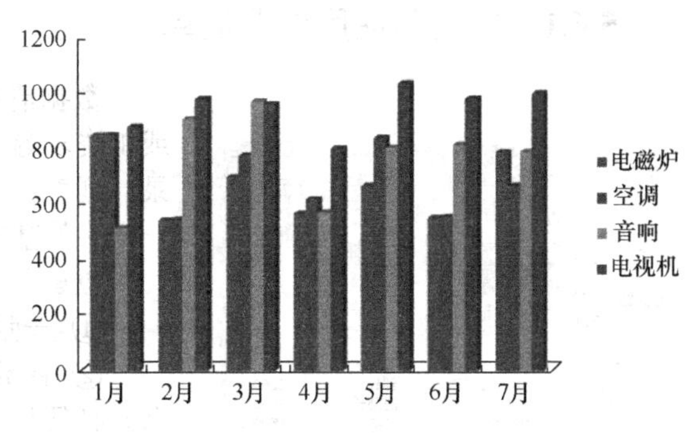

图 5-98　修改源数据后的图表

双击分类轴或数据轴，弹出“设置坐标轴格式”对话框，如图 5-99 所示。

① 在“坐标轴选项”中可以对图表的坐标轴进行设置。

② 在“数字”中可以对数字的格式进行设置。

③ 在“填充”中可以对数据标签进行背景色的设置。

④ 在“线条颜色”中可以对坐标轴的颜色进行设置。

这里还有“线型”“阴影”“发光和柔化边缘”“三维格式”“对齐方式”的设置，这些设置对美化图表很有帮助。双击柱形条上方的空白区域，弹出“设置背景墙格式”对话框，可以对背景进行设置。双击图例上方的空白区域，弹出“设置图表区格式”对话框，可以对图表格式进行设置。对各图表对象进行一系列设置以后，就能得到一张非常美观的图表，如图 5-100 所示。

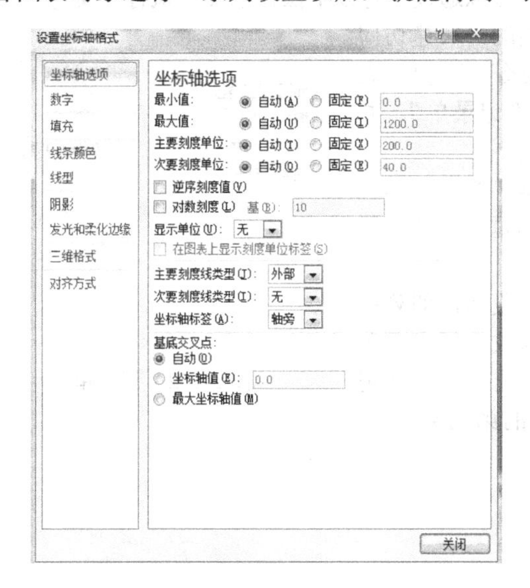

图 5-99　“设置坐标轴格式”对话框

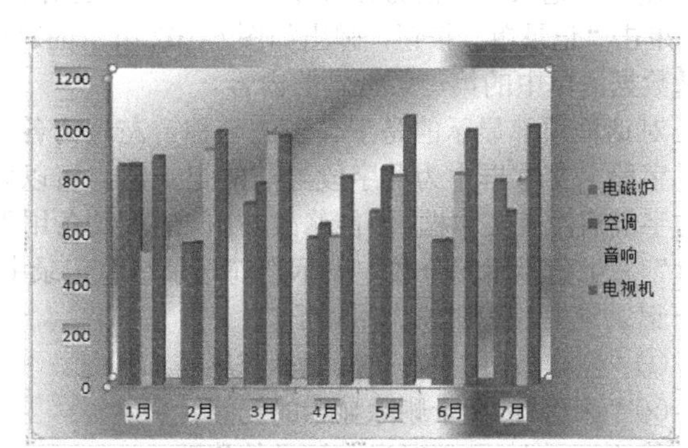

图 5-100　格式化后的图表

综合案例（2）：见随书电子文件“Excel 图表操作.xlsx”。

5.6　Excel 2010 数据管理

Excel 2010 中，常见的数据管理操作主要有对工作表的相关数据进行增加、删除、排序、汇总、筛选等。

5.6.1 创建和使用数据清单

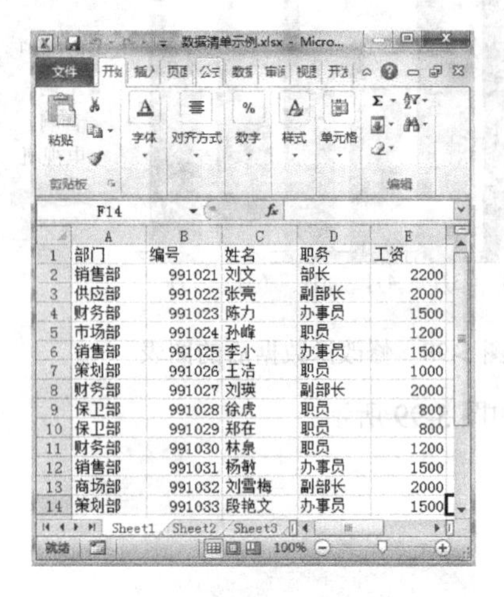

图 5-101 数据清单示例

数据清单是包含相关数据的一系列数据行，如学生成绩单或工资表等。数据清单可以像数据库一样使用，其中行表示记录，列表示字段。如图 5-101 所示的某单位工资表，每行代表一个人的基本信息，每列分别代表部门、姓名、工资等属性。

创建数据清单时应注意以下问题。

① 一张工作表中只能建立一个数据清单。

② 在数据清单的第一行创建列标志，每列的名称（字段名）必须是唯一的。

③ 在设计数据清单时，应使同一列中的各行具有相似的数据项。

④ 在数据清单的字段名下至少要有一行数据。

⑤ 数据清单中不能包含空白行或空白列。

⑥ 在工作表的数据清单与其他数据间至少留出一个空白列和一个空白行。

Excel 2010 提供了“记录单”功能管理数据清单，可以在“记录单”中查看、更改、添加及删除记录，还可以根据指定的条件查找特定的记录。“记录单”中只显示一条记录的各字段，当数据清单比较大时，使用“记录单”会很方便。在“记录单”上输入或编辑数据，数据清单中的相应数据会自动更改。

“快速访问工具栏”中若没有“记录单”按钮，可以通过执行以下操作添加：执行“文件”→“选项”命令，弹出“Excel 选项”对话框，单击左侧的“快速访问工具栏”选项，在右侧区域中的“从下列位置选择命令”下拉列表中选择“不在功能区中的命令”，在下方列表中选择“记录单”，并双击鼠标，然后单击“确定”按钮。

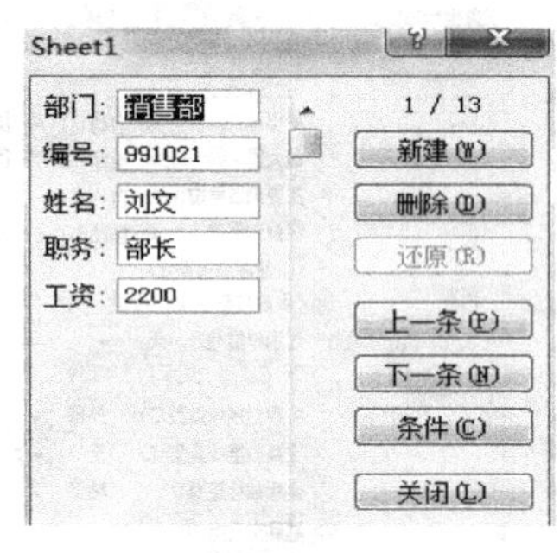

图 5-102 记录单

使用“记录单”的方法如下：首先单击数据清单中的任意单元格，单击“记录单”按钮，弹出如图 5-102 所示的对话框。默认显示的是数据清单中的第一条记录的内容。

对话框顶部显示的是工作表的名称。左边为各字段名，即列标志。字段名文本框中为各字段当前的记录值，可以修改，但含有公式的字段后没有文本框，不能修改。中间的滚动条用于选择记录。“记录单”右上角显示的分数，表示当前记录是总记录中的第几条。

记录单中各按钮的作用如下。

①“新建”：用于在数据清单末尾添加记录。

②“删除”：用于删除显示的记录。

③“还原”：取消对当前记录的修改。

④“上一条”：显示上一条记录。

⑤“下一条”：显示下一条记录。

⑥“条件”：按指定条件查找与筛选记录。单击该按钮后，在字段名文本框中输入条件，按 Enter 键，则显示第一条满足条件的记录，单击“下一条”按钮可查看其他满足条件的记录。

⑦“关闭”：关闭记录单，返回工作表。

5.6.2 数据排序

通过排序功能，可以根据某些特定列的内容重新排列数据清单中的行。这些特定列称为排序的“关键字”。在 Excel 2010 中，最多可以依据 3 个关键字进行排序，依次称为“主要关键字”“次要关键字”和“第三关键字”。

对数据排序时，Excel 2010 会遵循以下原则：先根据“主要关键字”进行排序，如果遇到某些行的主要关键字的值相同时，则按照“次要关键字”的值进行排序，如果某些行的“主要关键字”和“次要关键字”的值都相同的话，再按“第三关键字”进行排序。如果 3 个关键字的值都相同的话，则保持它们原始的次序。

Excel 2010 使用特定的排序次序，根据单元格中的值而不是格式来排列数据。

① 数字（包括日期、时间）按照数值大小进行排序，由小到大为升序，由大到小为降序。

② 英文字母、标点符号按 ASCII 码值大小进行排序。

③ 汉字一般按照拼音字母顺序排序，也可设置按笔画顺序排序。

④ 当以逻辑值为关键字进行升序排序时，FALSE 排在 TRUE 之前；进行降序排序时，TRUE 排在 FALSE 前。

⑤ 空格始终排在最后。

⑥ 排序的方法有两种：

- 按照一个关键字进行排序，可单击“开始”选项卡中的“排序和筛选”按钮，在弹出的快捷菜单中单击“升序”命令 A↓Z 和“降序”命令 Z↓A。
- 按照多个关键字排序，可单击“数据”选项卡中的“排序”按钮。

下面通过一个实例来说明排序的步骤。

【例 5-12】 首先将图 5-101 所示的数据清单复制到 Sheet2 工作表中。在 Sheet1 工作表中按职务进行升序排序。在 Sheet2 工作表中以“部门”为主要关键字（升序），“工资”为次要关键字（降序）进行排序，要求“部门”以笔画顺序排序。

操作步骤如下。

① 在 Sheet1 工作表中选中数据清单，按 Ctrl+C 组合键，在工作表标签上单击 Sheet2，单击 A1 单元格，按 Ctrl+V 组合键，将 Sheet1 中的数据清单复制到 Sheet2 中。

② 在 Sheet1 工作表中，单击“职务”所在列的任意单元格，单击“数据”选项卡中的 A↓Z 按钮，使数据清单按“职务”进行升序排列。

③ 在 Sheet2 工作表中，单击数据清单中的某一单元格，单击“数据”选项卡中的“排序”按钮，弹出如图 5-103 所示的“排序”对话框。

④ 在该对话框中，设置“主要关键字”为“部门”，次序选择“升序”，然后单击“添加条件”按钮，设置“次要关键字”为“工资”，次序为“降序”。单击“选项”按钮，出现如图 5-104 所示的“排序选项”对话框，选择“方法”为“笔画排序”。先单击“确定”按钮关闭“排序选项”对话框，再单击“确定”按钮，完成排序操作。

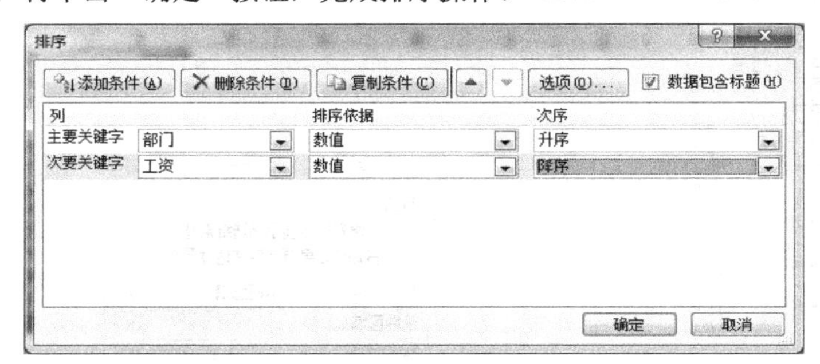

图 5-103 “排序”对话框

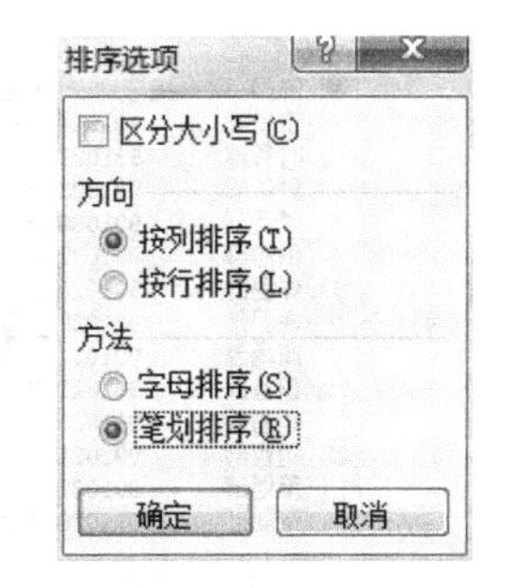

图 5-104 “排序选项”对话框

编者注：在 Excel 中采用“笔划”的写法，实际应为“笔画”，本书统一采用“笔画”。

说明：

① 排序前应选中数据清单中某一单元格，否则会出错。

② 在一般情况下，第一行数据作为标题行，不参与排序，所以在图 5-103 所示的“排序”对话框中，默认为“数据包含标题”。如果出现第一行要参与排序的情况，则应取消选中“数据包含标题”复选框，在选择关键字时，显示的将是“列 A、列 B……”，而不是“部门、编号、姓名……”。

5.6.3 数据筛选

对于一个大的数据清单，要快速找到所需的数据不太容易。Excel 2010 提供了“自动筛选”和“高级筛选”命令来筛选数据，可以只显示符合用户设定的某一值或一组条件的行，而隐藏其他行。

1．自动筛选

使用自动筛选，实际上是在标题行建立一个自动筛选器。通过这个自动筛选器可以查询到含有某些特征值的行。

	A	B	C	D	E
1	部门	编号	姓名	职务	工资
2	市场部	991024	孙峰	职员	1200
3	财务部	991027	刘瑛	副部长	2000
4	财务部	991023	陈力	办事员	1500
5	财务部	991030	林泉	职员	1200
6	供应部	991022	张亮	副部长	2000
7	保卫部	991028	徐虎	职员	800
8	保卫部	991029	郑在	职员	800
9	商场部	991032	刘雪梅	副部长	2000
10	销售部	991021	刘文	部长	2200
11	销售部	991025	李小	办事员	1500
12	销售部	991031	杨敏	办事员	1500
13	策划部	991033	段艳文	办事员	1500
14	策划部	991026	王洁	职员	1000

图 5-105　建立自动筛选器

使用自动筛选的步骤如下。

① 在数据清单中单击任意一个单元格。

② 单击“数据”选项卡中的“筛选”按钮，建立自动筛选器，如图 5-105 所示，可以看到每列标题行右边都有一个下三角按钮。

③ 单击包含想显示的数据列右边的箭头，从下拉列表中选中要显示的项，在工作表中就可以看到筛选后的结果了。

④ 如果要使用基于另一列中数值的附加条件，可在另一列中重复步骤③。

2．高级筛选

要使用高级筛选命令，数据清单必须要有列标，而且在工作表数据清单的上方或下方，至少要有 3 个能作为条件区域的空行。

【例 5-13】 在图 5-101 所示的某公司基本情况表中筛选出策划部、销售部、财务部 3 个部门中工资在 1000 元～1500 元的员工信息。

操作步骤如下。

① 将数据清单中含有要筛选值的列的列标复制到第 16 行中，作为条件标志。在条件标志下面的行中，输入所要匹配的条件，如图 5-106 所示。

② 单击数据清单中的任意一个单元格，单击“数据”选项卡中“排序和筛选”选项组中的“高级”按钮，弹出如图 5-107 所示的“高级筛选”对话框。

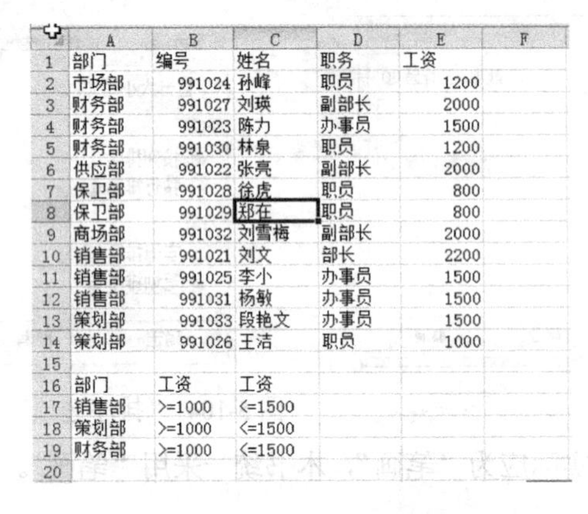

	A	B	C	D	E	F
1	部门	编号	姓名	职务	工资	
2	市场部	991024	孙峰	职员	1200	
3	财务部	991027	刘瑛	副部长	2000	
4	财务部	991023	陈力	办事员	1500	
5	财务部	991030	林泉	职员	1200	
6	供应部	991022	张亮	副部长	2000	
7	保卫部	991028	徐虎	职员	800	
8	保卫部	991029	郑在	职员	800	
9	商场部	991032	刘雪梅	副部长	2000	
10	销售部	991021	刘文	部长	2200	
11	销售部	991025	李小	办事员	1500	
12	销售部	991031	杨敏	办事员	1500	
13	策划部	991033	段艳文	办事员	1500	
14	策划部	991026	王洁	职员	1000	
15						
16	部门	工资	工资			
17	销售部	>=1000	<=1500			
18	策划部	>=1000	<=1500			
19	财务部	>=1000	<=1500			
20						

图 5-106　输入匹配条件

图 5-107　“高级筛选”对话框

③ 分别单击“列表区域”和“条件区域”右边的按钮返回到工作表界面，选择数据清单和条件区域。注意数据清单的列标志和条件区域中的条件标志都必须选中。如果不通过单击按钮选定，而直接在编辑框中输入，则必须使用绝对引用。

④ 如果要将筛选结果放在原数据表中，可选中“在原有区域显示筛选结果”单选按钮。如果要将筛选结果放在工作表的其他地方，可选中“将筛选结果复制到其他位置”单选按钮，接着单击“复制到”文本框，然后单击要放置筛选结果的区域左上角。

⑤ 设置好数据区域和条件区域后，单击“确定”按钮即可得到筛选结果。

高级筛选条件可以包括一列中的多个条件和多列中的多个条件。

在“条件区域”中，若条件在同一行上，则表示是“与”运算，多个条件要同时满足。若条件在不同行上，则表示是“或”运算，只要满足一个条件即可被筛选出来。

5.6.4　分类汇总

分类汇总是在数据清单中快速汇总数据的方法。使用“分类汇总”功能，Excel 2010 将自动创建公式、插入分类汇总结果，并且可以对分类汇总后不同类型的明细数据进行分析，如图 5-108 所示。

需要注意的是，在分类汇总之前，必须对数据清单进行排序且数据清单的第一行必须有列标记，如图 5-109 所示。

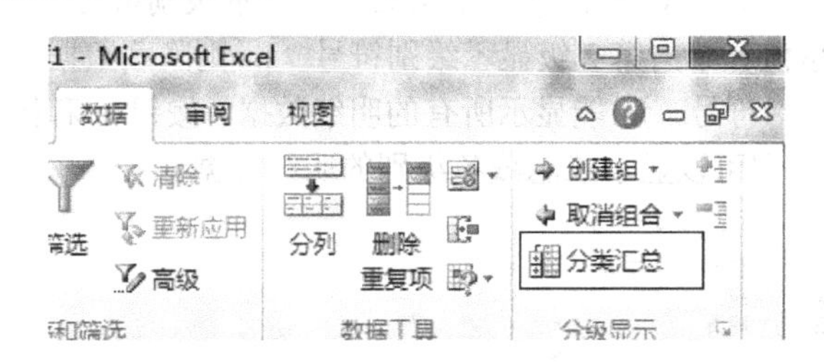

图 5-108　分类汇总

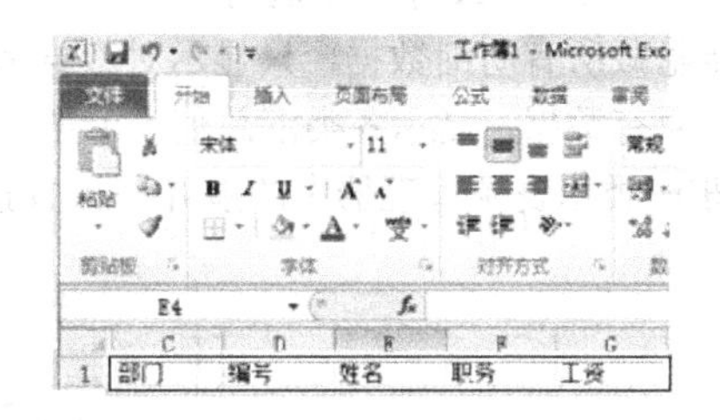

图 5-109　第一行列标记

1．分类汇总操作

【例 5-14】 如图 5-101 所示，对某公司职员的工资按部门进行分类汇总，计算每个部门的平均工资。

操作步骤如下。

① 先选择分类汇总的分类字段，对数据清单进行排序。选择“部门”列中的某一单元格，单击按钮AZ↓或按钮ZA↓。

② 在要分类汇总的数据清单中，单击任意一个单元格。

③ 单击“数据”选项卡中“分类汇总”按钮，弹出如图 5-110 所示的“分类汇总”对话框。

④ 在“分类字段”下拉列表中，选择需要用来分类汇总的数据列。选定的数据列应与步骤①中进行排序的列相同。本例中选择“部门”。

⑤ 在“汇总方式”下拉列表中，选择所需的用于计算分类汇总的函数。常用的汇总方式如下。

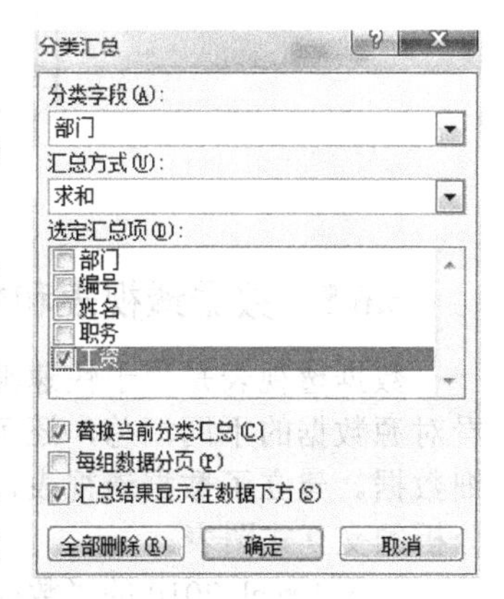

图 5-110　“分类汇总”对话框

- 求和：统计数据清单中数值的和，它是数字数据的默认函数。
- 计数：统计数据清单中数据项的个数，它是非数字数据的默认函数。例如，可按姓名的计数方式来统计人数。
- 平均值：统计数据清单中数值的平均值。

- 最大值：统计数据清单中的最大值。
- 最小值：统计数据清单中的最小值。
- 乘积：统计数据清单中所有数值的乘积。
- 计数值：统计数据清单中含有数字数据的记录或行的数目。

本例选择“平均值”，即按部门统计平均工资。

⑥ 在“选定汇总项”选项区域中，选择包含需要对其汇总计算的数值列对应的复选框。本例中选择汇总项为“工资”。

⑦ 单击“确定”按钮，得到分类汇总结果。

“分类汇总”对话框中其他选项的含义解释如下。

① 替换当前分类汇总：如果之前已分类汇总，选择它，则表示用当前分类汇总替换之前的分类汇总，否则会保存原有分类汇总。每次汇总的结果均显示在工作表中，这样就实现了多级分类汇总。

② 每组数据分页：选择后，每类数据占据一页，打印时每组数据单独打印在一页上。

③ 汇总结果显示在数据下方：选择后，汇总结果将显示在数据下方。

2．查看分类汇总结果

上例的分类汇总结果如图 5-111 所示。

在图 5-111 中，左边有一些特殊按钮，如[1]，[2]，[3]，[+]，[-]。单击第 1 级显示级别符号[1]，能隐藏所有明细数据，只显示对数据清单总的汇总值。单击第 2 级显示级别符号[2]，则隐藏数据清单原有数据，显示各类汇总值。单击第 3 级显示级别符号[3]，能显示所有的明细数据。按钮[+]和按钮[-]类似资源管理器中的展开和折叠按钮，单击它们可以显示或隐藏各级别的明细数据。

	A	B	C	D	E	F
1	部门	编号	姓名	职务	工资	
2	保卫部	991028	徐虎	职员	800	
3	保卫部	991029	郑在	职员	800	
4	**保卫部 平均值**				800	
5	财务部	991027	刘瑛	副部长	2000	
6	财务部	991023	陈力	办事员	1500	
7	财务部	991030	林泉	职员	1200	
8	**财务部 平均值**				1566.667	
9	策划部	991033	段艳文	办事员	1500	
10	策划部	991026	王洁	职员	1000	
11	**策划部 平均值**				1250	
12	供应部	991022	张亮	副部长	2000	
13	**供应部 平均值**				2000	
14	商场部	991032	刘雪梅	副部长	2000	
15	**商场部 平均值**				2000	
16	市场部	991024	孙峰	职员	1200	
17	**市场部 平均值**				1200	
18	销售部	991021	刘文	部长	2200	
19	销售部	991025	李小	办事员	1500	
20	销售部	991031	杨敏	办事员	1500	
21	**销售部 平均值**				1733.333	
22	**总计平均值**				1476.923	
23						

图 5-111　分类汇总结果

5.6.5 数据透视表和数据透视图

数据透视表是用于快速汇总大量数据和建立交叉列表的交互式表格，可以转换行或列以查看对源数据的不同汇总，还可以通过显示不同的页面来筛选数据，或者也可以根据需要显示明细数据。建立了数据透视表以后，还可根据需要建立数据透视图，它是一种为数据提供图形化分析的交互式图表。

使用 Excel 2010 的“数据透视表”，可以快速建立数据透视表和数据透视图。下面通过一个例子来介绍具体操作步骤。

【例 5-15】 在如图 5-112 所示的数据清单中，按“品名”和“品种”统计销售量之和。

操作步骤如下。

① 单击数据清单中的某一单元格。

② 单击“插入”选项卡中“表格”选项组中的“数据透视表”按钮，弹出如图 5-113 所示的“创建数据透视表”对话框。

	A	B	C	D
1	超市	品名	品种	销售量
2	旺和	伊利	纯牛奶	1080
3	旺和	伊利	酸奶	2036
4	新一佳	伊利	纯牛奶	2350
5	新一佳	伊利	酸奶	3250
6	旺和	蒙牛	纯牛奶	2568
7	旺和	蒙牛	酸奶	5356
8	新一佳	光明	酸奶	3020
9	家润多	伊利	纯牛奶	2010
10	家润多	伊利	酸奶	5620
11	家润多	光明	纯牛奶	2456
12	家润多	光明	酸奶	2563
13	新一佳	蒙牛	酸奶	2369
14	新一佳	蒙牛	纯牛奶	3200
15	家润多	蒙牛	纯牛奶	3556
16	家润多	蒙牛	酸奶	2653
17	旺和	光明	纯牛奶	2584
18	旺和	光明	酸奶	2698

图 5-112　数据清单

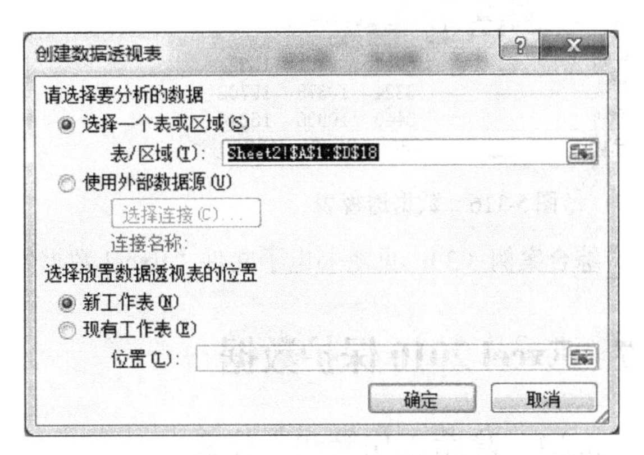

图 5-113　“创建数据透视表”对话框

③ 选择现有工作表，单击工作表的某一空白单元格，数据透视表将会创建在这里。单击“确定”按钮，将会出现如图 5-114 所示的两个方框。

④ 在“数据透视表字段列表”对话框中，将所需字段从“选择要添加到报表的字段”中拖动到如图 5-115 所示的“行标签”和“列标签”区域；对于要汇总数据的字段，将这些字段拖动到“数值”区域；将要作为报表筛选用的字段拖动到“报表筛选”区域。本例按图 5-115 进行设置，即将“超市”拖动到“报表筛选”位置，将“品名”拖动到“行标签”位置，将“品种”拖动到“列标签”位置，将“销售量”拖动到“数值”位置。

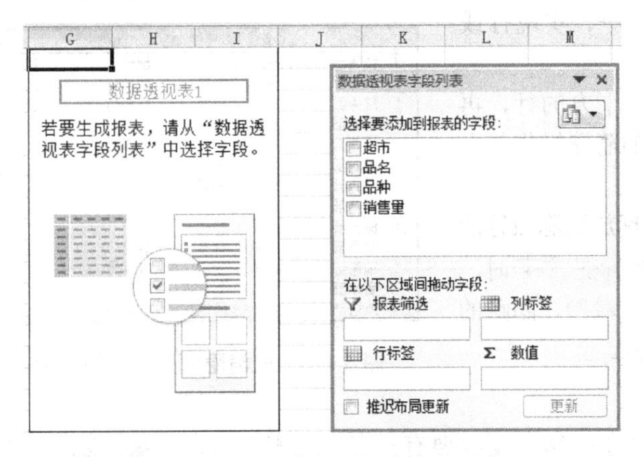

图 5-114　数据透视表字段列表

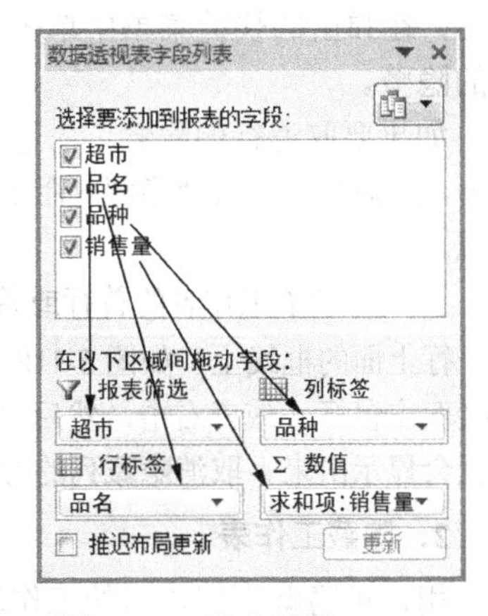

图 5-115　拖动示例

在图 5-116 中，显示了创建好的数据透视表。单击要隐藏或显示的字段右侧的下三角按钮▼，选中要显示的项的复选框，清除要隐藏的项的复选框，即可查看不同级别的明细数据。

如果创建的数据透视表不符合要求，还可以通过“数据透视表工具”选项卡把相关字段从数据透视表中拖出，再把合适的字段拖入到指定的区域中，便能重新获得不同的数据汇总结果。

数据透视图既具有数据透视表数据的交互式汇总特性，又具有图表的可视化优点。与数据透视表一样，一张数据透视图可按多种方式查看相同数据，只需单击分类轴、数值轴及图例上的按钮▼，选择对应选项即可，如图 5-117 所示。

超市	(全部)		
求和项:销售量	列标签		
行标签	纯牛奶	酸奶	总计
光明	5040	8281	13321
蒙牛	9324	10378	19702
伊利	5440	10906	16346
总计	19804	29565	49369

图 5-116　数据透视表

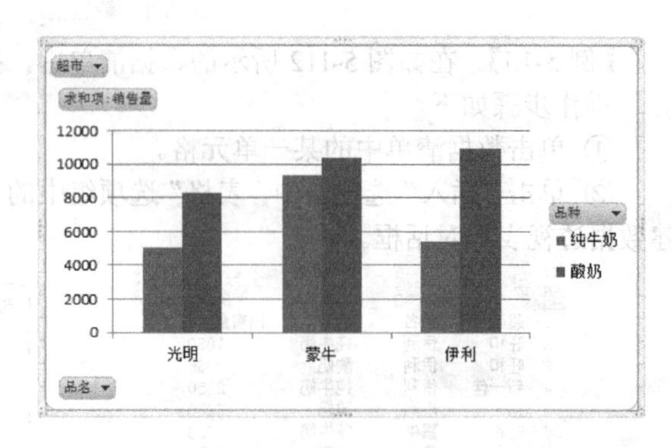

图 5-117　数据透视图

综合案例（3）：见随书电子文件“Excel 数据管理.xlsx”和“Excel 数据管理操作要求.docx”。

5.7 Excel 2010 保护数据

5.7.1 隐藏工作簿和工作表

为了突出某些行或列，可将其他行或列隐藏；为避免屏幕上的窗口和工作表数量太多，并防止不必要的修改，可以隐藏工作簿和工作表。如果隐藏了工作簿的一部分，数据将从视图中消失，但并没有从工作簿中删除。如果保存并关闭了工作簿，下次打开它时，隐藏的数据仍然是隐藏的。打印工作簿时，Excel 2010 不会打印隐藏部分。

1. 隐藏行或列

选定待隐藏的行或列，单击“开始”选项卡中“单元格”选项组中的“格式”按钮，在快捷菜单中单击“隐藏和取消隐藏”下的“隐藏行”或“隐藏列”命令，或者选定行或列，然后右击，在弹出的快捷菜单中单击“隐藏”命令，实现行或列的隐藏。

如果要取消行的隐藏，先选择其上方和下方的行，再右击，然后单击“取消隐藏”命令。取消列的隐藏操作与之类似。

如果隐藏了工作表的首行或首列，将光标放到隐藏行的下一行上面的框线上，如图 5-118 所示，当光标变成时，直接双击鼠标（或者右击，然后单击“取消隐藏”），隐藏的行就会显示出来。取消隐藏列的方法与之类似。

	A	B	C	D	E
2	销售部	991021	刘文	部长	2200
3	供应部	991022	张亮	副部长	2000
4	财务部	991023	陈力	办事员	1500
5	市场部	991024	孙峰	职员	1200
6	销售部	991025	李小	办事员	1500
7	策划部	991026	王洁	职员	1000
8	财务部	991027	刘瑛	副部长	2000
9	保卫部	991028	徐虎	职员	800
10	保卫部	991029	郑在	职员	800
11	财务部	991030	林泉	职员	1200
12	销售部	991031	杨敦	办事员	1500
13	商场部	991032	刘雪梅	副部长	2000
14	策划部	991033	段艳文	办事员	1500

图 5-118　取消隐藏鼠标悬停示例

2. 隐藏工作表

用户可隐藏不想显示的工作表，但一个工作簿中至少要有一张工作表没有被隐藏。隐藏工作表的操作方法是先选定需要隐藏的工作表，然后单击“开始”选项卡中“单元格”选项组中的“格式”按钮，在弹出的快捷菜单中单击“隐藏和取消隐藏”下的“隐藏工作表”命令。

如果要取消对工作表的隐藏，则最后单击“隐藏和取消隐藏”下的“取消隐藏工作表”命令。然后在“取消隐藏”列表框中，双击需要显示的被隐藏的工作表的名称。

3. 隐藏工作簿

要隐藏某个工作簿，首先打开这个工作簿，然后单击“视图”选项卡中“窗口”选项组中的“隐藏”命令。如果在退出 Excel 2010 时有信息询问是否保存对隐藏工作簿的改变，单击“是”按钮。则在下次打开该工作簿时，它的窗口仍然处于隐藏状态。

如果要显示隐藏的工作簿，单击“视图”选项卡中“窗口”选项组中的“取消隐藏”命令。在“取消隐藏”列表框中，双击需要显示的被隐藏的工作簿的名称。

5.7.2　保护工作簿和工作表

1．保护工作表

切换到需要保护的工作表，单击“审阅”选项卡中的“保护工作表”按钮，弹出如图 5-119 所示的“保护工作表”对话框。

如果要限制其他人对工作表进行更改，可将“允许此工作表的所有用户进行”列表框中各选项前的复选框设置为空。如果要防止他人取消工作表保护，可在“取消工作表保护时使用的密码”文本框中输入密码，再单击“确定”按钮，然后在“重新输入密码”文本框中再次输入同一密码。注意，密码是区分大小写的。

如果要撤销对工作表的保护，单击“审阅”选项卡中的“撤销工作表保护”按钮。如果设置了密码，则需输入工作表的保护密码才能撤销。

2．保护工作簿

单击“审阅”选项卡中的“保护工作簿”按钮，弹出如图 5-120 所示的“保护结构和窗口”对话框。

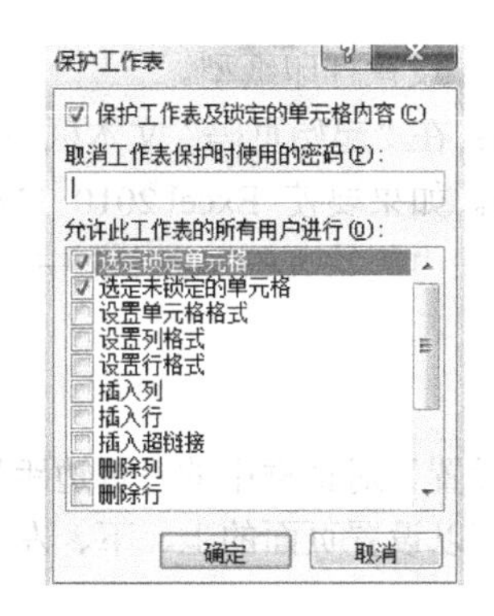

图 5-119　“保护工作表”对话框

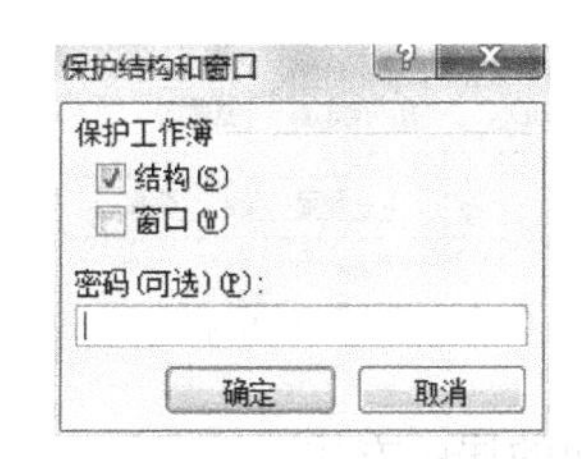

图 5-120　“保护结构和窗口”对话框

如果要保护工作簿的结构，选中“结构”复选框，这样工作簿中的工作表将不能进行移动、删除、隐藏、取消隐藏或重新命名操作，而且也不能插入新的工作表。如果要在每次打开工作簿时保持窗口的固定位置和大小，则选中“窗口”复选框。

为防止其他人取消工作簿保护，还可以设置密码。如果要撤销对工作簿的保护，先打开工作簿，然后单击“审阅”选项卡中的“撤销工作簿保护”按钮。如果设置了保护密码，输入密码后方可撤销对工作簿的保护。

3．为工作簿设置权限

如果想使工作簿不被他人打开或修改，可以为工作簿设置打开权限和修改权限。

执行“文件”→“另存为”命令，在“另存为”对话框中，单击“工具”按钮，在弹出的快捷菜单中选择“常规选项”，弹出如图 5-121 所示的“常规选项”对话框。“打开权限密码”是指打开工作簿时需输入的密码，否则不能打开该工作簿。“修改权限密码”是指对该工作簿修改后保存时需输入的密码，密码不正确时任何改动将不会保存。如果选中“建议只读”复选框，则打开该工作簿时系统建议以只读方式打开。

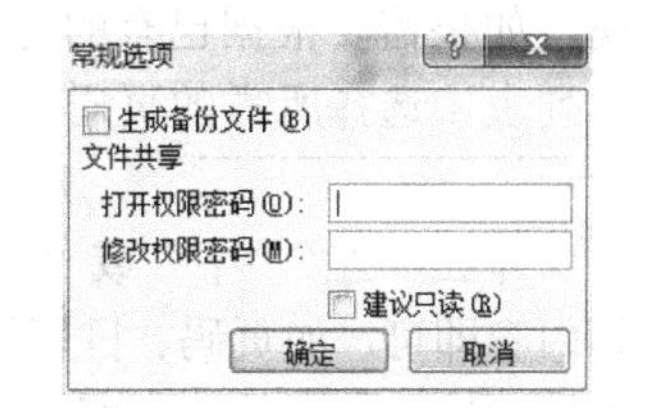

图 5-121　“常规选项”对话框

5.8 Excel 2010 工作表的打印

为了使打印出的工作表布局合理美观，还需进行设置打印区域、插入分页符、设置打印纸张大小及页边距、添加页眉和页脚等操作。

5.8.1 页面设置

单击“页面布局”选项卡，单击“页面设置”选项组右下角的扩展按钮，弹出如图 5-122 所示的“页面设置”对话框。它包含页面、页边距、页眉/页脚、工作表 4 个选项卡。

1. 页面

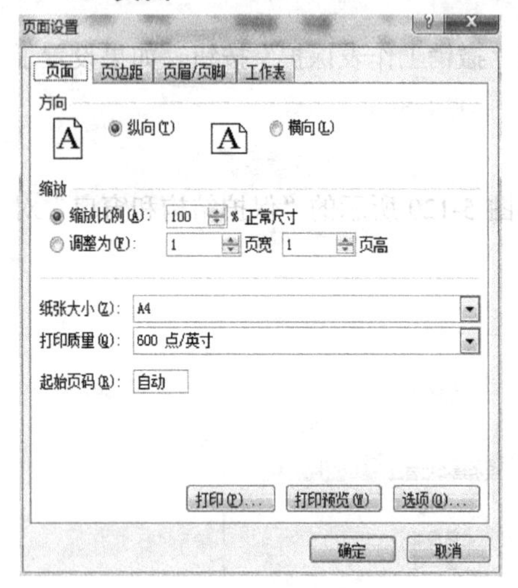

图 5-122 “页面设置”对话框

在图 5-122 所示的“页面”选项卡中，可完成纸张大小、打印方向、起始页码等设置。

- 方向：设置工作表是按照纵向方式打印还是横向方式打印。
- 缩放：可以将工作表中的打印区域按比例缩放后打印。
- 纸张大小：设置打印纸型。
- 起始页码：在“起始页码”文本框中可以输入第 1 页的页码。如果要使 Excel 2010 自动给工作表添加页码，在“起始页码”文本框中，输入“自动”字样。

2. 页边距

单击“页面设置”对话框中的“页边距”选项卡，如图 5-123 所示，可以设置页面的上、下、左、右边距及工作表数据在页面的居中方式。

在“上”“下”“左”和“右”微调框中输入所需的页边距数值，更改打印数据与打印纸边缘的距离。还可在“页眉”微调框中更改页眉和页顶端之间的距离，在“页脚”微调框中更改页脚和页底端之间的距离。但这些设置值应该小于工作表中所设置的上、下页边距值，并且大于或等于最小打印边距值。

在“居中方式”区域中可以选择工作表是在页面水平方向还是垂直方向居中打印。

3. 页眉/页脚

页眉和页脚是打印在工作表每页顶端和底端的内容。单击“页眉/页脚”选项卡，如图 5-124 所示。

从内部页眉或页脚列表框中选定需要的页眉或页脚，预览区域会显示打印时页眉或页脚的外观。如果需要根据已有的内置页眉或页脚来创建自定义页眉或页脚，可在“页眉”或“页脚”下拉列表中选择所需的页眉和页脚选项，再单击“自定义页眉”或“自定义页脚”按钮，如图 5-125 所示。

单击“左”“中”或“右”文本框，然后单击相应的按钮，在所需的位置插入相应的页眉或页脚内容即可，如页码、日期等。如果要在页眉或页脚中添加其他文字，也在“左”“中”或“右”文本框中输入相应的文字即可。

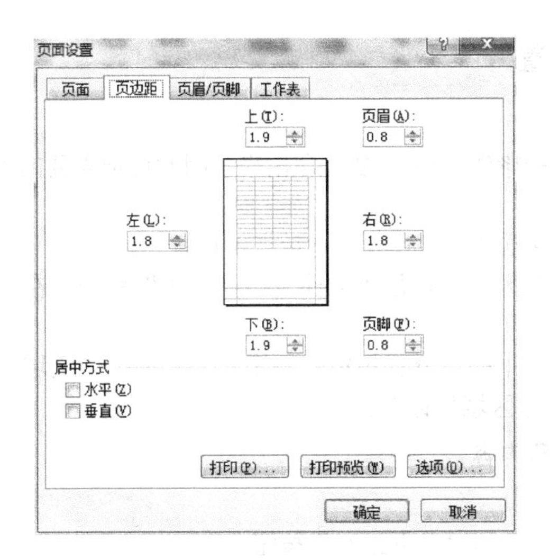

图 5-123　“页边距”选项卡

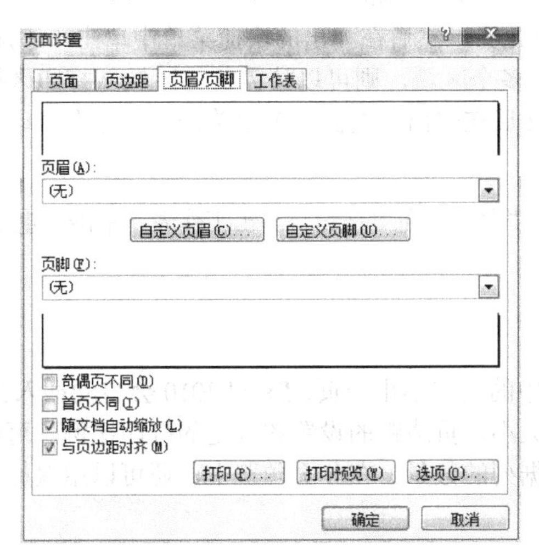

图 5-124　“页眉/页脚”选项卡

4．工作表

在如图 5-126 所示的“工作表”选项卡中，可以设置打印区域，指定每一页打印的行标题或列标题，是否打印网格线或行号列标，以及设置打印顺序等。

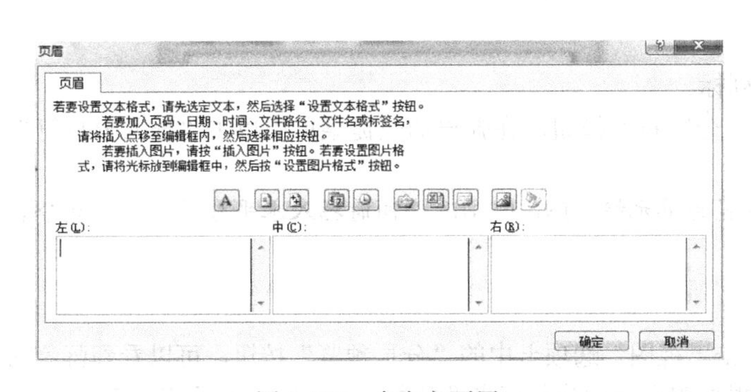

图 5-125　自定义页眉

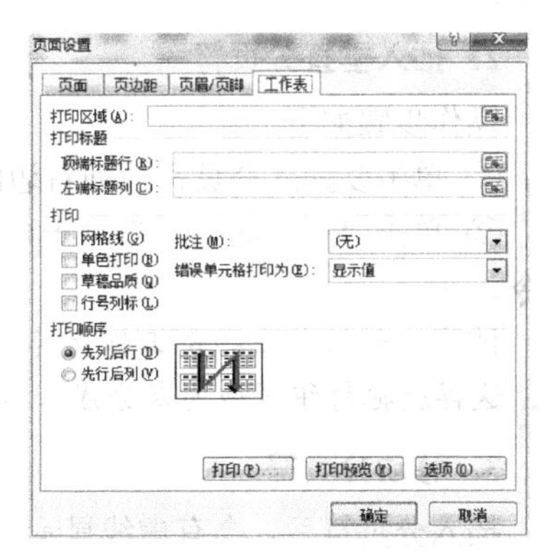

图 5-126　“工作表”选项卡

5.8.2 打印区域设置

1．设置打印区域

在打印工作表时，有些内容可能不需要打印出来，因此可把需要的内容设置为打印区域。方法有3种。

① 在“页面设置”对话框的“工作表”选项卡中设置。

② 选定待打印的工作表区域，执行“文件”→“打印”命令，在“设置”区域选择“打印活动工作表”。

③ 单击“视图”选项卡中的“分页预览”按钮，选定待打印区域，右击选中的区域，在弹出的快捷菜单中单击“设置打印区域”命令。

2．向打印区域添加打印内容

操作步骤如下。

① 单击“视图”选项卡中的“分页预览”按钮。

② 选择要添加到打印区域中的单元格。

③ 右击选定区域中的单元格，然后在弹出的快捷菜单中单击“添加至打印区域”命令。

④ 如果打印区域中包含多个区域，则可以按需要将区域从打印区域中删除。选择要删除的区域，再右击选定的单元格，然后在弹出的快捷菜单中单击“排除在打印区域之外”命令。

3．删除打印区域

单击“视图”选项卡中的“分页预览”按钮，右击工作表，单击“重设打印区域”按钮，可以删除已经设置的打印区域。

5.8.3 控制分页

如果需要打印的工作表中的内容不止一页，Excel 2010会自动插入分页符，将工作表分成多页。分页符的位置取决于纸张的大小、页边距的设置和设定的打印比例。可以插入水平分页符或垂直分页符改变页面上数据行或数据列的数量。在分页预览中，还可以用鼠标拖动分页符改变其在工作表中的位置。

1．插入水平分页符

操作步骤如下。

① 单击要插入分页符的行下面的行号。

② 单击“页面布局”选项卡中的“分隔符”按钮，在弹出的快捷菜单中单击“插入分页符”命令。

2．插入垂直分页符

操作步骤如下。

① 单击要插入分页符的列右边的列标。

② 单击“页面布局”选项卡中的“分隔符”按钮，在弹出的快捷菜单中单击“插入分页符”命令。

注意：如果单击的是工作表其他位置的单元格，Excel 2010将同时插入水平分页符和垂直分页符，这样就把打印区域内容分成4页。

3．移动分页符

插入分页符后，会有虚线显示。单击“视图”选项卡中的“分页预览”按钮，可以看到蓝色的框线，这些框线就是分页符。用户可以根据需要拖动分页符来调整页面。如果移动了Excel 2010自动设置的分页符，将使其变成人工设置的分页符。

注意：*只有在分页预览中才能移动分页符。*

4．删除分页符

如果要删除人工设置的水平或垂直分页符，单击水平分页符下方或垂直分页符右侧的单元格，然后单击“页面布局”选项卡中的“分隔符”按钮，在弹出的快捷菜单中单击“删除分页符”命令。

如果要删除工作表中所有人工设置的分页符，单击“视图”选项卡中的“分页预览”按钮，然后右击工作表任意位置的单元格，再在弹出的快捷菜单中单击“重置所有分页符”按钮。也可以在分页预览中将分页符拖出打印区域以外，来删除分页符。

5.8.4　打印预览与打印

1．打印预览

通过打印预览命令可以在屏幕上查看文档的打印效果，并且可以调整页面的设置来得到所要的打印输出。

打印预览有 4 种方法。

① 执行“文件”→“打印”命令，在页面右边显示的内容就是打印预览。

② 单击“页面布局”选项卡中“页面设置”选项组右下角的扩展按钮，弹出如图 5-122 所示的“页面设置”对话框，在弹出的对话框中单击“打印预览”按钮。

③ 单击“视图”选项卡中“工作簿视图”选项组中的“页面布局”按钮，然后整张工作表会以将要打印的形式显示出来。

④ 直接按 Ctrl+P 组合键。

用上述①、②两种方法之一执行打印预览命令后，会出现如图 5-127 所示的打印预览窗口。

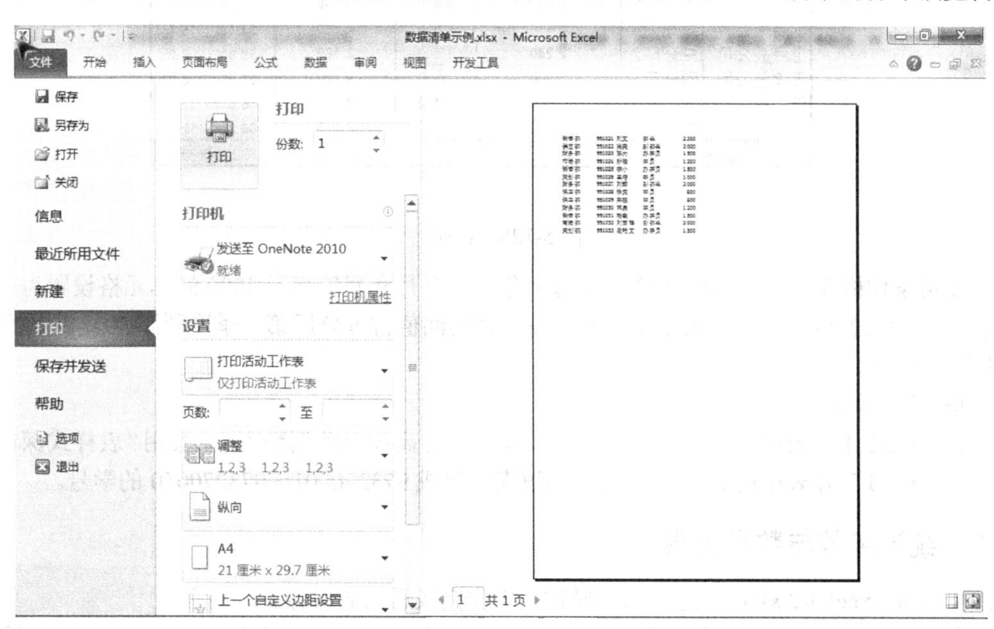

图 5-127　打印预览窗口

2．打印

打印有 2 种方法。

① 执行“文件”→“打印”命令，在打印预览窗口中单击“打印”按钮。

② 在“页面设置”对话框中单击“打印”按钮。

实战练习

实验一　单元格格式、混合地址、文本运算符、条件格式

打开“task/excel/3-1.xlsx”，进行如下操作，操作完成后同名保存。

① 在工作表 Sheet1 中有两个分公司，一个分公司下有 3 个分厂。计算比例 1，比例 1 的计算公式为：各个分厂 3 月份利润占本分厂第一季度利润的比例，计算结果采用百分比格式，保留一位小数。计算比例 2，比例 2 的计算公式为：各个分厂 3 月份利润占本分公司第一季度 3 个月份利润的比例，计算结果采用百分比格式，保留一位小数。

② 如图 5-128 所示，在 Sheet1 工作表的 C11 单元格处计算出上海分公司第一季度总利润的值，文字和计算结果在一个单元格中。

③ 本工作簿中已将某个区域命名为“Data”，用公式计算出这个区域的和，放置在 Sheet1 工作表的 G11 单元格中。

④ 在工作表 Sheet1 中将单元格 C9 的批注复制到单元格 C6 处。

⑤ 标题“ABC 电气有限公司利润表”采用楷体，粗体，18 磅字，字体为蓝色，单下画线，按样张合并单元格并居中，分散对齐，行高为 40mm。表格中所有数字采用 Arial 字体，大小为 10 磅，粗体。在表格的左下角单元格 B11 和右下角单元格 H11 中加上小方格图案（细水平剖面线）。

⑥ 设置表格边框线，样张中粗线指最粗线，细线指最细线，其余框线为双线。

	A	B	C	D	E	F	G	H
3			ABC 电 气 有 限 公 司 利 润 表					
4		公司	单位	一月份	二月份	三月份	比例1	比例2
5		上海分公司	一分厂	3,590	3,810	3,200	30.2%	10.6%
6		上海分公司	二分厂	4,420	4,550	4,640	34.1%	15.4%
7		上海分公司	三分厂	2,240	1,500	2,180	36.8%	7.2%
8		天津分公司	四分厂	3,500	3,250	4,120	37.9%	8.0%
9		天津分公司	五分厂	7,330	7,430	8,320	36.0%	16.1%
10		天津分公司	六分厂	5,560	5,670	6,410	36.3%	12.4%
11			上海分公司第一季度总利润=41000元				16390	

Sheet1 Sheet2 Sheet3

图 5-128　样张

⑦ 使用条件格式，将 Sheet1 工作表中每个分厂每个月利润值高于 4000 的单元格设置为蓝色，粗体，同时使用条件格式，将 Sheet1 工作表中每个月利润值占本分厂第一季度利润 30%以下的单元格用绿色粗体显示。

⑧ 将 I 列隐藏。

⑨ 将 Sheet2 工作表中 A1:E6 区域设置为自动调整行高和自动调整列宽，套用“表样式深色 1”。

⑩ 在 Sheet3 工作表中的 A 列，利用自动填充，生成 973270001～973270050 的学号。

实验二　统计函数与数学函数

打开“task/excel/3-2.xlsx”，进行如下操作，操作完成后同名保存。

① 在 Sheet1 的 I2:L33 区域使用函数，计算所有学生的总成绩、平均成绩、最高成绩、最低成绩，通过单元格格式设置将小数点保留到整数位。

② 在 Sheet1 的 M2:M33 区域使用函数统计该生平均分在全班中的最佳排名。

③ 在 Sheet1 的 Q2:Q6 区域使用函数统计全班各分数段的人数（不及格、60～69 分、70～79 分、80～89 分、大于等于 90 分）。

④ 在 Sheet1 的 D34:H34 区域使用函数统计每门课的考生人数，在 B34 统计考生总人数。

⑤ 在 Sheet1 的 B35 单元格统计微机原理第 2 名的成绩，在 B36 统计 C 语言倒数第 5 名的成绩。

⑥ 在 Sheet2 的 B2:B5 区域求 A2:A5 对应值的最小整数，在 C2:C5 区域对 A2:A5 区域的值进行四舍五入到整数位的计算。在 D2:D5 区域对 A2:A5 区域的值进行整数位的截取。

⑦ 在 Sheet2 的 H8 单元格计算出“3 房 2 厅”售价高于 780000 元可得到的销售佣金总和。

⑧ 在 Sheet2 的 H8 单元格生成一个 0～30 的随机整数，在 H9 生成一个 30～50 的随机整数。

实验三　逻辑函数和文本函数

打开“task/excel/3-3.xlsx”，进行如下操作，操作完成后同名保存。

① 在 Sheet1 的 B2:B7 区域判断 A2:A7 的值是否在 2000～5000 之间。

② 在 Sheet2 的 C2:C6 区域根据总发货量的多少计算奖金（若总发货量>25000，则奖金比例为总发货量的 15%，若总发货量<=25000，则奖金比例为总发货量的 10%）。

③ 在 Sheet3 的 K2:K33 区域，将学生微机原理成绩转化为五分制成绩（>=90 分为优秀，80～89 分为良好，70～79 分为中等，60～69 分为及格，<60 分为不及格）。

④ 在 Sheet4 的 B2:B9 区域判断 B2:B9 的值，如果值在 2000～5000 之间，输出原值，否则输出“超出范围”。

⑤ 在 Sheet5 的 B3 单元格求当前日期，B4 单元格求当前日期是一个星期中的第几天。

⑥ 在 Sheet5 的 B5 单元格求该人的年龄（当前日期年份-出生年份），在 B6 单元格通过年来判断年龄，在 B7 单元格求该人的生存天数。

实验四　财务、查询、数据库函数

打开“task/excel/3-4.xlsx”，进行如下操作，操作完成后同名保存。

① 根据 Sheet1 的 B3:D7 区域的数据，在 E3:E7 区域求可贷款最大金额。根据 Sheet1 的 B13:D17 区域的数据，在 E13:E17 求分期偿还金额。根据 Sheet1 的 B22:D26 区域的数据，在 E22:E26 区域求分期利率。根据 Sheet1 的 B32:D36 区域的数据，在 E32:E36 区域求偿还总期数。

② 根据 Sheet2 的 C2:C11 区域的菜单，在 B1:B7 区域生成一个一星期的随机菜单。在 D13 单元格求当前日期是星期几（以 A1:A7 数据为例）。

③ 根据 Sheet3 的 B12:B19 区域的工资数据，在 C12:C29 区域求相应的应纳税工薪，在 D12:D19 区域求工资应该属于哪一个范围的上限，在 E12:E19 区域求每名员工的应缴税金。

④ 根据 Sheet4 的 A1:K33 区域的成绩，在 C36:G36 区域分别求出 2 班微机原理成绩的平均分、最高分、最低分、总分和考试人数。在 F37 单元格求每门课程成绩都超过 70 分的人数（统计学号），在 F38 单元格求有多少人需要补考（统计学号）。

实验五　Excel 图表操作

对文档“task/excel/3-5.xlsx”进行如下操作，操作完成后同名保存。

① 如图 5-129 所示，根据 Sheet2 中的数据，制作嵌入式图表，放置在 Sheet1 中的 B32:H42 区域，整个图表的字体大小为 10 磅，按样张设置刻度，给最高柱子的数据添加标记，按样张设置图表边框，采用蓝色、3 磅、圆角最粗框线。

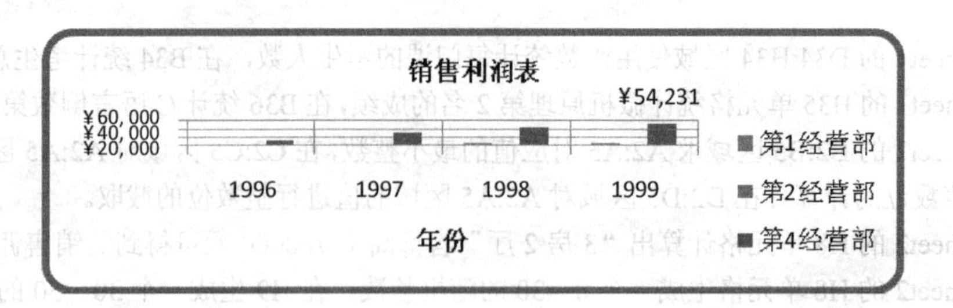

图 5-129　样张

② 如图 5-130 所示，添加“第 5 经营部”系列，调整系列顺序。

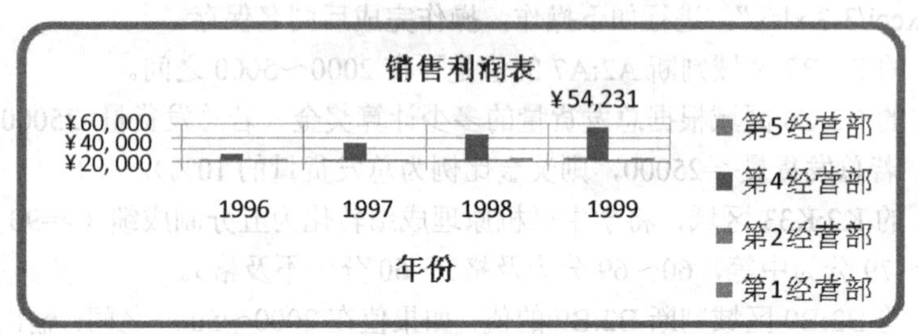

图 5-130　样张

③ 如图 5-131 所示，根据 Sheet2 中的数据，制作嵌入式图表，放置在 Sheet1 中的 B52:H62 区域，整个图表的字体大小为 10 磅，按样张设置刻度，图表边框采用红色、3 磅、虚线。

④ 如图 5-132 所示，在相应位置插入各个经营部相应年份的利润折线图和柱形图。

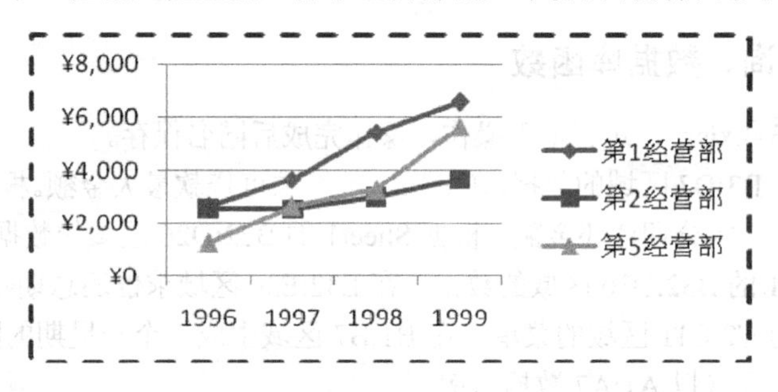

图 5-131　样张

公司	销售利润					
	1996	1997	1998	1999		
第1经营部	¥2, 653	¥3, 654	¥5, 421	¥6, 587		
第2经营部	¥2, 546	¥2, 541	¥2, 987	¥3, 654		
第3经营部	¥125	¥235	¥658	¥1, 234		
第4经营部	¥12, 456	¥32, 145	¥45, 321	¥54, 231		
第5经营部	¥1, 236	¥2, 654	¥3, 254	¥5, 641		

图 5-132　样张

实验六　排序、筛选、分类汇总和数据透视表、模拟分析

打开“task/excel/3-6.xlsx”，进行如下操作，操作完成后同名保存。

① 对 Sheet1 中的记录进行排序，排序规则为：首先按性别笔画从小到大排序、如果性别相同，则按年级从大到小排序，如果年级相同，则按姓名笔画递增排序。

② 利用自动筛选，从 Sheet2 中筛选出性别为男，年级不是 2001，系别为机械工程的记录。

③ 利用高级筛选功能，从 Sheet2（2）工作表中，把性别为男，年级不是 2001，或性别为女，

系别为机械工程的记录筛选至以 H4 开始的区域。条件区域从 H1 开始的区域输入（注意：条件顺序必须为性别、年级、系别）。

④ 对 Sheet3 中学生成绩按班号进行升序排序，统计每个班每门课的平均成绩，汇总结果显示在数据下方。

⑤ 在 Sheet4 的 A35:B77 区域通过合并计算统计出每位老师的加减分平均值。

⑥ 以 Sheet5 的 A1:F16 区域作为数据源，创建数据透视表，以反映不同性别、不同职称的平均工资情况，性别作为列字段，职称作为行字段；取消行总计和列总计项。把所创建的透视表放在 Sheet5 中以 A18 开始的区域中，并将透视表命名为“工资”。

⑦ 以 Sheet5 的 A1:F16 区域作为数据源，创建数据透视表，以反映不同性别、不同职称的男女比例情况，性别作为列字段，职称作为行字段；取消行总计和列总计项。把所创建的透视表放在 Sheet5 中以 F20 开始的区域中。

⑧ 在 Sheet6 中使用“数据有效性”工具完成以下操作。

- 当用户选中“间隔”列的第 2 行至第 12 行（含）中的某一行时，在其右侧显示一个下拉列表框箭头，并提供“2 房 1 厅”“3 房 1 厅”和“3 房 2 厅”的选项供用户选择。
- 当用户选中“租价”列的第 2 行至第 12 行（含）中的某一行时，在其右侧显示一个输入信息：“介于 1000 与 5000 之间的整数”，标题为“请输入租价”，如果输入的值不是介于 1000 与 5000 之间的整数，会有出错警告，错误信息为“不是介于 1000 与 5000 之间的整数”，标题为“请重新输入”。

⑨ 在 Sheet7 的 B1 单元格中通过单变量求解，求在产品销售成本和销量不变的情况下，如果要将利润提升到 20000 元，产品的销售单价要提高到多少元。

⑩ 在 Sheet8 中使用模拟运算表完成以下操作。

- 在 B10 单元格内，计算出梯形的面积。在 B11:B14 区域，利用模拟运算表进行单变量问题分析，实现通过“高”的变化计算“梯形面积”的功能。
- 在 C19 单元格内，计算出梯形的面积。在 D19:E19 区域，利用模拟运算表进行单变量问题分析，实现通过“高”的变化计算“梯形面积”的功能。
- 在 M10 单元格内，计算出梯形的面积。在 N11:R16 区域，利用模拟运算表进行双变量问题分析，实现通过“上底”和“下底”的变化计算“梯形面积”的功能。

实验七　综合练习

打开“task/excel/3-7.xlsx”，进行如下操作，操作完成后同名保存。

① 将“入学信息表”工作表的表格标题设置成黑体，24 磅大小，跨列居中对齐方式（A:O 列），并将第一行行高设置为 30mm，在 A 列入学序号中自动填充“0001、0002、0003、0004……”。

② 利用“入学信息表”工作表 D 列的身份证信息，通过函数在 E 列和 F 列自动生成该生的入学年龄（利用 Q1 单元格）、性别（求余函数 MOD）。

③ 利用“入学信息表”工作表 D 列的身份证信息和“籍贯表”工作表中的身份证出生地信息表，通过函数在 G 列自动生成该生的籍贯。

④ 利用“入学信息表”工作表数据，使用函数在 L、M、N 列分别求出每名学生的总分、平均分（保留一位小数）和总分排名。

⑤ 在“入学信息表”工作表 O 列对学生进行英语分班，入学英语成绩大于等于 120 分的分到“尖子班”，100～119 分的分到“提高班”，小于 100 分的分到“基础班”。

⑥ 在“入学信息表”工作表中使用条件格式，以粗体、蓝色字、12.5%灰色底纹填充，显示入学总分大于等于 600 分的学生总分成绩。

⑦ 利用“入学信息表2”工作表数据，使用数据透视表统计分析每个学部、每个年龄段入学成绩总分的最高分、最低分和平均分，数字格式保留小数点到整数位，透视表放在Sheet2的A1开始处。

⑧ 在Sheet3的C1:C4区域，利用“入学信息表2”工作表数据统计入学成绩分别在400分以下、400～499分、500～599分和600分以上的人数。

⑨ 将“入学信息表2”工作表数据按照系列（拼音）排序，系列相同按照姓名（笔画）排序。

⑩ 在“入学信息表2”工作表中，利用高级筛选找到入学成绩高于580分的外语外贸学部的学生和会计学部所有姓张的学生，筛选结果放在Sheet4的A5开始处。

⑪ 利用“入学信息表2”工作表数据，使用函数在Sheet5的A4处求入学总分高于580分的广东省中山市学生和会计学部广东省揭阳市惠来县学生的总人数（以身份证号码为所求列）。

⑫ 在Sheet6中，根据A2:B9区域数据，建立分离型饼图，以显示各个学部学生的占比情况，图表标题为“各学部入学人数占比情况图”，图例放置在图表底部，数据标志显示类别名称和百分比。建立的图表嵌入当前工作表中。

本章小结

电子表格处理软件Excel是很强大的数据处理软件，日常生活中的数据计算、数据统计、数据分类和数据分析都可以用Excel中的相应功能来完成，特别是公式和函数，为批量数据的计算提供了方便，被广泛地应用在学习和生活当中。

习　题

1．选择题

（1）工作表列标表示为____，行标表示为____。

A．1、2、3　　B．A、B、C　　C．甲、乙、丙　　D．Ⅰ、Ⅱ、Ⅲ

（2）一个工作簿中有两张工作表和一个图表，如果要将它们保存起来，将产生____个文件。

A．1　　B．2　　C．3　　D．4

（3）=SUM（D3,F5,C2:G2,E3）表达式的数学意义是____。

A．=D3+F5+C2+D2+E2+F2+G2+E3

B．=D3+F5+C2+G2+E3

C．=D3+F5+C2+E3

D．=D3+F5+G2+E3

（4）已知A1、B1单元格中的数据为33、35，C1单元格中的公式为“=A1+B1”，其他单元格均为空，若把C1单元格中的公式复制到C2单元格，则C2显示为____。

A．88　　B．0　　C．=A1+B1　　D．55

（5）对于选定操作，以下不正确的是____。

A．按住Shift键，可以方便地选定整张工作表

B．按住鼠标左键并拖动，可以选择连续的单元格

C．按住Ctrl键，可以选定不连续的单元格区域

D．用鼠标在行号或列标的位置单击可以选定整行或整列

2．填空题

（1）Excel窗口由标题栏、菜单栏、________、________、________、________、状态栏、滚动条及Office助手组成。

（2）从一张工作表切换至另一张工作表，单击工作表下方的________即可。

（3）Excel 单元格中可以存放________、________、________、________、________等。

（4）Excel 中绝对引用单元格需在单元格地址前加上________符号。

（5）要在 Excel 单元格中输入内容，可以直接将光标定位在编辑栏中，输入内容后单击编辑栏左侧的________按钮确定。

3．问答题

（1）如何启动和退出 Excel 2010？

（2）工作簿、工作表、单元格之间有什么关系？

（3）如何在打开的工作簿之间进行切换？

（4）如何设置打印区域？

第6章　演示文稿软件 PowerPoint 2010

导读

PowerPoint 2010 是 Microsoft Office 2010 办公自动化套装软件的一个重要组成部分，利用它可以制作出集文字、图像、声音、动画和视频剪辑等多媒体元素于一身的演示文稿，常用于教学、学术报告和产品展示等多个方面。使用 PowerPoint 2010 创建的文档称为演示文稿，默认扩展名为.pptx，每个演示文稿通常由若干张幻灯片组成。它既可以利用与计算机直接接口的数据投影仪进行演示，也可以将演示文稿打印出来制成胶片，用普通光学投影仪进行放映。

学习目标

- 了解 PowerPoint 2010
- 掌握 PowerPoint 2010 的基本操作
- 掌握 PowerPoint 2010 的内容及外观设置
- 掌握 PowerPoint 2010 的幻灯片放映设计
- 熟练应用 PowerPoint 2010 制作演示文稿

6.1　PowerPoint 2010 概述

利用 PowerPoint 2010 创建的演示文稿称为电子演示文稿，通常是由一张张的电子幻灯片组成的，PowerPoint 2010 的主要功能如下。

① 创建集文字、图形、声音及视频图像于一体的多媒体演示文稿。

② 可以方便地编辑演示文稿，利用模板统一设置整个演示文稿的风格。

③ 使用幻灯片切换、定时、动画方式控制演示文稿的放映，既可以单独运行播放演示文稿，也可以通过网络在多台计算机上放映演示文稿，召开联机会议。

④ 制作具有超链接功能的多媒体演示文稿，实现跳转到不同位置的功能。

⑤ 制作 Internet 文档，可以针对 Internet 设计演示文稿，再将其构成各种与 Web 兼容的格式，例如，HTML 文档在 Internet 上传播。

6.1.1　PowerPoint 2010 的启动与退出

1．PowerPoint 2010 的启动

启动 PowerPoint 2010 的方法同启动 Office 的其他组件一样，可以通过以下方法实现。

① 执行“开始”→“程序”→ Microsoft Office →Microsoft Office PowerPoint 2010 命令，即可启动 PowerPoint 2010 并创建一个演示文稿。

② 若桌面上有 PowerPoint 2010 的快捷图标，双击该图标也可启动。

③ 在“计算机”窗口中，双击一个 PowerPoint 2010 的演示文稿文件，会进入 PowerPoint 2010 的窗口，同时将选定的文稿打开。

2．PowerPoint 2010 的退出

如果要退出 PowerPoint 2010，可以用下列方法之一来实现。

① 单击 PowerPoint 2010 主窗口右上角的“关闭”按钮，即可退出 PowerPoint 2010。

② 执行“文件”→“退出”命令。

③ 按 Alt+F4 组合键退出。

在退出 PowerPoint 2010 时，如果演示文稿尚未保存，会出现一个对话框，询问是否需要保存对当前文稿所做的修改。如果要保存，单击“是”按钮，否则，单击“否”按钮，若单击“取消”按钮，则不保存文稿并返回到当前窗口状态。

6.1.2 PowerPoint 2010 的窗口组成

PowerPoint 2010 的窗口由标题栏、快速访问工具栏、功能选项卡、选项组、幻灯片/大纲窗格、幻灯片编辑区、备注窗格和状态栏等几部分组成，如图 6-1 所示。

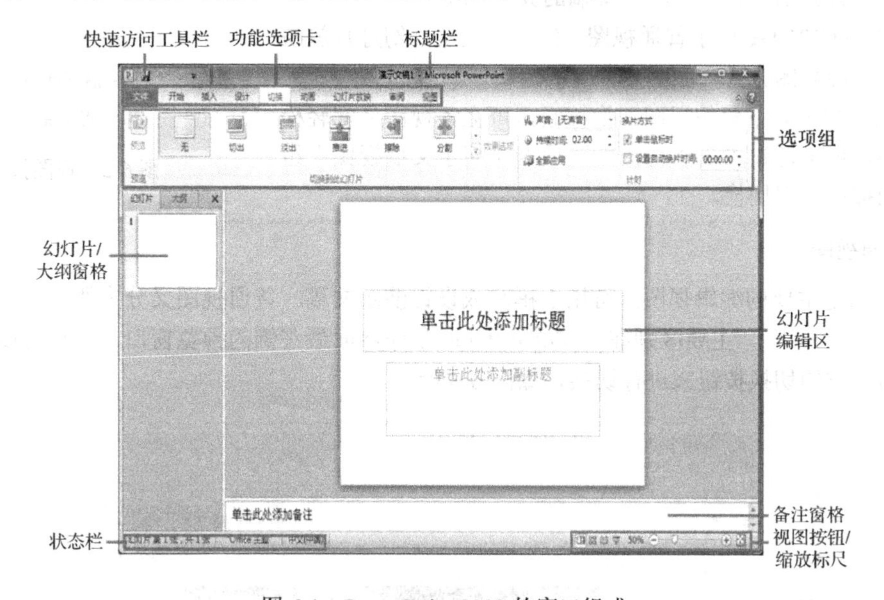

图 6-1　PowerPoint 2010 的窗口组成

① 标题栏：显示当前正在编辑的演示文稿的名称。

② 快速访问工具栏：位于窗口的顶部左侧，用于放置一些常用工具，默认包括保存、撤销和恢复 3 个工具按扭。单击快速访问工具栏右侧的“自定义快速工具栏”按钮，在弹出的快速菜单中可根据需要将常用的工具按钮添加到快速访问工具栏中。

③ 功能选项卡：用于切换功能区，单击功能选项卡的标签名称，就可以完成切换。

④ 选项组：放置编辑文档时所需的功能按钮，系统将功能区的按钮按功能划分为一个一个的组，称为选项组。在某些功能组右下角有扩展按钮，单击该按钮可以打开相应的对话框，打开的对话框中包含了该工具组中的相关设置选项。

⑤ 幻灯片/大纲窗格：单击不同的选项卡标签，即可在对应的窗格间进行切换。在“幻灯片”选项卡中列出了当前演示文稿中所有幻灯片缩略图；在“大纲”选项卡中以大纲形式列出了当前演示文稿中各张幻灯片的文本内容。

⑥ 幻灯片编辑区：是编辑幻灯片内容的场所，是演示文稿的核心。在该区域中可对幻灯片内容进行编辑、查看和添加对象等操作。

⑦ 备注窗格：每个幻灯片对应一个备注页。备注页上方为一幻灯片缩像，下方为演示文稿报告人对该幻灯片所加的说明。

⑧ 状态栏：位于窗口的底部左侧，显示当前系统的运行状态信息，即正在操作的幻灯片序号、总幻灯片数和演示文稿类型。

⑨ 视图按钮/缩放标尺：位于窗口的底部右侧，“视图按钮”用于切换文档的视图方式，单击相应按钮，即可切换到相应视图；“缩放标尺”用于对编辑区的显示比例和缩放尺寸进行调整，用鼠标拖动缩放滑块后，标尺左侧会显示缩放的具体数值。

6.1.3 PowerPoint 2010 的视图方式

视图是在 PowerPoint 2010 中加工演示文稿的工作环境。每种视图都按其特有的方式显示和加工演示文稿，每种视图都将用户的处理焦点集中在演示文稿的某个要素上。在一种视图中对演示文稿所做的修改，会自动反映在该演示文稿的其他视图中。

PowerPoint 2010 提供了普通视图、幻灯片浏览、幻灯片放映和阅读视图 4 种视图方式，如图 6-2 所示。

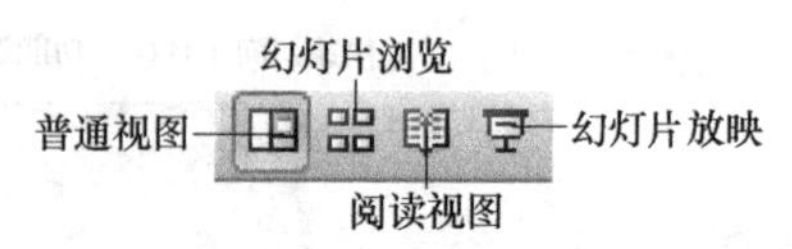

图 6-2 视图按钮

单击演示文稿右下角的视图切换按钮，可在各视图之间轻松地进行切换，还可通过单击“视图”选项卡“演示文稿视图”组中的各视图按钮实现切换。

1. 普通视图

普通视图是主要的编辑视图，可用于撰写或设计演示文稿。普通视图又分为两种形式，分别是“幻灯片”和“大纲”，主要区别在于 PowerPoint 工作界面最左侧的预览窗口，用户可以通过单击该预览窗口上方的切换按钮来进行切换，如图 6-3 所示。

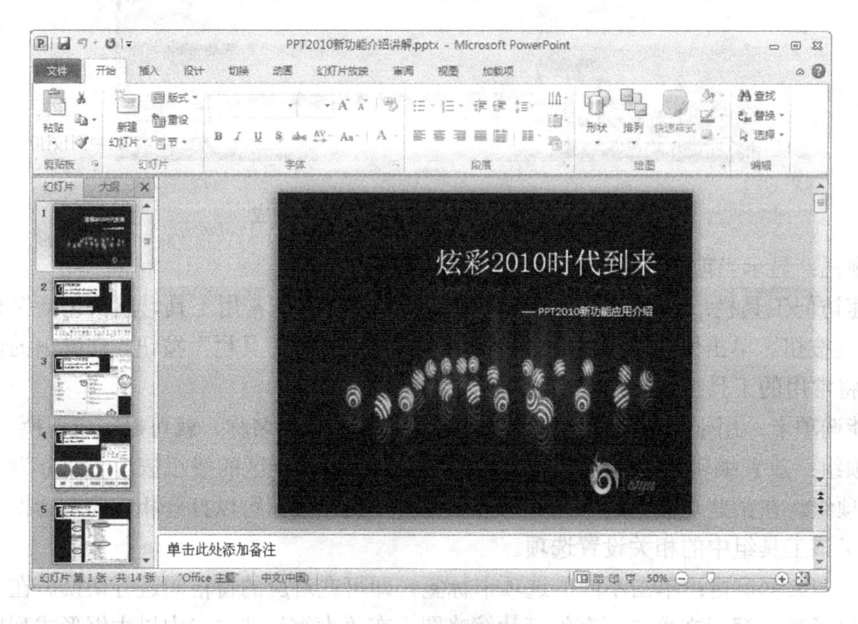

图 6-3 普通视图

普通视图中主要包含“幻灯片预览”窗格（或“大纲”窗格）、“幻灯片编辑”窗格和“备注”窗格。用户拖动各个窗格的边框即可调整显示窗格的大小。

在普通视图中可以调整幻灯片的总体结构以及编辑单张幻灯片中的内容，还可以在“备注”窗格中添加演讲者备注。

2．幻灯片浏览

在幻灯片浏览过程中，可以在屏幕上同时看到演示文稿的所有幻灯片，这些幻灯片是以缩略图的形式显示的。当一屏显示不下时，可以拖动右边的滚动条查看其他的幻灯片，如图 6-4 所示。在该视图中，可以很容易地进行幻灯片的添加、删除、移动以及动画效果选择，但是不能修改文本内容。显示在窗口中的幻灯片数量与显示比例有关，显示比例越小，能同时显示的幻灯片的数量越多。

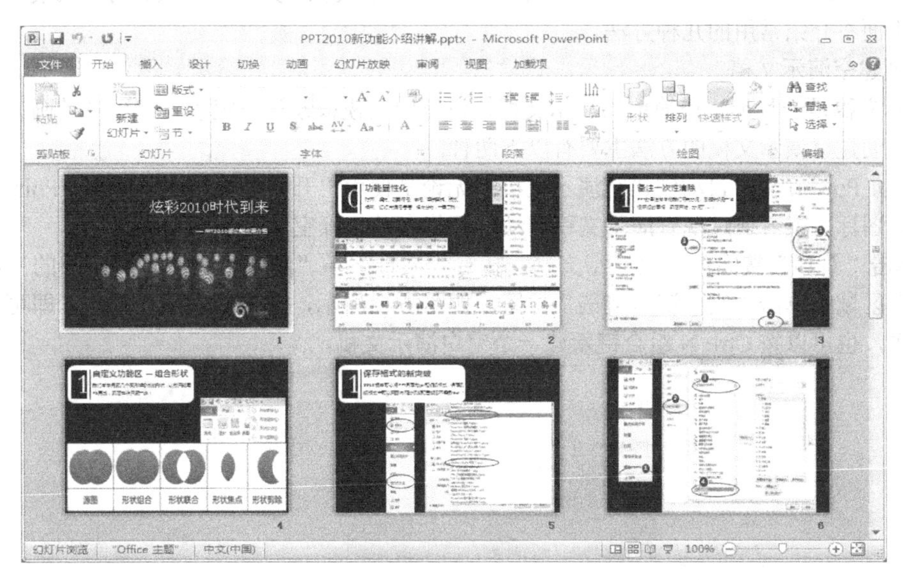

图 6-4　幻灯片浏览

3．阅读视图

在阅读视图模式下，用户可以看到幻灯片的最终效果。阅读视图并不是显示单个的静止的画面，而是动态地显示演示文稿中各个幻灯片放映时的最终效果，所以当在演示文稿中创建幻灯片时，就可以利用该视图模式来检查幻灯片的各种效果，从而对不满意的地方及时进行修改。

4．幻灯片放映

单击“幻灯片放映”按钮，幻灯片就开始放映了，PowerPoint 2010 的标题栏、功能选项卡标签、功能区和状态栏均被隐藏起来，如图 6-5 所示。通过幻灯片放映，可以清楚地观看每张幻灯片的文本格式、声音、视频及动画效果等。

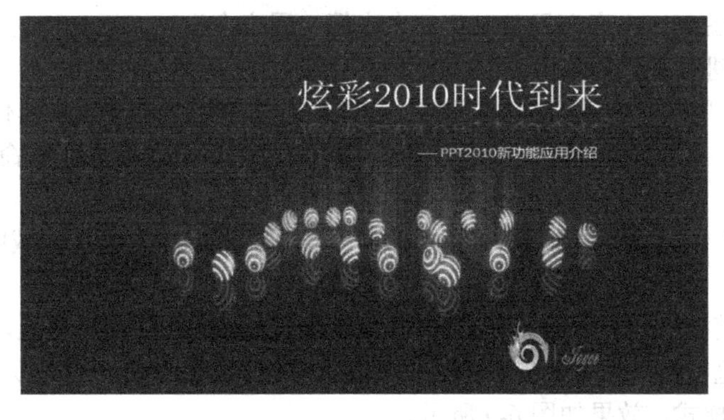

图 6-5　幻灯片放映

6.2 PowerPoint 2010 幻灯片内容设置

6.2.1 创建与保存演示文稿

1. 创建演示文稿

在 PowerPoint 2010 中，可以使用多种方法来创建演示文稿，如使用模板、向导或根据现有文档等方法。下面将介绍常用的几种方法。

（1）创建空演示文稿

空演示文稿是一种形式最简单的演示文稿，没有应用模板设计、配色方案以及动画方案，可以自由设计。创建空演示文稿的方法主要有以下两种。

① 启动 PowerPoint 自动创建空演示文稿：无论是使用“开始”按钮启动 PowerPoint，还是通过桌面快捷图标，或者通过现有演示文稿启动，都将自动打开空演示文稿。

② 单击“新建”按钮创建空演示文稿：执行“文件”→“新建”命令，在中间的“可用的模板和主题”区域中单击“空白演示文稿”按钮，如图 6-6 所示，单击“创建”按钮，即可新建一个空演示文稿，也可以按 Ctrl+N 组合键新建一个空白演示文稿。

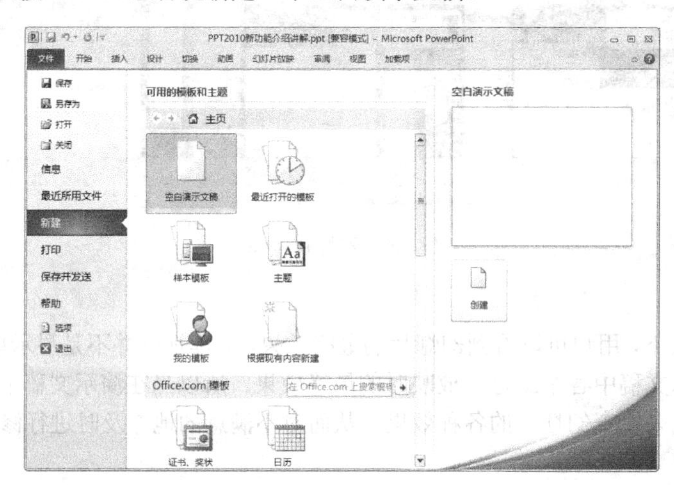

图 6-6 创建演示文稿

（2）根据设计模板创建演示文稿

PowerPoint 2010 提供了许多美观的设计模板，这些设计模板预置了多种演示文稿的样式、风格，幻灯片的背景、装饰图案、文字布局及颜色、大小等。用户在设计演示文稿时可以先选择演示文稿的整体风格，然后再进行编辑和修改。

下面将使用模板“PowerPoint 2010 简介”，创建一个简单的演示文稿，具体操作方法如下。

① 选择“开始”→“程序”→Microsoft Office→Microsoft PowerPoint 2010 命令，启动 PowerPoint 2010 应用程序。

② 执行“文件”→“新建”命令，在中间的“可用的模板和主题”区域中选择“样本模板”选项，如图 6-7 所示。

③ 打开“样式模板”列表框，在其中选择“PowerPoint 2010 简介”模板，如图 6-8 所示。

④ 在右侧的预览窗格中预览效果，单击“创建”按钮，即可新建一个名为“演示文稿 2”的演示文稿，将应用模板样式，效果如图 6-9 所示。

图 6-7　选择样本模板

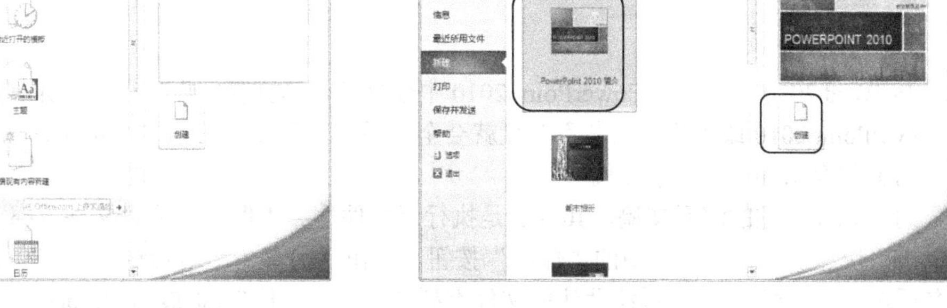

图 6-8　选择“PowerPoint 2010 简介”模板

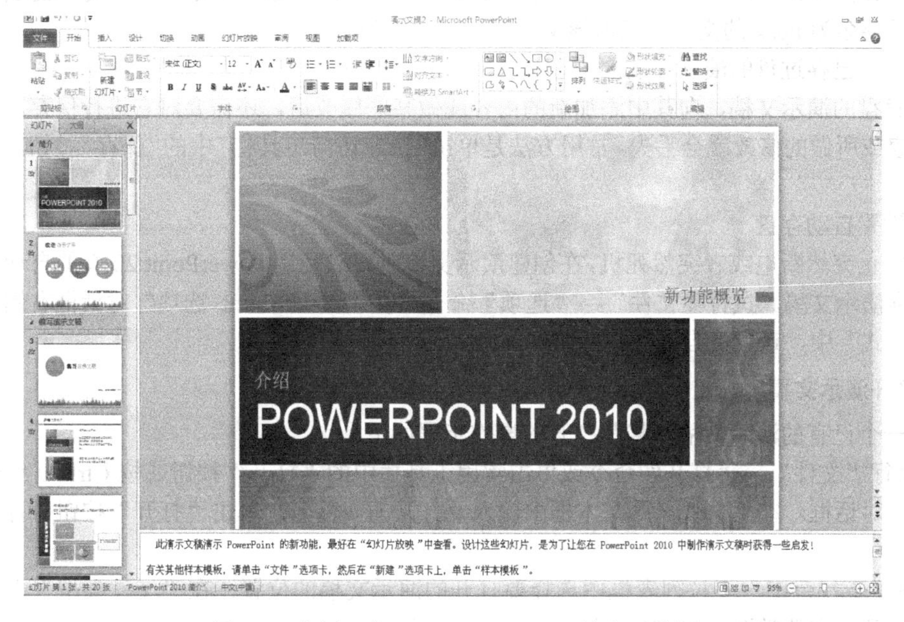

图 6-9　应用现有“PowerPoint 2010 简介”模板

（3）根据“我的模板”创建演示文稿。

很多情况下，用户将经常使用的演示文稿以模板的方式保存在“我的模板”中，方便日后使用这些模板来创建演示文稿。下面将使用“我的模板”中的“公司培训”模板，新建一个新的演示文稿，具体操作如下。

① 启动 PowerPoint 2010 应用程序，新建一个名为“演示文稿 1”的演示文稿。

② 执行“文件”→“新建”命令，在中间的“可用的模板和主题”区域中单击“我的模板”。

③ 打开“新建演示文稿”对话框的“个人模板”选项卡，在其下的列表中选择“公司培训”模板。

④ 单击“确定”按钮，即可创建一个基于“公司培训”模板的演示文稿。

注意：要将现有演示文稿以模板的方式保存到“我的模板”中，可以单击“文件”按钮，从弹出的“文件”菜单中选择“另存为”命令，打开“另存为”对话框，在“保存类型”中选择“PowerPoint 2010 模板（*.potx）”选项，单击“创建”按钮即可。

（4）根据现有演示文稿创建

如果想在以前编辑的演示文稿基础上创建新的演示文稿，这时可以在 PowerPoint 2010 中执行“文件”→“新建”命令，在中间的“可用的模板和主题”区域中单击“根据现有内容新建”，打开“根据现在演示文稿新建”对话框，在其中选择以前编辑的演示文稿，单击“新建”按钮即可。

2．保存演示文稿

与 Word 2010 一样，在 PowerPoint 2010 中建立的演示文稿，临时存放在计算机的内存中，当退出 PowerPoint 2010 或关机之后若不存盘就会全部丢失，所以，必须将演示文稿保存在磁盘上。

（1）保存未存盘的演示文稿

对于未保存过的演示文稿，其方法是执行“文件”→“保存”或“文件”→“另存为”命令，或单击“快速访问工具栏”中的“保存”按钮，弹出“另存为”对话框。确定存放的位置并输入文件名后选择“保存类型”。系统默认的文件类型是“演示文稿”（扩展名为.pptx），单击“保存”按钮即可将演示文稿保存到指定位置。如果选择的保存类型是“演示文稿放映”，则会将当前演示文稿保存为一个扩展名为.ppsx 的文件，双击该文件即可立即放映。

（2）保存已存过盘的演示文稿

对已存盘的演示文稿，向其中添加新的内容或做某些修改后，还需要对它进行保存，否则，添加的新内容或所做的修改就会丢失。常用方法是单击“快速访问工具栏”中的“保存”按钮或按 Ctrl+S 组合键。

（3）设置自动存盘

为了防止突然断电或者突然死机，在创建演示文稿时可以利用 PowerPoint 2010 的自动存盘功能来自动保存演示文稿。执行“文件”→“选项”命令，在“PowerPoint 选项”对话框右侧“自定义保存文档方式”中，设置好自动存盘的时间间隔。

3．打开演示文稿

对于一个已有的演示文稿，将其打开的操作步骤如下。

① 执行“文件”→“打开”命令或单击常用工具栏中的“打开”按钮或按 Ctrl+O 组合键，弹出“打开”对话框。在“文件名”文本框中输入要打开的文件名，单击“打开”按钮可打开已有演示文稿。

② 在“查找范围”下拉列表框中选择要打开的演示文稿的位置，在“文件类型”下拉列表框中选择要打开的文件类型，默认为“演示文稿和放映”。

③ 双击要打开的演示文稿即可打开选定的文件。

若要打开最近使用过的演示文稿，在“文件”菜单底部列出了最近使用过的 4 个文件名，直接选择这些文件就可将其打开。可以执行“文件”→“选项”命令，在“PowerPoint 选项”对话框右侧“显示”选项中，改变文件显示的个数，最多可设置为 50 个。

6.2.2 幻灯片的添加、删除、复制和移动

在制作演示文稿的过程中，如果需要添加、删除、复制和移动幻灯片，最佳的视图方式是大纲视图或幻灯片浏览视图。

1．添加幻灯片

在启动 PowerPoint 2010 后，PowerPoint 会自动建立一张新的幻灯片，随着制作过程的推进，需要在演示文稿中添加更多的幻灯片。添加新的幻灯片主要有以下几种方法。

① 单击“开始”选项卡，在“幻灯片”组中单击“新建幻灯片”按钮。

② 在普通视图中的“大纲”或“幻灯片”选项卡中，右击任意一张幻灯片，从打开的快捷菜单中单击“新建幻灯片”按钮。

③ 在普通视图中的“幻灯片”选项卡中，任意选择一张幻灯片后，按 Enter 键，可在该幻灯片

之后插入一张与选中幻灯片版式相同的空幻灯片。

④ 按 Ctrl+M 组合键。

2．删除幻灯片

在普通视图的幻灯片视图窗格或幻灯片浏览视图中，直接选择要删除的幻灯片，单击鼠标右键执行“删除幻灯片”命令，或选择幻灯片后直接按键盘上的 Delete 键，均可实现删除操作。

3．复制幻灯片

复制一张幻灯片或一组幻灯片的方法有很多。与 Word 2010 一样，可以在“开始”选项卡的“剪贴板”组中，利用“复制”和“粘贴”按钮进行复制操作，只是要注意选择粘贴的选项；也可以选中某一张幻灯片，单击鼠标右键，在弹出的快捷菜单中执行“复制幻灯片”操作，即可在选中的幻灯片后面复制一张相同的幻灯片。

4．移动幻灯片

在大纲视图或幻灯片浏览视图中可以很方便地移动幻灯片的位置。在选定某一幻灯片后，直接用鼠标拖动到目标位置即可完成移动操作；也可选定幻灯片，在“开始”选项卡的“剪贴板”组中单击“剪切”按钮，在目标处单击，然后在“开始”选项卡的“剪贴板”组中单击“粘贴”按钮。

6.2.3　文本输入与编辑

文本是幻灯片中最基本的部分，对文本的编辑是幻灯片设计的主要内容。本节将介绍如何在幻灯片中输入和编辑文本信息，以及进行格式编排等。

1．通过占位符添加文本

在幻灯片中输入文本的一种方法是在占位符中添加文本信息。占位符是指当用户新建幻灯片时出现在幻灯片中的虚线框，这些虚线框占据着相应文本、图像、剪贴画等对象的位置。如图 6-10 所示，幻灯片中包含 3 个占位符：一个用于标题输入；另两个带项目符号，用于文本输入。

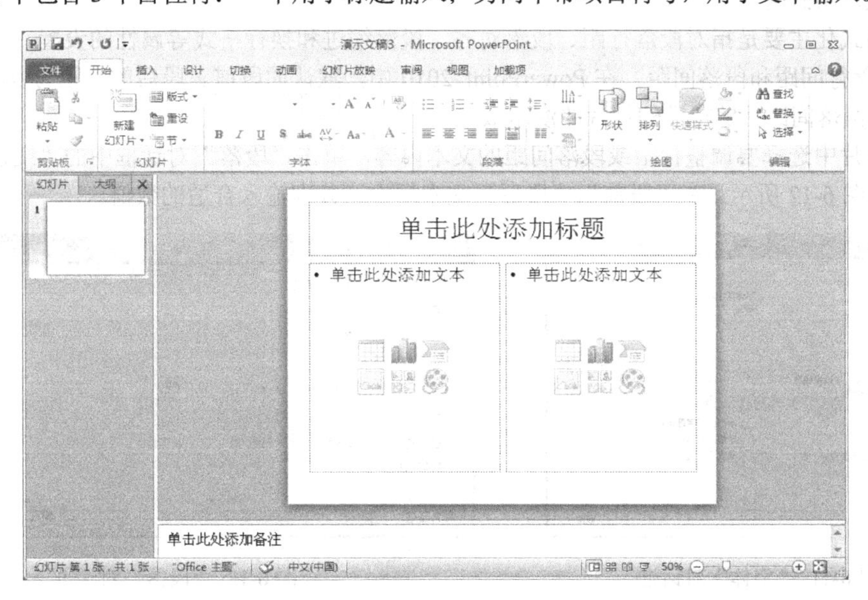

图 6-10　幻灯片中的占位符

在占位符中单击后，占位符内以样本形式呈现的文字说明消失，同时会出现一个闪烁的插入光标，提示用户可以输入文字。在标题占位符或副标题占位符中，插入光标以居中或左对齐方式出现。在单击带项目符号的占位符后，样本文字消失而项目符号仍然存在，插入光标会停留在文字输入的起始位置。

在选择的占位符内输入需要的文本。对于标题和副标题，按 Enter 键将开始一行新的居中对齐的文字行。对于带项目符号的文本区，按 Enter 键将开始一个新的带相同项目符号的列表项。如果带项目符号的文本太长而在一行放不下时，PowerPoint 2010 会自动换行并对齐文本。

完成文本输入以后，可单击幻灯片的空白区域取消占位符的选中状态。用来定义占位符的虚线框消失，用户可看到完成文本输入后的幻灯片的实际效果。

2．利用文本框添加文本

在幻灯片中，除使用占位符添加文本以外，还可利用文本框输入文本，特别是对空白版式的幻灯片，必须通过文本框才能加入文本。文本框有两种，水平文本框和垂直文本框：水平文本框（横排文本框）用来插入水平排列的文字，垂直文本框（竖排文本框）用来插入垂直排列的文字。

单击“插入”选项卡，单击“文本”组中的“文本框”下拉按钮，从弹出的下拉菜单中选择“横排文本框”或“竖排文本框”命令，然后将光标放到要添加文字的位置，单击鼠标就会出现相当于一个字符大小的文本框，文本框内有一个闪烁的光标，在光标位置即可输入文字内容。随着文字的输入，文本框将不断扩大。按 Enter 键可输入多行文字。

3．文本格式设置

输入幻灯片的文本后，为了使文本更加美观，更具有吸引力，还需要对文本进行编辑和格式化操作。

（1）编辑文本

对文本的编辑包括文本的选定、复制、移动、删除等操作，其方法与 Word 2010 中的操作相同，在此不再赘述。

（2）格式化文本

格式化文本即设置字体样式和颜色，其操作与 Word 2010 类似。首先选中要改变的文本，只需在“开始”选项卡的“字体”组中设置字体、字形、字号、颜色等属性，如图 6-11 所示。也可单击鼠标右键，在弹出的浮动工具栏中利用上面的按钮快速进行格式化操作。

（3）段落格式化

段落格式化主要是指对段落行距、段落对齐、段落缩进和换行格式等属性的设置。

① 设置行间距和段落间距。在 PowerPoint 2010 中，默认的段前、段后的间距为 0。适当地改变行间距和段落间距能够提升幻灯片的演示效果。

在幻灯片中选择要调整行距或段落间距的文本内容，单击“段落”对话框中的“缩进和间距”选项卡，如图 6-12 所示。在“段前”、“段后”文本框中，分别输入合适的数值。

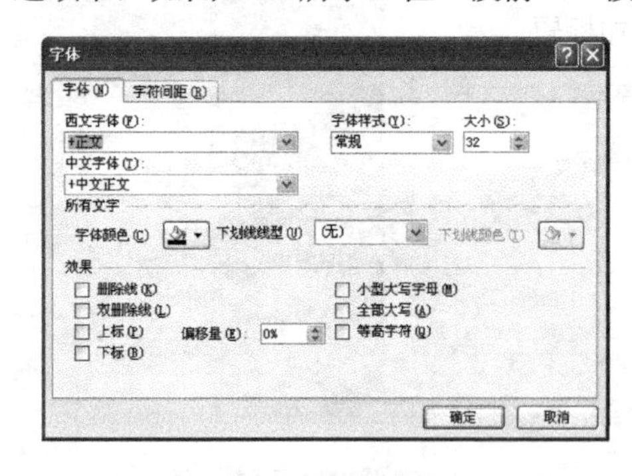

图 6-11 “字体”对话框

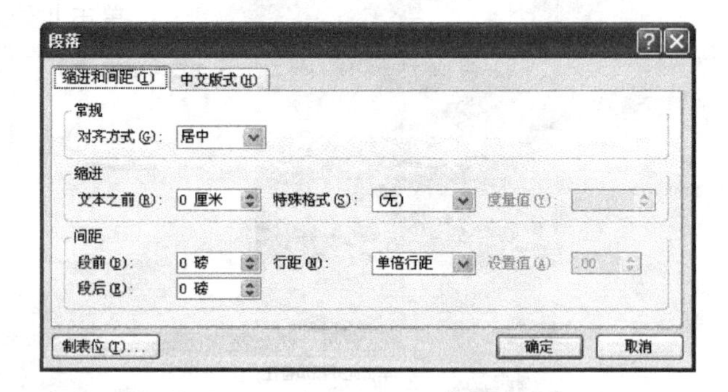

图 6-12 “段落”对话框

② 设置对齐方式。与 Word 2010 的对齐方式一样，PowerPoint 2010 也提供了 5 种对齐方式：左对齐、右对齐、居中对齐、分散对齐、两端对齐。若要改变对齐方式，将光标定位到段落中，单击“开始”选项卡，在“段落”组单击各个对齐按钮进行设置，或打开“段落”对话框，在对齐方式右侧的下拉列表中选择相应的对齐方式即可。

③ 使用项目符号和编号。项目符号主要用于层次小标题的开头位置，用以突出层次小标题。在 PowerPoint 2010 提供的大多数自动版式中，都使用项目符号来表示正文的层次。若使用带有项目符号的幻灯片版式，输入文本时，会自动显示项目符号。

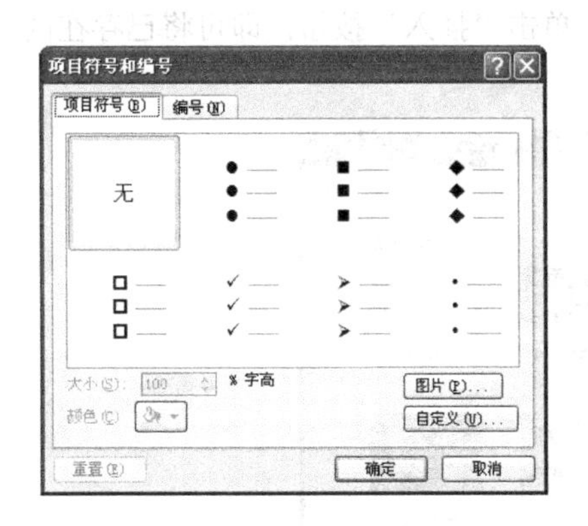

图 6-13 “项目符号和编号”对话框

选择要添加或更改项目符号的段落，单击“开始”选项卡，在“段落”组中单击“项目符号”下拉按钮，弹出的下拉列表框中内置了 7 种项目符号类型，如图 6-13 所示。选择“项目符号和编号”命令，打开“项目符号和编号”对话框，可以从中选择项目符号，还可以单击“图片”按钮设置特殊的项目符号。项目符号的大小和颜色也可以改变。

要删除项目符号，只需选定要删除项目符号的层次小标题，再单击“段落”组中的“项目符号”按钮，当其浮起状态时，则项目符号被取消。

给段落加项目符号时，可使某些段落处于同一级别，也可使某些段落下降一个级别，方法是在“幻灯片窗格”中单击要修改的段落，再单击“段落”组中的“增加缩进量”按钮或“减少缩进量”按钮，即可改变段落级别。编号是对幻灯片中的文本内容顺序进行编号，添加和删除的方法与项目符号相同。

6.2.4 各种对象的插入与编辑

一个成功的 PowerPoint 2010 演示文稿不应只包含单调的文本内容，还应在幻灯片中插入剪贴画、图片、表格、SmartArt 图形、声音、视频等对象，以更好地吸引观众的注意力。在创建新幻灯片时选择带有某对象占位符的版式，然后在新幻灯片中直接双击占位符即可实现对象的插入。下面介绍在编辑幻灯片时插入对象的方法。

1. 插入图片

PowerPoint 2010 剪辑库中包含多种类型的剪贴画。在“插入”选项卡的“图像”组中，单击“剪贴画”按钮，在“搜索文字”文本框输入“办公室”，如图 6-14 所示。在剪贴画预览列表中单击选择的剪贴画，将它插入到幻灯片中。

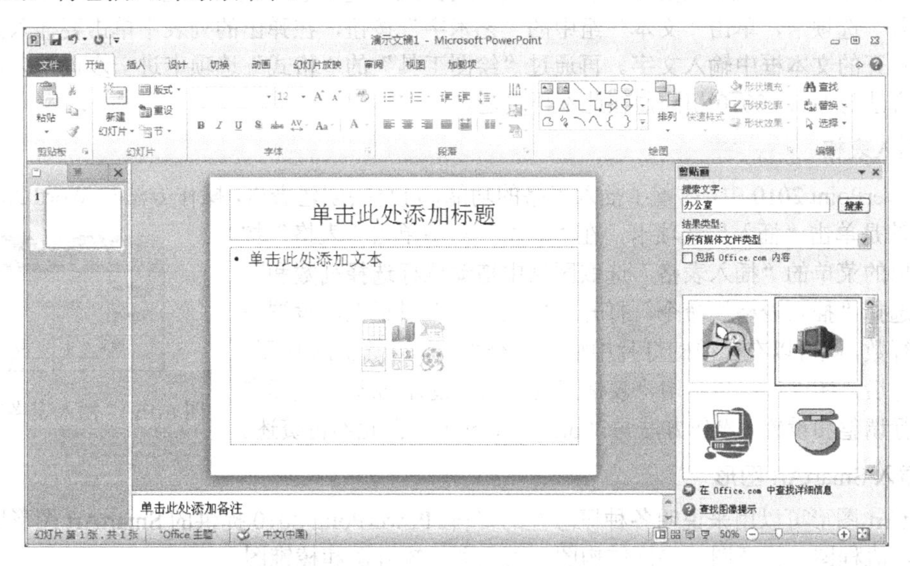

图 6-14 插入剪贴画

除可以插入剪辑库中的剪贴画以外，在 PowerPoint 2010 幻灯片中插入的图片还可以是其他格式的图形文件，如.bmp、.gif、.jpg 等格式的图片都可以插入到幻灯片中。

单击“插入”选项卡，在“图像”组中单击“图片”按钮，弹出“插入图片”对话框，如图 6-15 所示，在“插入图片”对话框中确定图片所在的位置和名称，单击“插入”按钮，即可将已存在的图片文件插入到幻灯片中。

图 6-15 “插入图片”对话框

2．插入相册

插入相册是 PowerPoint 2010 中新增的功能，当没有制作电子相册的专业软件时，使用 PowerPoint 中的插入相册功能也能轻松制作出漂亮的电子相册。

在幻灯片中新建相册时，只要在“插入”选项卡的“图像”组中单击“相册”按钮，打开“相册”对话框，从本地磁盘的文件夹中选择相关的图片文件，单击“创建”按钮即可。在插入相册的过程中，可以更改图片的先后顺序，调整图片的色彩明暗对比与旋转角度，以及设置图片的版式和相框形状等。

3．插入艺术字

艺术字是具有艺术效果的文字，演示文稿的封面或标题文字一般采用艺术字来制作。其方法是打开“插入”选项卡，单击“文本”组中的“艺术字”按钮，在弹出的列表中单击要插入的艺术字样式，在打开的文本框中输入文字。再通过“绘图工具”的“格式”选项卡进一步调整艺术字的效果，操作方法与 Word 2010 相同，在此不再赘述。

4．插入表格

在 PowerPoint 2010 中，内置了插入表格的功能，可直接创建表格，操作方法与 Word 2010 相似。

其方法是单击“插入”选项卡，在“表格”组中单击“表格”按钮，在弹出的菜单的“插入表格”选取区域中拖动鼠标选择列数和行数，或者选择“插入表格”命令，打开“插入表格”对话框，设置表格列数和行数，就可以在当前幻灯片中插入一个表格，如图 6-16 所示。表格创建好后，还可进一步利用“表格工具”的“设计/布局”选项卡对表格进行调整和设置，操作方法与 Word 2010 相同，在此不再赘述。

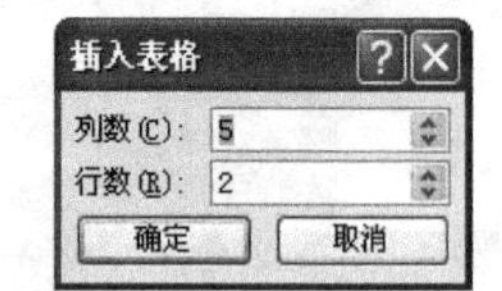

图 6-16 “插入表格”对话框

5．插入 SmartArt 图形

SmartArt 图形可以用来说明各种概念性的资料。PowerPoint 2010 提供的 SmartArt 图形库主要包括列表图、流程图、循环图、层次结构图、关系图、矩阵图和棱锥图。

在 PowerPoint 2010 中，插入 SmartArt 图形的操作方法是：单击“插入”选项卡，在“插图”

组中单击“SmartArt”按钮，再打开“选择 SmartArt 图形”对话框，选择合适的类型，单击“确定”按钮，即可在幻灯片中插入 SmartArt 图形。SmartArt 图形插入后，还可进一步利用“SmartArt 工具”的“设计/格式”选项卡对其进行编辑和设置，操作方法与 Word 2010 相同，在此不再赘述。

6. 插入图表

在 Excel 2010 中已经讲述了创建图表的方法，可以把在 Excel 2010 中创建的图表通过“复制”“粘贴”的方法插入到幻灯片中。也可直接在幻灯片中插入图表，操作方法与 Word 2010 中相同，在此不再赘述。

7. 插入视频和音频

在制作幻灯片时，可以根据需要插入声音，以增加向观众传递信息的通道，增强演示文稿的感染力。幻灯片中添加的视频和音频的类型有文件中的视频或音频、剪辑库中的视频或音频、来自网站的视频或录制的音频等。插入视频和音频操作方法类似，下面以插入视频为例介绍操作方法。

（1）插入剪辑库中的视频

在剪辑库中存放了一些声音文件（与 Office 是否完全安装有关），可以直接使用这些视频。单击“插入”选项卡，在“媒体”组中单击“视频”下拉按钮，在弹出的下拉菜单中选择“剪贴画视频”命令。此时 PowerPoint 将自动打开“剪贴画”任务窗格，该窗格显示了剪辑中所有的视频或动画，单击某个动画文件，即可将该文件插入到幻灯片中。

（2）文件中的视频

很多情况下，PowerPoint 剪辑库中提供的影片并不能满足用户的需要，这时可以选择插入来自文件中的影片。单击“视频”下拉按钮，在弹出的菜单中单击“文件中的视频”命令，弹出“插入视频文件”对话框。选择需要的视频文件，单击“插入”按钮。

（3）设置视频属性

对于插入到幻灯片的视频，不仅可以调整它们的位置、大小、亮度、对比度、旋转等属性，还可以进行剪裁、设置透明色、重新着色和设置边框线条等操作，这些操作都与图片的操作方法相同。

6.3 PowerPoint 2010 外观设计

在一个演示文稿中输入了文本，插入了各种对象以后已基本满足要求。但为了使演示文稿更具表现力，需要对幻灯片的外观进行修饰。控制幻灯片外观的元素有 4 种：母版、设计模板、主题颜色和背景。

6.3.1 使用母版

PowerPoint 2010 中有一类特殊的幻灯片，称为母版。母版控制幻灯片上所输入的标题和文本的格式与类型。另外，它还控制了背景和某些特殊效果（如阴影和项目符号样式）。

母版包含文本占位符和页脚（如日期、时间和幻灯片编号）占位符。如果要修改多张幻灯片的外观，不必把每张幻灯片单独进行修改，而只需在母版上做一次修改即可。母版上的修改会反映在每张幻灯片上。如果要使个别幻灯片的外观与母版不同，可直接修改该幻灯片，而不必修改母版。

PowerPoint 2010 提供了 3 种母版类型：幻灯片母版、备注母版和讲义母版。幻灯片母版用于控制所有幻灯片的格式，备注母版用于控制幻灯片的备注内容格式，讲义母版控制要打印在纸上的讲义格式。

要修改母版格式，可单击“视图”选项卡，在“母版视图”组中单击相应的视图按钮，即可切换至对应的母版视图。在母版视图中可以进行改变字体、改变文本的大小或颜色、改变项目符号、添加图片或文本框等操作，但要确保没有在文本占位符中删除或添加字符。对母版视图修改完成后，单击母版工具栏中的“关闭”按钮即可回到普通视图状态。

6.3.2 应用设计模板

模板可以视为是一种特殊的演示文稿，其包含预先定义好的幻灯片和标题母版、颜色方案和图形元素。PowerPoint 2010 提供了许多设计模板，安装在 Microsoft Office 2010 安装文件夹的子文件夹 Templates 中。

同一个演示文稿中应用多个模板与应用单个模板的步骤相似。具体操作步骤如下。

① 打开要应用设计模板的演示文稿。

② 单击“设计”选项卡，在“主题”组中单击“其他按钮”，从弹出的下拉列表框中选择一种模板，即可将该目标应用于单个演示文稿中。

③ 选择要应用模板的幻灯片，在“设计”选项卡的“主题”组中单击“其他”按钮，从弹出的下拉列表框中右击需要的模板，从弹出的快捷菜单中选择“应用于选定幻灯片”命令，此时，该模板将应用于所选中的幻灯片上。

用户也可以自己创建模板，以后就可以调用该模板创建具有自己独特风格的演示文稿。创建步骤如下。

① 打开现有演示文稿，更改演示文稿以符合自己的要求。

② 执行“文件”→“另存为”命令，弹出“另存为”对话框。

③ 在“保存类型”下拉列表框中选择“PowerPoint 模板（*.potx）”选项，在“文件名”文本框中输入文件名，单击“保存”按钮保存该模板。

6.3.3 应用幻灯片主题颜色

PowerPoint 中的主题包括主题颜色、主题字体（包括标题字体和正文字体）和主题效果（包括线条和填充效果）。通过应用主题，用户可以快速而轻松地设置整个文档的格式，赋予它专业和时尚的外观。下面介绍主题颜色的使用方法。

1. 应用主题颜色

打开要应用配色方案的演示文稿。打开“设计”选项卡，在“主题”组中单击“颜色”按钮 颜色，从弹出的下拉列表框中选择一种主题颜色，如图 6-17 所示。

另外，右击某个主题颜色，从弹出的快捷菜单中选择“应用于选定幻灯片”命令，该主题颜色只会被应用于当前选定的幻灯片。

2. 自定义主题颜色

如果对已有的配色方案都不满意，可以在“主题颜色”下拉列表框中单击“新建主题颜色”命令，弹出“新建主题颜色”对话框，如图 6-18 所示。在该对话框中，可以自定义背景、文本和线条、阴影等项目的颜色。

注意：单击“设计”选项卡，在“主题”组中单击“字体”按钮，从弹出的如图 6-19 所示的列表框中选择一种字体样式，即可更改当前主题的字体；单击“效果”按钮，从弹出的如图 6-20 所示的列表框中选择一种效果样式，即可更改当前主题。

6.3.4 设置幻灯片背景

在 PowerPoint 2010 中，除可以使用设计模板或主题颜色来更改幻灯片的外观外，还可以通过设置幻灯片的背景来实现。用户可以根据需要任意更改幻灯片的背景颜色和背景设计，如删除幻灯片中的设计元素，添加底纹、图案、纹理或图片等。

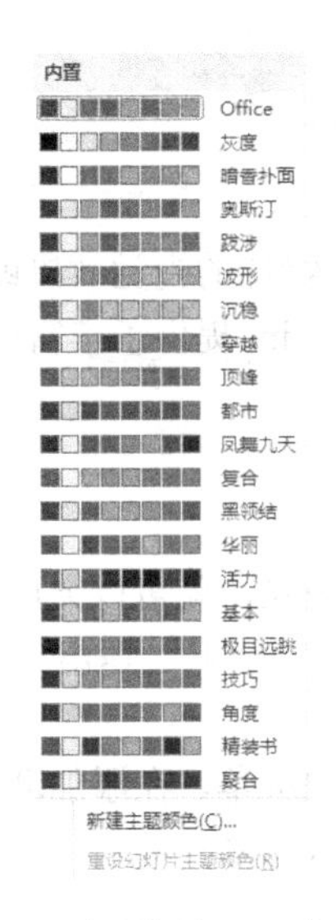

图 6-17　“主题颜色”下拉列表

图 6-18　“新建主题颜色”对话框

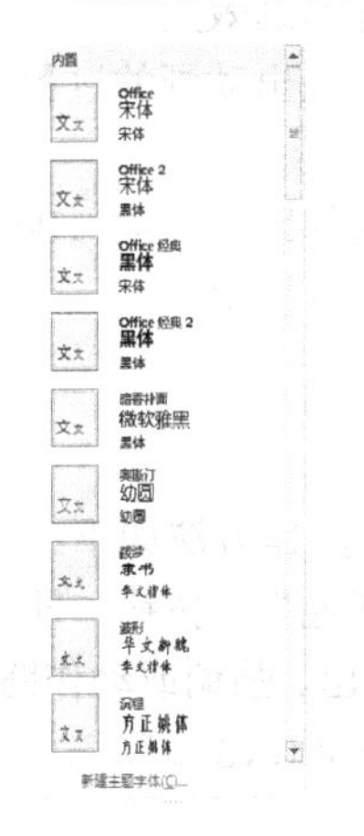

图 6-19　主题字体

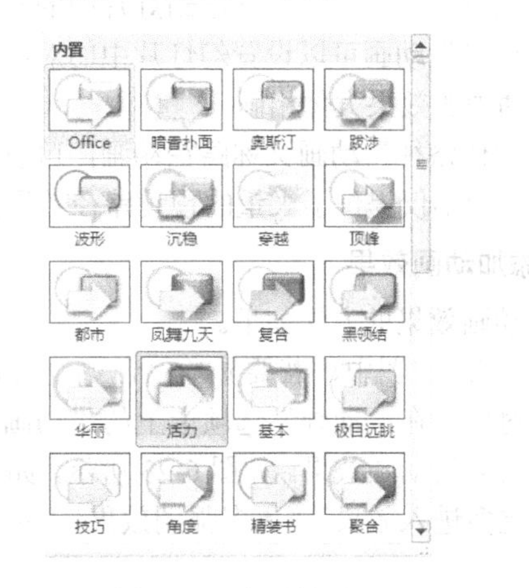

图 6-20　主题效果

单击“设计”选项卡，在“背景”组中单击“背景样式”下拉按钮，从弹出的下拉列表框中选择一种背景样式，如图 6-21 所示，单击“设置背景格式”命令，打开“设置背景格式”对话框，如图 6-22 所示，当用户不满足于 PowerPoint 提供的背景样式时，可以通过填充、图片更正、图片颜色和艺术效果选项来自定义背景，达到自己喜欢的背景效果。

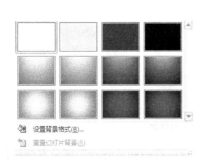

图 6-21　背景样式

图 6-22　“设置背景格式”对话框

6.4 PowerPoint 2010 动画设置

在 PowerPoint 中，用户可以为演示文稿中的文本或多媒体对象添加特殊的视觉效果或声音效果，如使文字逐字飞入演示文稿，或在显示图片时自动播放声音等。PowerPoint 提供了丰富的动画效果，用户可以设置幻灯片切换动画和对象的自定义动画。

6.4.1 动画的添加、删除

幻灯片上的文本、形状、声音、图像、图表和其他对象具有动画效果，就可以突出重点、控制信息的流程，并提高演示文稿的趣味性。PowerPoint 动画包括“进入”“强调”“退出”“动作路径”四大类。

①“进入”动画可以设置文本或其他对象以多种动画效果进入放映屏幕。在添加动画效果之前需要选中对象。对于占位符或文本框来说，选中以及进入其文本编辑状态时，都可以为它们添加动画效果。

②“强调”动画是为了突出幻灯片中的某部分内容而设置的特殊动画效果。

③“退出”动画可以设置幻灯片中的对象退出屏幕的效果。添加退出动画的过程和添加进入、添加强调动画的效果大体相同。

④“动作路径”动画又称路径动画，可以指定文本等对象沿预定的路径运动。PowerPoint 中的动作路径动画不仅提供了大量的预设路径效果，还可以由用户自定义路径动画。

1．添加动画效果

添加动画效果的方法如下。

① 在普通视图中，若要显示包含更改动画效果的演示文稿，则操作方法如下：选取要设置动画效果的对象，在“动画”选项卡上的“动画”选项组中，单击“其他”按钮，即可在弹出的菜单中选择所需的动画效果。如图 6-23 所示，如果没有所需的进入、退出、强调或动作路径动画效果，可单击“更多进入效果”“更多强调效果”“更多退出效果”或“其他动作路径”。

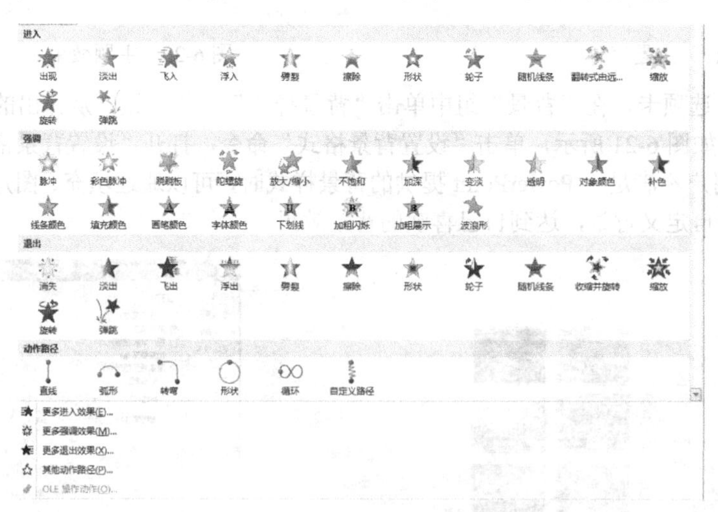

图 6-23 “其他动画效果”菜单选项

② 如图 6-24 所示，单击“动画”选项卡的“计时”选项组中的“开始”菜单右侧的箭头，在弹出的菜单中可设置动画开始计时。

- “单击开始”：动画效果在用户单击鼠标时开始。

- “从上一项开始”：动画效果开始播放的时间与列表中上一个效果的时间相同。此设置在同一时间组合多个动画效果。
- “从上一项之后开始”：动画效果在列表中上一个效果完成播放后立即开始。若要为动画设置效果选项，可在“动画”选项卡上的“动画”组中，单击“效果选项”右侧的箭头，然后单击所需的选项。

③ 要设置动画将要运行的持续时间，可在“计时”组中的“持续时间”框中输入所需的秒数。

④ 要设置动画开始前的延时，可在“计时”组中的“延迟”框中输入所需的秒数。

在将动画应用于对象或文本后，幻灯片上已制作成动画的项目会标上不可打印的编号标记，该标记会显示在文本或对象旁边。仅当选择“动画”选项卡或“动画”任务窗格可见时，才会在“普通”视图中显示该标记。

2．对单个对象应用多个动画效果

若要对同一对象应用多个动画效果，可执行以下操作。

① 选择要添加多个动画效果的文本或对象。

② 如图 6-25 所示，在“动画”选项卡上的“高级动画”选项组中，单击“添加动画”，在弹出的动画效果菜单中选择相应的动画，即可为该对象添加第二个动画效果。

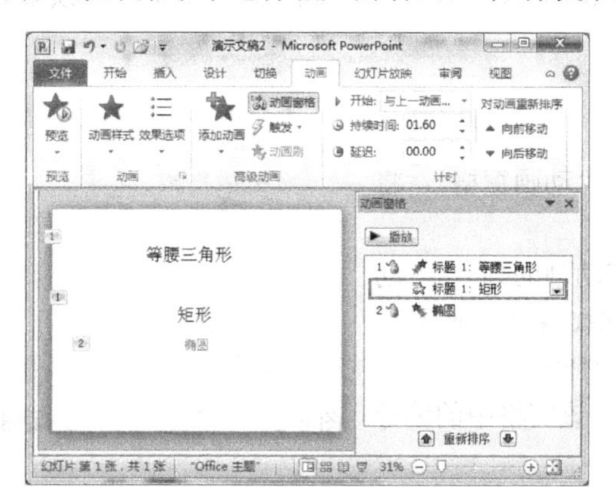

图 6-24　动画编号标记

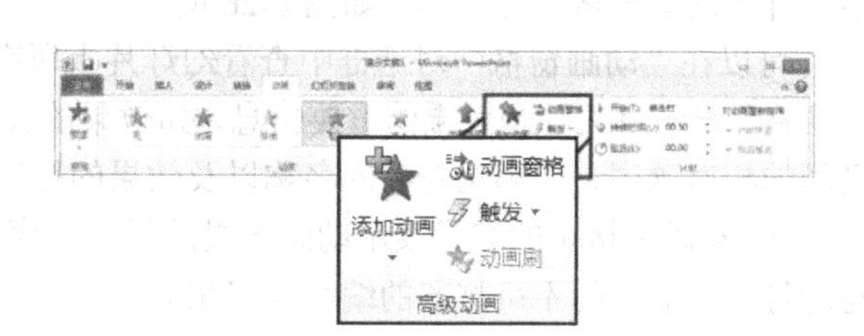

图 6-25　“高级动画”选项组

3．复制动画

演示文稿中总会有很多对象需要设置相同的动画，实际操作中不得不大量重复相同的动画设置。PowerPoint 2010 中新增的动画刷可以把选中对象的动画设置复制到任意多个对象上。

（1）将动画效果复制到单个对象上

如果 A 是一个已经设置了动画效果的对象，现在要让 B 也拥有 A 的动画效果，可进行如下操作。

① 单击 A。

② 单击“动画”选项卡，再单击“动画”组中的“动画刷”按钮，或按组合快捷键 Alt+Shift+C。此时如果把光标移入幻灯片中，指针图案的右边将会多一个刷子的图案。

③ 将光标指向 B，并单击 B。

④ B 将会拥有 A 的动画效果，同时光标右边的刷子图案会消失。

（2）将动画效果复制到多个对象上

如果 A 是一个已经设置了动画效果的对象，现在要让 B、C、D 都拥有 A 的动画效果，可进行如下操作。

① 单击 A。

② 单击“动画”选项卡，再双击“动画刷”按钮。此时如果把光标移入幻灯片中，指针图案

的右边将多一个刷子的图案。

③ 将光标指向 B，并单击 B。

④ B 将会拥有 A 的动画效果，光标右边的刷子图案不会消失。

⑤ 对 C、D 重复步骤③和步骤④。

⑥ 单击“动画刷”按钮，光标右边的刷子图案消失。

动画刷工具还可以在不同幻灯片或 PowerPoint 演示文稿之间复制动画效果。当光标右边出现刷子图案时可以切换幻灯片或 PowerPoint 演示文稿，以将动画效果复制到其他幻灯片或 PowerPoint 演示文稿中。

4. 删除动画效果

删除动画效果的方法如下。

① 单击要移除动画的对象。

② 在“动画”选项卡的“动画”选项组中，单击“无动画”按钮。此时可以看到幻灯片内所选对象动画已经删除，该对象下方的动画标记也被删除。

5. 测试动画

若要在添加一个或多个动画效果后验证它们是否起作用，可以在“动画”选项卡上的“预览”选项组中单击“预览”按钮。

6.4.2 动画窗格

在“动画”选项卡“高级动画”选项组中，单击“动画窗格”，将会打开“动画窗格”对话框，如图 6-26 所示。

可以在“动画窗格”对话框中查看幻灯片上所有动画的列表。“动画窗格”显示有关动画效果的重要信息，如效果的类型、多个动画效果之间的相对顺序、受影响对象的名称以及效果的持续时间。

图 6-26 “动画窗格”对话框

① 动画窗格中的编号表示动画效果的播放顺序。该窗格中的编号与幻灯片上显示的不可打印的编号标记相对应。

② 动画窗格中的时间线代表效果的持续时间。

③ 动画窗格中的图标代表动画效果的类型。

④ 选择列表中的项目后会看到相应菜单图标（向下箭头），单击该图标即可显示相应菜单。

若要对列表中的动画重新排序，用户可在“动画窗格”中选择要重新排序的动画，然后选择“重新排序”的“向前移动”箭头使动画在列表中位于另一动画之前，或者选择“向后移动”箭头使动画在列表中位于另一动画之后。

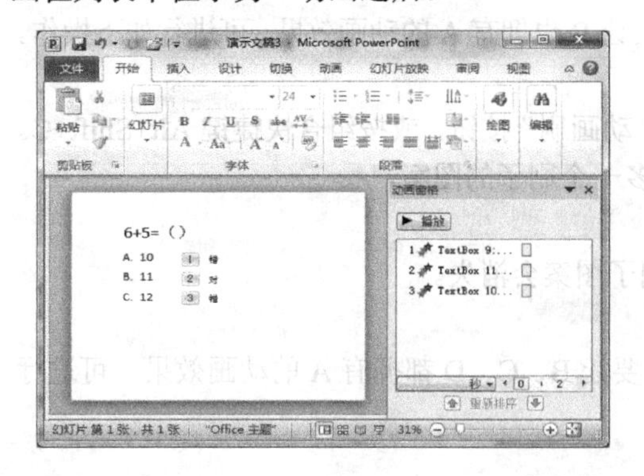

图 6-27 交互式选择题

在 PowerPoint 中，利用自定义动画效果中自带的触发器功能可以轻松地制作出交互式课件。可以将画面中的任一对象设置为触发器，单击它则该触发器下的所有对象就能根据预先设定的动画效果开始运动，并且设定好的触发器可以多次重复使用。类似于 Authorware、Flash 等软件中的热对象、按钮和热文字等，单击触发器后会引发一个或者一系列动作。

以制作一个如图 6-27 所示的简单对错判断的交互式选择题为例，具体操作步骤如下。

① 插入文本框并输入文字。即插入多个文本框并输入相应的文字内容，要特别注意把题目、多个选

择题的选项和对错分别放在不同的文本框中，这样可以制作成不同的文本对象。如本例就是设计一道小学数学选择题，这里一共有 7 个文本框。

② 创建动画效果，分别设置选择题的 3 个对错判断文本框的自定义动画效果，均为从右侧飞入。

③ 设置触发器。在“动画窗格”列表中单击“TextBox 9：错”，选择“计时”选项，弹出如图 6-28 所示的“飞入”对话框，单击“触发器”按钮，然后选择“单击下列对象时启动效果”单选框，并在下拉框中选择“副标题 2:A. 10”，即选择第一个答案项。

同样设置其他的对、错文本框，最终效果如图 6-29 所示。

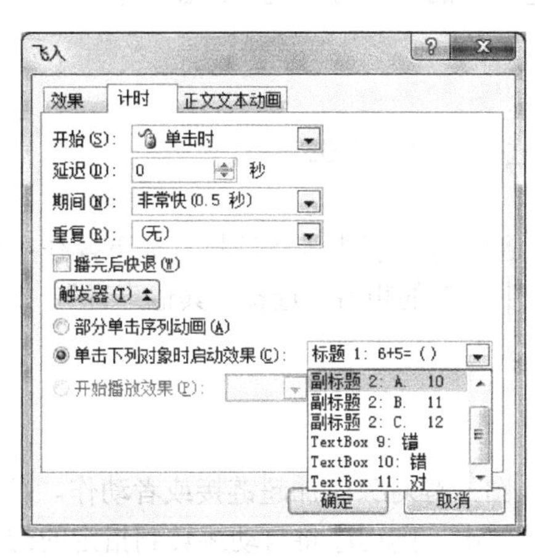

图 6-28 “飞入”对话框

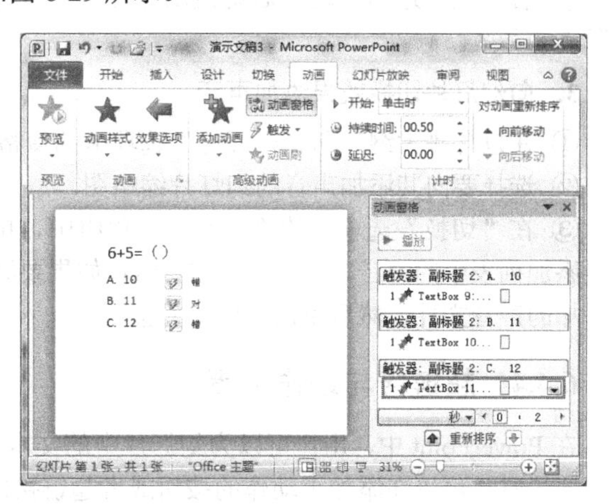

图 6-29 触发式设置完毕窗口

④ 效果浏览。播放该幻灯片，将会发现单击“A .10”这个答案后立刻会从右侧飞出“错”，如果单击“B. 11”会从右侧飞出“对”，如果单击“C. 12”会从右侧飞出“错”。通过触发器还可以制作判断题，方法类似。总而言之，只要是人机交互的练习题都能通过它来完成。

6.4.3 设置幻灯片的切换效果

幻灯片切换效果是指一张幻灯片如何从屏幕上消失，以及另一张幻灯片如何显示在屏幕上的方式。幻灯片切换方式可以是简单地以一张幻灯片代替另一张幻灯片，也可以使幻灯片以特殊的效果出现在屏幕上。可以为一组幻灯片设置同一种切换方式，也可以为每张幻灯片设置不同的切换方式。

1. 向幻灯片添加切换效果

① 在包含“大纲”和“幻灯片”选项卡的窗格中，单击“幻灯片”选项卡。

② 选择要应用切换效果的幻灯片缩略图。

③ 在“切换”选项卡的“切换到此幻灯片”选项组中，单击要应用于该幻灯片的幻灯片切换效果。在“切换到此幻灯片”选项组中选择一个切换效果。如果要查看更多切换效果，单击“其他”按钮▾，如图 6-30 所示。

④ 如果要将演示文稿中的所有幻灯片应用相同的幻灯片切换效果，则执行以上第②步到第③步，然后在“切换”选项卡的“计时”组中，单击“全部应用”按钮。

2. 设置切换效果的计时

如果要设置上一张幻灯片与当前幻灯片之间的切换效果的持续时间，可执行此操作。

如图 6-31 所示，在“切换”选项卡“计时”选项组的“持续时间”文本框中，输入或选择所需的速度。

若要指定当前幻灯片在多长时间后切换到下一张幻灯片，采用下列步骤之一。

① 若要在单击鼠标时切换幻灯片，在“切换”选项卡的“计时”组中，选中“单击鼠标时”复选框。

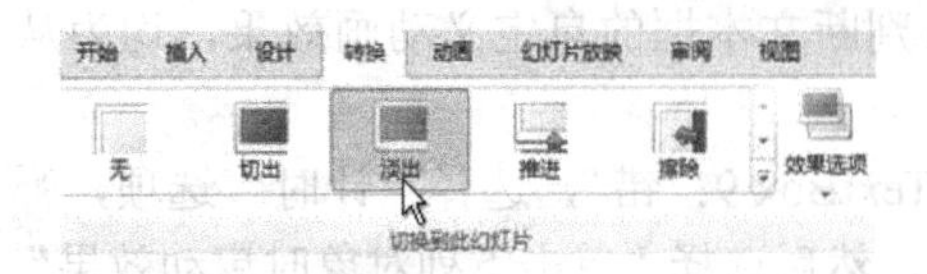

图 6-30 “切换到此幻灯片”选项组

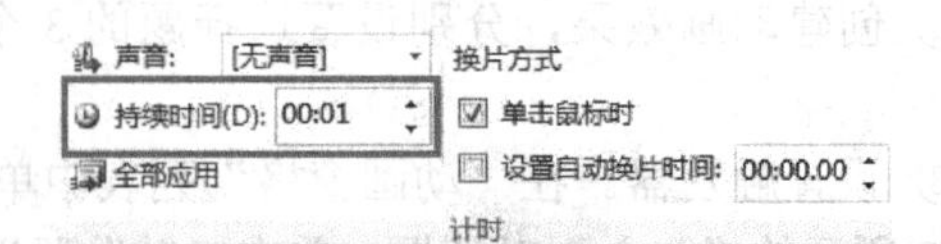

图 6-31 “计时”选项组

② 若要在经过指定时间后切换幻灯片，在“切换”选项卡的“计时”组中，在“后”框中输入所需的秒数。

3. 向幻灯片切换效果添加声音

① 在包含“大纲”和“幻灯片”选项卡的窗格中，单击“幻灯片”选项卡。

② 选择要向其添加声音的幻灯片缩略图。

③ 在“切换”选项卡的“计时”选项组中，单击“声音”旁的箭头，然后执行如下操作：如果要添加列表中的声音，选择所需的声音；如果要添加列表中没有的声音，选择“其他声音”，找到要添加的声音文件，然后单击“确定”按钮。

6.4.4 超链接与动作设置

在 PowerPoint 中，用户可以为幻灯片中的文本、图形、图片等对象添加超链接或者动作。当放映幻灯片时，可以在添加了动作的按钮或者超链接的文本上单击，则程序将自动跳转到指定的幻灯片页面，或者执行指定的程序。演示文稿不再是从头到尾播放的线形模式，而是具有了一定的交互性，能够按照预先设定的方式，在适当的时候放映需要的内容，或做出相应的反应。

1. 超链接设置

超链接是指向特定位置或文件的一种连接方式，可以利用它指定程序的跳转位置。超链接只有在幻灯片放映时才有效。在 PowerPoint 中，超链接可以跳转到当前演示文稿中的特定幻灯片、其他演示文稿中特定的幻灯片、电子邮件地址、文件或 Web 页上。

（1）创建超链接

例如，要给文字“只读型光盘（CD-ROM）”添加一个注释页面，方法如下。

① 先选中要链接的对象，然后在“插入”选项卡中的“链接”选项组中，单击“超链接”按钮，打开如图 6-32 所示的“插入超链接”对话框。

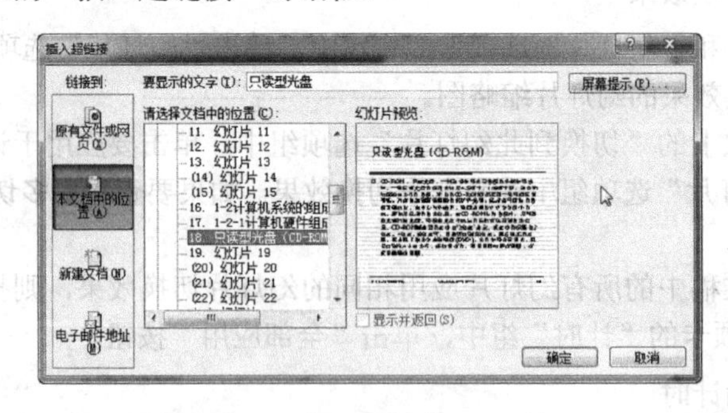

图 6-32 “插入超链接”对话框

② 在“链接到”列表中，单击“本文档中的位置”按钮，在列表中选择标题“只读型光盘（CD-ROM）”的幻灯片。

③ 在“要显示的文字”中会显示设置超链接前选中的文字内容，也可以重新输入需要的新内

容；当鼠标光标停留在设置好超链接的对象上时，光标将变为手形，此时显示的提示文字可以在“屏幕提示”中设置；最后单击“确定”按钮。

④ 在放映幻灯片时，鼠标停留在“文字录入”上时会变成手形光标，此时单击左键可以直接放映“文字录入”幻灯片。

（2）编辑超链接

选中设置超链接的文字或图片等，在“插入”选项卡中的“链接”选项组中，单击“超链接”以再次打开超链接的对话框，此时可以进一步编辑超链接，在对话框中单击“删除链接”按钮可以删除该链接。

在超链接上单击鼠标右键，然后在弹出的快捷菜单中选择编辑、打开、复制和删除超链接命令，也可以做相应的操作。

2．动作设置

PowerPoint 中的“动作”指的是演示文稿中的对象对鼠标操作的响应，动作按钮是为所选对象添加一个操作，以制定单击该对象时，或者鼠标在其上悬停时应执行的操作，应用这些预置好的按钮，可以在放映幻灯片时实现跳转的目的，添加“动作”的操作步骤如下。

图 6-33 “动作设置”对话框

① 单击“插入”选项卡上的“链接”选项组，单击“动作”按钮，弹出如图 6-33 所示的“动作设置”对话框。

② 在对话框中有两个选项卡“单击鼠标”与“鼠标移过”，通常选择默认的“单击鼠标”，然后单击“超链接到”选项，打开超链接选项下拉菜单，根据实际情况选择其一，再单击“确定”按钮即可。若要将超链接的范围扩大到其他演示文稿或 PowerPoint 以外的文件中去，则只需要在选项中选择“其他 PowerPoint 演示文稿……”或“其他文件……”选项即可。

编辑“动作”的操作步骤如下。

选中设置了“动作”的文字或图片等，在“插入”选项卡上的“链接”选项组中，单击“动作”按钮，以再次打开“动作设置”对话框，可以进一步编辑超链接。

在动作按钮上单击鼠标右键，然后在弹出的快捷菜单中编辑、打开、复制和删除超链接命令，也可以做相应的操作。

6.5 PowerPoint 2010 放映设置

6.5.1 设置放映方式

设置演示文稿的放映方式可以指定放映类型、放映范围、换片方式，以及是否播放旁白、动画效果等选项。

1．创建自定义放映

可以通过创建自定义放映来选择一个演示文稿中的全部或部分幻灯片来进行播放，并能够调整幻灯片的播放顺序，从而使一个演示文稿适用于多种听众。

① 单击“幻灯片放映”选项卡中“开始放映幻灯片”选项组中的“自定义幻灯片放映”按钮，即可打开如图 6-34 所示的“自定义放映”对话框。

② 单击“新建”按钮，出现如图 6-35 所示的“定义自定义放映”对话框。在此对话框中可以设置幻灯片放映的名称，选择当前演示文稿中所需幻灯片添加到自定义放映的序列中，在自定义放

映的序列中删除不满意的幻灯片，以及调整幻灯片的顺序等。这样就可以建立一个自行规定幻灯片数量、内容和播放顺序的一个幻灯片集合，即自定义的一个幻灯片放映的序列。

③ 单击“确定”按钮回到“自定义放映”对话框，在此对话框中，单击“复制”按钮复制当前自定义序列，最后单击“放映”按钮可立即播放当前自定义序列。

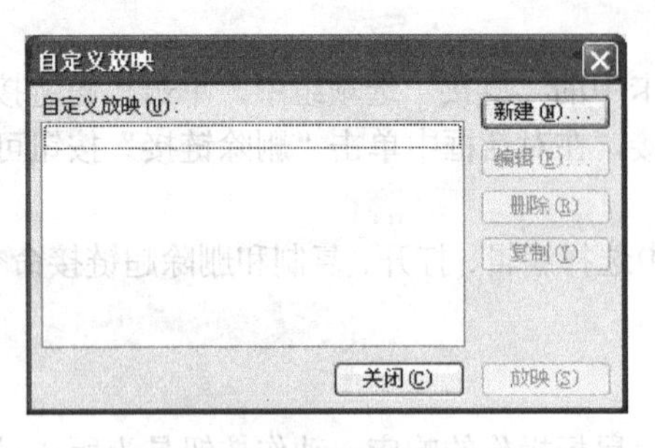

图 6-34 “自定义放映”对话框

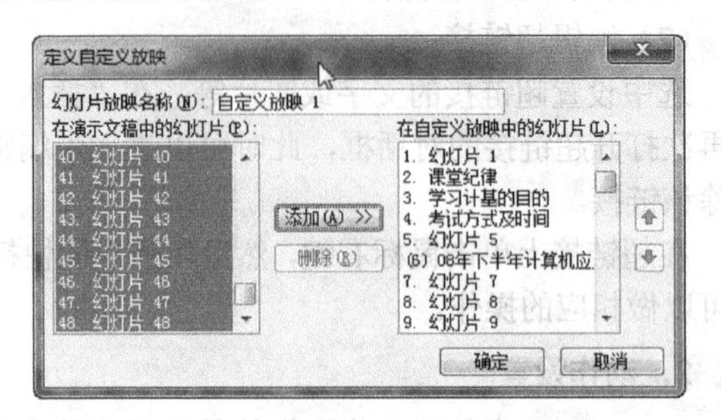

图 6-35 “定义自定义放映”对话框

2．设置放映方式

单击“幻灯片放映”选项卡中“设置”选项组中的“设置幻灯片放映”按钮，即可打开如图 6-36 所示的“设置放映方式”对话框。

在“设置放映方式”对话框的“放映类型”选项区中可以看到有 3 种放映方式。

① 演讲者放映：演讲者放映方式是最常用的放映方式，在放映过程中以全屏显示幻灯片。演讲者能控制幻灯片的放映，暂停演示文稿，添加会议细节，还可以录制旁白。

② 观众自行浏览：可实现在标准窗口中放映幻灯片。在放映幻灯片时，可以拖动右侧的滚动条，或滚动鼠标上的滚轮来实现幻灯片的放映。

③ 在展台浏览：在展台浏览是 3 种放映类型中最简单的方式，这种方式将自动全屏放映幻灯片，并且循环放映演示文稿。在放映过程中，除通过超链接或动作按钮来进行切换以外，其他的功能都不能使用，如果要停止放映，只能按 Esc 键来终止。

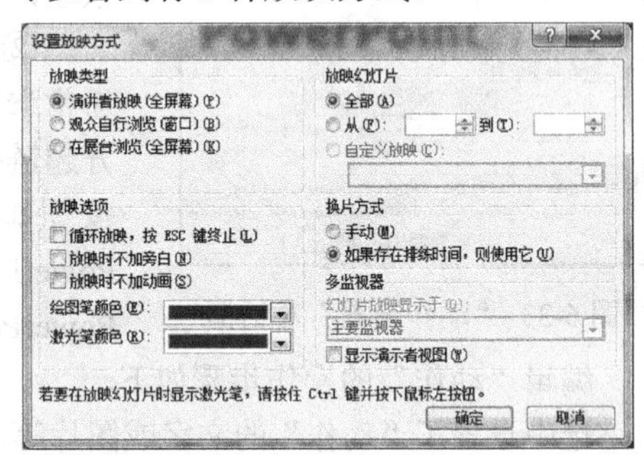

图 6-36 “设置放映方式”对话框

6.5.2 使用排练计时

排练计时是指使用幻灯片的计时功能来记录每张幻灯片在演示时所需的时间，以便在对观众进行演示时使用它计时来自动播放幻灯片。如果幻灯片中包含动画对象，则会对每个项目进行逐一排练和计时。具体操作步骤如下。

图 6-37 “录制”工具栏

① 在演示文稿中，单击“幻灯片放映”选项卡，在“设置”选项组中单击“排练计时”按钮。

② 此时，PowerPoint 立刻进入全屏放映模式。屏幕左上角会显示一个如图 6-37 所示的“录制”工具栏，它可以准确记录演示当前幻灯片所使用的时间（工具栏左侧显示的时间），以及从开始放映到目前为止总共使用的时间（工具栏右侧显示的时间）。

③ 演讲完成时会显示提示信息，单击“是”按钮可将排练时间保留下来。

④ 此时，PowerPoint 2010 已经记录下放映每张幻灯片所用时长。通过单击状态栏中的“幻灯片浏览”按钮，切换到 PowerPoint 幻灯片浏览视图，在该视图下，即可清晰地看到演示每张幻灯片所使用的时间。

6.5.3　录制旁白

旁白就是在放映幻灯片时，用声音讲解该幻灯片的主题内容，使演示文稿的内容更容易让观众明白理解。要在演示文稿中插入旁白，需要先录制旁白。录制旁白时，可以排演整个演示文稿并为每张幻灯片单独录制旁白。录制过程中可以随时暂停录制和继续录制。

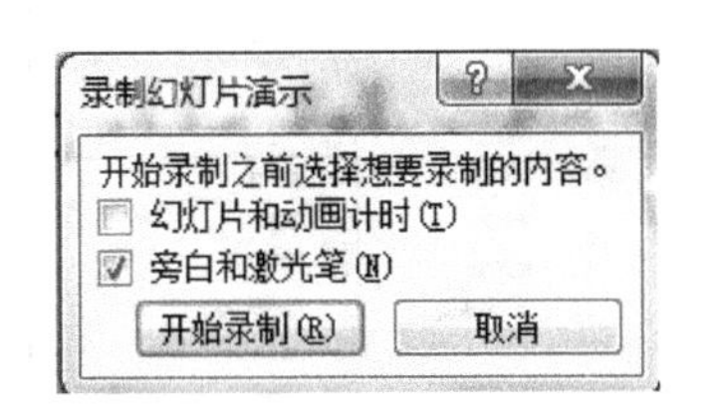

图 6-38 “录制幻灯片演示”对话框

具体操作步骤如下。

① 在“幻灯片放映”选项卡上的“设置”选项组中，单击“录制幻灯片演示”按钮，弹出“录制幻灯片演示”对话框，如图 6-38 所示。

② 在“录制幻灯片演示”对话框中，选中“旁白和激光笔”复选框，并根据需要选中或取消选中“幻灯片和动画计时”复选框。

③ 单击“开始录制”按钮。如果要暂停录制旁白，可在“录制”快捷菜单中单击“暂停”按钮；如果要继续录制旁白，则单击“继续录制”按钮。录制完毕后，可返回 PowerPoint 窗口，在录制旁白的幻灯片上将显示一个声音图标。

6.5.4　演示文稿的放映

1．启动和退出幻灯片放映

在放映幻灯片的过程中，如果要浏览演示文稿的整个内容，而此时无论选择哪张幻灯片，只需要在“幻灯片放映”中的“开始放映幻灯片”选项组单击“从头开始”按钮，即可进入放映状态，并从第一张幻灯片开始播放，如图 6-39 所示。

如果要查看某张幻灯片的实际播放效果，可以在编辑窗口中选择这一张幻灯片，然后在“开始放映幻灯片”选项组中单击“从当前幻灯片”按钮即可实现。

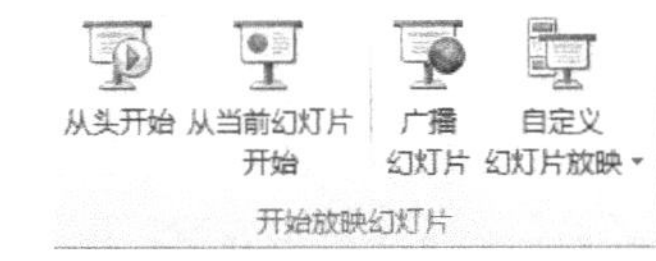

图 6-39 “开始放映幻灯片”选项组

如果要退出幻灯片放映，只需在右击弹出的菜单中单击“结束放映”命令，即可退出放映状态。当所有幻灯片都已经放映完毕，只用单击鼠标左键，即可退出放映状态。

2．控制幻灯片的放映

如果希望根据实际需要选择跳跃播放，则可按以下选项操作。

（1）转到下一张幻灯片

单击鼠标左键，按空格键或 Enter 键，或单击鼠标右键在弹出的快捷菜单上单击“下一张”按钮，都可以切换到下一张幻灯片。

（2）转到上一张幻灯片

按 Backspace 键或单击鼠标右键，在快捷菜单上单击“上一张”按钮都可以切换到上一张幻灯片。

（3）转到指定的幻灯片上

输入幻灯片编号，再按 Enter 键或单击鼠标右键，在弹出的快捷菜单上指向“定位至幻灯片”，然后单击所需的幻灯片即可转到指定的幻灯片上。

（4）观看以前查看过的幻灯片

单击鼠标右键，在快捷菜单上单击“上次查看过的”按钮即可。

3．在放映过程中编辑幻灯片

在放映幻灯片的过程中，用户可以对幻灯片进行实时修改或者编辑。例如，可以在放映过程中在幻灯片上书写或者绘画。在幻灯片放映时可以进行以下几种编辑操作。

（1）在幻灯片上书写或者绘画

① 先全屏放映要添加内容的幻灯片，在放映时单击鼠标右键会弹出快捷菜单。

② 在快捷菜单中单击“指针选项”中不同的画笔，如笔、荧光笔等；还可以选择不同的墨迹颜色，效果如图 6-40 所示。

③ 这时光标将变成画笔形状，按下鼠标左键拖动就可以在幻灯片的任意位置上添加注释或开始绘画；如果所添加的内容出现错误，可以单击“指针选项”中的“橡皮擦”或“擦除幻灯片上的所有墨迹”命令，擦除部分或全部墨迹。

图 6-40 “画笔”效果及墨迹颜色

退出放映时，会出现如图 6-41 所示的是否保留墨迹提示界面，单击“保留”按钮保留绘画内容；单击“放弃”按钮则不保留。

（2）屏幕设置

在放映幻灯片时，选择右键快捷菜单中的“屏幕”子菜单，在其中可做如下操作，如图 6-42 所示。

① 设为黑屏或白屏，则用户可在黑屏或白屏状态下放映幻灯片的过程中获得最大的书写空间。

② 若之前做过保留墨迹的操作，则可选择显示或隐藏墨迹标记。

③ 选择“切换程序”，则会在放映状态显示 Windows 的状态栏，用户可以在已经打开的应用程序之间进行切换。

图 6-41 是否保留墨迹提示对话框

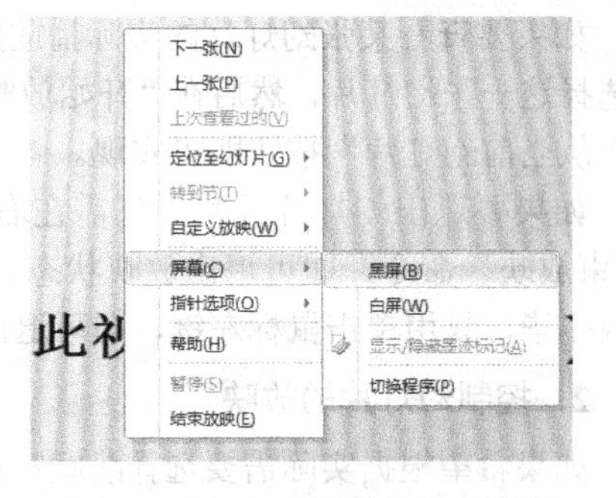

图 6-42 “屏幕”设置操作

6.5.5 幻灯片的广播

PowerPoint 2010 提供了广播幻灯片的功能，用户可以通过广播的方式将幻灯片共享到互联网或者局域网的任何位置，网络上的任何用户仅通过浏览器就可以观看到幻灯片的放映。随着演讲者的控制，互联网上观看放映的用户也可以同步看到幻灯片切换和放映的进度。

广播幻灯片的操作方法如下。

① 在“幻灯片放映”选项卡中单击“广播幻灯片”，弹出如图 6-43 所示的“广播幻灯片”对话框。

② 如果要使用“广播服务”下列出的服务放映幻灯片，可直接单击“启动广播”按钮；如果要使用其他服务放映幻灯片，则单击“更改广播服务”，在“选择一项广播服务”下选择要使用的服务。

③ PowerPoint 2010 提供了一个公共的服务，使用户可使用 Windows Live ID 启动相应的广播。启动广播后，在如图 6-44 所示的对话框中输入已经申请好的 Windows Live ID 凭据，PowerPoint 会

为演示文稿创建 URL。用户可以将该网址通过各种方式传递给其他的用户，其他用户将网址粘贴到 IE 浏览器，按 Enter 键即可看到同步的 Windows PowerPoint 广播。

图 6-43 “广播幻灯片”对话框

图 6-44 “连接到 pptbroadcast.officeapps.live.com”对话框

6.6 PowerPoint 2010 打包与打印

6.6.1 演示文稿的打包

演示文稿制作完成后，往往不是在同一台计算机上放映，如果仅仅将制作好的课件复制到另一台计算机上，而该机又未安装 PowerPoint 应用程序，或者课件中使用的链接文件或 TrueType 字体在该机上不存在，则无法保证课件的正常播放。因此，一般在演示文稿制作完成后需要将其打包。打包的操作步骤如下。

① 如图 6-45 所示，执行“文件”→“保存并发送”命令，选择“将演示文稿打包成 CD”选项，然后在右窗格中单击“将演示文稿打包成 CD”按钮，打开如图 6-46 所示的“打包成 CD”对话框。

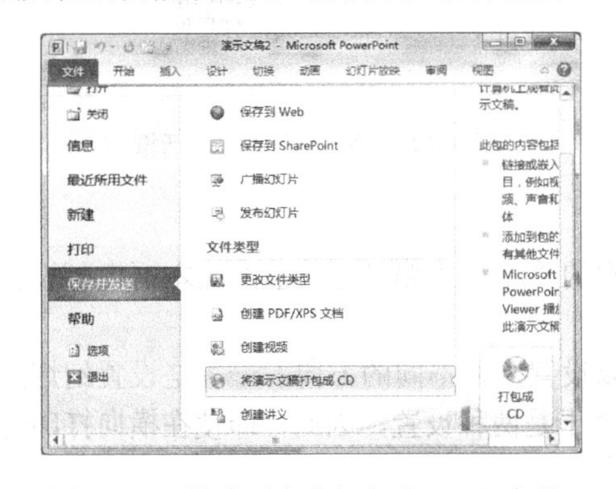

图 6-45 “将演示文稿打包成 CD”选项

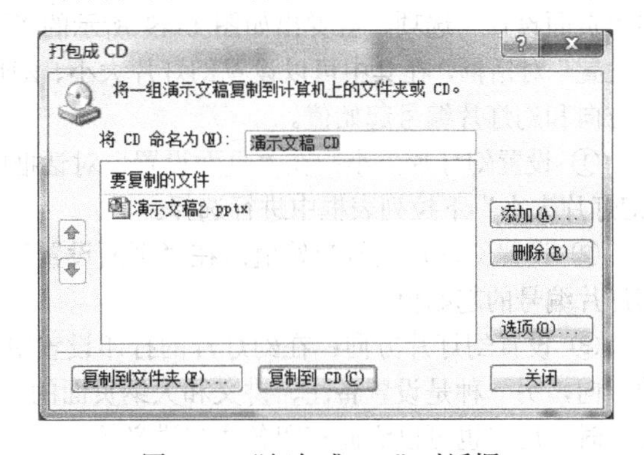

图 6-46 “打包成 CD”对话框

② 如果要添加演示文稿，可在“打包成 CD”对话框中单击“添加”按钮，然后在“添加文件”对话框中选择要添加的演示文稿，最后单击“添加”按钮。对需要添加的每个演示文稿都重复此步骤。如果要在包中添加其他相关的非 PowerPoint 文件，也可以重复此步骤。

如果添加了多个演示文稿，则这些演示文稿将显示在对话框的列表中，如果要更改文件顺序，可选择一个要移动的演示文稿，然后单击箭头按钮，即可在列表中向上或向下移动该演示文稿。

如果要从“要复制的文件”列表中删除演示文稿或文件，可选择该演示文稿或文件，然后单击“删除”按钮。

③ 单击“选项”按钮，对演示文稿的该次打包进行设置，如图 6-47 所示。

- 链接的文件：为了确保包中包括与演示文稿相链接的文件，选中“链接的文件”复选框。与演示文稿相链接的文件可以包括链接有图表、声音文件、电影剪辑及其他内容的 Microsoft Office Excel 工作表。
- 嵌入的 TrueType 字体：如果演示文稿当前不包含嵌入字体，选中“嵌入的 TrueType 字体”复选框即可在打包时包括这些字体。“嵌入的 TrueType 字体”复选框适用于复制的所有演示文稿，包括链接的演示文稿。如果演示文稿中已包含嵌入字体，PowerPoint 会自动将演示文稿设置为包含嵌入字体。

④ 如果计算机配备了刻录机，可单击“复制到 CD”按钮，否则，单击“复制到文件夹”按钮，弹出如图 6-48 所示的“复制到文件夹”对话框。

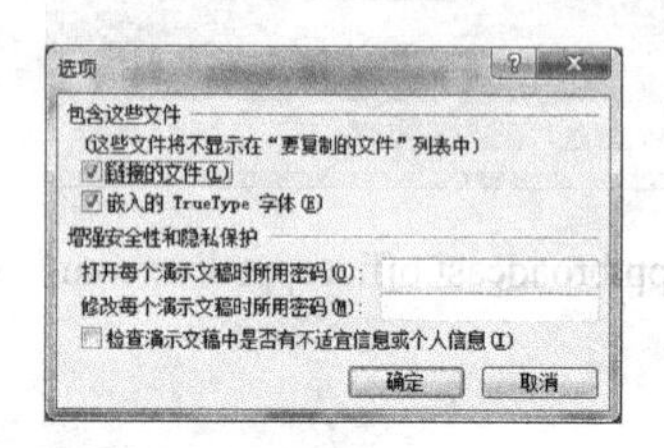

图 6-47 “选项”对话框

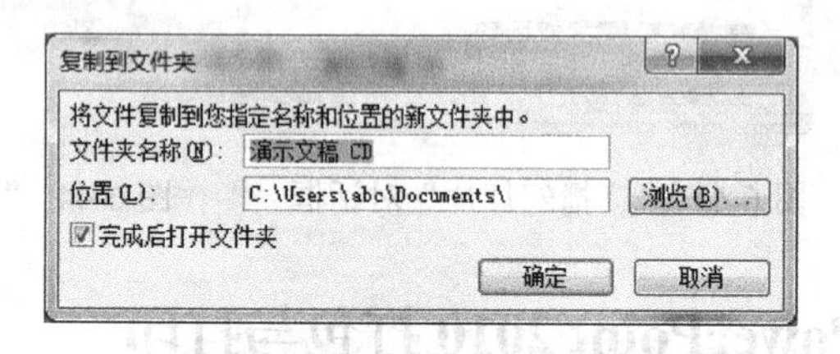

图 6-48 “复制到文件夹”对话框

⑤ 单击“浏览”按钮，弹出“选择位置”对话框。如果在对话框中选择存放位置，系统会自动运行打包复制到文件夹程序，在完成之后会自动弹出打包好的文件夹，其中将看到一个 AUTORUN.INF 自动运行文件。如果是打包到 CD 光盘上，则具备自动播放功能。

6.6.2 演示文稿的打印

1. 页面设置

在“设计”选项卡的“页面设置”选项组中，单击“页面设置”选项，会弹出如图 6-49 所示的“页面设置”对话框，在其中可以设置幻灯片大小、幻灯片方向和幻灯片编号起始值。

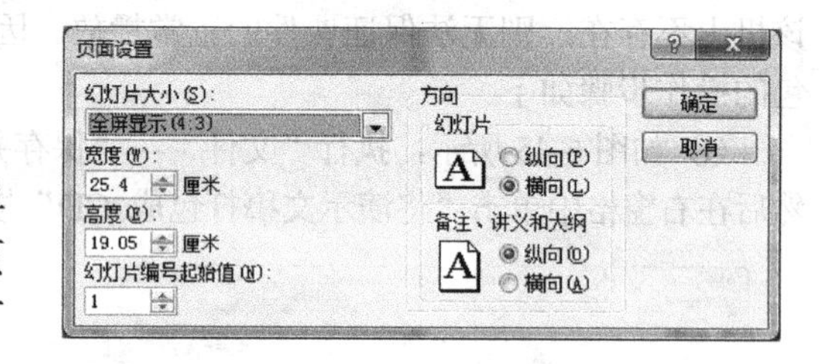

图 6-49 “页面设置”对话框

① 设置幻灯片大小：在“页面设置”对话框的“幻灯片大小”下拉列表框中进行选择。

② 设置幻灯片编号起始值：在“页面设置”对话框的“幻灯片编号起始值”文本框中可设置幻灯片编号的起始值。

③ 设置幻灯片方向：在幻灯片的打印设置中，可以设置两种不同的方向：一种是设置幻灯片的方向，另一种是设置备注、讲义和大纲页面的方向。由于是两种设置，因此，即使在横向打印幻灯片时，用户也可以纵向打印备注和讲义等。

2. 演示文稿的打印

在 PowerPoint 中可以将制作好的演示文稿通过打印机打印出来。在打印时，根据不同的目的可将演示文稿打印为不同的形式，常用的打印稿形式有幻灯片、讲义、备注和大纲视图。

在演示文稿制作完毕后，不但可以在计算机上放映幻灯片展示文稿，也可以将幻灯片打印出来供浏览和保存。

① 首先，打开要打印的演示文稿，然后，执行“文件”→“打印”命令，即可在中间显示“打印”选项，在右侧显示打印预览，如图 6-50 所示。

- 打印全部幻灯片：打印所有幻灯片。
- 打印所选幻灯片：打印所选的一张或多张幻灯片，选择多张幻灯片单击“文件”选项卡，然后在“普通”视图中左侧包含“大纲”和“幻灯片”选项卡的窗格中，单击“幻灯片”选项卡，然后按住 Ctrl 键选择所需幻灯片。

- 当前幻灯片：打印当前显示的幻灯片。
- 幻灯片的自定义范围：可按编号打印特定幻灯片，然后输入各幻灯片的列表和/或范围，可使用无空格的逗号将各个编号隔开。

② 单击“整页幻灯片”按钮，在弹出的菜单中可以选择打印版式和每页打印几张幻灯片，如选择“4 张水平放置的幻灯片”，得到的效果如图 6-51 所示。

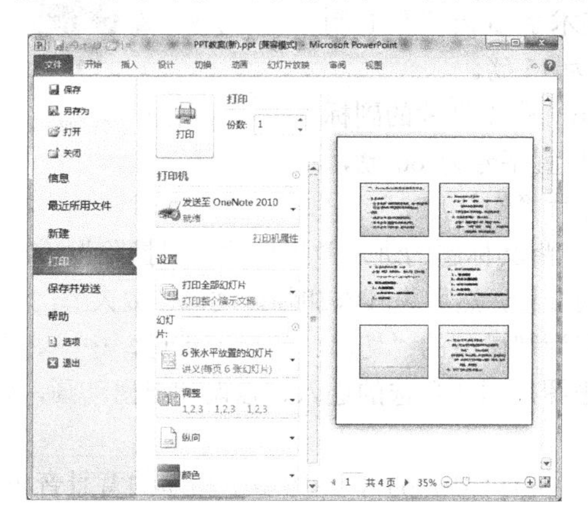

图 6-50 打印预览

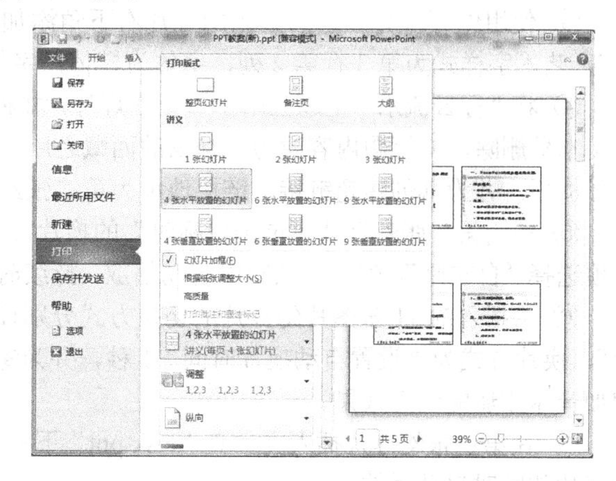

图 6-51 幻灯片排列效果

③ 当设置为多张幻灯片在同一页面上打印时，可以设置打印是纵向还是横向版式，然后单击“颜色”按钮，在弹出的菜单中设置打印颜色。

④ 设置完成后，单击上方的“打印”按钮，即可开始打印。

实战练习

实验一 PowerPoint 各类知识点

打开“task/ppt/4.pptx”进行如下操作，操作完成后同名保存。

① 在第一张幻灯片添加副标题“第一篇”，字体格式为 36 磅、黑体，设置快速样式为第 4 行第 2 列样式。

② 设置第一张幻灯片的设计主题为“顶峰”样式。

③ 在所有演示文稿的页脚中插入文字“广工华立制作”，标题在幻灯片中不显示。

④ 在第二张幻灯片中增加艺术字，内容为“梅花公园”，艺术字样式为第 4 行第 3 列。

⑤ 为第二张幻灯片文字“朝鲜筝”添加超链接，链接到第 4 张幻灯片。

⑥ 给第三张幻灯片的内容文字“三潭枇杷是我国……”文本部分设置自定义动画，添加进入效果为：菱形，方向：缩小。

⑦ 在第三张幻灯片右下角插入一个无动作、无播放声音的“声音”动作按钮。

⑧ 将第四张幻灯片中的图片设置映像格式，使用预设类型为紧密映像，4pt 偏移量。

⑨ 设置所有幻灯片的切换效果为随机线条，持续时间为 5 秒，声音为鼓声，自动换片时间为 2 秒，取消“单击鼠标时”的换片方式。

⑩ 将第五张幻灯片的版式更换为“标题和竖排文字”，背景样式设置为样式 9。

⑪ 在第六张幻灯片中插入 SmartArt 图形，图形布局为循环类型中的基本循环布局，如图 6-52

所示，填入相应的文字，设置布局颜色为“彩色－强调文字颜色”，SmartArt样式为“三维－优雅”。

⑫ 将放映选项设置为循环放映，按Esc键终止。

实验二　音乐相册的制作

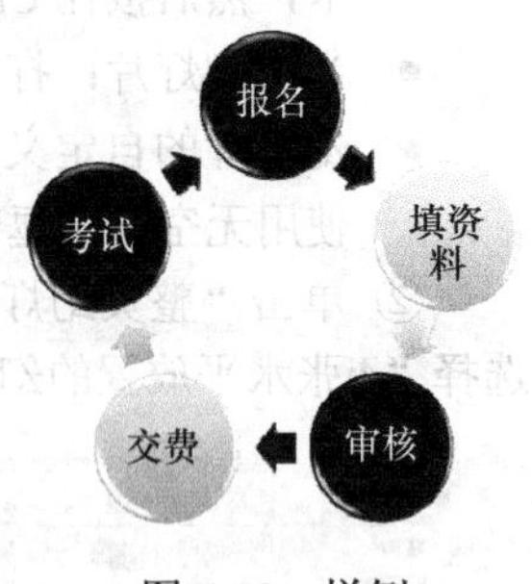

图6-52　样例

① 在文件夹“task\ppt”下新建文档“音乐相册.pptx”。

② 使用相册功能将文件夹“task\ppt”下所有图片添加到演示文稿中，图片版式：1张图片，相框形状：柔滑边缘矩形。

③ 使用幻灯片母版，给每张幻灯片右下角添加艺术字 logo“真心制作”，艺术字样式为第3行第2列，字体为楷体，字号为15磅。

④ 将“行云流水”主题应用于所有幻灯片，并将第一张幻灯片的副标题文本框删除，将标题内容改为“神秘的西藏之旅”，设置字号为60磅，字形加粗。并为其创建超链接，链接地址为第二张幻灯片“幻灯片2”。

⑤ 取消第一张幻灯片“单击鼠标时”的换片方式，将其标题的进入效果设置成“擦除”；效果选项选择“自左侧”，幻灯片放映时自动播放，持续时间2秒，然后为其添加强调动画“放大/缩小”。

⑥ 将插入的11张图片幻灯片的切换方式分别设置为细微型的“切出、淡出、推进、……、闪光”，换片方式为“设置自动换片时间”1秒，并为每张图片添加自选的进入、强调和退出动画，以增加音乐相册的动态效果。

⑦ 在第一张幻灯片插入文件夹“task\ppt”下的音频文件（1.mp3），作为整个相册的背景音乐，幻灯片放映时自动播放。

本章小结

本章介绍了PowerPoint 2010的基本操作，包括使用多种方法创建演示文稿，幻灯片的编辑，幻灯片的格式设置及幻灯片的添加、复制、移动和删除等编辑操作；插入文本框、艺术字、图片、图表、音频、视频、超链接和动作按钮等插入对象操作；幻灯片母版、讲义母版和备注母版等母版编辑操作；以及设置动画效果、设置切换效果、设置放映方式、自定义放映、隐藏幻灯片、取消隐藏和排练计时等动画和放映操作。

习　题

1. 选择题

（1）PowerPoint中默认的新建文件名是____。

A. .sheet1　　B. 演示文稿1　　C. book1　　D. 文档1

（2）PowerPoint 2010演示文稿的默认扩展名是____。

A. .pptx　　B. .thmx　　C. .pot　　D. .potx

（3）在PowerPoint中，若想设置幻灯片中对象的动画效果，应选择____。

A. 普通视图　　B. 浏览视图

C. 幻灯片放映视图　　D. 以上均可

（4）为所有幻灯片设置统一的、特有的外观风格，应使用____。

A. 母版　　B. 配色方案　　C. 自动版式　　D. 幻灯片切换

（5）当在交易会进行广告片的放映时，应该选择____方式。

A. 演讲者放映　　B. 观众自行放映

C．在展台浏览　　　　D．需要时按下某键

（6）如果要求幻灯片能够在无人操作的环境下自动播放，应事先对演示文稿____。

A．设置动画　　B．排练计时　　C．存盘　　D．打包

（7）下列叙述中，错误的是____。

A．用演示文稿的超链接可以跳转到其他演示文稿

B．幻灯片中动画的顺序由幻灯片中文字或图片出现的顺序决定

C．幻灯片可以设置展台播放方式

D．利用“主题”可以快速地为演示文稿选择统一的背景图案和配色方案

（8）在一张“空白”版式的幻灯片中，不可以直接插入____。

A．图片　　B．艺术字　　C．文字　　D．表格

（9）如果要终止幻灯片的放映，可直接按____键。

A．Ctrl+C　　B．Esc　　C．End　　D．Alt+F4

（10）在 PowerPoint 2010 中，下列说法错误的是____。

A．在幻灯片母版中，设置的标题和文本的格式不会影响其他幻灯片

B．幻灯片母版主要强调文本的格式

C．普通幻灯片主要强调的是幻灯片的内容

D．要向幻灯片中添加文字时，必须从幻灯片母版视图切换到幻灯片视图或大纲视图后才能进行

（11）在幻灯片母版视图下，____可以反映在幻灯片的实际放映中。

A．设置的标题颜色　　　　B．绘制的图形

C．插入的剪贴画　　　　D．以上均可

（12）关于演示文稿的叙述，不正确的是____。

A．演示文稿设计主题一旦选定，就不能再更改

B．同一演示文稿中，允许使用多种母版格式

C．同一演示文稿中，不同幻灯片的主题颜色可以不同

D．同一演示文稿中，不同幻灯片的背景可以不同

（13）下列关于占位符的叙述中，正确的是____。

A．不能删除占位符　　　　B．在文本占位符内可添加文字

C．单击图表占位符可以添加图形　　　　D．不能移动占位符的位置

（14）下列叙述中，错误的是____。

A．插入幻灯片中的图片是不能改变其大小尺寸的

B．单击“幻灯片放映”选项卡→“设置”组中的“隐藏幻灯片”按钮可隐藏该幻灯片

C．在幻灯片放映视图中，右击屏幕上的任意位置，可以弹出放映控制菜单

D．在幻灯片放映过程中，可以使用绘图笔在幻灯片上书写或绘画

（15）下列关于 PowerPoint 页眉与页脚的叙述中，错误的是____。

A．可以插入时间和日期

B．可以自定义内容

C．页眉与页脚的内容在各种视图下都能看到

D．在编辑页眉与页脚时，可以对幻灯片正文内容进行操作

（16）PowerPoint 的“超链接”功能可实现____。

A．幻灯片之间的跳转　　　　B．演示文稿幻灯片的移动

C．中断幻灯片的放映　　　　D．在演示文稿中插入幻灯片

（17）在幻灯片浏览视图下，____是不可以进行的。

A．插入幻灯片　　　　B．删除幻灯片

C．改变幻灯片的顺序　　　　　　D．编辑幻灯片中的文字

（18）在“幻灯片切换”对话框中，可以设置的选项是____。

A．效果　　B．声音　　C．换页速度　　D．以上均可

（19）在幻灯片“动作设置”对话框中设置的超链接，其对象不能是____。

A．下一张幻灯片　　　　B．上一张幻灯片

C．其他演示文稿　　　　D．幻灯片中的某一对象

（20）幻灯片声音的播放方式是____。

A．执行到该幻灯片时自动播放

B．执行到该幻灯片时不会自动播放，需双击该声音图标才能播放

C．执行到该幻灯片时不会自动播放，需单击该声音图标才能播放

D．由插入声音图标时的设定决定播放方式

2．填空题

（1）在 PowerPoint 2010 中，艺术字具有________（图形/文本）属性。

（2）进行幻灯片母版设置，可以起到________作用。

（3）要在幻灯片中添加文本，除利用文本占位符以外，还可以通过________实现。

（4）在 PowerPoint 2010 中，某一文字对象设置了超链接后，在________的时候，当光标移到文字对象上时会变成手形。

（5）在 PowerPoint 2010 中，如果插入一张幻灯片，被插入的幻灯片会出现在________。

3．问答题

（1）在幻灯片中输入文本，常用的有哪几种方法？

（2）如何在幻灯片中插入剪贴画视频？

（3）幻灯片版式和演示文稿的主题有何不同？

（4）如何给幻灯片添加页眉、页脚和编号？

第三部分

提高篇（选讲）

第 7 章　计算机新技术介绍

导读

随着计算机的快速发展，各种新技术和新理论随之出现，给人们的生活带来了极大的方便。各种互动设备和社交网络等正在生成海量的数据，人工智能等手段可以很好地处理这些数据，挖掘其中的潜在价值。物联网、云计算、社交网络等新兴服务促使人类社会的数据种类和规模正以前所未有的速度增长，大数据时代正式到来，数据从简单的处理对象开始转变为一种基础性资源。本章就新出现的人工智能、物联网、大数据、云计算与云平台等新技术进行简单介绍。

学习目标

- 了解云计算和云平台的基本概念与特征
- 掌握人工智能的基本概念，了解其发展阶段、研究领域和研究方法
- 掌握物联网的基本概念，了解其发展趋势和关键技术
- 掌握大数据的基本概念，了解其发展趋势和基本的处理技术

7.1　人工智能

2016 年 3 月 15 日，谷歌人工智能围棋程序 AlphaGo 与世界围棋冠军李世石的人机世纪大战落下帷幕，在最后一轮较量中，AlphaGo 获得胜利，最终 AlphaGo 战胜了李世石，在 5 局比赛中以 4：1 的绝对优势取得了胜利。在这样一个历史性时刻，几乎所有的科技新闻都聚焦至人工智能，从媒体、论坛、社区、微信公众号、专栏等渠道发布的人工智能文章数不胜数。

7.1.1　人工智能的概念

大多数人一提到人工智能就想到机器人。事实上，机器人只是人工智能的容器，机器人有时候是人形，有时候不是，人工智能自身只是机器人体内的计算机。如果人工智能是大脑的话，那么机器人就是身体，而且这个身体不一定是必需的。

人工智能的定义可分为两部分，即“人工”和“智能”。“人工”比较好理解，争议性也不大。关于什么是“智能”，涉及的问题很多，如意识、自我、思维（包括无意识的思维）等。人唯一了解的智能是人本身的智能，这是普遍认同的观点。但是人们对自身智能的理解非常有限，对构成人的智能的必要元素也了解有限，所以很难定义什么是“人工”制造的“智能”。因此人工智能的研究往往涉及对人自身智能的研究，其他关于动物或人造系统的智能也普遍被认为是人工智能相关的研究课题。

人工智能实质上是从人脑的功能入手，利用计算机，通过模拟来揭示人脑思维的秘密。具体来说，人工智能是研究使用计算机来模拟、延伸和扩展人的智能行为（如学习、推理、思考、规划等）的学科，主要包括计算机实现智能的原理及制造类似于人脑智能的计算机，使计算机能实现更高层次的应用。

7.1.2　人工智能的发展阶段

1956 年夏季，以麦卡赛、明斯基、罗切斯特和香农等为首的一批具有远见卓识的年轻科学家在一起聚会，共同研究和探讨用机器模拟智能的一系列有关问题，并首次提出了“人工智能”这一术

语，它标志着“人工智能”这门新兴学科的正式诞生。

20 世纪 60 年代末到 70 年代初，人工智能开始从理论走向实践，解决一些实际问题。同时很快发现，归结法比较费时，下棋赢不了全国冠军，机器翻译一团糟，人工智能的研究转入低谷。以 Feigenbaum 为首的一批年轻科学家改变战略思想，于 1977 年提出了知识工程的概念，以知识为基础的专家系统开始广泛应用。

20 世纪 80 年代，人工智能的发展达到阶段性的顶峰。在专家系统及其工具越来越商品化的过程中，国际软件市场形成了一门旨在生产和加工知识的新产业——知识产业。

20 世纪 90 年代，计算机发展趋于小型化、并行化、网络化和智能化。人工智能技术逐渐与数据库、多媒体等主流技术相结合，并融合在主流技术之中，旨在使计算机更聪明、更有效，与人更接近。

进入 21 世纪，人机博弈、语音交互、专业机器人、信息安全、机器翻译等专业应用技术，无人驾驶、智能制造、智慧医疗、智慧农业、智能交通、智能家居等综合应用技术开始陆续进入实用性阶段，人工智能在各个领域都开始发挥出巨大的威力，尤其是智能控制和智能机器已经开始在工业生产中得到应用，智能计划排产、智能决策支撑、智能质量管控、智能资源管理、智能生产协同、智能互联互通等也陆续出现，智能化已经成为产业转型升级的新动力和新引擎，也成为继机械化、电气化、信息化等第三次工业革命之后新的产业特征，推动工业发展进入新的阶段，掀起了第四次工业革命的浪潮。

总而言之，人工智能的发展经历了曲折的过程，但它在自动推理、认知建模、机器学习、神经元网络、自然语言处理、专家系统、智能机器人等方面的理论和应用上都取得了称得上具有“智能”的成果。许多领域引入知识和智能思想，使一些问题得以较好地解决。

7.1.3　人工智能的研究领域

研究人工智能的目的，一方面是要创造出具有智能的机器，另一方面是要弄清人类智能的本质，因此，人工智能既属于工程的范畴，又属于科学的范畴。通过研究和开发人工智能，可以辅助，部分替代甚至拓宽人类的智能，使计算机更好地造福人类。

目前，人工智能的研究是与具体领域相结合进行的。基本上有如下领域。

1．专家系统

专家系统是依靠人类专家已有的知识建立起来的知识系统，目前专家系统是人工智能研究中开发较早、最活跃、成效最多的领域，广泛应用于医疗诊断、地质勘探、石油化工、军事、文化教育等方面。它是在特定的领域内具有相应的知识和经验的程序系统，它应用人工智能技术、模拟人类专家解决问题时的思维过程，来求解领域内的各种问题，达到或接近专家的水平。

2．机器学习

机器学习的研究，主要在以下 3 个方面进行：一是研究人类学习的机理、人脑思维的过程；二是机器学习的方法；三是建立针对具体任务的学习系统。

机器学习的研究是建立在信息科学、脑科学、神经心理学、逻辑学、模糊数学等多种学科基础上的，依赖于这些学科共同发展，目前已经取得很大的进展，但还没能完全解决问题。

3．模式识别

模式识别研究如何使机器具有感知能力，主要研究视觉模式和听觉模式的识别，如识别物体、地形、图像、字体（如签字）等，在日常生活各方面以及军事上都有广大的用途。近年来迅速发展的应用模糊数学模式、人工神经网络模式的方法，逐渐取代传统的应用统计模式和结构模式的识别方法，特别是神经网络方法在模式识别中取得较大进展。

4．人工神经网络

人工神经网络是在研究人脑的奥秘中得到启发的，它试图用大量的处理单元（人工神经元、处理元器件、电子元器件等）模仿人脑神经系统的结构和工作机理。

在人工神经网络中，信息的处理是由神经元之间的相互作用来实现的，知识与信息的存储表现为网络元器件互连间分布式的物理联系，网络的学习和识别取决于和神经元连接权值的动态演化过程。人工智能研究的近期目标是使现有的计算机不但能做一般的数值计算及非数值信息的数据处理，而且能运用知识处理问题，能模拟人类的部分智能行为。按照这一目标，根据现行的计算机的特点研究实现智能的有关理论、技术和方法，建立相应的智能系统，如目前研究开发的专家系统、机器翻译系统、模式识别系统、机器学习系统、机器人等。随着社会的发展，技术的进步，人工智能的发展是任何人都无法想象的，专家预测，人工智能发展将在4个阶段中不断发展、进步。

（1）应用阶段（1980年至今）

在这一阶段，人工智能技术在军事、工业和医学等领域中的应用显示出了它具有明显经济效益的潜力，适合人们投资。

（2）融合阶段（2010—2020年）

① 在某些城市，立法机关将主要采用人工智能专家系统来制定新的法律。

② 人们可以用语言来操纵和控制智能化计算机、互联网、收音机、电视机和移动电话，远程医疗和远程保健等远程服务变得更为完善。

③ 智能化计算机和互联网在教育中扮演了重要角色，远程教育十分普及。

④ 随着信息技术、生物技术和纳米技术的发展，人工智能科学逐渐完善。

⑤ 许多植入了芯片的人体组成了人体通信网络。例如，将微型超级计算机植入人脑，人们可通过植入的芯片直接进行通信。

⑥ 量子计算机和DNA计算机会有更大发展，能够提高智能化水平的新型材料会不断问世。

⑦ 抗病毒程序可以防止各种非自然因素引发灾难。

⑧ 随着人工智能的加速发展，新制定的法律不仅可以用来更好地保护人类健康，而且能大幅度地提高全社会的文明水准。例如，法律可以保护人们免受电磁烟雾的侵害，可以规范家用机器人的使用，可以更加有效地保护数据，可以禁止计算机合成技术在一些文化和艺术方面的应用（如禁止合成电视名人），可以禁止编写具有自我保护意识的计算机程序。

（3）自我发展阶段（2020—2030年）

① 智能化计算机和互联网既能自我修复，又能自行进行科学研究，还能自己生产产品。

② 一些新型材料的出现，促使智能化向更高层次发展。

③ 用可植入芯片实现人类、计算机和鲸目动物之间的直接通信，在以后的发展中甚至不用植入芯片也可实现此项功能。

④ 制定“机器人法”等新的法律来约束机器人的行为，使人们不受机器人的侵害。

⑤ 高水准的智能化技术可以使火星表面环境适合人类居住和发展。

（4）升华阶段（2030—2040年）

① 信息化的世界进一步发展成全息模式的世界。

② 人工智能系统可从环境中采集全息信息，身处某地的人们可以更容易地了解和知晓其他地方的情况。

③ 人们对一些目前无法解释的自然现象会有更清楚的认识和更完善的解释，并将这些全新的知识应用在医疗、保健和安全等领域。

④ 人工智能可以模仿人类的智能，因此会出现有关法律来规范这些行为。

7.1.4 人工智能的研究方法

对一个问题的研究方法从根本上说分为两种：其一，把要解决的问题扩展到它所隶属的领域，对该领域做广泛了解，讲究研究广度，再从对该领域的广泛研究收缩到问题本身；其二，把研究的问题特殊化，提炼出要研究问题的典型子问题或实例，从一个更具体的问题出发，做深刻的分析，研究透彻，再扩展到要解决的问题，讲究研究深度，从具体的问题扩展到问题本身。

人工智能的研究方法主要分为 3 类。

① 结构模拟，就是根据人脑的生理结构和工作机理，实现计算机的智能，即人工智能。结构模拟法基于人脑的生理模型，采用数值计算的方法，从微观上来模拟人脑，实现机器智能。采用结构模拟，运用神经网络和神经计算的方法研究人工智能者，被称为生理学派和连接主义。

② 功能模拟，就是在当前数字计算机上，对人脑从功能上进行模拟，实现人工智能。功能模拟以人脑的心理模型为基础，将问题或知识表示成某种逻辑网络，采用符号推演的方法，实现搜索、推理、学习等功能，从宏观上来模拟人脑的思维，实现机器智能。以功能模拟和符号推演研究人工智能者，被称为心理学派、逻辑学派和符号主义。

③ 行为模拟，就是模拟人在控制过程中的智能活动和行为特性。以行为模拟方法研究人工智能者，被称为行为主义、进化主义和控制论学派。

目前，人工智能的研究方法已从“一枝独秀”发展到多学派的“百花争艳”，除上面提到的三种方法外，又提出了“群体模拟，仿生计算”“博采广鉴，自然计算”“原理分析，数学建模”等方法。人工智能的目标是理解包括人在内的自然智能系统及行为。这样的系统在现实世界中以分层进化的方式形成一个谱系，而智能作为系统的整体属性，其表现形式又具有多样性，人工智能的谱系及其多样性的行为注定了研究的具体目标和对象的多样性。人工智能与前沿技术的结合，使人工智能的研究日趋多样化。

7.2　物联网技术

以下是对物联网构想的一个故事：

早上你在没起床之前，你的床会根据你的睡眠状态，发出信息告知厨房开始烹饪你昨晚选择好的早餐，同时会根据你的身体状况及你购买的营养食谱软件，对早餐进行微调；当你醒来洗漱完成之后，享用早餐之时，家中的机器人会提醒你近日需要完成及处理的各类事情，并对室外天气进行分析给出一套合理的日程安排；当你出门后，家中的智能控制中心会根据你的安排，将家中能源控制到最合理的范围……

这就是物联网下人类的生活，听起来很酷炫但是很遥远，事实上，随着智能手环、智能手机、智能机器人等的兴起，这些或许并不会太遥远。

7.2.1　物联网概述

物联网就是物物相连的互联网，是指通过各种信息传感设备，实时采集任何需要监控、连接、互动的物体或过程等需要的信息，与互联网结合形成的一个巨大网络，如图 7-1 所示。其目的是实现物与物、物与人，所有物品与网络的连接，从而方便识别、管理和控制。这有两层意思：其一，物联网的核心和基础仍然是互联网，是在互联网基础上的延伸和扩展的网络；其二，其用户端延伸和扩展到了任何物品与物品之间，进行信息交换和通信。物联网通过智能感知、识别技术与普适计算等广泛应用于网络的融合中，也因此被称为继计算机、互联网之后世界信息产业发展的第三次浪潮。

图 7-1　物联网示意图

物联网用途广泛，遍及智能交通、环境保护、政府工作、公共安全、平安家居、智能消防、工业监测、环境监测、路灯照明管控、景观照明管控、楼宇照明管控、广场照明管控、老人护理、个人健康、花卉栽培、水系监测、食品溯源、敌情侦察和情报搜集等多个领域。

7.2.2 物联网的发展趋势

物联网将是下一个推动世界高速发展的“重要生产力”。美国权威咨询机构 Forrester 预测，到 2020 年世界上物物互联的业务，跟人与人通信的业务相比，将达到 30：1，因此“物联网”被称为是下一个万亿级的信息产业业务。

物联网一方面可以提高经济效益，大大节约成本，另一方面可以为全球经济的复苏提供技术动力。美国、欧盟等都在投入巨资深入研究探索物联网。我国也正在高度关注、重视物联网的研究，工业和信息化部会同有关部门，在新一代信息技术方面开展研究，以制定支持新一代信息技术发展的政策措施。

此外，物联网普及以后，用于动物、植物、机器、物品的传感器与电子标签及配套的接口装置的数量将大大超过手机的数量。物联网的推广将会成为推进经济发展的又一个驱动器，为产业开拓了又一个潜力无穷的发展机会。

从中国物联网的市场来看，至 2015 年，中国物联网整体市场规模已达到 7500 亿元，年复合增长率超过 30.0%。物联网的发展已经上升到国家战略的高度，必将有大大小小的科技企业受益于国家政策扶持，进入科技产业化的过程中。从行业的角度来看，物联网主要涉及的行业包括电子、软件和通信，通过电子产品标识感知识别相关信息，通过通信设备和服务传导传输信息，最后通过计算机处理存储信息，而这些产业链的任何环节都会带动相应的市场，汇合在一起的市场规模就相当大。可以说，物联网产业链的细化将进一步细分市场，造就一个庞大的物联网产业市场。

7.2.3 物联网的关键技术

物联网包括感知层、网络层、应用层。相应地，其技术体系包括感知层技术、网络层技术、应用层技术及公共技术，如图 7-2 所示。

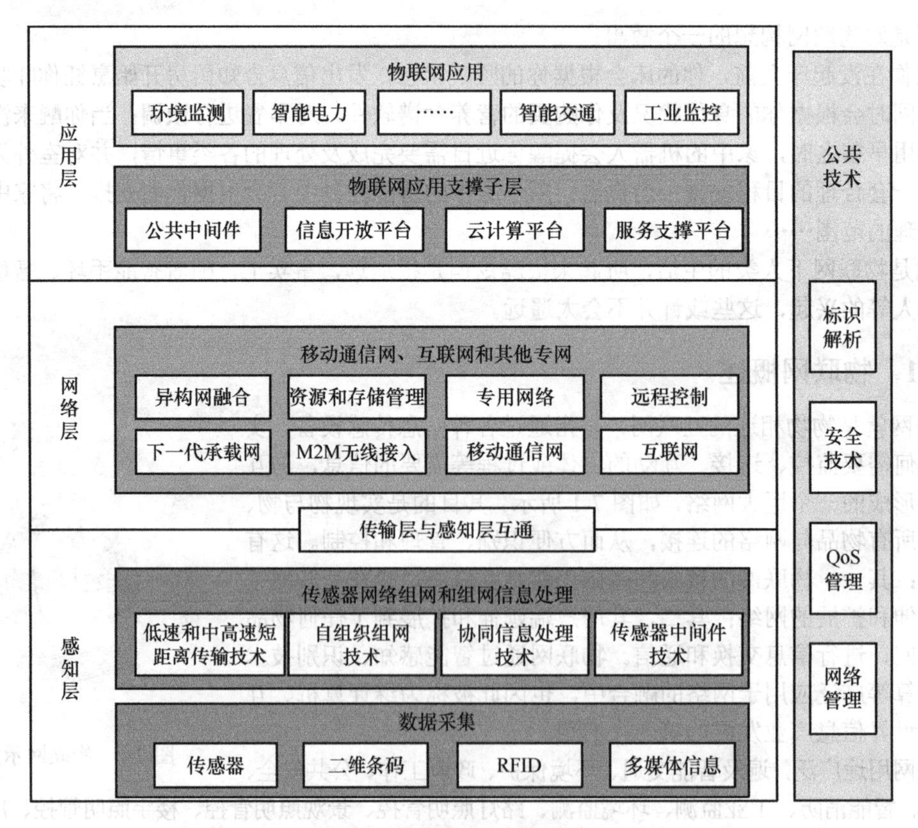

图 7-2 物联网技术体系架构

① 感知层技术。数据采集与感知主要用于采集物理世界中发生的物理事件和数据，包括各类物理量、标识、音频、视频数据。物联网的数据采集涉及传感器、RFID、多媒体信息采集、二维码和实时定位等技术。其中传感器技术是计算机应用中的关键技术。大家都知道，到目前为止绝大部分计算机处理的都是数字信号。自从有计算机以来就需要传感器把模拟信号转换成数字信号，只有这样计算机才能处理。RFID 技术是融合了无线射频技术和嵌入式技术为一体的综合技术，RFID 在自动识别、物流管理等领域有着广阔的应用前景。

② 网络层技术。实现更加广泛的互连功能，能够把感知到的信息无障碍、高可靠性、高安全性地进行传送，需要传感器网络与移动通信技术、互联网技术相融合。经过十余年的快速发展，移动通信、互联网等技术已比较成熟，基本能够满足物联网数据传输的需要。

③ 应用层技术。主要包含物联网应用子层和物联网应用支撑平台子层。其中应用子层包括环境监测、智能电力、智能交通、工业监控等行业应用。应用支撑平台子层用于支撑跨行业、跨应用、跨系统之间的信息协同、共享、互通的功能。

④ 公共技术。不属于物联网技术的某个特定层面，而与物联网技术架构的三层都有关系，它包括标识与解析、安全技术、网络管理和服务质量（QoS）管理。

7.3　大数据技术

一组名为“互联网上的一天”的数据显示，一天之中，互联网上产生的全部内容可以刻满 1.68 亿张 DVD；发出的邮件有 2940 亿封之多；上传的照片数超过 5 亿张；一分钟内微博、推特上新发的数据量超过 10 万条……这些庞大的数字意味着什么呢？它意味着，一种全新的致富手段就摆在面前。事实上，当人们仍旧把社交平台当作抒情或者发表议论的工具时，华尔街的敛财高手们却正在挖掘这些互联网上的“数据财富”，先人一步用其预判市场走势，从而取得不俗的收益。

正如《纽约时报》的一篇专栏所述，“大数据”时代已经到来，在商业、经济及其他领域中，决策将日益基于数据和分析作出，而非基于经验和直觉。

7.3.1　大数据的基本概念和特征

大数据用来描述信息爆炸时代产生的海量数据，如企业内部的经营信息、互联网世界中的商品物流信息、互联网世界中的人与人交互信息、位置信息等，这些数据规模巨大到无法通过目前的主流软件工具，在合理的时间内撷取、管理、处理并整理进而帮助企业做出更合理的经营决策的目的。

“大数据”不仅有“大”这个特点，还有很多其他的特色。总体而言，可以用“4V+1C”来概括。

① Variety（多样化）。大数据一般包括以事务为代表的结构化数据、以网页为代表的半结构化数据和以视频、语音信息为代表的非结构化等多类数据，并且它们的处理和分析方式区别很大。

② Volume（海量）。通过各种智能设备产生了大量的数据，PB 级别可谓是常态，国内大型互联网企业每天的数据量已经接近 TB 级别。

③ Velocity（快速）。大数据要求快速处理，因为有些数据存在时效性。例如电商的数据，假如今天数据的分析结果要等到明天才能得到，那么将会使电商很难做类似补货这样的决策，从而导致这些数据失去分析的意义。

④ Vitality（灵活）。在互联网时代，和以往相比，企业业务需求更新的频率加快了很多，相关大数据的分析和处理模型必须快速适应新的业务需求。

⑤ Complexity（复杂）。虽然传统的商务智能（BI）已经很复杂，但是由于前面 4 个“V”的存在，使得针对大数据的处理和分析更艰巨，并且过去那套基于关系型数据库的 BI 开始有点不合时宜，同时也需要根据不同的业务场景，采取不同的处理方式和工具。以上新时代下“大数据”的特点决

定它肯定会对当今信息时代的数据处理产生很大的影响。

7.3.2 大数据的发展趋势

未来，将是大数据的时代。“得数据者得天下”，在大数据的浪潮下，仅靠传统的大减价促销之类的手段很难在激烈的竞争中生存。随着企业业务的拓展，数据的积累，各路人员必将使出浑身解数，以求在大数据市场上分得一杯羹。因此，大数据的发展前景是非常广阔的。但总体来看，大数据的发展将会呈现如下趋势。

1．数据的资源化

资源化是指大数据成为企业和社会关注的重要战略资源，并已成为大家争相抢夺的新焦点。因而，企业必须提前制订大数据营销战略计划，抢占市场先机。

2．与云计算的深度结合

大数据离不开云处理，云处理为大数据提供了弹性可拓展的基础设备，是产生大数据的平台之一。自 2013 年开始，大数据技术已开始和云计算技术紧密结合，预计未来两者关系将更为密切。除此之外，物联网、移动互联网等新兴计算形态，也将一齐助力大数据革命，让大数据营销发挥出更大的影响力。

3．科学理论的突破

随着大数据的快速发展，就像计算机和互联网一样，大数据很有可能是新一轮的技术革命。随之兴起的数据挖掘、机器学习和人工智能等相关技术，可能会改变数据世界中的很多算法和基础理论，实现科学技术上的突破。

4．数据科学和数据联盟的成立

未来，数据科学将成为一门专门的学科，被越来越多的人所认知。各大高校将设立专门的数据科学类专业，也会催生一批与之相关的新的就业岗位。与此同时，基于数据这个基础平台，也将建立起跨领域的数据共享平台，之后，数据共享将扩展到企业层面，并且成为未来产业的核心之一。

另外，大数据作为一种重要的战略资产，已经不同程度地渗透到每个行业领域和部门，其深度应用不仅有助于企业经营活动，还有利于推动国民经济发展。它对于推动信息产业创新、大数据存储管理挑战、改变经济社会管理面貌等方面也有重大意义。

7.3.3 大数据的处理技术

大数据处理关键技术一般包括：大数据采集、大数据预处理、大数据存储及管理、大数据分析及挖掘、大数据展现和应用（如大数据检索、大数据可视化、大数据应用、大数据安全等）。

① 大数据采集技术。数据是指通过 RFID 射频数据、传感器数据、社交网络交互数据及移动互联网数据等方式获得的各种类型的结构化、半结构化（或称为弱结构化）及非结构化的海量数据，是大数据知识服务模型的根本。重点要突破分布式高速高可靠数据爬取或采集、高速数据全映像等大数据收集技术；突破高速数据解析、转换与装载等大数据整合技术；设计质量评估模型，开发数据质量技术。

大数据采集一般分为大数据智能感知层：主要包括数据传感体系、网络通信体系、传感适配体系、智能识别体系及软硬件资源接入系统，实现对结构化、半结构化、非结构化的海量数据的智能化识别、定位、跟踪、接入、传输、信号转换、监控、初步处理和管理等。必须着重攻克针对大数据源的智能识别、感知、适配、传输、接入等技术。基础支撑层：提供大数据服务平台所需的虚拟服务器，结构化、半结构化及非结构化数据的数据库及物联网络资源等基础支撑环境。重点攻克分布式虚拟存储技术，大数据获取、存储、组织、分析和决策操作的可视化接口技术，大数据的网络传输与压缩技术，大数据隐私保护技术等。

② 大数据预处理技术。主要完成对已接收数据的抽取和清洗等操作。第一，抽取。因获取的数据可能具有多种结构和类型，数据抽取过程可以帮助人们将这些复杂的数据转化为单一的或者便于处理的构型，以达到快速分析处理的目的。第二，清洗。大数据并不全是有价值的，有些数据并不是人们所关心的内容，而另一些数据则是完全错误的干扰项，因此要对数据过滤“去噪”，从而提取出有效数据。

③ 大数据存储及管理技术。大数据存储与管理要用存储器把采集到的数据存储起来，建立相应的数据库，并进行管理和调用。重点解决复杂结构化、半结构化和非结构化大数据管理与处理技术。主要解决大数据的存储、表示及处理等几个关键问题。上述问题涉及能效优化存储、计算融入存储、大数据去冗余及高效低成本大数据存储等技术。

④ 大数据分析及挖掘技术。大数据分析技术。改进已有数据挖掘和机器学习技术；开发数据网络挖掘、特异群组挖掘、图挖掘等新型数据挖掘技术；突破基于对象的数据连接、相似性连接等大数据融合技术；突破用户兴趣分析、网络行为分析、情感语义分析等面向领域的大数据挖掘技术。

数据挖掘就是从大量的、不完全的、有噪声的、模糊的、随机的实际应用数据中，提取隐含在其中的、人们事先不知道的，但又是潜在有用信息和知识的过程。数据挖掘涉及的技术方法很多，有多种分类法。根据挖掘任务可分为分类或预测模型发现、数据总结、聚类、关联规则发现、序列模式发现、依赖关系或依赖模型发现、异常和趋势发现等；根据挖掘对象可分为关系数据库、面向对象数据库、空间数据库、时态数据库、文本数据源、多媒体数据库、异质数据库、遗产数据库及环球网 Web。根据挖掘方法可粗分为机器学习方法、统计方法、神经网络方法和数据库方法。机器学习中，可细分为归纳学习方法（如决策树、规则归纳等）、基于范例学习、遗传算法等。统计方法中，可细分为回归分析（如多元回归、自回归等）、判别分析（如贝叶斯判别、费歇尔判别、非参数判别等）、聚类分析（如系统聚类、动态聚类）、探索性分析（如主元分析法、相关分析法）等。神经网络方法中，可细分为前向神经网络（BP 算法等）、自组织神经网络（如自组织特征映射、竞争学习）等。数据库方法主要是多维数据分析或 OLAP 方法，另外还有面向属性的归纳方法。

从挖掘任务和挖掘方法的角度，着重突破：第一，可视化分析。数据可视化无论是对普通用户还是对数据分析专家，都是最基本的功能。数据图像化可以让数据自己说话，让用户直观感受到结果。第二，数据挖掘算法。图像化是指将机器语言翻译给人看，而数据挖掘就是机器的母语。分割、集群、孤立点分析及各种各样的算法让我们精炼数据，挖掘价值。这些算法一定要能够应付大数据量，同时还具有很高的处理速度。第三，预测性分析。预测性分析可以让分析师根据图像化分析和数据挖掘的结果做出一些前瞻性判断。第四，语义引擎。语义引擎需要设计到有足够的人工智能以足以从数据中主动地提取信息。语言处理技术包括机器翻译、情感分析、舆情分析、智能输入、问答系统等。第五，数据质量和数据管理。数据质量与管理是管理的最佳实践，透过标准化流程和机器对数据进行处理可以确保获得一个预设质量的分析结果。

⑤ 大数据展现与应用技术。大数据技术能够将隐藏于海量数据中的信息和知识挖掘出来，为人类的社会经济活动提供依据，从而提高各个领域的运行效率，大大提高整个社会经济的集约化程度。在我国，大数据将重点应用于三大领域：商业智能、政府决策、公共服务。例如，商业智能技术、政府决策技术、电信数据信息处理与挖掘技术、电网数据信息处理与挖掘技术、气象信息分析技术、环境监测技术、警务云应用系统（如道路监控、视频监控、网络监控、智能交通、反电信诈骗、指挥调度等公安信息系统）、大规模基因序列分析比对技术，Web 信息挖掘技术、多媒体数据并行化处理技术、影视制作渲染技术、其他各种行业的云计算和海量数据处理应用技术等。

7.4 云计算与云平台

随着计算机技术、网络技术、虚拟技术、并行计算、分布式计算、网格计算发展和应用的宽泛与深入，业界需要一种能够更充分利用网络上各种资源的计算模式。这些资源没有地域、种类、架构限制，只要能给应用带来效益的资源统统可以利用，其开放性和资源利用充分性就是以前计算模式所没有的。“云”就此诞生。云是网络、互联网的一种比喻说法，之所以称为“云”，是因为计算设施可以不在本地而在网络中，用户不需要关心运行计算所提供资源的具体位置，用户关心的只是提交自己的应用需求，具体实现由云端中的分析、处理、执行机构协同合作完成，然后把执行的结果反馈给用户，如图 7-3 所示。

图 7-3　云端和客户端示意图

7.4.1　云计算

1. 云计算的概念

云计算是继 20 世纪 80 年代从大型计算机到客户端–服务器的大转变之后的又一巨变。作为一种把超级计算机的能力传播到整个互联网的计算方式，云计算似乎已经成为研究专家们苦苦追寻的“能够解决最复杂计算任务的精确方法”的最佳答案。

云计算是分布式计算、并行计算、效用计算、网络存储、虚拟化、负载均衡等传统计算机和网络技术发展融合的产物。对云计算的定义有多种说法。对于到底什么是云计算，至少可以找到 100 种解释。现阶段广为接受的是美国国家标准与技术研究所的定义：云计算是基于互联网的相关服务的增加、使用和交付模式，通常涉及通过互联网来提供动态易扩展且经常是虚拟化的资源。

对于云计算有一个形象的比喻：钱庄。最早人们只是把钱放在枕头底下，后来有了钱庄，使钱的保管很安全，不过兑现起来比较麻烦。现在发展到银行，可以到任何一个网点存/取钱，甚至可以通过 ATM 或者国外的渠道，就像用电不需要家家装备发电机，直接从电力公司购买一样。“云计算”带来的就是这样一种变革——由谷歌、IBM 这样的专业网络公司来搭建计算机存储、运算中心，用户通过一根网线借助浏览器就可以很方便地访问，把“云”作为资料存储以及应用服务的中心。

2. 云计算的特点

云计算好比是从古老的单台发电机模式转向了电厂集中供电的模式。它意味着计算能力也可以作为一种商品进行流通，就像煤气、水电一样，取用方便，费用低廉。最大的不同在于，它是通过互联网进行传输的。云计算的特点如下。

① 超大规模。"云"具有相当的规模，Google 云计算已经拥有 100 多万台服务器，Amazon、IBM、微软、Yahoo 等的"云"均拥有几十万台服务器。企业私有云一般拥有数百上千台服务器。"云"能赋予用户前所未有的计算能力。

② 虚拟化。云计算支持用户在任意位置、使用各种终端获取应用服务。所请求的资源来自"云"，而不是固定的有形的实体。应用在"云"中某处运行，但实际上用户无须了解，也不用担心应用运行的具体位置。只需要一台笔记本电脑或一部手机，就可以通过网络服务来实现需要的一切，甚至包括超级计算这样的任务。

③ 高可靠性。"云"使用了数据多副本容错、计算结点同构可互换等措施来保障服务的高可靠性，使用云计算比使用本地计算机可靠。

④ 通用性。云计算不针对特定的应用，在"云"的支撑下可以构造出千变万化的应用，同一个"云"可以同时支撑不同的应用运行。

⑤ 高可扩展性。"云"的规模可以动态伸缩，满足应用和用户规模增长的需要。

⑥ 按需服务。"云"是一个庞大的资源池，用户按需购买，云可以像自来水、电、煤气那样计费。

⑦ 极其廉价。由于"云"的特殊容错措施可以采用极其廉价的结点来构成云，"云"的自动化集中式管理使大量企业无须负担日益高昂的数据中心管理成本，"云"的通用性使资源的利用率较之传统系统大幅提升，因此用户可以充分享受"云"的低成本优势，经常只要花费几百美元、几天时间就能完成以前需要数万美元、数月时间才能完成的任务。

云计算可以彻底改变人们未来的生活，但同时也要重视环境问题，这样才能真正为人类进步做贡献，而不是简单的技术提升。

⑧ 潜在的危险性。云计算服务除提供计算服务外，还必然提供存储服务。但是云计算服务当前垄断在私人机构（企业）手中，而他们仅仅能够提供商业应用。政府机构、商业机构（特别是像银行这样持有敏感数据的商业机构）选择云计算服务时应保持足够的警惕。一旦商业用户大规模使用私人机构提供的云计算服务，无论其技术优势有多强，都不可避免地让这些私人机构以"数据（信息）"的重要性挟制整个社会。对于信息社会而言，"信息"是至关重要的。另一方面，云计算中的数据对于数据所有者以外的其他用户是保密的，但是对于提供云计算的商业机构而言确实毫无秘密可言。所有这些潜在的危险，是商业机构和政府机构选择云计算服务，特别是国外机构提供的云计算服务时，不得不考虑的一个重要前提。

3．云计算的发展阶段

云计算主要经历了 4 个阶段才发展到现在这样比较成熟的水平，这 4 个阶段依次是电厂模式、效用计算、网格计算和云计算。

① 电厂模式阶段。电厂模式就好比是利用电厂的规模效应，来降低电力的价格，并让用户使用起来更方便，且无须维护和购买任何发电设备。

② 效用计算阶段。在 1960 年左右，当时计算设备的价格是非常高昂的，远非普通企业、学校和机构所能承受，所以很多人产生了共享计算资源的想法。1961 年，人工智能之父麦肯锡在一次会议上提出了"效用计算"这个概念，其核心借鉴了电厂模式，具体目标是整合分散在各地的服务器、存储系统及应用程序来共享给多个用户，让用户能够像把灯泡插入灯座一样来使用计算机资源，并且根据其所使用的量来付费。但因为当时整个 IT 产业还处于发展初期，很多强大的技术还未诞生，例如互联网等，所以虽然这个想法一直为人称道，但是总体而言"叫好不叫座"。

③ 网格计算阶段。网格计算研究如何把一个需要非常巨大的计算能力才能解决的问题分成许多小的部分，然后把这些部分分配给许多低性能的计算机来处理，最后把这些计算结果综合起来攻克大问题。可惜的是，由于网格计算在商业模式、技术和安全性方面的不足，使得其并没有在工程界和商业界取得预期的成功。

④ 云计算阶段。云计算的核心与效用计算和网格计算非常类似，也是希望 IT 技术能像使用电力那样方便，并且成本低廉。但与效用计算和网格计算不同的是，2014 年在需求方面已经有了一定的规模，同时在技术方面也已经基本成熟。

4. 云计算前景

21 世纪初云计算作为一个新的技术趋势已经得到了快速发展。云计算已经彻底改变了以前的工作方式，也改变了传统软件工程企业。以下是云计算现阶段发展最受关注的几大方面。

① 云计算扩展投资价值。云计算简化了业务流程和访问服务。很多企业通过云计算来优化投资。在相同的条件下，企业通过云计算进行创新，从而帮助企业带来更多的商业机会。

② 混合云计算的出现。企业使用云计算（包括私人和公共）来补充内部基础设施和应用程序。专家预测，这些服务将优化业务流程的性能。采用云服务是一个新开发的业务功能。在这些情况下，按比例缩小两者的优势将会成为一个共同的特点。

③ 移动云服务。移动云服务是通过互联网将服务从云端推送到终端的一种服务。随着近几年移动互联网用户的大幅增长，移动云服务市场潜力非常大。

④ 云安全。用户期待看到更安全的应用程序和技术来保证他们在云端数据的安全，因此未来会出现越来越多的加密技术、安全协议。

7.4.2 云平台

1. 云平台概念

云平台，是云计算平台的简称，顾名思义，这种平台允许开发者们或是将写好的程序放在“云”里运行，或是使用“云”里提供的服务，或二者皆是。简单来说，云平台就是一个云端，是服务器端数据存储和处理的中心，用户可以通过客户端进行操作，发出指令，数据的处理会在服务器中进行，然后将结果反馈给用户，而云端平台数据可以共享，可以在任意地点对其进行操作，从而可以节省大量资源，并且云端可以同时对多个对象组成的网络进行控制和协调，云端各种数据可以同时被多个用户使用。

云平台可以划分为 3 类：以数据存储为主的存储型云平台、以数据处理为主的计算型云平台及计算和数据存储处理兼顾的综合云计算平台。

2. 云平台组成

云平台和其他应用程序平台一样，由三部分组成：基础、一组基础结构服务、一批应用服务。

基础。在它们运行的机器上，几乎每个应用程序都需要使用一些平台软件。它通常包括多种多样的支持功能，如标准库和存储，一个基础的操作系统。

一组基础结构服务。在现代分布式环境中，应用程序经常使用其他计算机提供的服务来提供远程存储、集成服务、识别服务等。

一批应用服务。正如越来越多的应用程序发展成面向服务的，它们提供的功能逐渐成为新应用程序的可访问对象，即使这些应用程序最初是提供给最终用户的，也会使它们成为应用程序平台的一部分。

3. 典型云平台介绍

云计算涉及的技术范围非常广泛，目前各大 IT 企业提供的云计算服务主要是根据自身的特点和优势实现的。下面以 Google、IBM、Amazon 及微软等为例说明。

① Google 的云平台。Google 的硬件优势，大型的数据中心、搜索引擎的支柱应用，促进了 Google 云计算迅速发展。Google 云计算基础平台主要由 MapReduce、Google 文件系统（GFS）、BigTable 组成。Google 还构建其他云计算组件，包括一个领域描述语言及分布式锁服务机制等。Sawzall 是

一种建立在 MapReduce 基础上的领域语言，专门用于大规模的信息处理。Chubby 是一个高可用的分布式数据锁服务，当有机器失效时，Chubby 使用 Paxos 算法来保证备份。

② IBM“蓝云”平台。“蓝云”是由 IBM 云计算中心开发的企业级云计算解决方案。它将 Internet 上使用的技术扩展到企业平台上，使得数据中心使用类似于互联网的计算环境。“蓝云”大量使用了 IBM 先进的大规模计算技术，结合了 IBM 自身的软、硬件系统及服务技术，支持开放标准与开放源代码软件。“蓝云”基于 IBM Almaden 研究中心的云基础架构，采用了 Xen 和 PowerVM 虚拟化软件，Linux 操作系统映像及 Hadoop 软件。“蓝云”的一个重要特点是虚拟化技术的使用。虚拟化的方式在“蓝云”中有两个级别：一个在硬件级别上实现虚拟化；另一个通过开源软件实现虚拟化。

解决方案可以对企业现有的基础架构进行整合，通过虚拟化技术和自动化技术，构建企业自己拥有的云计算中心，实现企业硬件资源和软件资源的统一管理、统一分配、统一部署、统一监控和统一备份，打破应用对资源的独占，从而帮助企业实现云计算理念。

③ Amazon 的弹性云平台。Amazon 的弹性云平台由名为 Amazon 网络服务的现有平台发展而来。弹性计算云用户使用客户端通过 SOAP over HTTPS 协议与 Amazon 弹性计算云内部的实例进行交互。这样，弹性计算云平台为用户或开发人员提供了一个虚拟的集群环境，在用户具有充分灵活性的同时，也减轻了云计算平台拥有者（Amazon 公司）的管理负担。弹性计算云中的每个实例代表一个运行中的虚拟机。用户对自己的虚拟机具有完整的访问权限，包括针对此虚拟机操作系统的管理员权限虚拟机的收费也是根据虚拟机的能力进行费用计算的，实际上，用户租用的是虚拟的计算能力。

④ 微软的云平台。2009 年，微软推出了 Azure 云平台。Azure 可以提供应用程序开发、部署和更新等在线服务。微软 Azure 服务可以使开发人员无须使用虚拟机和其他基础架构资源而开发应用。也就是说，Azure 可以提供虚拟机进行应用测试，但只限运行于微软 Windows 服务器。

对于微软来说，自己就是 Azure 云平台最好的用户。2011 年 4 月 12 日，微软将把 Dynamics ERP 应用程序迁移到 Azure 云平台。这个举措是微软销售 Dynamics 应用软件的一个重大转变。微软过去一直以内部部署和托管的方式通过合作伙伴销售 Dynamics。从 2011 年 7 月 1 日起，Azure 云服务平台的所有入库数据传输都将实现免费。微软通过博客宣布，无论是“高峰时段”还是“非高峰时段”，所有进入 Azure 云平台的数据传输都将免费。此举旨在鼓励开发人员将更多数据转移到微软 Azure 云平台，接收了大量外部数据的 Azure 云平台也可以从中获益。

尽管微软宣布 Azure 云平台的数据入库传输将实现免费，但从 Azure 转移出数据并不免费。要想将数据从 Azure 云平台转移出去，用户仍然需要付费。

本章小结

跨入 21 世纪，知识经济、信息时代的脚步声已清晰可闻，在这样的时代里，新兴的计算机技术更是一日千里。本章对目前比较热门的人工智能、物联网、大数据、云计算与云平台等新技术做了简单的介绍。其他如移动互联网、虚拟现实等方面的知识，读者可以查阅相关书籍进一步了解。

习　题

1. 填空题

（1）人工智能的研究方法包括________、_______和 ______三类。

（2）物联网包括物联网感知层、物联网网络层、物联网应用层。相应地，其技术体系包括______、______、及公共技术。

（3）大数据的“4V”特征分别是____、_____、_____、_____。

2．选择题

（1）人工智能是让计算机能够____，从而使计算机能实现更高层次的应用。

A．具有智能　　B．和人一样工作

C．完全代替人的大脑　　D．模拟、延伸和扩展人的智能

（2）下列哪个不是人工智能的研究领域。____

A．模式识别　　B．自然语言处理

C．专家系统　　D．编译原理

（3）从研究现状上看，下面不属于云计算特点的是____。

A．超大规模　　B．高可靠性

C．私有化　　D．虚拟化

3．简答题

（1）人工智能的概念是什么？

（2）物联网的定义是什么？包含哪些关键技术？

（3）大数据的概念是什么？大数据的基本特征有哪些？

（4）云计算的概念是什么？

第8章 搜索引擎

导读

1990年，加拿大麦吉尔大学（University of McGill）计算机学院的师生开发出Archie。当时，万维网（WWW）还没有出现，人们通过FTP来共享资源。Archie能定期搜集并分析FTP服务器上的文件名信息，查找各FTP主机中的文件。用户输入精确的文件名进行搜索，Archie告诉用户哪个FTP服务器能下载该文件。虽然Archie搜集的信息资源不是网页（HTML文件），但与搜索引擎的基本工作方式是一样的：自动搜集信息资源，建立索引，提供检索服务。所以，Archie被公认为现代搜索引擎的鼻祖。

学习目标

- 了解搜索引擎的基本知识
- 熟悉常用的搜索引擎
- 了解和掌握搜索引擎的使用技巧
- 掌握百度搜索引擎的文献检索方法
- 了解和掌握文献检索的基本知识

8.1 搜索引擎概述

搜索引擎（Search Engine）是指根据一定的策略，运用特定的计算机程序搜集互联网上的信息，对信息进行组织和处理后，将处理后的信息显示给用户，是为用户提供检索服务的系统。

1. 搜索引擎分类

（1）全文索引

全文搜索引擎是名副其实的搜索引擎，国外代表有Google，国内则有著名的百度。它们从互联网提取各个网站的信息（以网页文字为主），建立数据库，并检索与用户查询条件相匹配的记录，按一定的排列顺序返回结果。

根据搜索结果来源的不同，全文搜索引擎可分为两类：一类拥有自己的检索程序（Indexer），俗称“蜘蛛”（Spider）程序或“机器人”（Robot）程序，能自建网页数据库，搜索结果直接从自身的数据库中调用，上面提到的Google和百度就属于此类；另一类则是租用其他搜索引擎的数据库，并按自定的格式排列搜索结果，如Lycos搜索引擎。

（2）目录索引

目录索引虽然有搜索功能，但严格意义上不能称为真正的搜索引擎，只是按目录分类的网站链接列表而已。用户完全可以按照分类目录找到所需要的信息，不依靠关键词（Keywords）进行查询。目录索引中最具代表性的莫过于大名鼎鼎的Yahoo。

（3）元搜索引擎

元搜索引擎（META Search Engine）接受用户查询请求后，同时在多个搜索引擎上搜索，并将结果返回给用户。在搜索结果排列方面，有的直接按来源排列搜索结果，有的则按自定的规则将结果重新排列组合。

（4）其他非主流搜索引擎

① 集合式搜索引擎：类似元搜索引擎，但它并非同时调用多个搜索引擎进行搜索，而由用户从提供的若干搜索引擎中选择。

② 门户搜索引擎：自身既没有分类目录又没有网页数据库，其搜索结果完全来自其他搜索引擎。

③ 免费链接列表（Free For All Links，FFA）：一般只简单地滚动链接条目，少部分有简单的分类目录，不过规模要比 Yahoo 等目录索引小很多。

2．搜索引擎工作原理

（1）抓取网页

每个独立的搜索引擎都有自己的网页抓取程序（Spider）。Spider 顺着网页中的超链接，连续地抓取网页。被抓取的网页称为网页快照。由于互联网中超链接的应用很普遍，理论上，从一定范围的网页出发，就能搜集到绝大多数的网页。

（2）处理网页

搜索引擎抓到网页后，还要做大量的预处理工作，才能提供检索服务。最重要的就是提取关键词、建立索引文件，还包括去除重复网页、分析超链接、计算网页的重要度。

（3）提供检索服务

用户输入关键词进行检索，搜索引擎从索引数据库中找到匹配该关键词的网页，为方便用户判断，除网页标题和 URL 外，还会提供一段来自网页的摘要以及其他信息。

8.2 常用的搜索引擎

1．常用中文搜索引擎

（1）百度：http://www.baidu.com

百度，2000 年 1 月创立于北京中关村，在中文互联网拥有优势，是世界上最大的中文搜索引擎。它对重要中文网页实现每天更新，用户通过百度搜索引擎可以搜到世界上最新最全的中文信息。百度在中国各地分布的服务器，能直接从最近的服务器上，把所搜索到的信息返回给当地用户，使用户享受极快的搜索传输速度。

（2）搜狗：http://www.sogou.com

搜狗是搜狗公司于 2004 年 8 月 3 日推出的完全自主开发的全球首个第三代互动式中文搜索引擎，是一个具有独立域名的专业搜索网站。搜狗以一种人工智能的新算法，分析和理解用户可能的查询意图，给予多个主题的“搜索提示”，在用户查询和搜索引擎返回结果的人机交互过程中，引导用户更快速、准确地定位自己所关注的内容，帮助用户快速找到相关搜索结果，并可在用户搜索冲浪时给用户未曾意识到的主题提示。

（3）Bing（必应）：http://bing.com.cn

必应是一款微软公司推出的用以取代 Live Search 的搜索引擎。微软 CEO 史蒂夫·鲍尔默（Steve Ballmer）于 2009 年 5 月 28 日在《华尔街日报》于圣迭戈（San Diego）举办的“All Things D”公布，简体中文版 Bing 已于 2009 年 6 月 1 日正式对外开放访问。微软方面声称，此款搜索引擎将以全新姿态面世，将带来新革命，中文名称为“必应”，即“有求必应”的寓意。

2．常用的外文搜索引擎

（1）Google：http://www.google.com

Google 是目前世界上最优秀的支持多语种的搜索引擎之一。Google 的主要特点是容量大和查询准确。Google 目录收录了 10 亿多个网址，这些网站的内容涉猎广泛，无所不有。Google 擅长于为常见查询找出最准确的搜索结果，单击“手气不错”按钮，会直接进入最符合搜索条件的网站，省时又方便。Google存储网页的快照，当存有网页的服务器暂时出现故障时仍可浏览该网页的内容。

（2）Yahoo：http://search.yahoo.com

Yahoo有英、中、日、韩、法、德、意、西班牙、丹麦等10余种语言版本，各版本的内容互不相同，提供类目、网站及全文检索功能。目录分类比较合理，层次深，类目设置好，网站提要严格清楚，但部分网站无提要。其网站收录丰富，检索结果精确度较高，有相关网页和新闻的查询链接；全文检索由Inktomi支持；有高级检索方式，支持逻辑查询，可限时间查询；设有新站、酷站目录。

（3）Excite：http://www.excite.com/

Excite是一个基于概念性的搜索引擎，在搜索时不只搜索用户输入的关键字，还可“智能性”地推断用户要查找的相关内容进行搜索；除美国站点外，还有中国及法国、德国、意大利、英国等多个站点；查询时支持英、中、日、法、德、意等11种文字的关键字；提供类目、网站、全文及新闻检索功能。其目录分类接近日常生活，细致清晰，网站收录丰富；网站提要清楚完整；搜索结果数量多，精确度较高；有高级检索功能，支持逻辑条件限制查询（AND及OR搜索）。

（4）Lycos：http://www.lycos.com/

Lycos是多功能搜索引擎，提供类目、网站、图像及声音文件等多种检索功能。其目录分类规范细致，类目设置较好，网站归类较准确，提要简明扼要，收录丰富；搜索结果精确度较高，尤其是搜索图像和声音文件上的功能很强；有高级检索功能，支持逻辑条件限制查询。

8.3 搜索引擎的使用技巧

1. 搜索习惯问题

（1）在类别中搜索

许多搜索引擎都显示类别，如计算机、Internet、商业和经济。单击其中一个类别，再使用搜索引擎，可以选择搜索当前类别。显然，在一个特定类别下进行搜索所耗费的时间较少，而且能够避免大量无关的Web站点。

（2）使用具体的关键字

如果想要搜索以鸟为主题的Web站点，可以在搜索引擎中输入关键字“bird”。但是，搜索引擎会因此返回大量无关信息，如谈论高尔夫的“小鸟球（birdie）”等网页。为了避免这种问题的出现，可使用更为具体的关键字，如“ornithology”（鸟类学，动物学的一个分支）。所提供的关键字越具体，搜索引擎返回无关Web站点的可能性就越小。

（3）使用多个关键字

例如，要了解北京旅游方面的信息，可输入“北京 旅游”，这样才能获取与北京旅游有关的信息；要了解北京暂住证方面的信息，可输入“北京 暂住证”进行搜索；要下载名叫“绿袖子”的MP3，就输入“绿袖子 下载”来搜索。

又如，要想搜索有关佛罗里达州迈阿密市的信息，可输入两个关键字“Miami”和“Florida”。如果只输入其中一个关键字，搜索引擎就会返回诸如Miami Dolphins足球队或Florida Marlins棒球队的无关信息。一般而言，提供的关键字越多，搜索引擎返回的结果越精确。

2. 搜索语法问题

（1）基本的搜索语法

专业的搜索引擎一般都会实现一个搜索语法，基本的搜索语法有以下逻辑运算符。

① 与（AND、空格）：查询词必须出现在搜索结果中。

② 或（OR、|）：搜索结果可以包括运算符两边的任意一个查询词。

③ 非（NOT）：要求搜索结果中不含特定查询词。

例如，搜索“干洗 AND 连锁”（AND 可以用空格代替），将返回以干洗连锁为主题的 Web 网页。如果想搜索所有包含“干洗”或“连锁”的 Web 网页，只需输入这样的关键字“干洗 OR 连锁”（OR 可以用“|”代替，百度中使用“|”比较准），搜索会返回与干洗有关或者与连锁有关的 Web 站点。

又如，搜索“射雕英雄传”，希望得到的是关于武侠小说方面的内容，却发现很多关于电视剧方面的网页，那么可以改为“射雕英雄传-电视剧”。用减号语法可以去除所有这些含有特定关键词的网页。前一个关键词和减号之间必须有空格，否则减号会被当成连字符处理，而失去减号语法的功能。减号和后一个关键词之间有无空格均可。

（2）把搜索范围限定在网页标题中（intitle）

网页标题通常是对网页内容提纲挈领式的归纳。把查询内容范围限定在网页标题中，有时能获得良好的效果。使用的方式是把查询内容中特别关键的部分用“intitle:”修饰。

例如，找刘谦的魔术，可以查询“魔术 intitle:刘谦”。注意：“intitle:”与后面的关键词之间不要有空格。

（3）把搜索范围限定在特定站点中（site）

有时候，如果知道某个站点中有自己需要找的东西，就可以把搜索范围限定在这个站点中，以提高查询效率。使用的方式是在查询内容的后面加上“site:站点域名”。

例如，要查询 QQ 聊天工具的下载，可以查询“qq site:skycn.com”。“site:”后面跟的站点域名不要有“http://”，“site:”与站点名之间不要有空格。

site 语法的另一个用处是查看一个网站被搜索引擎收录的情况，如通过 site:search.rayli.com.cn 可以看出 Google 中收录了多少条瑞丽搜索的信息。这些信息对于搜索引擎优化（SEO）是有参考价值的。

（4）把搜索范围限定在 URL 链接中（inurl）

网页 URL 中的某些信息常常具有某种有价值的含义。如果对搜索结果的 URL 做某种限定，就可以获得良好的效果。实现的方式是用“inurl:”后跟需要在 URL 中出现的关键词。

例如，要查找关于 Word 的使用技巧，可以查询“Word inurl:技巧”。上面这个查询串中的“Word”可以出现在网页中的任何位置，“技巧”则必须出现在网页的 URL 中。注意：“inurl:”与后面所跟的关键词之间不要有空格。

（5）精确匹配——双引号和书名号

如果输入的查询词很长，搜索引擎在经过分析后，给出搜索结果中的查询词可能是拆分的。如果对这种情况不满意，可以让搜索引擎不拆分查询词。给查询词加上双引号，就可以达到这种效果。

例如，搜索“中山大学南方学院”，如果不加双引号，搜索结果就被拆分，效果不是很好，加上双引号后，即搜索“中山大学南方学院”，获得的结果就全是符合要求的了。

书名号是中文搜索独有的一个特殊查询语法。在有些搜索引擎中，书名号会被忽略，而在百度、谷歌等搜索中，中文书名号是可被查询的。加上书名号的查询词有两层特殊功能：一是书名号会出现在搜索结果中；二是在书名号中的内容不会被拆分。书名号在某些情况下特别有用，如查名字很通俗和常用的那些电影或者小说。例如，搜索电影《手机》，如果不加书名号，很多情况下搜出来的是通信工具——手机，而加上书名号后，搜索结果就基本是关于电影方面的了。

（6）搜索特定文件类型中的关键词 filetype

以“filetype:”语法来对搜索对象做限制，冒号后是文档格式，如 PDF、DOC、XLS 等。例如，“旅游 filetype:pdf”的搜索结果将返回包含旅游的 PDF 格式的文档。注意：“filetype”与关键词之间必须有空格。

3．一些常见错误

（1）错别字

经常发生的一种错误是输入的关键词含有错别字。某种内容在网络上应该有不少却搜索不到结果时，就应该先检查一下是否有错别字。

（2）关键词太常见

搜索引擎对常见词的搜索存在缺陷，因为这些词的曝光率太高了，以致出现在成百万的网页中，使得它们事实上不能搜索到什么有用的内容。例如，搜索"电话"，有无数网站提供跟"电话"相关的信息，从电话零售商到个人电话号码都有。所以当搜索结果太多太乱的时候，应该尝试使用更多的关键词或者减号来搜索。

（3）多义词

要注意多义词的使用，如搜索"Java"时，要找的信息究竟是太平洋上的一个岛、一种著名的咖啡，还是一种计算机语言？搜索引擎是不能辨别多义词的。最好的解决办法是，在搜索之前先问自己这个问题，然后用短语、多个关键词或者其他词语来代替多义词作为搜索的关键词。例如，用"爪哇 印尼""爪哇 咖啡""Java 语言"分别搜索可以满足不同的需求。

（4）不会抓关键词

搜索失败的另一个常见原因是类似这样的搜索："当爱已成往事歌词""南方都市报发行情况""广州到武汉列车时刻表"。其实搜索引擎是很机械的，用关键词搜索的时候，它只会把含有这个关键词的网页找出来，而不管网页上的内容是什么。

而问题在于，没有一个网页上会含有"当爱已成往事歌词"和"广州到武汉列车时刻表"这样的关键词，所以搜索引擎也找不到这样的网页。但是真正含有你想找的内容的网页，应该含有的关键词是"当爱已成往事""歌词""广州""武汉""列车时刻表"，所以应该这样搜索："当爱已成往事 歌词""南方都市报 发行""广州 武汉 列车时刻表"。

当搜索结果太少甚至没有的时候，应该输入更简单的关键词来搜索，猜测想搜索的网页中可能含有的关键词，然后用那些关键词搜索。

8.4 百度搜索引擎的使用

在 IE 或者其他浏览器的地址栏中输入百度网站的网址 http://www.baidu.com，按 Enter 键，进入百度搜索网站的首页，如图 8-1 所示。

1．基本搜索

（1）搜索很简单

只要在搜索框中输入关键词，并单击百度一下按钮，百度就会自动找出相关的网站和资料。百度会寻找所有符合全部查询条件的资料，并把最相关的网站或资料排在前列。

小技巧：输入关键词后，可直接按键盘上的 Enter 健，百度会自动找出相关的网站或资料。

（2）用好关键词

关键词，就是输入搜索框中的文字，也就是命令百度搜索的东西。可以在百度中搜索任何内容，所以关键词的内容可以是人名、网站、新闻、小说、软件、游戏、星座、工作、购物、论文……

关键词可以是任何中文、英文、数字，或中文、英文、数字的混合体。例如，可以搜索"大话西游""Windows""911""F-4 赛车"。

关键词可以是一个，也可以是两个、三个、四个词语，甚至可以是一句话。例如，可以搜索"爱""风景""电影""过关 攻略 技巧""这次第，怎一个愁字了得！"。

图 8-1 百度首页

注意：多个关键词之间必须有一个空格。

① 使用准确的关键词。百度搜索引擎要求“一字不差”。例如，分别输入“张宇”和“张雨”，搜索结果是不同的；分别输入“电脑”和“计算机”，搜索结果也是不同的。因此，若对搜索结果不满意，建议检查输入文字有无错误，并换用不同的关键词搜索。

② 输入多个关键词搜索，可以获得更精确、更丰富的搜索结果。例如，搜索“北京 暂住证”，可以找到几万篇资料，而搜索“北京暂住证”，则只有严格含有“北京暂住证”连续 5 个字的网页才能被找出来，不但找到的资料只有几百篇，资料的准确性也比前者差得多。

因此，当要查的关键词较为冗长时，建议将它拆成几个关键词来搜索，词与词之间用空格隔开。多数情况下，输入两个关键词搜索，就已经有很好的搜索结果。

2. 百度网页搜索特色

（1）百度快照

百度快照是百度网站最具魅力和实用价值的一个功能。

百度搜索引擎已先预览各网站，拍下网页的快照，为用户存储大量应急网页。百度快照功能在百度的服务器上保存了几乎所有网站的大部分页面，用户在不能链接所需网站时，百度为用户暂存的网页也可救急，而且通过百度快照寻找资料要比常规链接的速度快得多。因为：

① 百度快照的服务稳定，下载速度极快，不会再受死链接或网络堵塞的影响；

② 在快照中，关键词均已用不同颜色在网页中标明，一目了然；

③ 单击快照中的关键词，还可以直接跳到它在文中首次出现的位置，使用户浏览网页更方便。

（2）相关检索

如果无法确定输入什么关键词才能找到满意的资料，百度相关检索可以提供帮助。

可以先输入一个简单词语搜索，百度搜索引擎会提供“其他用户搜索过的相关搜索词”作为参考。单击任何一个相关搜索词，都能得到那个相关搜索词的搜索结果。

（3）拼音提示

如果只知道某个词的发音，却不知道怎么写，或者某个词拼写输入太麻烦，则可以输入查询词的汉语拼音，百度就能把最符合要求的对应汉字提示出来。它事实上是一个无比强大的拼音输入法。拼音提示显示在搜索结果下方，如输入“liqingzhao”，在下端会显示以“李清照”开头的若干信息。

（4）错别字提示

由于汉字输入法的局限性，我们在搜索时经常会输入一些错别字，导致搜索结果不佳。这时百度会给出错别字纠正提示。错别字提示显示在搜索结果上方。如输入“唐醋排骨”，提示为“您要找的是不是：糖醋排骨”。

（5）英汉互译词典

百度网页搜索内嵌英汉互译词典功能。如果想查询英文单词或词组的解释，可以在搜索框中输入想查询的“英文单词或词组”+“是什么意思”，搜索结果第一条就是英汉词典的解释，如“received是什么意思”；如果想查询某个汉字或词语的英文翻译，可以在搜索框中输入想查询的“汉字或词语”+“的英语”，搜索结果第一条就是汉英词典的解释，如“龙的英语”。另外，可以单击搜索框右上方的“词典”链接，到百度词典中查看想要的词典解释。

（6）计算器和度量衡转换

百度网页搜索内嵌的计算器功能，能快速高效地解决我们的计算需求。只需简单地在搜索框中输入计算式，回车即可，如可以查看复杂计算式“log((sin(5))^3)5+pi”的结果。

注意：如果要搜的是含有数学计算式的网页，而不是做数学计算，单击搜索结果上的表达式链接，就可以达到目的。

在百度的搜索框中，也可以做度量衡转换，格式为“换算数量换算前单位=？换算后单位”，如–5摄氏度=？华氏度”。

（7）专业文档搜索

很多有价值的资料，在互联网上并非普通的网页，而以Word、PowerPoint、PDF等格式存在。百度支持对Office文档（包括Word、Excel、PowerPoint）、Adobe PDF文档、RTF文档进行全文搜索。要搜索这类文档很简单：在普通的查询词后面加一个“filetype:”文档类型限定。“Filetype:”后可以跟以下文件格式：DOC、XLS、PPT、PDF、RTF、ALL。其中，ALL表示搜索所有这些文件类型。例如，查找张五常关于交易费用方面的经济学论文，“交易费用 张五常 filetype:doc”，单击结果标题，直接下载该文档，也可以单击标题后的“HTML版”快速查看该文档的网页格式内容。也可以通过“百度文档搜索”界面（http://file.baidu.com/），直接使用专业文档搜索功能。

（8）高级搜索语法

① 排除无关资料

有时候，排除含有某些词语的资料有利于缩小查询范围。百度支持“-”功能，用于有目的地删除某些无关网页，但减号之前必须有一个空格，语法是“A–B”。例如，要搜寻关于“言情小说”，但不含“琼瑶”的资料，可使用查询“言情小说–琼瑶”。

② 并行搜索

使用“A | B”来搜索“或者包含关键词A，或者包含关键词B”的网页。

例如，要查询“风情”或“壁画”相关资料，无须分两次查询，只要输入“风情|壁画”搜索即可，百度会提供与“|”前后任何关键词相关的网站和资料。

③ 在指定网站内搜索

在一个网址前加“site:”，可以限制只搜索某个具体网站、网站频道或某域名内的网页。例如，“intel site:com.cn”表示在域名以“com.cn”结尾的网站内搜索和“intel”相关的资料。

④ 在标题中搜索

在一个或几个关键词前加“intitle:”，可以限制只搜索网页标题中含有这些关键词的网页。例如，“intitle:维生素C”表示搜索标题中含有关键词“维生素C”的网页。

⑤ 在URL中搜索

在“inurl: ”后加URL中的文字，可以限制只搜索URL中含有这些文字的网页。例如，“inurl:mp3”表示搜索URL中含有“mp3”的网页。

（9）高级搜索

如果希望更准确地利用百度进行搜索，又不熟悉繁杂的搜索语法，可以使用百度高级搜索功能。使用高级搜索可以更轻松地定义要搜索的网页的时间、地区，语言、关键词出现的位置及关键词之间的逻辑关系等。高级搜索功能将使百度搜索引擎功能更完善，使用百度搜索引擎查找信息也将更加准确、快捷。

（10）个性设置

可以自己设置在使用百度时的搜索结果是显示10条、20条还是显示50条，是喜欢在新窗口打开网页还是在同一窗口打开网页，是否在百度网页搜索结果中显示相关的新闻等。完成个性设置后，下次再次进入百度进行搜索时，百度会按照所设置偏好提供个性化百度搜索。

8.5 文献检索

8.5.1 单库检索

单库检索是指用户只选择某一数据库所进行的检索及其后续的相关操作。在进行数据库检索前，需要根据检索需求确定检索目标，然后选择数据库。例如，查找某学科领域某研究发展方向的论文综述，或查找某位作者发表的文章，可检索《中国期刊全文数据库》；查找某位研究生或某学科某方向的学位论文，可检索《中国优秀博硕士学位论文全文数据库》；查找某篇会议论文或某届某个主题的会议论文，可检索《中国重要会议论文集全文数据库》。不同的数据库因收录文献不同，其检索项也会不同。不同的检索项有不同的检索功能和价值，可满足不同的检索需求。下面以中国期刊全文数据库的检索为例说明如何进行检索。

CNKI（中国知识基础设施工程）中的中国期刊全文数据库是目前世界上最大的、连续动态更新的中国期刊全文数据库，收录国内9100多种重要期刊，以学术、技术、政策指导、高等科普及教育类为主，同时收录部分基础教育、大众科普、大众文化和文艺作品类刊物，内容覆盖自然科学、工程技术、农业、哲学、医学、人文社会科学等领域，全文文献总量3252多万篇。产品分为十大专辑：理工A、理工B、理工C、农业、医药卫生、文史哲、政治军事与法律、教育与社会科学综合、电子技术与信息科学、经济与管理。十个专辑下分168个专题和近3600个子栏目。

可以通过CNKI的网址http://www.cnki.net，或者各高校图书馆的"数字资源"，登录中国知网数据库并进行文献检索。该数据库检索主页如图8-2所示，首页中列出了所有的数据库类型，下面以"期刊"数据库为例进行介绍。

1．初级检索

在图8-2中单击"期刊"，跳转至期刊检索页面的初级检索窗口，初级检索是一种简单检索，这一功能不能实现多检查项的逻辑组配检索，但该系统所设初级检索具有多种功能，如简单检索、多项单词逻辑组合检索、词频控制、词扩展等。期刊及初级检索窗口如图8-3所示。

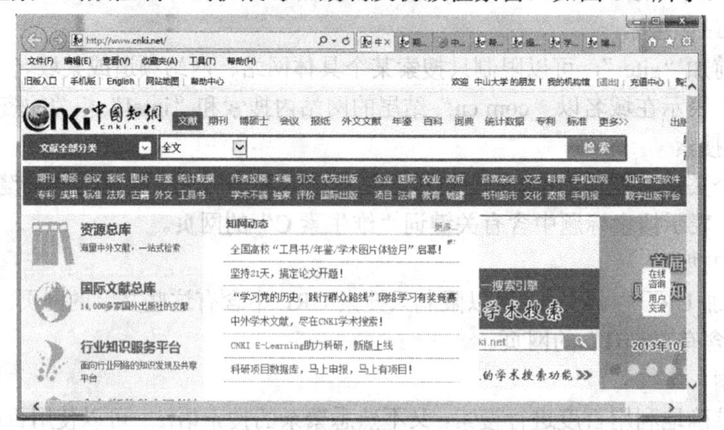

图8-2 中国期刊全文数据库检索主页

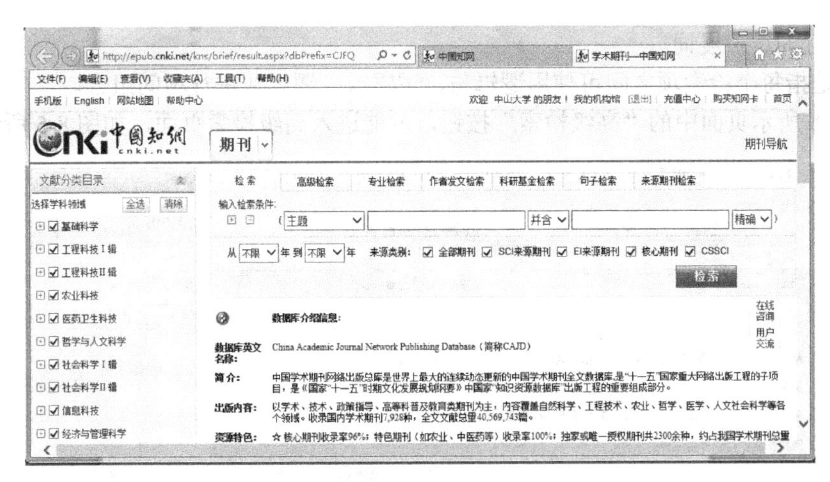

图 8-3　期刊数据库初级检索窗口

多项单词逻辑组合检索：多项是指可选择多个检索项，通过单击“逻辑”下方的“增加一逻辑检索行”；单词是指每个检索项中只可输入一个词；逻辑是指检索项之间可使用逻辑与、逻辑或、逻辑非进行项间组合。

最简单的检索只需输入检索词，单击“检索”按钮，系统会在默认的“主题”（题名、关键词、摘要）项中进行检索，任一项中与检索条件匹配者均为命中记录。

【例 8-1】 检索有关“物理学”的 2014 年期刊的全部文献。

操作步骤如下。

① 选择“中国期刊全文数据库”。

② 选择检索项“主题”。

③ 输入检索词“物理学”。

④ 选择从“2014”到“2014”。

⑤ 选择“来源类别”中的“全部期刊”。

⑥ 选择“匹配”中的“精确”。

⑦ 选择“排序”中的“主题排序”。

⑧ 选择“每页”中的“50”，如图 8-4 所示。

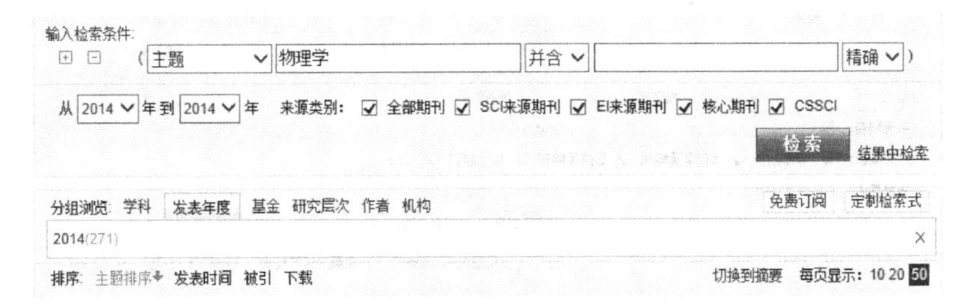

图 8-4　中国期刊全文数据库单库初级检索

⑨ 单击“检索”按钮。

2．高级检索

高级检索是比初级检索复杂一些的一种检索方式，也可以进行简单检索。高级检索的特有功能为：多项双词逻辑组合检索、双词频控制。

① 多项是指可选择多个检索项。

② 双词是指一个检索项中可输入两个检索词（在两个输入框中输入），每个检索项中的两个关键词之间可进行 5 种组合：并且、或者、不包含、同句、同段，每个检索项中的两个检索词可分别

使用词频、最近词、扩展词。

③ 逻辑是指每个检索项之间可使用逻辑与、逻辑或、逻辑非进行项间组合。

单击图 8-5 所示页面中的“高级检索”按钮，就能进入高级检索页面，如图 8-5 所示。

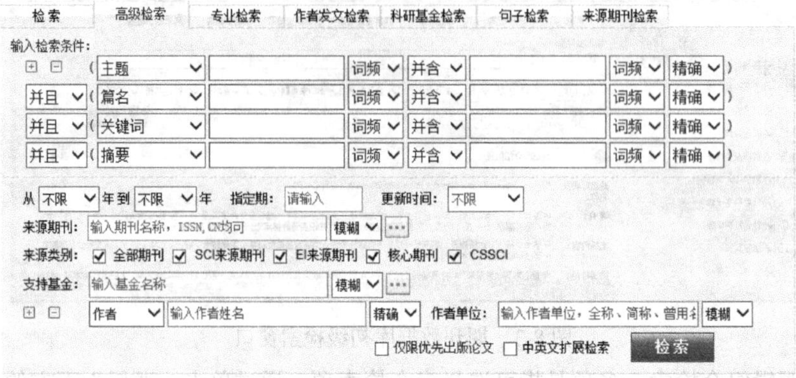

图 8-5　高级检索

【例 8-2】 要求检索 2010 年发表的篇名中包含“化学”但不包含“进展”“综述”“评述”的期刊文章。

操作步骤如下。

① 在图 8-7 中单击“删除”按钮⊟，删除一个检索行。

② 使用三行逻辑检索行，每行选择检索项“篇名”，输入检索词“化学”。

③ 选择“同一检索项中另一检索词（项间检索词）的词间关系”下的“不含”。

④ 在三行中的第二检索词框中分别输入“进展”“综述”“评述”。

⑤ 选择三行的项间逻辑关系（检索项之间的逻辑关系）“并且”。

⑥ 选择检索控制条件“从 2014 到 2014”，如图 8-6 所示。

⑦ 单击“检索”按钮。

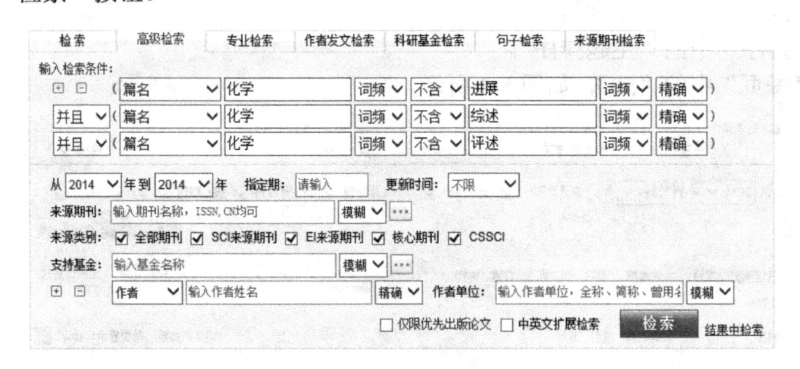

图 8-6　中国期刊全文数据库高级检索

3．专业检索

专业检索比高级检索功能更强大，但需要检索人员根据系统的检索语法编制检索式进行检索，适用于熟练掌握检索技术的专业检索人员。

本系统提供的专业检索分单库和跨库。单库专业检索执行各自的检索语法表，跨库专业检索原则上可执行所有跨库数据库的专业检索语法表，但由于各库设置不同，会导致有些检索式不适用于所有选择的数据库。

单击图 8-5 所示页面中的“专业检索”按钮，就能进入专业检索页面，如图 8-7 所示。

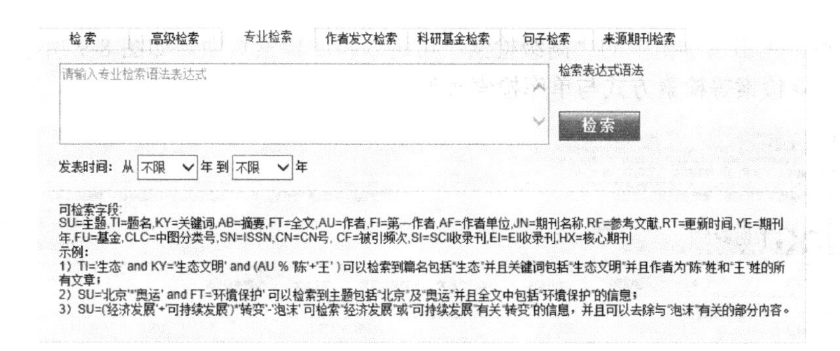

图 8-7　专业检索

（1）检索项

单库专业检索表达式中可用的检索项名称见检索框上方的“可检索字段”，构造检索式时应采用“()”前的检索项名称，而不要用“()”括起来的名称。“()”内的名称是在初级检索、高级检索的下拉检索框中出现的检索项名称。

例如，“中文刊名&英文刊名（刊名）”的含义是：检索项“刊名”实际检索使用的检索字段为两个字段——“中文刊名”或者“英文刊名”。读者使用的初级检索“刊名”为“南京社会科学”，等同于使用专业检索“中文刊名 = 南京社会科学 or 英文刊名 = 南京社会科学”。

（2）逻辑组合检索

① 使用“专业检索语法表”中的运算符构造表达式，使用前请详细阅读其说明。

② 多个检索项的检索表达式可使用“AND”“OR”“NOT”逻辑运算符进行组合。

③ 3 种逻辑运算符的优先级相同。

④ 要改变组合的顺序，可使用英文半角圆括号“()”将条件括起。

（3）符号

① 所有符号和英文字母，都必须使用英文半角字符。

② 逻辑关系符号 AND（与）、OR（或）、NOT（非）前后要空一格。

③ 字符计算：按真实字符（不按字节）计算字符数，即一个全角字符、一个半角字符均算一个字符。

④ 使用“同句”“同段”“词频”时注意，用一组西文单引号将多个检索词及其运算符括起，如“'流体 # 力学'”；运算符前后需要空一格，如“'流体 # 力学'”。

【例 8-3】 检索张红在武汉大学或广州大学期间发表的文章。

检索式：作者=张红 AND（单位=武汉大学 OR 单位=广州大学）

【例 8-4】 检索张红在武汉大学期间发表的题名或摘要中都包含“化学”的文章。

检索式：作者=张红 AND 单位=武汉大学 AND（题名=化学 OR 摘要=化学）

8.5.2 跨库检索

跨库检索首页是跨库检索各种功能最齐备的页面，可单击图 8-4 首页右上方的“跨库选择”命令，弹出如图 8-8 所示的菜单，在该菜单中可根据需要进行选择。

☑ 期刊	☑ 特色期刊	☑ 博士	☑ 硕士
☐ 硕士_2013增刊	☑ 国内会议	☑ 国际会议	☑ 报纸
☐ 年鉴	☐ 专利	☐ 标准	☐ 成果
☑ 学术辑刊	☑ 商业评论		全选 清除

图 8-8　跨库检索首页

选择完成后，单击图 8-5 中的“高级检索”可进入跨库检索页面，如图 8-9 所示。跨库检索中的高级检索、专业检索等检索方式与单库检索类似。

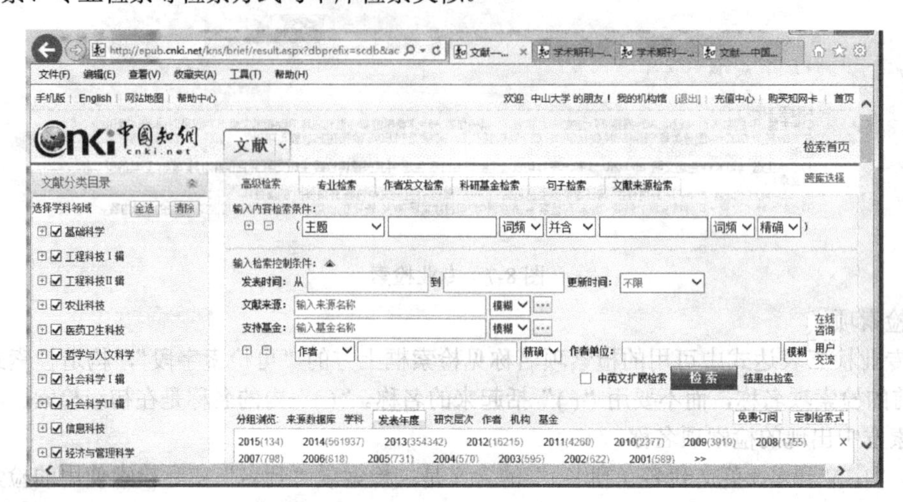

图 8-9 跨库检索首页

本章小结

本章简单介绍了搜索引擎的分类、原理及一些比较常用的中英文搜索引擎，还介绍了搜索引擎的使用技巧，其中包括搜索的习惯、搜索的语法及一些常见的错误。掌握好这些知识，可以进行有效的搜索。另外，本章详细介绍了日常生活中最常用的百度搜索引擎，最后对如何在中国知网中进行文献检索进行了介绍，为以后的毕业设计（论文）做准备。通过本章的学习，读者可以提高信息获取及利用最新信息的能力。

第 9 章　综合实例

9.1　Windows 10 操作系统综合实例

任务一

【操作要求】

① 将 winks\winq1 文件夹下 FAMILY 文件夹中的 FATHER.DOC 设置为只读和存档属性。

② 将 winks\winq1 文件夹下 PLAYBILL 文件夹中的文件 JOHN.TXT 复制到 winq1 文件夹下 CARD 文件夹中，并改名为 BILL.TXT。

③ 将 winks\winq1 文件夹下 COMPUTER 文件夹中的 PC 文件夹删除。

④ 在 winks\winq1 文件夹下的 FACTORY 文件夹中建立一个新文件夹 MACHINE。

⑤ 将 winks\winq1 文件夹下 FURNITURE 文件夹中的文件 TVSET.XLS，移动到 winq1 文件夹下的 ELECTRIC 文件夹中。

任务二

【操作要求】

① 将 winks\winq2 文件夹下 ZOOS 文件夹中的 2 个文件 ZEBRA.TXT 和 HORSE.XLS 复制到 winq2 文件夹下的 ANIMALS 文件夹中。

② 将 winks\winq2 文件夹下 OCCUPATION 文件夹中的 TEACHER 文件夹中的 MARK.DOC 文件设置为隐藏和存档属性。

③ 将 winks\winq2 文件夹下 TOOLS 文件夹中的 LADDER.DOC 文件删除。

④ 将 winks\winq2 文件夹下 OCCUPATION 文件夹中的 SCIENTIST 文件夹中的 SUSAN.XLS 文件，移动到 winq2 文件夹下 OCCUPATION 文件夹中的 MODEL 文件夹中，并将文件名改为 SYDNEY.XLS。

⑤ 在 winks\winq2 文件夹下 SPORT 文件夹中建立一个新文件夹 VOLLEYBALL。

9.2　Word 2010 综合实例

任务一

【操作要求】

打开 winks\210020.docx 文档，完成以下操作（文本中每个回车符作为一段落，没有要求操作的项目请不要更改）。

① 页眉，居中内容为各类体育器材进售价格表，标准色红色字体；插入页脚，内容为“第 1 页,第 2 页,第 3 页，…”，内容中数字为该页的页码值（该值自动随页数变化），不含空格，居中。

② 一个名为 GOD 的新样式。样式格式为：宋体、字号四号，标准色蓝色字体；文字右对齐。

③ 根据本文档的内容建立一个表格，表格数据已给出，数据间隔为空格，建好表格后将表格宽度设为 8 厘米，并添加标准色蓝色单线外边框（提示：使用文字转换表格功能）。

任务二

【操作要求】

打开 winks\210024.docx 文档，完成以下操作（文本中每个回车符作为一段落，没有要求操作的项目请不要更改）。

① 在文档的第一段设置标准蓝色单实线边框，底纹填充颜色为标准色绿色，均应用于文字。

② 在文档页面中插入自定义文字水印，内容为厦门，楷体字体，标准色紫色。

③ 在文档任意位置插入一个竖排文本框，文本框内容为鼓浪屿。

④ 在文档最后一段中插入一张名为 210024.jpg 的图片。设置图片格式布局为：四周文字环绕，图片大小高度绝对值 5 厘米，宽度 8 厘米，去掉“锁定纵横比”，水平对齐方式相对于栏左对齐。

⑤ 在文档第三段以名为“CDE”的有效样式为本文档建立一级目录。

⑥ 保存文件。

任务三

【操作要求】

打开 winks\210021.docx 文档，完成以下操作（文本中每个回车符作为一段落，没有要求操作的项目请不要更改）。

① 在文档第一段的后面插入一个特殊符号，该符号字体为 Wingdings，字符代码 108。

② 设置文档第二段至第四段的编号（如下图所示）。自定义编号样式为：甲，乙，丙，…，编号格式为甲，字体为黑体，标准色绿色。

③ 在文档第六段后面插入一个自动换行符。

④ 保存文件。

任务四

【操作要求】

打开 winks\210022.docx 文档，完成以下操作（文本中每个回车符作为一段落，没有要求操作的项目请不要更改）。

① 设置文本第二段的字体格式为：黑体，加粗，字号四号，标准色深红字体，标准色绿色双下划线。

② 设置文档第三段段落格式为：段前段后间距均为 2 行。

③ 设置该文档纸张大小为 B5 纸，上下页边距均为 2 厘米。

④ 保存文件。

任务五

【操作要求】

打开 winks\210023.docx 文档，完成以下操作（文本中每个回车符作为一段落，没有要求的项目请不要更改）。

① 在文档第一段文字“落灯花”后插入脚注，脚注位置在页面底端，脚注内容为“旧时以油灯照明，灯芯烧残落下时似小亮花”。

② 在文档第二段中选择文字“心扉”插入书签，书签名为心情。

③ 设置文档第五段首字下沉，字体隶书，下沉行数 2。

④ 打开修订功能，选定标题文字“闲敲棋子落灯花”，插入批注，内容为表示闲适的心情，关闭修订功能。

⑤ 保存文件。

任务六

【操作要求】

打开 winks\210025.docx 文档，完成以下操作（文本中每个回车符作为一段落，没有要求操作的项目请不要更改）。

① 设置文档纸张大小为 B5 纸；页眉边距为 50 磅，页脚边距为 30 磅。

② 统计文档第五段的字符数（不计空格），并把统计结果（即字符个数的数值）填写在第六段文档的字符后面。

③ 将文档第八段平均分为三栏。

④ 保存文件。

9.3 Excel 2010 综合实例

任务一

【操作要求】

打开 winks\220250.xlsx 工作簿文件，并按指定要求完成有关的操作（没有要求操作的项目请不要更改）。

① 使用条件格式工具对“价格表”工作表中 D2:D15 区域（“优惠价”列）的有效数据按不同的条件设置显示格式，其中价格高于（含）15 万元的，设置填充背景为标准色红色；价格低于 15 万元的，则设置标准色绿色字体（条件格式中的值需为输入的值，不能为单元格引用项）。

② 设置 B2:B15 区域下拉列表选项的值，选项的值排列顺序如图 9-1 所示（提示：必须通过“数据有效性”进行设置，项目值的顺序不能有错，否则不得分）。

③ 保存文件。

	A	B	C	D	E	F
1	车名	品牌	降幅（万）	优惠价（万）		
2	速腾	大众	4.5	18.08		
3	福克斯	本田	2.1	9.89		
4	卡罗拉	丰田	4.5	9.58		
5	奇骏	日产	2	18.78		排列顺序
6	朗逸	大众	2.2	8.58		大众
7	迈腾	大众	6.31	27.17		本田
8	科鲁兹	通用	2.1	13.22		丰田
9	高尔夫	大众	2.33	21.25		日产
10	宝来	大众	3.66	11.17		通用
11	奥迪A4L	奥迪	10.64	47.17		奥迪
12	明锐	大众	1.7	13.06		
13	雅阁	本田	2.5	18.18		
14	帕萨特	大众	3.55	14.83		
15	迈锐宝	通用	3	18.29		
16						

图 9-1 任务一图示

任务二

【操作要求】

打开 winks\220251.xlsx 工作簿文件，并按指定要求完成有关的操作（没有要求操作的项目请不要更改）。

① 设置 Sheet1 表中 A1 单元格格式为 16 磅黑体字、标准色浅蓝色字体；设置 A1:H1 单元格区域文本的水平对齐方式为跨列居中，标准黄色填充色。

② 使用表中 B2:B10 以及 D2:E10 区域的数据制作图表，图表类型为三维簇状柱形图，横坐标轴下方标题为学生姓名，图表上方标题为学生学科成绩，在左侧显示图例，显示数据标签。

③ 保存文件。

任务三

【操作要求】

打开 winks\220252.xlsx 工作簿文件，并按指定要求完成有关的操作（没有要求操作的项目请不要更改）。

① 把 sheet1 工作表的纸张方向设置为“横向”，缩放比例为 120%，纸张大小为 B5。

② 采用高级筛选方法从“Sheet1”工作表中筛选出所有职位为座席服务员或广播员的员工记录，条件区域为 F2:G4，并把筛选出来的记录保存到从 A29 开始的区域中。

③ 保存文件。

任务四

【操作要求】

打开 winks\220253.xlsx 工作簿文件，并按指定要求完成有关的操作（没有要求操作的项目请不要更改）。

① 在 Sheet1 工作表的 F3:F7 单元格区域分别用公式计算出各地区的全年“合计”营业收益。

② 把 220253_1.xlsx 工作簿中的 Sheet1 工作表复制到 220253.xlsx 工作簿的 Sheet2 工作表后面，并改名为“工资表”。

③ 保存文件。

任务五

【操作要求】

打开 c:\winks\220254.xlsx 工作簿文件，并按指定要求完成有关的操作（没有要求操作的项目请不要更改）。

① 自动调整工作表的 A 至 G 列的列宽格式。

② 对工作表中的“品种”列按“笔画排序”选项进行降序排序。

③ 保存文件。

9.4 PowerPoint 2010 综合实例

任务一

【操作要求】

打开演示文稿 winks\810045.pptx，按要求完成下列各项操作并保存（没有要求操作的项目请勿更改）。

① 在第二张幻灯片的右下角插入一个动作按钮形状。

② 将动作按钮超链接到下一张幻灯片。

③ 设置第三张幻灯片中文本内容的动画效果为：“浮入”，效果选项设为：上浮，带“风铃”声音。

④ 保存文件。

任务二

【操作要求】

打开演示文稿 winks\810046.pptx，按要求完成下列各项操作并保存（注意：没有要求操作的项目请勿更改）。

① 设置演示文稿幻灯片大小为信纸，幻灯片方向为纵向。

② 将第一张幻灯片的版式更换为“仅标题”。

③ 在第一张幻灯片中插入路径为 C:\winks、名称为 810046.jpg 的图片，设置图片大小为：高 14.29，宽 19.05 厘米；图片样式设为：复杂框架，黑色。

④ 保存文件。

任务三

【操作要求】

打开演示文稿 winks\810048.pptx，按要求完成下列各项操作（没有要求操作的项目请勿更改）。

① 设置幻灯片放映方式：放映类型“演讲者放映（全屏幕）”，选择 “放映时不加旁白”选项。

② 在第二张幻灯片中，将标题文字的字体格式设置为：宋体、加粗、40 磅、标准色红色。

③ 在第二张幻灯片后面插入一张空白版式的幻灯片。

④ 保存文件。

任务四

【操作要求】

打开演示文稿 winks\810051.pptx，按要求完成下列各项操作并保存（没有要求操作的项目请勿更改）。

① 在第二张幻灯片中插入页脚，页脚内容为“素材的收集”，幻灯片编号，标题幻灯片中不显示。

② 设置所有幻灯片的设计主题为“波形”样式。

③ 设置第三张幻灯片放映的切换方式为“形状”，效果选项为“菱形”，声音效果为“照相机”。

④ 保存文件。

附录　ASCII 码对照表

ASCII 值	控制字符	ASCII 值	控制字符	ASCII 值	控制字符	ASCII 值	控制字符
0	NUT	32	(space)	64	@	96	、
1	SOH	33	!	65	A	97	a
2	STX	34	"	66	B	98	b
3	ETX	35	#	67	C	99	c
4	EOT	36	$	68	D	100	d
5	ENQ	37	%	69	E	101	e
6	ACK	38	&	70	F	102	f
7	BEL	39	,	71	G	103	g
8	BS	40	(	72	H	104	h
9	HT	41	)	73	I	105	i
10	LF	42	*	74	J	106	j
11	VT	43	+	75	K	107	k
12	FF	44	,	76	L	108	l
13	CR	45	-	77	M	109	m
14	SO	46	.	78	N	110	n
15	SI	47	/	79	O	111	o
16	DLE	48	0	80	P	112	p
17	DCI	49	1	81	Q	113	q
18	DC2	50	2	82	R	114	r
19	DC3	51	3	83	S	115	s
20	DC4	52	4	84	T	116	t
21	NAK	53	5	85	U	117	u
22	SYN	54	6	86	V	118	v
23	TB	55	7	87	W	119	w
24	CAN	56	8	88	X	120	x
25	EM	57	9	89	Y	121	y
26	SUB	58	:	90	Z	122	z
27	ESC	59	;	91	[	123	{
28	FS	60	<	92	/	124	|
29	GS	61	=	93	]	125	}
30	RS	62	>	94	^	126	`
31	US	63	?	95	_	127	DEL

参考文献

[1] 周娅. 大学计算机基础[M]. 桂林：广西师范大学出版社，2013.
[2] 武新华，李书梅. Windows10 从入门到精通[M]. 北京：机械工业出版社，2016.
[3] 卞诚君. 完全掌握 Office2016 高效办公[M]. 北京：机械工业出版社，2016.
[4] 刘海燕，施教芳. PowerPoint2010 从入门到精通[M]. 北京：中国铁道出版社，2011.
[5] 曾凌峰，何健，刘小园. 大学计算机应用基础教程[M]. 天津：天津教育出版社，2015.
[6] 陈火荣. 计算机应用基础教程[M]. 北京：北京邮电大学出版社，2012.
[7] 董卫军. 大学计算机基础实践指导（第二版）[M]. 北京：高等教育出版社，2013.